“双高”建设规划教材

高职高专“十四五”规划教材

冶金工业出版社

炉外精炼技术

（第2版）

主　编　张士宪　赵晓萍　关　昕

副主编　张树海　李　慧　李双江　韩立浩　宋　昱

主　审　梁精龙

扫一扫获取全书

数字资源

北　京

冶　金　工　业　出　版　社

2025

内 容 提 要

本书共分5章，第1章主要介绍了炉外精炼技术的发展历史、技术手段及分类方法，第2~5章重点介绍了目前钢铁冶金行业应用最广泛的几种炉外精炼方法（CAS、LF-VD、RH、VOD、AOD等）的工作原理、生产设备、操作工艺、注意事项以及具体实例等。

本书可作为高职高专冶金技术专业教材，也可供冶金工程技术人员和技术工人阅读，同时可作为炉外精炼工的技能培训用书。

图书在版编目（CIP）数据

炉外精炼技术/张士宪，赵晓萍，关昕主编．—2版．—北京：冶金工业出版社，2022.5（2025.1重印）

高职高专"十四五"规划教材

ISBN 978-7-5024-9135-2

Ⅰ．①炉…　Ⅱ．①张…　②赵…　③关…　Ⅲ．①炉外精炼—高等职业教育—教材　Ⅳ．①TF114

中国版本图书馆CIP数据核字（2022）第064479号

炉外精炼技术（第2版）

出版发行　冶金工业出版社　**电　　话**　（010）64027926

地　　址　北京市东城区嵩祝院北巷39号　**邮　　编**　100009

网　　址　www.mip1953.com　**电子信箱**　service@mip1953.com

责任编辑　俞跃春　刘林烨　美术编辑　彭子赫　版式设计　郑小利

责任校对　李　娜　责任印制　窦　唯

北京印刷集团有限责任公司印刷

2013年7月第1版，2022年5月第2版，2025年1月第4次印刷

787mm×1092mm　1/16；18.25印张；405千字；277页

定价56.00元

投稿电话　**（010）64027932**　**投稿信箱**　**tougao@cnmip.com.cn**

营销中心电话　**（010）64044283**

冶金工业出版社天猫旗舰店　**yjgycbs.tmall.com**

（本书如有印装质量问题，本社营销中心负责退换）

“双高”建设规划教材

编　委　会

天津工业职业学院	张秀芳
天津工业职业学院	林　磊
邢台职业技术学院	赵建国
邢台职业技术学院	张海臣
新疆工业职业技术学院	陆宏祖
河钢集团钢研总院	胡启晨
河钢集团钢研总院	郝良元
河钢集团石钢公司	李　杰
河钢集团石钢公司	白雄飞
河钢集团邯钢公司	高　远
河钢集团邯钢公司	侯　健
河钢集团唐钢公司	肖　洪
河钢集团唐钢公司	张文强
河钢集团承钢公司	纪　衡
河钢集团承钢公司	高艳甲
河钢集团宣钢公司	李　洋
河钢集团乐亭钢铁公司	李秀兵
河钢舞钢炼铁部	刘永久
河钢舞钢炼铁部	张　勇
首钢京唐钢铁联合有限责任公司	王国连
河北纵横集团丰南钢铁有限公司	王　力

第2版前言

本书按照中国特色高水平高职学校重点建设黑色冶金技术专业的专业课程改革要求和教材建设计划，在行业企业专家、毕业生工作岗位调研基础上，参照冶金行业职业技能标准和职业技能鉴定规范，依据冶金企业的生产实际和岗位技能要求编写的。

本书紧密结合现场实践，注意学以致用，体现以岗位技能为目标的特点；书中融入大量的多媒体资源，便于学习者深刻理解内容；每个章节配有题库，提供大量的练习题，有助于学习者掌握重点知识；在叙述和表达方式上力求深入浅出，直观易懂，使读者触类旁通。

本书由河北工业职业技术大学张士宪、赵晓萍、关昕任主编，河北工业职业技术大学张树海、华北理工大学李慧、河钢集团钢研总院李双江、河北工业职业技术大学韩立浩、宋昱任副主编，参加编写工作的还有河北工业职业技术大学高宇宁、付菁媛、刘浩，以及天津工业职业学院冯丹、吴新忠，河钢集团唐钢公司信小兵、李秀景，唐山不锈钢公司李杨，河钢股份有限公司殷向光，河钢集团宣钢公司郭平、王战辉、步伟涛等。

本书由河北理工大学梁精龙教授担任主审，梁精龙教授在百忙中审阅了全书，提出了许多宝贵的意见，在此谨致谢意。

本书在编写过程中参考了相关文献、资料，在此对其作者表示由衷的感谢。

由于编者水平所限，书中不妥之处，敬请读者批评指正。

编　者

2021年8月

第 1 版前言

本书力求紧密结合现场实践，注意学以致用，体现以岗位技能为目标的特点。在叙述和表达方式上力求深入浅出，直观易懂，使读者触类旁通。

本书由河北工业职业技术学院张士宪、赵晓萍、关昕担任主编，河北联合大学梁精龙、河北钢铁技术研究总院李双江、唐山钢铁公司李建生、宣化钢铁公司郭平担任副主编，参加编写的还有唐山不锈钢公司李杨、邯郸钢铁公司殷向光、宣化钢铁公司王战辉和步伟涛、河北工业职业技术学院时彦林、李建朝、董中奇、刘艳霞、黄伟青、齐素慈等。

本书由河北联合大学李运刚教授担任主审，李运刚教授在百忙中审阅了全书，提出了许多宝贵的意见，在此谨致谢意。

本书在编写过程中参考了相关书籍、资料，在此对其作者表示由衷的感谢。由于编者水平所限，书中不当之处，敬请读者批评指正。

编　者

2013 年 4 月

目　录

1　炉外精炼技术概论

随着世界的进步和社会的发展，人类对钢材品种的需求不断扩大，对钢材产品的质量要求也日益提高，普通钢种已经远远不能满足现实社会的需求。炉外精炼作为一种扩大品种范围、提高产品质量、降低生产成本的有力手段，被世界绝大多数钢铁厂认可和采用。近 20 年，随着纯净钢生产技术的进步、连铸技术的发展以及降低生产成本的要求，炉外精炼工艺与设备迅速得到普及，它已经成为现代炼钢工艺中不可缺少的重要环节。

1.1　炉外精炼概述

1.1.1　炉外精炼简介

所谓炉外精炼，就是将传统工艺在常规炼钢炉中完成的精炼，如去除杂质（包括不需要的元素、气体和夹杂物）、调整及均匀化成分和温度等任务，部分或全部地移到钢包或其他容器中进行，以得到比初炼更高的生产率、更高的质量故也称为“二次精炼”或“钢包冶金”。

炉外精炼把传统的炼钢方法分为两步，即初炼和精炼。初炼是在氧化气氛下进行炉料熔化、脱磷、脱碳和主合金化；精炼是在真空、惰性气氛或可控气氛的条件下进行脱氧、脱硫、去除夹杂和夹杂变性、调整成分（微合金化）、控制钢水温度等。

长期以来，特殊钢大多是在电弧炉内熔化和精炼的。随着科学技术的发展，对炼钢的生产率、钢的成本、钢的纯洁度以及使用性能都提出了越来越高的要求。传统的炼钢设备和炼钢工艺难以满足用户越来越高的要求。20 世纪 60 年代，在世界范围内，传统的炼钢方法发生了根本性的变化，即由原来单一设备初炼与精炼的一步炼钢法，转变成由传统炼钢设备进行初炼，然后在钢包或其他容器中进行炉外精炼的二步炼钢法，并出现了各种各样的炉外精炼法。

传统的钢铁生产流程包括：高炉→炼钢炉（转炉和电弧炉）→铸锭（已逐步被新的工艺流程所代替：高炉）→铁水预处理→炼钢炉→炉外精炼→连铸。该生产流程已成为国内外大型钢铁企业技术改造后的普遍模式。

1.1.2　炉外精炼的目的

炉外精炼在现代化的钢铁生产流程中已成为一个不可缺少的环节，尤其炉外精炼与连铸相结合，是保证连铸生产顺行、扩大连铸品种、提高铸坯质量的重要手段。

炉外精炼设备的构思各不相同，依各自条件而定，不仅要建造真空脱气设备和钢包炉，而且要综合使用真空脱气（VD）、真空氧气脱碳（VOD）和钢包炉（LF）设备或真空循环法（RH）和钢包炉（LF）。当设备制造厂设计一种炉外精炼设备时，就必须考虑操作目的以及与这种设备有关的精炼方案。

自从开始采用真空脱气方法以来，已开发了许多不同的炉外处理方法，而所有这些方法都属于炉外精炼范围。为达到冶金和操作目标，可采用不同的炉外精炼方法和工艺，这取决于：设备布置；可利用的原料、炉料、能源及公共设施；炉容量以及对钢质量的要求诸因素。

采用炉外精炼方法进行钢水精炼的目的包括：

（1）脱硫；

（2）脱碳；

（3）去除氧化物；

（4）用CO还原；

（5）加热（包括化学加热和电加热）；

（6）脱气（包括氢、氧、氮）；

（7）均匀化（成分和温度）；

（8）合金化；

（9）控制和改变夹杂物形态。

1.2 炉外精炼技术的任务和手段

1.2.1 炉外精炼技术的任务

在现代化钢铁生产流程中，炉外精炼的任务主要包括：

（1）承担初炼炉原有的部分精炼功能，在最佳的热力学和动力学条件下完成部分炼钢反应，提高单体设备的生产能力；

（2）均匀钢水，精确控制钢种成分；

（3）精确控制钢水温度，适应连铸生产的要求；

（4）进一步提高钢水纯净度，控制夹杂物形态，满足成品钢材性能要求；

（5）作为炼钢与连铸间的缓冲，提高炼钢车间整体效率。

为完成上述精炼任务，一般要求炉外精炼设备具备以下功能：

（1）熔池搅拌功能，均匀钢水成分和温度，促进夹杂物上浮和钢渣反应；

（2）钢水升温和控温功能，精确控制钢水温度，最大限度地减小包内钢水的温度梯度；

（3）精炼功能，包括脱气、脱碳、脱硫、去除夹杂和夹杂物变性处理等；

（4）合金化功能，对钢水实现窄成分控制，并使其分布均匀；

（5）生产调节功能，均衡炼钢—连铸生产。

完成上述任务就能达到提高质量，扩大品种，降低消耗和成本，缩短冶炼时间，提高生产率，协调好炼钢和连铸生产的配合等目的。但是到目前为止，还没有任何一种炉外精炼方法能完成上述所有任务，某一种方法只能完成其中一项或几项任务。各厂条件和冶炼钢种不同，一般是根据不同需要配备一至两种炉外精炼设备。

1.2.2　炉外精炼技术的手段

钢水的炉外精炼可完成：脱碳、脱硫、脱氧，去气、调整温度和成分并使其均匀化；脱除夹杂物或调整夹杂物形态；细化晶粒；特殊元素的添加等。为完成上述任务可采取：真空处理；吹氩或电磁搅拌；加合金、喷粉或喂线；加热或加冷料调整温度以及造渣处理等手段。可根据不同的目的选用一种或几种手段组合的炉外精炼技术，完成精炼任务。

1.2.2.1　真空

真空是炉外精炼中广泛应用的一种手段。在真空科学中，真空的含义是指在给定的空间内低于一个大气压力的气体状态。在工程应用上，真空是指在给定的空间内，气体分子的密度低于该地区内大气压气体分子密度的状态，是指稀薄的气体状态，一般分为低真空、中真空、高真空、超高真空以及极高真空几种状态。冶金行业生产过程中所使用的真空状态为低真空状态。

目前被使用的炉外精炼方法中，将近有2/3配有真空装置。要获得真空状态，只有靠真空泵对某一给定容器抽真空才能实现。按照热力学分析，真空将对有气相参加，且反应前后气相分子数不等的反应产生影响，真空促使反应向生成气相的方向移动。在当前选用真空手段的各种炉外精炼方法中，最高的真空度通常有几十帕，所以炉外精炼的真空只对钢液的脱气、用碳脱氧、超低碳钢种的脱碳等反应产生影响。尽管真空度不算太高，但对促进炉外精炼的一些反应已是足够了。在该真空条件下，可以有效地对钢液脱气。只要钢液暴露于真空中，在较短的时间内，就可使钢中氢的析出反应进行得比较完全。现有的各种带真空的炉外精炼方法，都能将钢中的氢含量降到（$2\sim3$）$\times10^{-4}\%$以下，若辅以吹氩、脱碳反应或延长真空脱气时间，可以进一步将氢含量降到$1\times10^{-4}\%$甚至更低的水平。由于氮在钢液中溶解平衡常数较高，扩散速度慢，真空脱氮的效果就不及脱氢，一般脱氮20%~30%左右。真空促进了碳氧反应的发展，所以在真空下碳的脱氧能力显著提高，利用这一特点，真空精炼可将碳作为有效的脱氧剂，从而获得很纯洁的钢。例如在VOD精炼工艺的安排中，吹氧脱碳结束后，立即提高真空度，利用钢中的碳来脱氧，这不仅保证了钢的纯洁度，还为精确控制成分创造了条件。深度的脱氧还为脱硫提供了有利条件，此外，真空还为精炼超低碳钢种提供了可能。因此，冶金功能比较齐全的炉外精炼方法无例外地具备真空手段。

使用真空处理的目的包括：脱除氢和氧，并将氮气含量降至较低范围；去除非金属夹杂物，改善钢水的清洁度；生产超低碳钢；使一种元素比其他元素优先氧化（如碳优先于铬）；控制浇铸温度等。同时，真空还促进了钢液或溶解在钢液中的碳与炉衬的作用以及合金元素的挥发，对冶炼过程产生负面影响。

由于具备真空手段的各种炉外精炼方法，其工作压力均大于50Pa，所以炉外精炼所应用的真空只对脱气、脱氧、脱碳等反应产生较为明显的影响。

A　真空脱气

氧、氢、氮是钢中主要的气体杂质，真空的一个重要目的就是去除这些气体。但是氧是一较活泼的元素，它与氢不一样，通常不是以气体的形态被去除，而是依靠特殊的脱氧反应形成氧化物而被去除。所以在真空脱气中，主要讨论脱氢和脱氮。

在小于10^5Pa的压力范围内，氢和氮在铁液（或钢液）中的溶解度都符合平方根定律，平方根定律（西瓦特定律）用通式可表示为：

$$\frac{1}{2}X_2(g) = [X]$$

$$a_{[X]} = f_X w[X] = K^{\ominus}\sqrt{p_{X_2(g)}} \tag{1-1}$$

式中　$X_2(g)$ ——H_2、N_2气体；

$a_{[X]}$——气体（氢或氮）在铁液中的活度；

f_X——气体的活度系数；

$w[X]$ ——气体在铁液中的含量（质量分数）；

$K^{\ominus}$——气体（氢或氮）在铁液中溶解的平衡常数；

$p_{X_2(g)}$——气相中氢、氮的量纲一的分压，其计算公式为：

$$p_{X_2(g)} = \frac{p'_{X_2(g)}}{p^{\ominus}} \tag{1-2}$$

式中　$p'_{X_2(g)}$——X_2的分压，Pa；

$p^{\ominus}$——标准态压力，$p^{\ominus} = 100$kPa。

因此，在脱气过程中，只要降低相应的气相分压就可以使溶解在钢液中的气体排出。

降低气体分压的方法有：

（1）真空法：即降低整个系统的气体总压力；

（2）稀释法：即用其他气体来稀释，使被处理的气体进入氩气或水蒸气等气泡中而被带走，从而实现在假真空下脱除气体；

（3）两者组合法：边抽真空边吹入其他气体。

然而，钢水在冶炼过程中是一个非常复杂的系统，它受到整个处理工艺的影响，要降低钢水中的气体含量，就必须将所有的影响因素全部考虑在内。降低钢水中气体的措施包括以下几个方面。

（1）使用干燥的原材料和耐火材料。

（2）降低与钢液接触的气相中气体的分压。这可从两方面采取措施：一是降低气相的总压，即采用真空脱气，将钢液处于低压的环境中，也可采用各种减小钢液和炉渣所造成的静压力的措施；另一方面是用稀释的办法来减小p_{X_2}，如吹氩、碳氧反应产生一氧化碳气体所形成的气泡中，p_{X_2}就极低。

（3）在脱气过程中增加钢液的比表面积（A/V）。使钢液分散是增大比表面积的有效措施。在真空脱气时使钢液流滴化，如倒包法、真空浇注、出钢真空脱气等；或使钢液以一定的速度喷入真空室，如 RH 法、DH 法等。采用搅动钢液的办法，使钢液与真空接触的界面不断更新，也起到了扩大比表面积的作用，使用吹氩搅拌或电磁搅拌的各种真空脱气的方法都是属于这种类型。

（4）提高传质系数。各种搅拌钢液的方法都能不同程度地提高钢中气体的传质系数。

（5）适当地延长脱气时间。

B 真空脱氧

传统炼钢方法脱氧主要是依靠硅、铝等与氧亲和力较铁大的元素来完成。这些元素与溶解在钢液中的氧作用，生成不溶于钢液的脱氧产物，它们聚集长大并浮出钢水进入钢渣而使钢中含氧量降低；但是仍有大量的脱氧产物没有达到排出钢液的指标，它们就继续悬浮在钢液中不能排除。因此，指望用通常的脱氧方法而获得完全脱氧的钢，在理论上也是不可能的。

如果脱氧产物是气体或低压下可以挥发的物质，那么就有可能利用真空条件来促使脱氧更趋完全，而且在成品钢中并不留下以非金属夹杂形式存在的脱氧产物。在炉外精炼的真空条件下，就可以利用碳作为脱氧剂，使氧变为一氧化碳气体排出而降低钢中的氧含量。

有效利用碳来真空脱氧的措施包括以下几个方面。

（1）进行真空碳脱氧前尽可能使钢中氧处于容易与碳结合的状态，例如溶解的氧或 Cr_2O_3、MnO 等氧化物。避免真空处理前用铝、硅等强脱氧剂对钢液脱氧，因为这样将形成难以还原的 Al_2O_3或 SiO_2 夹杂。

（2）钢液表面应无渣或少渣来保证真空脱气的效果。当有渣时，还应设法降低炉渣中 FeO、MnO 等易还原氧化物，以避免炉渣向钢液供氧。

（3）为了加速碳脱氧过程，可适当加大吹氩量。

（4）在利用碳进行真空脱氧的后期，向钢液中加入适量的铝和硅以控制晶粒、合金化和终脱氧。

（5）为了减少由耐火材料进入钢液中的氧量，浇注系统应选用稳定性较高的耐火材料。

利用真空手段对钢水进行脱气是非常有效的。只应用真空炉外精炼方法，主要以脱气为目的，这类方法有 VC（Vacuum Casting）、SLD（Shift Ladle Degassing）、TD（Tap Degassing）等。真空辅以搅拌的炉外精炼方法有芬克尔法、VD（Vacuum Degassing）、ISLD（Induction Stirring Ladle Degassing）、DH（Dortmund Horder Process）、RH（Ruhrstahl Heraeus Process）、PM（Pulsating Mixing Process）等；辅以搅拌和加热的方法有 LFV（Ladle Furnace Vacuum Degassing）、SKF（Svenska Kullarger Fabriken Refining Method）、VADC（Vacuum Arc Degassing）等；辅以搅拌和喷吹的方法有 VOD(Vacuum Oxygen Decar burization)、RH-OB（Ruhrstahl Heraeus Process-Oxygen Blaoing）等。

C 真空脱碳

超低碳钢的含碳量（质量分数）不大于0.03%，而随着钢材质量的不断提高和钢种的不断开发，出现了含碳量为0.002%以下的钢种，这类钢以铬或者铬镍不锈钢居多。这就加大了冶炼的难度，必须在真空条件下通过调整碳氧平衡常数，进行吹氧脱碳。

现场视频-吹氩系统（底吹+顶吹）

微课-氩气搅拌

动画-底吹氩系统

1.2.2.2 搅拌

搅拌就是向流体系统中供应能量，使该系统内产生运动。炼钢过程中进行搅拌有利于反应物的接触、产物的迅速排出，也利于钢水成分和温度的均匀化。搅拌的方法主要包括机械搅拌、吹氩搅拌和电磁搅拌三种，而吹氩搅拌和电磁搅拌是现代炉外精炼常用的手段。

A 吹氩搅拌

氩气是惰性气体，吹入钢水内既不参与化学反应，也不溶解，是进行气体搅拌钢液的最佳选择。吹氩搅拌是利用氩气泡上浮抽引钢水流动达到搅拌的目的。

氩气泡在上浮过程中剧烈地搅拌钢水，均匀成分和温度促使夹杂物的上浮排除。尤其是对固态夹杂物（如 Al_2O_3）的上浮作用更为显著，这是因为固态夹杂物与钢水间的界面张力大，容易被氩气泡黏附，氩气泡上浮产生的激烈搅拌增加了氩气泡黏附夹杂物的机会，从而有效地促进夹杂物的上浮。

钢包吹氩也可以促进碳氧反应，氩气泡表面为碳氧反应提供了形核条件，生成的CO向氩气泡内扩散，使钢水进一步脱氧。另外，吹入的氩气在钢水表面把空气隔离，可进一步避免或减少钢液的二次氧化，起到保护作用。

氩气吹入钢水中形成大量细小气泡，在氩气泡内 $\{N_2\}$、$\{H_2\}$ 等有害气体的分压几乎为零，相当于一个小真空室。根据西华特定律，在一定温度下，气体的溶解度与该气体在气相中分压力的平方根成正比。因此从理论上讲，在吹氩过程中，可脱除钢水中部分有害气体。但吹氩过程会降低钢水温度，所以吹氩时间不宜过长，脱气效果有限。

钢包吹氩是通过钢包或精炼炉底部的透气砖，或从钢包上方插入吹氩枪导入氩气的，这两种吹氩方式分别称为底吹氩和顶吹氩。底吹氩的精炼效果较顶吹氩效果好，可以全程吹氩，操作方便，可以配合其他的精炼手段，但是设备投资费用稍高，且对透气砖的质量要求较高。透气砖除有一定透气性外，还必须能承受钢水的冲刷，具有良好的高温强度和耐急冷急热性能，透气砖一般使用刚玉材料。底吹元件与滑动水口一体化的供气方式可较好地解决透气元件连续使用的堵塞问题。透气砖的个数依据钢包的大小可采用单个核多个布置，透气孔的直径为0.1~0.26mm。随着透气砖与精炼炉炉衬寿命的同步，以及透气砖的快速更换等问题的解决，国内底吹氩技术应用也逐渐增多。顶吹氩只用来作为备用方式，做事故处理来使用。

钢包吹氩搅拌精炼应根据钢液和熔炼状态、精炼目的、出钢量等选择合适的吹氩工艺参数，如氩气耗量、吹氩压力、流量与吹氩时间及气泡大小等。

a 吹氩工艺参数的影响

（1）氩气耗量的影响。从理论计算和生产实践得知，当吹氩量低于0.3m^3/t钢时，氩气在包中只起搅拌作用，而脱氧、去气效率低且不够稳定，并对改善夹杂物的污染作用也不大。根据不同目的考虑耗氩量，一般在0.2~0.4m^3/t。

（2）吹氩压力的影响。吹氩压力越大，搅动力越大，气泡上升越快。但吹氩压力过大，氩气流涉及范围就越来越小，甚至形成连续气泡柱，而且容易造成钢包液面翻滚激烈，钢液大量裸露与空气接触造成二次氧化和降温，钢渣相混，被击碎乳化的炉渣入钢水深处，使夹杂物含量增加，所以最大压力以不冲破渣层露出液面为限。压力过小，搅拌能力弱，吹氩时间延长，甚至造成透气砖堵塞。因此压力过大过小都不好。理想的吹氩压力是使氩气流遍布整个钢包，氩气泡在钢液内呈均匀分布。例如能人为地造成氩气流在钢包中压力分布不均，使气泡流在包中呈涡流式的回旋，不仅可增加反应的接触面积，延长氩气流上升的路程和时间，更主要是在中心造成了一个负压，使钢液中的有害气体及夹杂能够自动流向氩气流的中心，并被卷升到渣面上，无疑提高了精炼效果。

现场视频-事故搅拌枪

动画-事故搅拌枪设备结构

（3）流量和吹氩时间的影响。在系统不漏气的情况下，氩气流量是指进入钢包中的氩气量，它与透气砖的透气度、截面积等有关。因此，氩气流量既表示进入钢包中的氩气消耗量，又反映了透气砖的工作性能。在一定的压力下，如增加透气砖个数和尺寸，氩气流量就大，钢液吹氩处理的时间可缩短，精炼效果反而增加。根据不同的冶金目的，可采用不同的氩气流量：

1）吹氩清洗（80~130L/min）：均匀温度与成分，同时促进脱氧产物上浮；

2）调整成分、化渣（300~450L/min）：促进钢包加入物的熔化；

3）氩气搅拌（450~900L/min）：加强渣-钢反应，在钢包中脱硫；

4）氩气喷粉（900~1800L/min）：氩气作载气吹入脱硫剂，Ca-Si 粉等。

吹氩时间通常为 5~12min，主要与钢包容量和钢种有关。吹氩时间不宜太长，否则温降过大，对耐火材料冲刷严重。但一般不得低于 3min，若吹氩时间不够，碳-氧反应未能充分进行，非金属夹杂物和气体不能有效排除，吹氩效果不显著。

（4）氩气泡大小的影响。在吹氩装置正常的情况下，当氩气流量、压力一定时，氩气泡越细小、均匀及在钢液中上升的路程和滞留的时间越长，它与钢液接触的面积也就越大，吹氩精炼效果也就越好。氩气泡是氩气通过多孔透气砖获得的，透气砖内的气孔越大，原始氩气泡就越大，因此希望透气砖的孔隙要适当地细小。据资料介绍，孔隙直径在 0.1~0.26mm 时为最佳，如果孔隙再减小，透气性变差、阻力变大。在实际生产中往往出现透气砖组合系统漏气现象，这时氩气有可能不通过透气砖而由缝隙直接进入钢中。在这种情况下，钢包里的钢液就要冒大气泡，后果是精炼作用下降，而得不到预期的脱氧、去气、去除夹杂等效果。因此，应及时检修或完善组合系统的密封问题。除此之外，氩气泡的大小还与吹氩的原始压力有关。在装置不漏气的情况下，一般是吹氩的原始压力越高，氩气泡的直径越大。在操作过程中，为了获得细小、均匀的氩气泡，吹氩的压力一定要控制。

b 脱氧程度的影响

钢液的脱氧程度对钢包吹氩精炼的效果影响很大，不经脱氧，只靠包中吹氩来脱氧去气，钢中的残存氧可达 0.02%。也就是说，钢液仅靠吹氩是不能达到完全脱氧的目的，后果是影响浇铸的顺利进行，因此，钢包吹氩精炼要经过良好的脱氧处理后进行为宜。

B　电磁搅拌

当磁场以一定速度切割钢水导体时，钢水中产生感应电流，载流钢水与磁场相互作用产生电磁力，从而驱动钢水运动。利用电磁感应的原理使钢液产生运动称为电磁搅拌。由电磁感应搅拌线圈产生的磁场可在钢水中产生搅拌作用。

无论电磁搅拌器的形式如何，其主要由变压器、低频变频器和感应线圈组成。变压器一般采用油浸自然冷却；感应线圈采用水冷矩形铜管或铝管绕制；变频器一般用可控硅控制，通过调节变频器电频可达到调节钢水流动速度的目的。

要保证线圈高温状态下安全工作，同时强化电磁搅拌效果，应综合考虑两个方面因素确定耐火材料厚度。

炉外精炼的电磁搅拌线圈可以环绕安装［见图 1-1(a)］，也可以片状安装；片状安装可以单片安装［见图 1-1(b)］，也可以双片对称安装［见图 1-1(c)、和(d)］。双片对称安装可以使钢水形成双回流股［见图 1-1(c)］，也可以形成单回流股［见图 1-1(d)］。其中单片安装搅拌效果最差，只适用于小型精炼炉，双片对称安装形成单回流股，搅拌效果最好，能耗也较低。

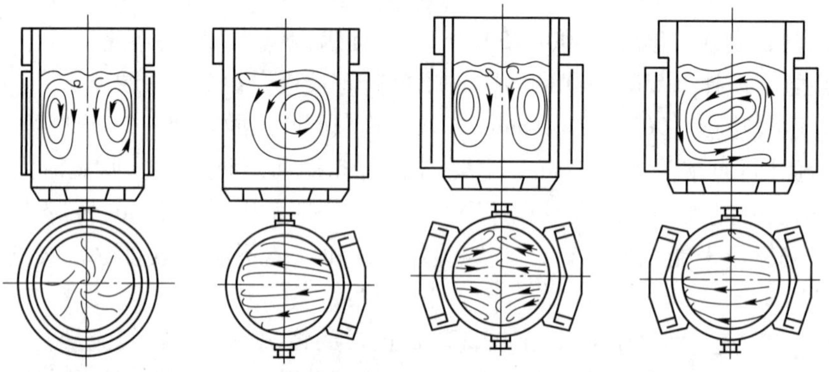

(a)　(b)　(c)　(d)

图 1-1　电磁搅拌器的类型和钢水的流动状态

(a) 环绕安装；(b) 单片安装；(c) 双片对称安装（双回流股）；(d) 双片对称安装（单回流股）

感应电流在钢水中形成的涡流产生了热量，因此电磁搅拌还具有一定的保温作用，这是吹氩搅拌无法做到的。但是，靠近电磁感应搅拌线圈的部分钢包壳应由奥氏体不锈钢等无磁性的钢材制造。

搅拌手段可以均匀成分和温度，促进夹杂的上浮，提高钢液洁净度。这些方法可提高工艺的安全性、可靠性，且调整和操作灵活，成本低。但电磁搅拌和吹氩搅拌都有自身的缺陷，冶金功能比较局限。因此，选用搅拌的同时，还需辅以其他精炼手段，可使这些手段的功能更充分、更完善地发挥。

1.2.2.3　成分调整

炉外精炼可用加块状合金、喷粉或喂线等方式调整钢水成分、改善夹杂物形态。

示意图-喷吹法（铁水罐顶喷颗粒镁）

A 加块状合金

在精炼炉内加合金块，操作方便并且可以保证成分的均匀性。此外，对于采用氧化法加热的精炼方式，加铝还起发热剂作用。加入的合金应干燥、成分稳定、块度均匀。但是在精炼过程中以块状形式把铁合金加入钢包中微调成分，其收得率低，成分控制准确度差，容易出现钢水成分不合格的废品。

B 喷粉

喷粉精炼是根据流化态和气力传输原理，用氩气或其他的气体作载体，将不同类型的粉剂喷入钢水或铁水中进行精炼的一种冶金方法，一般称之为喷射冶金（injection metallurgy）或喷粉冶金。

向钢水中加入 Ca、Mg 等元素，对脱氧、脱硫、改变夹杂物形态都具有良好的效果。但是 Ca、Mg 都是易挥发元素，如钙的蒸气压高（0.18MPa）、沸点低（1492℃）、密度小（$1.55g/cm^3$）、在钢水中的溶解度低（0.15%~0.16%），在常压下与钢水接触立即汽化，因此将其制成合金粉剂，用喷射的方法喷入钢水，这是一种十分有效的方法。

喷粉不仅可以调节钢水成分，而且可以改善夹杂物形态。此外，也可以向钢水喷入 CaO 和 CaC_2 粉剂，达到脱硫目的。喷粉装置一般是将合金或脱硫材料制成粒径在 0.1mm 以下的粉剂，以惰性气体为载体送入钢水中，也可以将吹氩搅拌与喷粉结合进行。喷粉与吹氩一样有顶吹和底吹两种方式。载流流量可通过气压加以调节，既要防止气流过强造成钢水液面裸露，也要防止气流过小带不动粉剂。

喷粉的类型主要根据精炼的目的而确定。表 1-1 介绍了常用的几种脱磷、脱硫、脱氧和合金化粉剂。

表 1-1 反应和合金化采用的喷粉材料

脱　磷	$CaO+CaF_2+Fe_2O_3$+氧化铁皮、苏打
脱　硫	钝化镁粉、Mg+CaO 和 $Mg+CaC_2$；CaC_2+CaCO_3+CaO；CaO+（$CaCO_3$）；CaO+Al；$CaO+CaF_2$+(Al)；苏打；CaC_2；混合稀土合金
脱　氧	Al、Si-Mn；采用 Ca-Si、Ca-Si-Ba、Ca 脱氧及控制夹杂物的形态
合金化	Fe-Si；石墨、碎焦；NiO、MnO_2；Fe-B、Fe-Ti；Fe-Zr、Fe-W、Si-Zr、Fe-Se、Te

至于喷粉的形式，可以通过浅喷射或深喷射喷枪喷入钢水中。图 1-2 为典型的深浸喷枪的喷射系统，这个设备由分配器、流态化器、挠性导管和深喷枪以及储存箱组成。

C 喂线

喷射冶金对粉剂的制备、运输、防潮、防爆等要求严格，而且喷粉存在着钢水增氢、温降大等缺点，为此研究出喂线法（Wire Feeding，即 WF 法），即合金芯线处理技术。该方法产生于 20 世纪 70 年代末期，起源于用金属钙对铝镇静钢进行净化处理的初衷，目的就是要把密度小、沸点低、易氧化，以及在钢水中的溶解度很小的钙经济有效地加入钢水中。Ca-Si 合金、Fe-RE、Fe-B、Fe-Ti、铝等合金或添加剂均可制成粉剂，用 0.2~0.3mm 厚的低碳薄带钢包裹起来，制成断面为圆形或矩形的包芯线，通过喂线机将包芯线喂入钢水深处，钢水的静压力抑制了易挥发元素的沸腾，使这些元素在钢水中进行脱氧、脱硫、夹杂物变性处理和合金化。喂线在添加易氧化元素、调整成分、减少设备投资、简化操作、提高经济效益和保护环境等方面比喷粉法更为优越。喂线设备布置示意图如图 1-3 所示。

现场视频-喂丝机

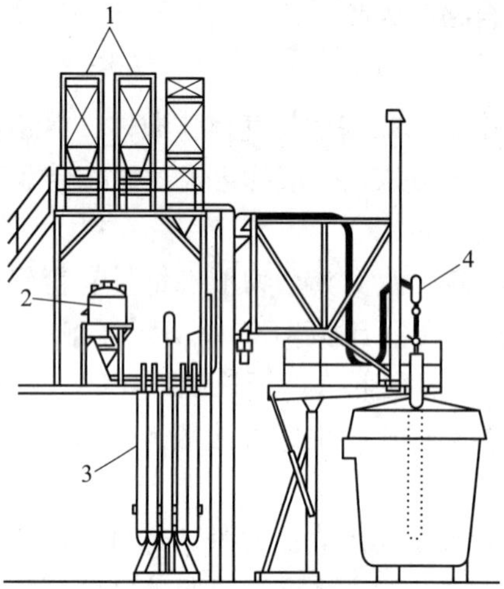

图 1-2　深浸喷枪喷射系统

1—料斗；2—分配器；
3—备用喷枪；4—喷枪喷射机械

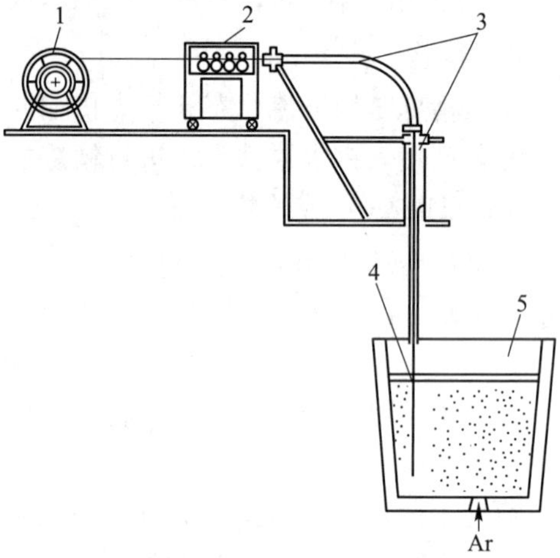

图 1-3　喂线设备布置示意图

1—线卷装载机；2—辊式喂线机；
3—导管系统；4—包芯线；5—钢水包

动画-喂丝机结构

现场照片-喂丝机外形

在 1600℃时，抑制钙沸腾的钢水深度为 1.4m，正常温度下包芯线在 1~3s 内才熔化，如果喂线速度 100m/min，则至少可以喂入 1.6m 深。熔化的球状液态钙缓慢上浮，同时与周围的钢水起作用。喂线速度过慢、过快都会使芯线在接近钢水面上部熔化，影响冶金效果，如图 1-4(a)和(b)所示。试验结果表明，吐丝导管弯度不够或矫直段长度短，会使芯线打弯或上翘，不能垂直进入钢包深部，增加芯线烧损，如图 1-4(c)和(d)所示。要使包芯线垂直喂入钢水深部熔化，如图 1-4(e)所示，必须采用合适的喂线工艺参数。

现场照片-喂丝机喂丝

动画-喂线熔化过程

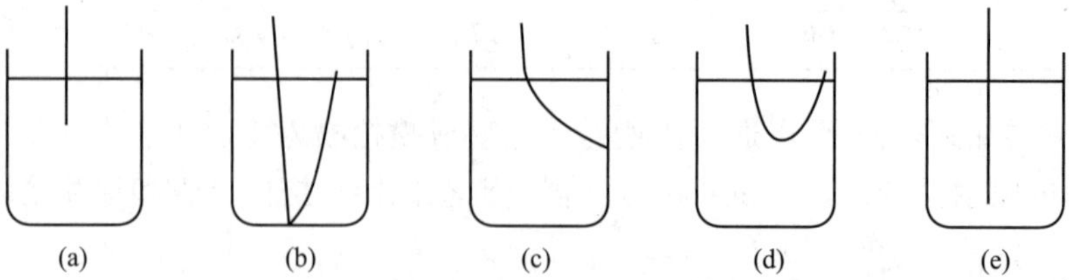

图 1-4　芯线喂入钢包内的几种情况

(a) 速度过慢；(b) 速度过快；(c) 吐丝导管弯度不够；
(d) 矫直段长度不够；(e) 合适的喂丝工艺

喂线比喷粉具有以下优点。

(1) 操作简单，不需要像喷粉那样复杂的监控装备水平，一个人就能顺利操作。

（2）设备轻便，使用灵活，可以在各种大小容量的钢包内进行。而喷粉只有当钢包容量足够大时才能顺利进行。

（3）消耗少，操作费用省，不需昂贵的喷枪，耐火材料消耗少。喂线的氩气消耗量约为喷粉的1/5~1/4［喂线为0.04~0.05m^3/t（标态），喷粉为0.16~0.26m^3/t（标态）］。喂线的硅钙粉耗量约为喷粉的1/3~1/2（喂线为0.6~0.8kg/t，喷粉为1.2~2.0kg/t）。

（4）温降小。喂线操作时间短，且钢水与钢渣没有翻腾现象，一般80t左右的钢包喂入0.5~1.5kg/t的硅钙粉，钢水温度只下降5~10℃，而喷粉则温降达30℃。

（5）钢质好。经喂线处理的钢水，氢、氧、氮的污染少，而喷粉容易产生大颗粒夹渣和增氢。

（6）功能适应性强，能有效地解决那些易氧化、易潮和有毒粉料储运及喂入钢水中的问题。在钢中增硫、增碳、增铝中运用方便可靠。

（7）钢水浇注性能好，连铸时堵塞水口的机会比喷粉法少。

（8）操作过程散发的烟气少，车间环保条件比喷粉生产时好。

以喂线的形式微调合金成分，收得率高，再现性强，喂入的元素准确，能把钢水成分控制在很窄的范围内。通过喂线可生产出化学成分范围很窄、用途重要的钢种，并能保证不同炉号的钢材力学性能的均一性。通过喂钙处理，钢中夹杂物能达到很高的球化率，使钢的冷热加工性能改善，薄板和带钢的表面质量提高，高速切削钢的力学性能增强，无缝钢管的氢裂现象减少。通过喂硼处理，可增加钢的淬透性。

1.2.2.4　温度调整

钢水精炼结果必须要保证连续铸钢要求的合适的温度范围，然而在精炼过程中，温度随时间和精炼操作不断地变化，比如，钢液从初炼炉到精炼过程钢液温降；熔化造渣材料和合金材料造成温降；真空脱气和吹氩搅拌造成温降；吹氧脱碳造成升温；添加某些合金材料造成升温等。因此，在精炼过程中，必须对精炼钢水进行必要的温度调整。

A　升温方法

钢水在冶炼过程中温降是主要现象，钢包的容量（即钢液量）、钢液面上熔渣覆盖的情况、添加材料的种类和数量、搅拌的方法和强度、钢包的结构（包壁的导热性能，钢包是否有盖）以及使用前的烘烤温度等因素都会影响钢水的冷却速率，而且这些因素都是不可避免的，因此经常需要给钢水进行加热升温。

钢水加热升温的方法很多，包括燃料燃烧加热、电阻加热、电弧加热、化学加热、电渣加热、感应加热等。炉外精炼加热要求升温速度快、对钢水无污染、成本低。符合这些要求的加热方法不多，目前炉外精炼常用的加热方法有电弧加热法和化学加热法。

a　电弧加热法

电弧加热法与电弧炉加热的原理相同，采用石墨电极埋在熔渣中间，利用它产生的电弧加热钢水，从而达到升温的目的。电弧加热分为直流电弧加热和交流电弧加热两种方法，常用三相交流电通过三根电极进行加热。

电弧加热法加热速度可根据钢水的升温要求调节电压、电流的档位来控制，通过调节电压改变加热速度。采用电弧加热要特别注意在加热过程中的埋弧，否则对精炼容器耐火材料的寿命有很大影响。采用直流电弧加热可减少耐火材料蚀损，但直流电弧加热法，精炼炉底电极的结构和寿命是较难解决的问题。

b　化学加热法

化学加热法是把铝等发热剂加入钢水中，同时吹氧使之氧化，放出的热量加热钢水，达到升温的目的。也可在出钢时将 C、Si 含量控制在适当高的范围，在真空条件下进行吹氧，靠 C、Si 氧化放出的热量升温。

一般在化学加热法中多采用顶吹氧枪，常见吹氧枪为消耗型，用双层不锈钢管组成。外衬高铝耐火材料 [$w(Al_2O_3) \geqslant 90\%$]，套管间隙一般为 2~3mm。外管通以氩气冷却，氩气量大约占氧量的 10%。氧枪的烧损速度大约为 50mm/次，寿命为 20~30 次。

发热剂主要有两大类：一类是金属发热剂，如铝、硅、锰等；另一类是合金发热剂，如 Si-Fe、Si-Al、Si-Ba-Ca、Si-Ca 等。铝、硅是首选的发热剂。发热剂的加入方式，一般采用一次加入或分批加入或连续加入，而连续加入方式优于其他方式。

钢液的铝-氧加热法（AOH）是化学热法的一种，它是利用喷枪吹氧使钢中的溶解铝氧化放出大量的化学热，而使钢液迅速升温。该法具有许多优点：吹氧时喷枪浸在钢水中，很少产生烟气；氧气全都与钢水直接接触，可以准确地预测升温结果；对钢包寿命没有影响；能获得高洁净度的钢水。CAS-OB 和 RH-OB 等应用了这种方法。这类加热方法的工艺安排主要由以下三个方面所组成。

（1）向钢液中加入足够数量的铝，并保证全部溶解于钢中，或呈液态浮在钢液面上。加铝方法可通过喂线，特别是喂薄钢皮包裹的铝线。通过控制喂线机可以定时、定量地加入所需的铝量。CAS-OB 法是通过浸入罩上方的加料口加入块状铝。

（2）向钢液吹入足够数量的氧气。可根据需要定量地控制氧枪插入深度和供氧量，这样可使吹入的氧气全部直接与钢液接触，氧气利用率高，产生的烟尘少，由此可准确地预测铝的氧化量和升温的结果。CAS-OB 的供氧是由氧枪插入浸入罩内向钢液面顶吹氧。浸入罩内钢液面上基本无渣，且加入的铝块迅速熔化浮在钢液面上，因此吹入的氧气仍有较高的利用率。

（3）钢液的搅拌是均匀熔池温度和成分、促进氧化产物排出的必不可少的措施。吹入的氧气不足以满足对熔池搅拌的要求，所以都采用吹氩搅拌。CAS-OB 在处理的全程，一直进行底吹氩。

B　降温方法

当钢水温度过高时，可在精炼炉内加入部分清洁小块废钢加以调节。废钢加入后应注意加强搅拌，防止成分、温度的不均匀，必要时补加部分合金。此外，适当延长吹氩时间也可以降低钢水温度。

C　保温方法

精炼结束后，需要吊包浇注。为了在运输过程中减少钢水温降，往往在冶炼结束后在钢包内加入一定量的保温剂，或者采用钢包加盖等措施，以减少热量散失，保证在较低温度下出钢。

1.2.2.5 造渣

为了在炉外精炼时完成脱硫和脱氧任务，可采用造渣手段，该手段是通过控制和调整渣子的成分、碱度、流动性、发泡性等工艺参数来完成钢水精炼的任务。精炼钢液中大部分的氧、硫和非金属夹杂物主要是通过初炼炉出钢时的合成渣洗来降低的。所谓合成渣洗，就是由炼钢炉初炼的钢水放在盛钢桶内，通过钢液对合成渣的冲洗进一步提高钢水质量的一种炉外精炼方法。作为提高转炉和电炉钢纯净度的措施，早在1933年，法国人就提出了派林（Perrin）法，之后被其他一些国家采用并得到一定的发展。渣洗是一种比较廉价的炉外精炼方法，适合处理用于制造高强度钢板、钢管、航空及耐寒和深冲变形部件的钢种。

根据冶炼要求，可以造还原渣、碱性渣，也可以造中性渣或酸性渣。氧化性渣洗炼钢时间短，成本消耗低，因而应用较为广泛。

合成渣是为达到一定的冶金效果而按一定成分配制的专用渣料。使用合成渣可以达到以下效果：

（1）强化脱氧、脱硫、脱磷；

（2）加快钢中杂质的排除、部分改变夹杂物形态；

（3）防止钢水吸气；

（4）减少钢水温度散失；

（5）形成泡沫性渣达到埋弧加热的目的。

现在使用的合成渣主要是为提高夹杂物的去除速度，降低溶解氧含量，提高脱硫率，加快反应速度而配制的，要求可以把［O］降至0.002%、［S］降至0.005%。

为了达到精炼钢液的目的，合成渣必须具有较高的碱度、高还原性、低熔点和良好的流动性；此外还要具有合适的密度、扩散系数、表面张力和导电性等。

合成渣有固态渣和液态渣，一般电炉钢水多用液态合成渣、转炉钢水多用固态合成渣。根据合成渣炼制的方式不同，渣洗工艺可分为异炉渣洗和同炉渣洗。所谓异炉渣洗，就是设置专用的炼渣炉（一般使用电弧炉），将配比一定的渣料炼制成具有一定温度、成分和冶金性质的液渣，出钢时钢液冲进事先盛有这种液渣的钢包内，实现渣洗。所谓同炉渣洗，就是渣洗的液渣和钢液在同一座炉内炼制，并使液渣具有合成渣的成分与性质，然后通过出钢最终完成渣洗钢液的任务（适用于传统电弧炉“老三期”冶炼工艺、出钢时大口深坑、钢渣混出）。异炉渣洗效果比较理想，适用于许多钢种，然而工艺复杂，生产调度不便，且需一台炼渣炉相配合。为了弥补这样的不足，出现了同炉渣洗工艺。但同炉渣洗效果不如异炉渣洗，只用于碳钢或一般低合金钢上，因此在生产上还是应用异炉渣洗的情况较多，而通常所说的渣洗也是指异炉渣洗。此外，为了简化工艺，可将固体的合成渣料在出钢前或在出钢过程中加入钢包中，这就是所谓的固体渣渣洗工艺。固体合成渣虽然能够简化工艺与操作，但效果不稳定，且温度损失大，如果使用不当会降低钢包的使用寿命，特别是过量的CaF_2更能加速包衬的损坏。

合成渣洗过程为：出钢前将准备好的合成渣倒入盛钢桶内并移至炼钢炉下，在出钢过程中，钢液流冲击合成渣，充分搅拌，使钢液与合成渣充分接触，使钢液得到渣洗。钢流有一定的高度（混冲高度一般为 3～4m）和速度，钢水很快出净，因此钢水有一定的冲击力，能使钢-渣充分搅拌接触。偏心炉底出钢的电弧炉可做到无渣出钢（或留钢留渣操作），转炉要挡渣出钢。氧化性渣洗的钢液成分的调整应是炉中和包中相结合进行。锰铁一般加入炉中，硅铁和终脱氧铝可随钢流加入包中。为使乳化的渣滴充分上浮，钢液在包中的镇静时间要比常规工艺略长些。

微课-渣洗

起初，炉外精炼的每种手段是为了完成某项精炼任务而开发出来的。随着炉外精炼技术的发展，冶炼任务的要求也越来越高，冶金工作者根据完成的目标不同，将这五种精炼手段有目的的组合在一起，形成了各式各样的精炼方法。图 1-5 展示了不同精炼方法的精炼作用和使用的精炼手段。

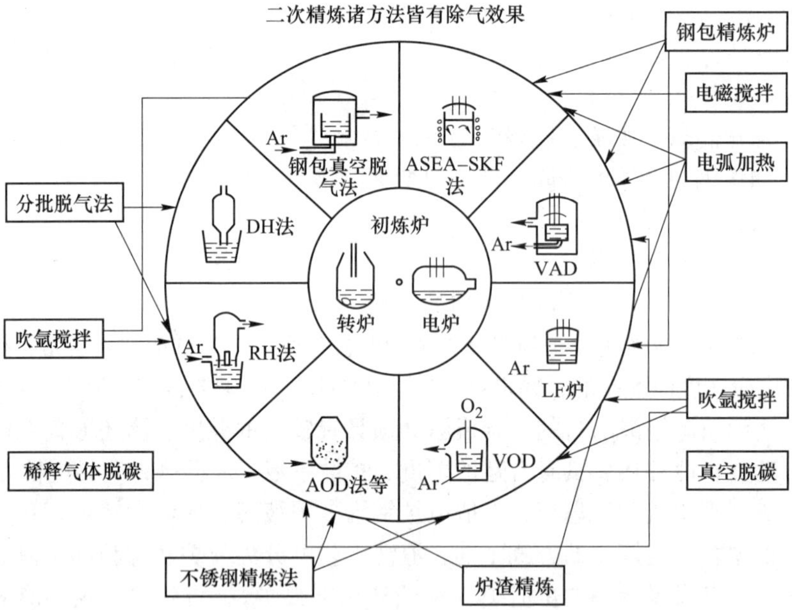

图 1-5　不同精炼方法的精炼作用

1.3　钢中非金属夹杂物及夹杂物变性处理

1.3.1　钢中非金属夹杂物

1.3.1.1　概述

钢中非金属夹杂物是指钢中不具有金属性质的氧化物、硫化物、硅酸盐和氮化物。它们是钢在冶炼过程中由于外在因素和内部物理化学反应在钢液中生成的各种物质，这些夹杂物在钢液凝固过程中来不及排出而留在钢中。它们常作为衡量钢质量的重要指标，其类型、组成、形态、含量、尺寸、分布等各种状态因素都对钢性能产生影响。

随着近代精炼技术的发展，钢的“洁净度”大大提高，夹杂物在钢中的含量虽然极微，但对钢的性能却具有不可忽视的影响，非金属夹杂物在钢中破坏了金属基体的连续性，致使材料的塑性、韧性降低和疲劳性能降低，使钢的冷热加工性能乃至某些物理性能变坏。

1.3.1.2　钢中非金属夹杂物的分类

非金属夹杂物的性质、形态、分布、尺寸及含量不同，对钢性能的影响也不同。提高金属材料的质量，生产出洁净钢，或控制非金属夹杂物性质和要求的形态，是冶炼和铸锭过程中的一个艰巨任务。因此，如何正确判断和鉴定非金属夹杂物十分重要。

非金属夹杂物根据形成原因、来源、成分等可以划分成不同的种类。

A　按夹杂物形成原因划分

钢中非金属夹杂物按其形成原因可分为两类，即内生夹杂物和外来夹杂物。

a　内生夹杂物

内生夹杂物是指钢在冶炼过程中，脱氧反应会产生氧化物和硅酸盐等产物，若在钢液凝固前未浮出，将留在钢中夹杂物。溶解在钢液中的氧、硫、氮等杂质元素在降温和凝固时，由于溶解度的降低，与其他元素结合以化合物形式从液相或固溶体中析出，最后留在钢锭中，它是金属在熔炼过程中，各种物理化学反应形成的夹杂物。内生夹杂物分布比较均匀，颗粒也较小，正确的操作和合理的工艺措施可以减少其数量和改变其成分、大小和分布情况，但一般来说是不可避免的。

内生夹杂物的来源主要有以下几个方面：

(1) 脱氧剂和合金添加剂与钢中元素化学反应的产物，在钢液凝固前未浮出而残留在钢中；

(2) 出钢、浇铸过程中钢水与大气接触，钢水中易氧化、氮化元素的二次氧化、氮化产物；

(3) 出钢至铸锭过程中，随钢水温度的下降，造成氧、硫、氮等元素及化合物溶解度的降低，因而产生或析出各种夹杂物。

b　外来夹杂物

外来夹杂物是指钢在冶炼和浇铸过程中悬浮在钢液表面的炉渣，由炼钢炉、出钢槽和钢包等内壁脱落的耐火材料（或其他夹杂物）在钢液凝固前未及时清除而留于钢中的夹杂物。它是金属在熔炼过程中与外界物质接触发生作用产生的夹杂物。如炉料表面的砂土和炉衬等与金属液作用，形成熔渣而滞留在金属中，其中也包括加入的熔剂。这类夹杂物（又称为粗夹杂）一般的特性是外形不规则，尺寸比较大，分布也没有规律。只要工艺、操作适当，外来夹杂物是可以减少和避免的。

外来夹杂物的主要来源有以下两个途径：

(1) 冶炼、出钢及浇铸过程中，钢水、炉渣及耐火材料相互作用而被卷入的耐火材料或炉渣等；

（2）与原材料同时进入炉中的非金属夹杂物。

B　按夹杂物化学组成划分

根据夹杂物的化学成分可以分为氧化物系、硫化物系和氮化物系夹杂物，具体如图 1-6 所示。

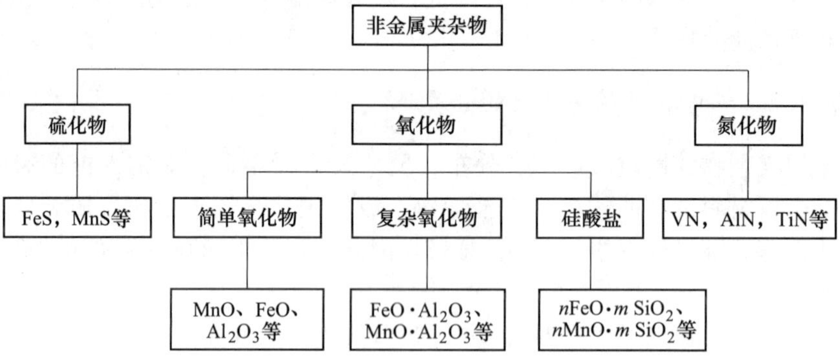

图 1-6　钢中非金属夹杂物按照化学成分分类图

a　氧化物系夹杂

氧化物系夹杂可以分为简单氧化物、复杂氧化物、硅酸盐夹杂物等。其中，简单氧化物有 FeO、Fe_2O_3、MnO、SiO_2、Al_2O_3、MgO 和 Cu_2O 等。在铸钢中，当用硅铁或铝进行脱氧时，SiO_2 和 Al_2O_3夹杂比较常见，Al_2O_3在钢中常常以球形聚集呈颗粒状成串分布。复杂氧化物包括尖晶石类夹杂物和各种钙的铝酸盐等，以及钙的铝酸盐，如图 1-7 所示。硅酸盐夹杂也属于复杂氧化物夹杂，这类夹杂物有 $2FeO \cdot SiO_2$（铁硅酸盐）、$2MnO \cdot SiO_2$（锰硅酸盐）和 $CaO \cdot SiO_2$（钙硅酸盐）等，如图 1-8 所示。这类夹杂物在钢的凝固过程中，由于冷却速度较快，某些液态的硅酸盐来不及结晶，其全部或部分以玻璃态的形式保存于钢中。

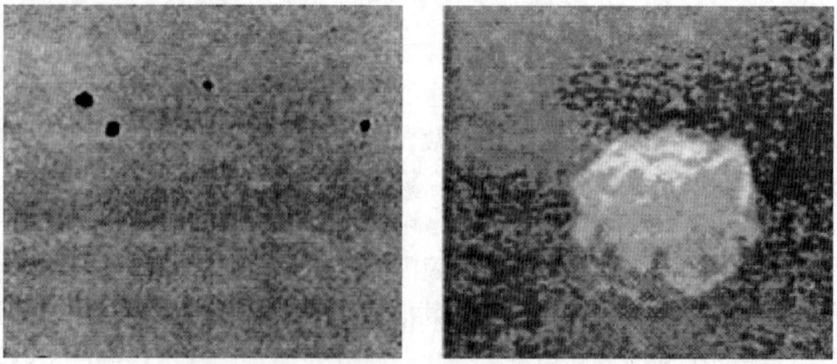

图 1-7　扫描电镜下的氧化铝和钙的铝酸盐夹杂

b　硫化物系夹杂

硫化物系夹杂主要为 FeS，MnS 和 CaS 等。由于低熔点的 FeS 易形成热脆，一般均要求钢中要含有一定量的锰，使硫与锰形成熔点较高的 MnS，而消除 FeS 的危害。因此，钢中硫化物夹杂主要是 MnS。

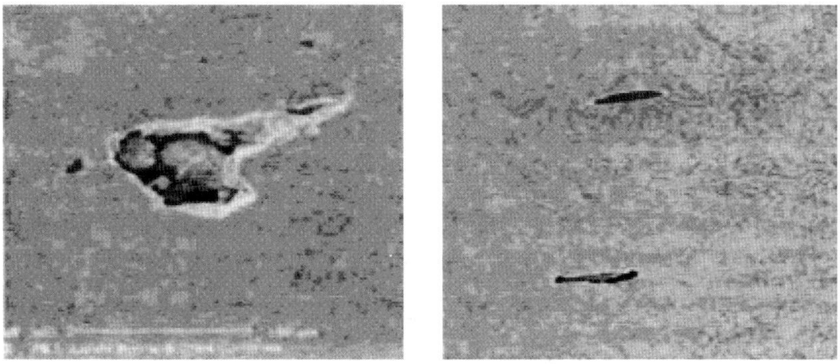

图 1-8 扫描电镜下的硅酸盐和硫化锰夹杂

铸态钢中硫化物夹杂的形态通常分为以下三类：

（1）形态为球形，这种夹杂物通常出在用硅铁脱氧或脱氧不完全的钢中；

（2）在光学显微镜下观察呈链状的极细的针状夹杂；

（3）呈块状，外形不规则，在过量铝脱氧时出现。

c 氮化物夹杂

当钢中加入与氮亲和力较大的元素时，会形成 AlN、TiN、ZrN 和 VN 等氮化物。在出钢和浇铸过程中钢液与空气接触，氮化物的数量是会显著增加的。

除此之外，还有一些其他的夹杂物，比如复杂夹杂如硫氧化物（Ce_2O_2S）、氟氧化物（LaOF）、氮碳化物（TiCN）、硫碳化物（$Ti_4C_2S_2$）等。钢中实际存在的夹杂物与钢的成分、冶炼过程、脱氧方法等因素有关。

C 按夹杂物的塑性及分布分类

根据夹杂物的塑性及分布特性分为脆性夹杂物、塑性夹杂物、点状不变形夹杂物和半塑性夹杂物。

（1）塑性夹杂物：热变形时具有良好的范性，沿变形方向延伸呈条带状。属于这类的夹杂物有硫化物及含 SiO_2 量较低的铁锰硅酸盐等。

（2）脆性夹杂物：热加工时形状和尺寸都不变化，但可沿加工方向成串或点链状排列。属于这类的夹杂物有 Al_2O_3、Cr_2O_3等。

（3）点状（或球状）不变形夹杂物：铸态呈球状，热加工后形状保持不变，如 SiO_2 和 SiO_2 含量较高的硅酸盐等。

（4）半塑性夹杂物：指各种复相的铝硅酸盐夹杂。基底铝硅酸盐有范性，热加工时延伸变形，但其中包含着的析出相如 Al_2O_3等是脆性的，加工时保持原状或只是拉开距离。

D 按夹杂物的形态和分布分类

根据夹杂物的形态和分布，标准图谱分为 A、B、C、D 和 DS 五大类。这五大类夹杂物代表最常观察到夹杂物的类型和形态。

（1）A 类（硫化物）：具有高的延展性，有较宽范围形态比的单个灰色夹杂物，一般端部呈圆角。最早 C. E. Sims 将硫化物（FeS）分成三类：Ⅰ为球状硫化物；Ⅱ为片状或棒状硫化物；Ⅲ为尖角状硫化物。Ⅰ类和Ⅱ类硫化物产生于协同共晶，Ⅲ类硫化物产生于离异共晶，如 CaS、FeS、MnS、MnS · FeS 等。在硫化物夹杂中除了 S、Ca、Fe 以外，往往还含有少量 Mg、Al、Si 等元素。

（2）B 类（氧化铝）：大多没有变形，带角的，形态比小（一般小于 3），黑色或带蓝色的颗粒，沿轧制方向排成一行，至少有三个颗粒，如 FeO、MnO、SiO_2、Al_2O_3、CaO 等。氧化铝夹杂是脆性夹杂物，为铝脱氧产物，主要来源于铝脱氧产物和耐火材料，常聚集为团簇状，轧制过程中沿轧制方向排列为点状或串状。

（3）C 类（硅酸盐）：具有高的延展性，有较宽范围形态比（一般不小于 3）的单个黑色或深灰色夹杂物，一般端部呈锐角，如硅酸亚铁（$2FeO \cdot SiO_2$）、硅酸亚锰（$2MnO \cdot SiO_2$）、铁锰硅酸盐（$m FeO \cdot MnO \cdot SiO_2$）等。硫化物以氧化铝等氧化物为核心形核，来源于 S 与钢中硫化物形成元素 Ca、Fe 等的化学反应。

（4）D 类（球状氧化物）：铝酸钙复合夹杂物为点状夹杂物，来源于氧化铝与渣中氧化钙生成的复合化合物。轧制过程中不变形，带角或圆形，形态比小（一般小于 3），黑色或带蓝色、无规则分布的颗粒。铸坯中非金属夹杂物绝大多数为硅酸盐类夹杂物，主要组分为 SiO_2、Al_2O_3、MnO、CaO、MgO，还含极少量 TiO_2。其形貌以球状为主，尺寸很小，绝大多数在 2～10μm。研究表明，控制钢水中 Ca、Mg、Al 成分，是控制 D 类夹杂的重要手段。降低精炼顶渣碱度可显著减轻 D 类氧化物、硫化物和碳氮化钛的尺寸和级别。

镁铝尖晶石（$MgAl_2O_4$）是氧化铝与渣中的氧化镁和包衬带入的氧化镁复合生成的硬脆性夹杂物，具有稳定的体心立方结构，熔点较高（2135℃），硬度大（HV210～240MPa），轧制时不易变形，属 D 类点状不变形夹杂物，尺寸大多为 2.0～6.0μm，形状有球形、立方体形和不规则形。钢中 $Mg \cdot Al_2O_4$ 夹杂物是伴随着 MgO-C 砖、含 MgO 精炼渣以及真空操作在精炼过程中的应用而产生的。

（5）DS 类（单颗粒球状）：圆形或近似圆形，直径不小于 13μm 的单颗粒夹杂物，属于钢中大颗粒夹杂物。其主要成分有两部分，分别为含钙的铝酸盐和镁铝尖晶石（部分包裹 CaS）。

除此之外，夹杂物还可根据化学稳定性的不同，分为易溶于稀酸、甚至在水中就能分解的不稳定夹杂物和在热的浓酸中才能溶解的稳定夹杂物，或按照钢的类型和成分分类等。

1.3.1.3　钢中非金属夹杂物的产生原因

冶炼过程中非金属夹杂物产生的原因包括造渣材料、铁合金、精炼炉真空操作、氩气等。

A　造渣材料

碱性炼钢常用的造渣材料是石灰和萤石。石灰的主要成分是 CaO，其含量（质量分数）应不小于 85%，SiO_2 含量（质量分数）应不大于 2%，硫含量（质量分数）应小于 0.15%。石灰易吸收水分而变成粉末，造渣时应使用刚烧好的、烧透的石灰，或对石灰进行预热后再使用，这样能防止石灰给钢液带入过多的水分，否则就会使钢液氢含量增加，影响钢的质量，严重时会使钢报废。萤石的主要成分是 CaF_2，含量（质量分数）为 85%～95%，SiO_2 含量（质量分数）约为 6%。加入萤石能够帮助化渣，是良好的助熔剂，它可以在短时间内改善炉渣的流动性。石灰中若掺杂硫化物矿石，必须将这种萤石排除掉，否则会降低炉渣的脱硫能力，易造成硫化物（MnS）夹杂。

B 铁合金

在冶炼时，如果使用烘烤时间短、烘烤温度低、甚至根本未经烘烤的铁合金材料，势必将会增加外来夹杂物和气体带入钢液中的机会。经过烘烤的铁合金上到炉台，在寒冷的冬季，露天摆放的铁合金会很快凉下来，将这些凉的铁合金加入钢包内，不可能很快融化并且在钢液中分布均匀，它们得经过一段时间的熔化和搅拌的过程。对于精炼炉来说，钢水在真空处理结束后，这时还要补加一些铁合金调整钢液中元素的含量，如果没有在工艺规定的时间内出钢，势必将会影响真空除气、去杂质的效果，同时又增加了外来夹杂物进入钢液中的机会，影响钢水质量。

C 精炼炉真空操作

精炼炉冶炼的多数都是重点钢种，精炼炉的真空操作起了画龙点睛的功效。精炼炉是把一般炼钢炉中要完成的部分精炼任务，移到专门的容器中进行。钢水经真空处理的目的是脱氢、脱氧和排除非金属夹杂物。如果精炼炉冶炼的钢水是由电弧炉提供的初炼钢水，有些初炼钢水在初炼过程中没有一定的脱碳量，脱碳速度也达不到要求，这样就造成钢液去气速度小于吸气速度，不利于排出钢中气体和使夹杂物充分上浮。把这种劣质钢水兑入精炼炉，全都依靠精炼真空处理夹杂物，不可能达到最佳的效果。真空脱氧过程中钢水、熔渣激烈沸腾使钢包内衬的耐火材料受到强烈冲刷，耐火材料的熔融混入产生的夹杂物如果不能充分上浮便进入钢液，因此对精炼包内衬的耐火材料应该进行严格的控制。

D 氩气

氩气是一种惰性气体，在钢液中不发生化学反应和变化。炼钢时，将氩气通过精炼包底部的多孔透气砖不断吹入熔池中，氩气形成大量的小气泡，对于钢水中的有害气体（如氢、氧、氮）来说，相当于一个“真空室”，这个小“真空室”内其他气体的分压几乎等于零。于是，溶解在钢液中的气体不断地向氩气泡中扩散，氢和氮在氩气泡中的分压力随着气泡上浮而增加，气泡在钢液中上浮时受热膨胀，因此氢和氮的分压力仍能保持较低的水平，所以继续吸收氢和氮，最后随氩气泡上浮溢出钢液而被去除。氩气上浮时引起的钢液搅动，给夹杂颗粒提供了碰撞的机会，有利于夹杂的排除。由此可见，炼钢过程中，如果未调整好合适的气体参数（氩气压力、流量、气泡大小等），势必影响精炼效果，增加产生非金属夹杂物的趋势。

1.3.1.4 钢中非金属夹杂物的危害

不同形态的夹杂物混杂在金属内部，破坏了金属的连续性和完整性。夹杂物同金属之间的结合情况不同、弹性和塑性的不同以及热膨胀系数的差异，常使金属材料的塑性、韧性、强度、疲劳极限和耐蚀性等受到显著影响，同时也常常影响加工零件的表面质量和加工工具的寿命。非金属夹杂分为塑性夹杂和脆性夹杂。塑性夹杂（如 MnS 等），随金属变形而延伸轧薄；另一些夹杂物的软化点和硬度很高，热加工中不变形，不破碎，保持原来形状，如 TiN、稀土硫氧化物等。

1.3.1.5　降低钢中非金属夹杂物的有效方法

在诸多对钢液非金属夹杂物影响的因素中，主要就钢液弱搅拌和钢液镇静时间两个因素进行分析，认为非金属夹杂物在精炼过程中的去除主要有以下几种方式：

（1）非金属夹杂物在钢包内由于浮力的作用上浮，到达钢液面后，进入渣中去除，一般大颗粒的非金属夹杂物比较容易上浮分离；

（2）通过底吹气体，使钢中的非金属夹杂物随气泡上浮分离；

（3）一些小颗粒的非金属夹杂在高度紊流（气体的搅拌等）的钢包炉精炼过程中相互碰撞，生成颗粒较大的非金属夹杂，从而上浮去除。

1.3.2　非金属夹杂物的变性处理

非金属夹杂的变性处理就是向钢液喷入某些固体熔剂（即变性剂），如硅钙、稀土合金等，或者通过调整钢渣的成分，来改变存在于钢液中的非金属夹杂物的成分和形态，达到消除或减小它们对钢性质的不利影响，以及改善钢液的可浇注性，保证连铸工艺操作顺利进行。

钢中的氧化物、硫化物的性状和数量对钢的力学和物理化学性能产生很大的影响，而钢液的氧与硫含量、脱氧剂的种类以及脱氧脱硫工艺因素，都将使最终残存在钢中的氧化物、硫化物发生变化。另外，铝脱氧产物的数量和形状是使连铸中间包水口堵塞的主要原因。因此，通过选择合适的变性剂，有效地控制钢中的氧硫含量和氧化物硫化物的组成，既可以减少非金属夹杂物的含量，还可以改变它们的性质和形状，从而保证连铸机正常运转，同时改善钢的性能。

实际应用的非金属夹杂物的变性剂，一般应具有以下条件：

（1）与氧、硫、氮有较强的相互作用能力；

（2）在钢液中有一定的溶解度，在炼钢温度下蒸汽压不大；

（3）操作简便易行，以及收得率高成本低。

钛、锆、碱土金属（主要是钙合金和含钙的化合物）和稀土金属等都可作为变性剂，生产中大量使用的是硅钙合金和稀土合金。

1.3.2.1　钙处理

钙处理目前主要用来改性钢中的 Al_2O_3、MnS 夹杂。钙的沸点很低，约1491℃，在炼钢温度下钙很难溶解在铁液内。但在含有其他元素，如硅、碳、铝等条件下，钙在铁中的溶解度大大提高。因此为了对铝氧化物进行变性处理，加入的是硅钙及其他钙的合金。

A　Al_2O_3变性处理

Al 脱氧后在钢中形成了大量的 Al_2O_3 夹杂，Al_2O_3 的熔点高达 2052℃，在钢液中以固态形式存在，呈群簇状、块状等。

在吹氩搅拌过程中，尺寸较大的簇状 Al_2O_3 夹杂很快从钢液中上浮去除，而 30μm 以下的簇状 Al_2O_3 夹杂以及小尺寸的块状 Al_2O_3 则容易滞留在钢液中，严重影响钢材的使用性能与钢水的连浇性。

首先，Al_2O_3夹杂损害了钢基体的连续性，导致钢材组织不均匀，恶化了钢的力学性能及加工性能。其次，浇铸时Al_2O_3夹杂易黏附在浸入式水口（SEN）内壁上，一方面会使SEN的内部形状发生变化，引起钢流偏流、冲击速度过大，进而增加结晶器保护渣的卷入；另一方面，Al_2O_3夹杂在SEN内壁的逐步积聚，若被钢流卷入结晶器，则很可能进入铸坯形成大尺寸夹杂物；更严重的是，Al_2O_3夹杂物在SEN内的黏附、长大，可能会堵塞水口，引起断浇。

因此，为了提高钢材质量、改善钢液的连浇性，在浇铸前必须尽量除去钢中的Al_2O_3夹杂，并通过变性处理使钢中剩余的Al_2O_3夹杂以低熔点的铝酸盐形式存在。20世纪70年代，钢液钙处理工艺开始出现，通过向钢液中添加适量的Ca，可以脱S、脱O、改变夹杂物形态，提高钢材质量以及改善钢液的连浇性。因此，各钢厂在精炼结束后，普遍采用钙处理工艺将夹杂物变性为低熔点的钙铝酸盐，减少或防止水口堵塞现象发生。

钢液进行Ca处理时，可能会发生的反应有：

$$[Ca] + [S] \longrightarrow CaS$$

$$[Ca] + [O] \longrightarrow CaO$$

$$x[Ca] + \left(\frac{x}{3} + y\right) Al_2O_3 \longrightarrow xCaO \cdot yAl_2O_3 + \frac{2x}{3}[Al]$$

CaO和Al_2O_3能够形成五种铝酸钙化合物，即$CaO \cdot 6Al_2O_3(C \cdot A_6)$、$CaO \cdot 2Al_2O_3(C \cdot A_2)$、$CaO \cdot Al_2O_3(C \cdot A)$、$12CaO \cdot 7Al_2O_3(C_{12} \cdot A_7)$、$3CaO \cdot Al_2O_3(C_3 \cdot A)$，即$xCaO \cdot yAl_2O_3$可能为其中的任意一种。

铝镇静钢中夹杂物形态示意图如图1-9所示。

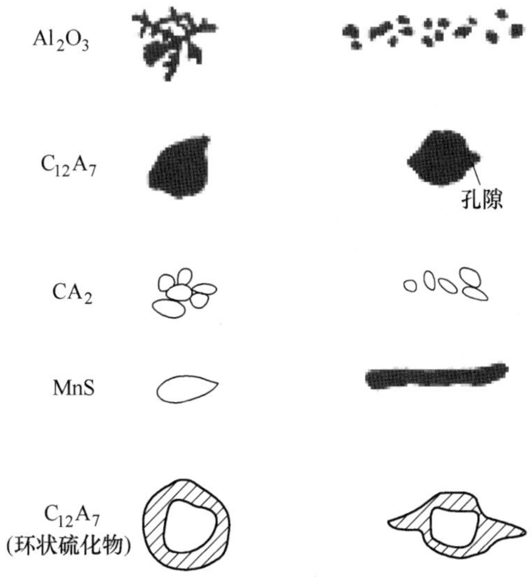

图1-9 铝镇静钢中夹杂物形态示意图

当夹杂物中CaO含量逐步提高，夹杂物出现$Al_2O_3 \rightarrow C \cdot A_6 \rightarrow C \cdot A_2 \rightarrow C \cdot A \rightarrow C_{12} \cdot A_7 \rightarrow C_3 \cdot A \rightarrow CaO$的转变。因此，Ca处理钢中可能存在的夹杂物有$Al_2O_3$、

$C\cdot A_6$、$C\cdot A_2$、$C\cdot A$、$C_{12}\cdot A_7$、$C_3\cdot A$、CaO、CaS 等，而 CaO、CaS 和 Al_2O_3的熔点均高于 2000℃，CaO 和 Al_2O_3生成的 5 种化合物中，在 1600℃下只有 $C_{12}\cdot A_7$和 $C_3\cdot A$ 为液态，见表 1-2。其中，$C_{12}\cdot A_7$的熔点（1455℃）最低，钢水可浇性最好，3C · A 的熔点为 1535℃，当钢液温度低于此值时，中包絮流的概率增加。因此，钙处理的最佳效果是将钢中的 Al_2O_3夹杂物变性为低熔点的 $C_{12}\cdot A_7$。

表 1-2　铝酸钙类化合物的组成和物理性质

化合物	熔点 /℃	密度 $/kg\cdot m^{-3}$	显微硬度 $/kg\cdot mm^{-2}$	界面能 $/J\cdot m^{-2}$	固液界面润湿角/(°)	液液界面润湿角/(°)
$3CaO\cdot Al_2O_3$ ($C_3\cdot A$)	1535	3040	—	—	—	—
$12CaO\cdot 7Al_2O_3$ ($C_{12}\cdot A_7$)	1455	2830	—	0. 63	—	59
$CaO\cdot Al_2O_3$ ($C\cdot A$)	1605	2980	930	0. 62	—	74
$CaO\cdot 2Al_2O_3$ ($C\cdot A_2$)	约 1750	3980	1100	0. 87	120	—
$CaO\cdot 6Al_2O_3$ ($C\cdot A_6$)	约 1850	3380	2200	0. 90	126	—
Al_2O_3	约 2050	3960	3000～4000	1. 21	144	—

B　MnS 变性处理

钙能固溶于 MnS 中，形成（Mn · Ca)S，随着 MnS 中固溶钙的不断增加，相应地硫化物硬度也不断升高。

钙也是很强的脱硫剂，生成 CaS。根据反应自由能变化，钙加入钢液后首先降低钢的氧含量至某一浓度以后，再与硫反应。

当然，如果钢液的硫含量比较高，钙有可能同时与氧硫发生作用。所生成的反应产物中（CaS、$CaO\cdot 2Al_2O_3$、$12CaO\cdot 7Al_2O_3$)，铝和硫的含量取决于钢液的硫和铝的含量。图 1-10 表示 1550℃时不同反应产物的生成条件，由图可见，当钢液的硫和铝含量比较高时，只能生成熔点较高的 $CaO\cdot 2Al_2O_3$，只有当铝和硫含量都低于 $12CaO\cdot 7Al_2O_3$的平衡线时，才会有完全液态的夹杂物出现。需要指出的是，如果 CaS 不是以纯物质存在，而是在 MnS 中产生时，则 CaS 的活度降低，CaS-MnS 夹杂物也可能在铝硫含量低于图中所示的条件下产生。

Ca/S 对夹杂物的成分和结构有重要的影响，表 1-3 给出了 Ca/S 对夹杂物核心及外壳的关系。当 Ca/S＝0～0. 2 时，钙不参与脱氧、脱硫反应，而主要反应为铝脱氧、锰脱硫，钙不能有效控制夹杂物的形态及组成；当 Ca/S＝0. 2～0. 5 时，钙处理能使氧化铝夹杂变为铝酸钙夹杂，但对硫化锰夹杂无明显影响；当 Ca/S＝0. 5～0. 7 时，钙能有效改变 Al_2O_3和 MnS 夹杂的组成；Ca/S 再大时，钙除了继续变性 Al_2O_3外，还全部取代锰，形成硫化钙。

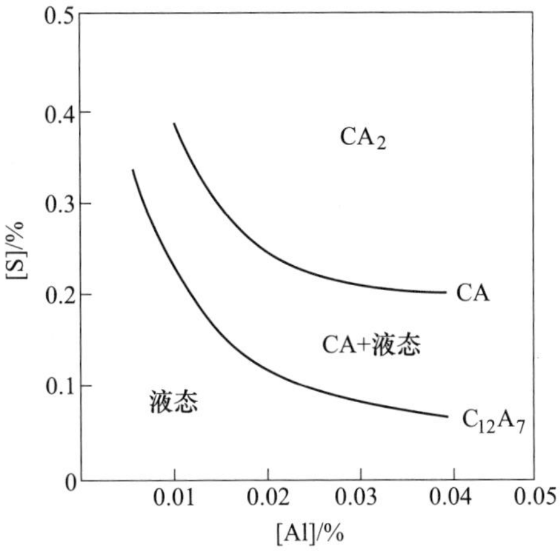

图 1-10 1550℃时用钙处理的钢中所形成的夹杂物随铝和硫含量变化的关系

表 1-3 Ca/S 对夹杂物核心及外壳的关系

Ca/S	核心	外壳
0~0.2	Al_2O_3	MnS
0.2~0.5	mCaO · $n$$Al_2O_3$	MnS
0.5~0.7	mCaO · $n$$Al_2O_3$	(Mn · Ca)S
1~2	mCaO · $n$$Al_2O_3$	CaS

1.3.2.2 镁处理

镁处理是近年新出现的钢液非金属夹杂物控制方向。Mg 和 Ca 性质相似，在钢铁冶金的温度条件下与 O 的结合力极强。国内外学者在镁对钢液的净化研究方面已经有一定进展，总结起来包括以下几个方面。

（1）镁与钙有相似的净化钢液的作用，进入钢液中可有效对钢液脱氧、脱硫。

（2）镁进入钢液后，形成气泡，改善了局部区域的动力学条件，可加速夹杂物之间碰撞、长大以及上浮去除。

（3）镁与钙相似，在改变 Al_2O_3为主的夹杂物成分的同时，也改变其尺寸、分布。但是与钙相比，镁可将钢中的 Al_2O_3夹杂变为 MgO · Al_2O_3尖晶石，由于 MgO · Al_2O_3尖晶石在钢水中以固态的形式存在，没有聚合长大的过程，因此氧化物夹杂更为细小和弥散，危害性更小。

（4）镁与硫的结合力弱于钙，因此采用镁处理可解决含硫较多钢液中生成固态 CaS 颗粒堵塞水口的问题。

（5）钢中添加镁同样能使 MnS 变性为 MgS 或者（Mn · Mg)S，提高硫化物的高温抗变形能力。

（6）镁处理的热力学、夹杂物变形机理方面的研究尚不充分，镁最终目标含量及与其他元素的相互作用问题远不如钙处理的研究透彻，特别是镁含量超过一定限度时，易形成较多的镁铝尖晶石，影响钢液可浇性和成品性能。

1.3.2.3　稀土处理

稀土元素位于元素周期表中的ⅢA组，原子序数57~71。自然界中稀土元素主要包括铈（Ce）、镧（La）、镨（Pr）和钕（Nd），它们约占稀土元素总量的75%以上。稀土元素的性质都很类似，熔点低沸点高密度大，与氧硫氮等元素有很大的亲和力。与其他元素的氧化物硫化物比较，稀土氧化物硫化物的密度较大（5~6g/cm^3），在炼钢温度下都呈固态。

稀土元素加入钢液以后，发生的反应有：

$$2[Re] + 3[O] = Re_2O_3$$

$$2[Re] + 3[S] = Re_2S_3$$

$$2[Re] + 2[O] + [S] = Re_2O_2S$$

稀土元素是比铝还强的脱氧剂，也是很强的脱硫剂，钢液初始的氧硫含量决定了稀土元素加入后所能生成的产物。表1-4是1600℃时生成的产物与钢液初始氧硫含量的关系。

表1-4　用稀土元素脱氧脱硫的产物与钢中原始氧硫含量的关系

产物	稀土氧化物	稀土氧硫化物	稀土硫化物
[S]/[O]	<10	10~100	>100

注：[S]、[O] 分别表示钢液中硫、氧的含量（质量分数）。

在实际生产中，稀土合金最常用于控制硫化物的形态。热力学计算表明，当钢中 [Mn]/[S]>2时，虽然脱氧良好，锰与硫的含量也正常，仍然会生成MnS夹杂物。它的熔点低，热轧时会在轧制方向形成带状夹杂物，并极大地降低钢的横向力学性能，如延展性和消除产生裂纹倾向的限度都将大大降低。硫化锰也使钢对氢裂纹的敏感性增加，因此应该消除钢中的MnS夹杂物。通过向钢中添加稀土，形成稀土复合夹杂物，夹杂物由原来的链条状分布变为离散、单一存在，由原来带尖锐棱角的形状变为球形或椭球形，减少了对基体的损伤。稀土元素夹杂物的性状随 [Re]/[S] 比值的变化，见表1-5。加入适量的稀土合金在钢的凝固过程中生成稀土氧硫化物（如 Re_2O_2S），它们呈细小而分散的球状夹杂物，在热加工时不会变形，因此消除了硫化锰的有害作用。为了充分控制硫化物的形态，K. Sambongi 等研究指出钢中稀土元素与硫的含量之比应该大于3。另外，由于稀土夹杂物的密度为5~6g/cm^3，接近于铁，不易上浮。此外，稀土夹杂物熔点高，在炼钢温度下呈固态，很可能在中间包的水口处凝集使之堵塞。因此使用稀土合金的量应该适当，避免在钢锭底部倒锥偏析严重以及使连铸操作产生故障，其临界值不应该超过 4×10^{-4}。

表1-5　稀土元素夹杂物的性状与钢中硫、稀土含量的关系

[Re]/[S]	夹杂物组成	夹杂物形状
0	MnS	带状、细长条状、可塑
<0.5	ReMnS	条状、塑性较小

续表 1-5

[Re]/[S]	夹杂物组成	夹杂物形状
约 1	Re_2O_2S、MnO	纺锤形、球状、塑性更差
约 3	Re_2S_3、Re_3S_4	多边形或球状、无塑性
>3	ReS	不规则的点串状、无塑性

1.3.2.4 通过调整渣的成分控制夹杂物的成分和形态

稀土具有密度大、夹杂物不易上浮、侵蚀包衬严重等缺点，这些缺点使得稀土处理钢技术的推广受到了限制。对低硫钢进行钙处理时，形成的高熔点 CaS 夹杂容易堵塞水口，因而科研工作者正致力于利用渣钢间的平衡反应，通过控制渣的组成和脱氧条件，使钢液脱氧产物组成分布在多元塑性区，这也是夹杂物形态控制技术的关键。

夹杂物的成分可以用钢液与夹杂物间的平衡热力学来预测，当钢渣间达到热力学平衡时，夹杂物的成分与钢渣的成分相同。在冶金生产过程中，绝对的钢液与夹杂物之间的平衡是少见的，但可达到局部的钢与夹杂物、渣与钢、炉衬与钢渣、炉衬与钢液的准平衡状态。夹杂物的成分在很大程度上受顶渣成分和炉衬材料的影响。硅和锰脱氧平衡、铝硅平衡反应式为：

$$2MnO(s) + [Si] = SiO_2(s) + 2[Mn]$$

$$[Si] + 2[O] = (SiO_2)$$

$$\frac{2}{3}Al_2O_3(s) + [Si] = SiO_2(s) + \frac{4}{3}[Al]$$

脱氧条件的控制关键是利用硅、锰脱氧，而抑制铝脱氧，因而要求钢中的铝含量要低，但也不能过低，一般要求在百万分之一数量级的范围内。

渣控制夹杂物技术中对顶渣的要求是：

(1) 渣的氧势低；

(2) 低熔点和良好的造渣性能；

(3) 对脱氧产物和少量的初炼炉渣有强大的吸收能力；

(4) 低的结晶倾向；

(5) 凝固过程中无外来相析出，易玻璃化；

(6) 本身具有良好的变性能力。

一般来说，顶渣碱度控制为 0.8~1.2，Al_2O_3 含量低于 20%，考虑到在实际反应中的平衡情况，可考虑把 Al_2O_3 含量（质量分数）降至 10%（或更低）。

1.4 炉外精炼技术方法分类

目前使用的炉外精炼方法有四十多种。各类精炼方法的示意图和使用的精炼手段如图 1-11 所示，典型精炼方式的选择见表 1-6。

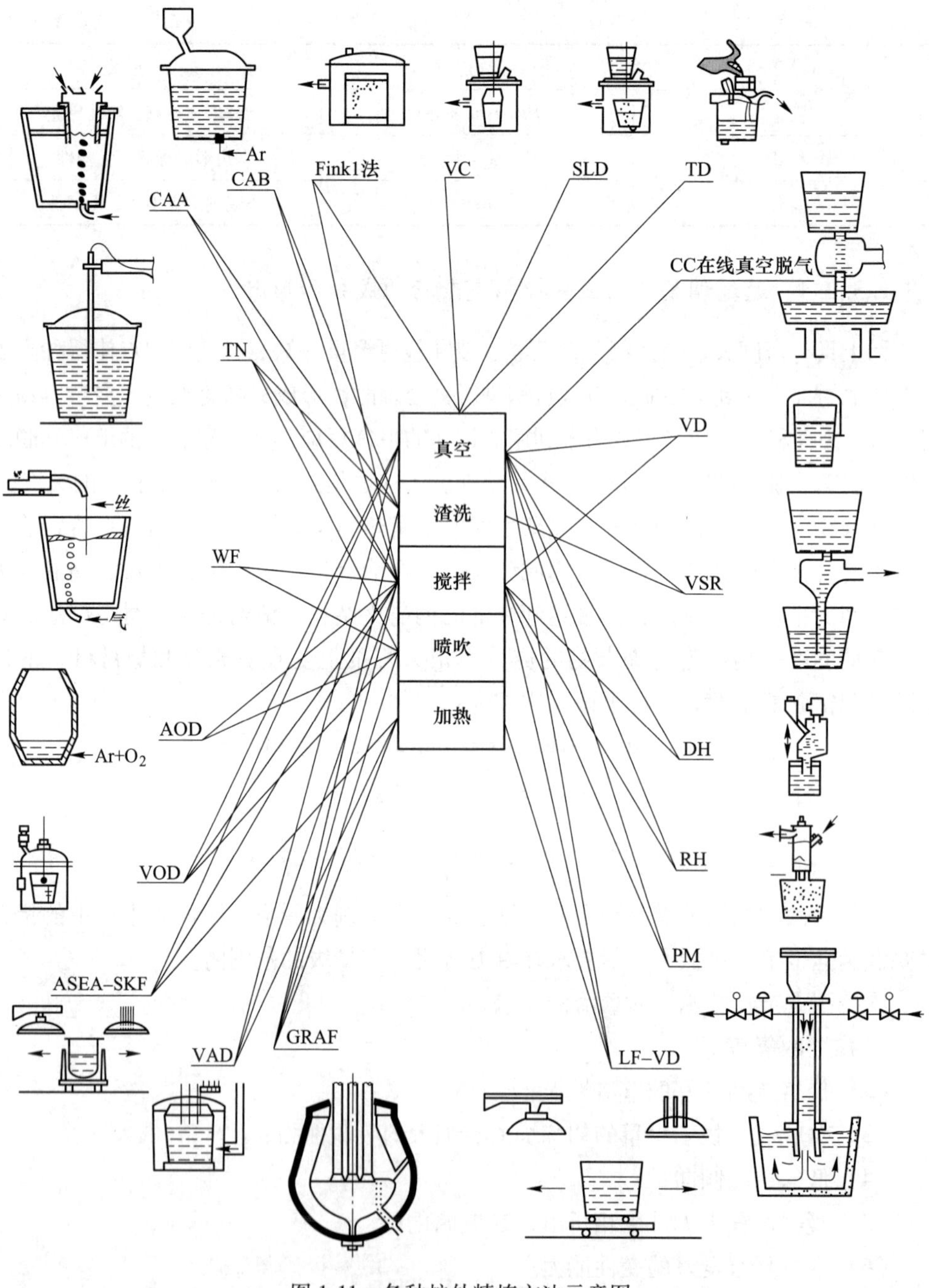

图 1-11　各种炉外精炼方法示意图

表 1-6　炉外精炼方法所采用的方式与目的

名称	精炼手段			主要冶金功能									
	造渣	真空	搅拌	喷吹	加热	脱气	脱氧	去除夹杂	控制夹杂物性态	脱硫	合金化	调温	脱碳
钢包吹氩			V					V				V	
CAB	+		V				V	V		+	V		

续表 1-6

名称	精炼手段			主要冶金功能									
	造渣	真空	搅拌	喷吹	加热	脱气	脱氧	去除夹杂	控制夹杂物性态	脱硫	合金化	调温	脱碳
DH		√				√							
RH		√				√							
LF	+	○	√		√	○	√	√		+	√	√	
ASEA-SKF	+	√	√	+	√	√	√	√		+	√	√	+
VAD	+	√	√	+	√	√	√	√		+	√	√	+
CAS-OB			√	√	√		√	√			√	√	
VOD		√	√	√		√	√	√					√
RH-OB		√		√		√							√
AOD				√		√							√
TN				√			√			√			
SL				√			√		√	√	√		
喂线							√		√	√	√		
合成渣洗	√		√				√	√	√	√			

注：1. “+”表示在添加其他设施后可以取得更好的冶金功能；
2. “○”表示 LF 增设真空装置后称为 LF-VD，具有与 ASEA-SKF 相同的精炼功能。

炉外精炼方法按精炼原理分为真空脱气法、非真空精炼法和其他精炼方法。

1.4.1　真空脱气法

真空脱气法（DH）是指在精炼过程中通过真空设备使钢液处于真空环境内达到脱气精炼目的的一系列方法，主要有液面脱气法（见图 1-12）、滴流脱气法（见图 1-13）、真空循环脱气法（RH）和真空提升脱气法（DH）。前两种真空脱气法处理过程钢水温降较大，脱气量有限，已经很少应用。此外，也有在真空精炼的同时还配有其他手段的炉外精炼设备，如真空精炼炉（VAD）、真空吹氧精炼炉（VOD）、桶式精炼炉（ASEA-SKF）、钢包精炼炉（LFV）等。真空精炼法是目前世界上运用较多的炉外精炼方法。

动画-DH 法原理

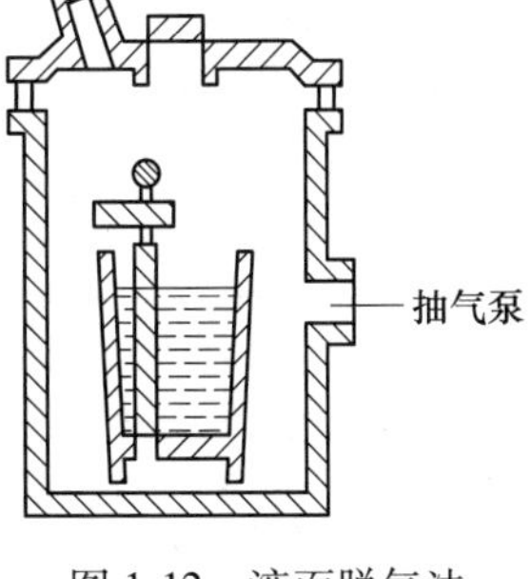

图 1-12　液面脱气法

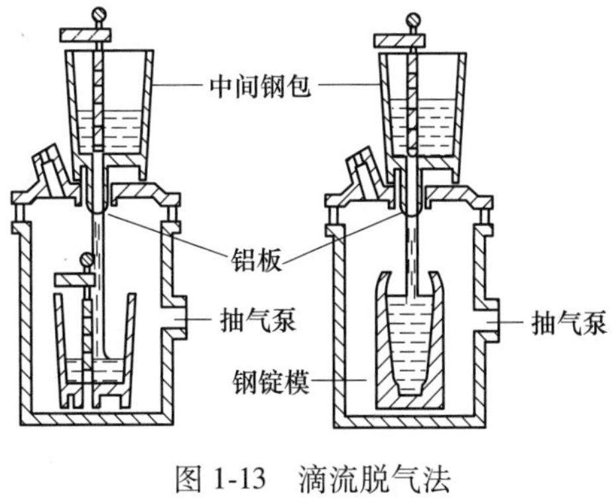

图 1-13　滴流脱气法

1.4.2　非真空精炼法

非真空精炼法又称气体稀释法。气体稀释有很多方法，它们的共同特点是在常压条件下设有吹气装置，主要有氩氧脱碳法（AOD）、汽氧脱碳法（CLU）、钢包吹氩法、罩式吹氩吹氧法（CAS-OB）等。与真空精炼相比，设备的投资和成本费用较低，在中、小型钢厂得到广泛应用。

1.4.3　其他精炼法

其他精炼法主要有渣洗、喷粉、喂线法等。需要指出的是，现代炉外精炼方法的分类已经没有明显的界线了，一种全面的精炼方法必须将各种精炼手段综合在一起才能达到冶炼高质量钢种的目的。

从图 1-5 可以看出，精炼设备通常分为两类：一类是基本精炼设备，在常压下进行冶金反应，可适用于绝大多数钢种，如 LF、CAS-OB、AOD 等；另一类是特种精炼设备，在真空下完成冶金反应，如 RH、VD、VOD 等适用于某些特殊要求的钢种。目前广泛使用并得到公认的炉外精炼方法是 LF 法与 RH 法（也可以将 LF 与 RH 双联使用），这些方法可以加热、真空处理，适于生产纯净钢与超纯净钢，而且适于与连铸机配套。

为了便于认识至今已出现的四十多种炉外精炼方法，表 1-7 给出了主要炉外精炼方法的大致分类情况。

表 1-7　主要炉外精炼方法的分类、名称、开发与适用情况

分类	名称	开发年份，国别	适　　用
合成渣精炼	液态合成渣洗（异炉）	1933，法国	脱硫，脱氧，去除夹杂物
	固态合成渣洗		
钢包吹氩精炼	GAZAL（钢包吹氩法）	1950，加拿大	1. 去气，去夹杂，均匀成分与温度； 2. CAB、CAS 还可脱氧与微调成分，如加合成渣，可脱硫，但吹氩强度小，脱气效果不明显； 3. CAB 适合 30~50t 容量的转炉钢厂，CAS 法适用于低合金钢种精炼
	CAB（带盖钢包吹氩法）	1965，日本	
	CAS（封闭式吹氩成分微调法）	1975，日本	
真空脱气	VC（真空浇注法）	1952，德国	1. 脱氢，脱氧，脱氮； 2. RH 精炼速度快，精炼效果好，适于各钢种的精炼，尤适于大容量钢液的脱气处理； 3. 现在 VD 法已将过去脱气的钢包底部加上透气砖，使这种方法得到了广泛的应用
	TD（出钢真空脱气法）	1962，德国	
	SLD（倒包脱气法）	1952，德国	
	DH（真空脱气法）	1956，德国	
	RH（真空循环脱气法）	1958，德国	
	VD（真空罐内钢包脱气法）	1952，德国	
带有加热装置的钢包精炼	ASEA-SKF（真空电磁搅拌，电弧加热法）	1965，瑞典	1. 多种精炼功能； 2. 尤其适于生产工具钢，轴承钢，高强度钢和不锈钢等各类特殊钢； 3. LF 是目前在各类钢厂应用最广泛的具有加热功能的精炼设备
	VAD（真空电弧加热法）	1967，美国	
	LF（埋弧加热吹氩法）	1971，日本	

续表 1-7

分类	名称	开发年份，国别	适　用
不锈钢精炼	VOD（真空吹氧脱碳法）	1965，德国	能脱碳保铬，适于超低碳不锈钢及低碳钢液的精炼
	AOD（氩氧混吹脱碳法）	1968，美国	
	CLU（汽、氧混吹脱碳法）	1973，法国	
	RH-OB（循环脱气吹氧法）	1969，日本	
喷粉及特殊添加精炼	IRSID（钢包喷粉）	1963，法国	1. 脱硫，脱氧，去除夹杂物，控制夹杂形态，控制成分； 2. 应用广泛，尤适于以转炉为主的大型钢铁企业
	TN（蒂森法）	1974，德国	
	SL（氏兰法）	1976，瑞典	
	ABS（弹射法）	1973，日本	
	WF（喂线法）	1976，日本	

1.5　炉外精炼技术的发展

1.5.1　炉外精炼技术迅速发展的原因

氧气转炉炼钢、炉外精炼和连续铸钢这三项技术被誉为现代炼钢生产的三大关键技术，也有人称之为冶金史上的三大技术革命。氧气转炉炼钢和连铸普及面比较广，目前已具备了相当的规模；而炉外精炼起始于 20 世纪 50 年代，进入 80 年代以后直至现在，炉外精炼和铁水预处理技术水平已成为现代钢铁生产流程水平与钢铁产品高质量水平的标志，它的发展也朝着功能更全、效率更高、冶金效果更佳的方向迅速完善。早在 1986 年，日本转炉钢的二次精炼比已达到 70.8%，特殊钢生产的二次精炼比高达 94%。现在，日本、欧美等先进的钢铁生产国家的炉外精炼比超过 90%。2004 年，日本转炉钢真空处理比达到 72.7%，而新建电炉短流程钢厂和转炉炼钢厂 100%采用二次精炼。

炉外精炼起初仅限于生产特殊钢和优质钢，后来扩大到普通钢的生产上，现在已基本上成为炼钢工艺中必不可少的环节，它是连接冶炼与连铸的桥梁，用以协调炼钢和连铸的正常生产。未来的钢铁生产将向着近终型连铸（如薄板坯）和后步工序高度一体化的方向发展，这就要求浇注出的钢坯无缺陷，并且能在操作上实现高度连续化作业，因此要求钢水具有更高的质量特性，那就必须进一步发展炉外精炼技术，使冶炼、浇注和轧制等工序能实现最佳衔接，进而达到提高产品质量、提高生产率、降低生产成本的目的。

炉外精炼技术迅速发展的主要原因有两个：一方面适应了连铸生产对优质钢水的严格要求，大大提高了连铸坯的质量，而且在温度、成分及时间节奏的匹配上起到了重要的协调和完善作用，定时、定温、定品质地提供连铸钢水，成为稳定连铸生产的主要因素；另一方面与调整产品结构，优化企业生产的专业化进程紧密结合，使钢铁企业提高了产品的市场竞争力。

1.5.1.1　控制钢水质量，稳定连铸生产

随着连铸技术的完善，经济效益逐渐提高，用连铸代替模铸可提高金属收得率，降低能耗，使生产成本降低，劳动生产率提高。而钢材质量与模铸钢材质量相当，或优于模铸钢材的质量，于是世界各国竞相发展。

为了保证炼钢与连铸之间的协调，防止连铸时水口堵塞以及保证连铸坯的质量，必须保证准确的浇注温度、钢中团絮状 Al_2O_3 类夹杂物充分少、钢液良好脱硫、钢液成分准确控制。这些要求只有通过炉外精炼才能达到。

连铸坯尺寸在不断加大，所以对钢中硫含量的限制亦越来越严，其目的不仅是为了防止在连铸坯凝固时形成裂纹，更重要的是为了改善其热态与冷态的力学性能。目前已有不少厚板用户提出要求炉外精炼钢能满足 ppm 级硫的要求 [$w(S) \leq 0.001\%$]。

钢水脱氧适当是达到良好的浇注性能及保证产品质量的先决条件，用铝脱氧时特别要注意满足小方坯和大方坯浇注操作的特殊要求。

在浇注普通钢小方坯和方坯的一般操作技术中，采用中间包小孔径定径水口和中间包至结晶器之间的敞开浇注是一个特征；而浇注特殊钢及大断面方坯，中间包和结晶器之间的钢流保护则是一种常见的操作方法。鉴于普通钢的上述操作特征，钢水中的加铝量必须严格限制在某一含量，使通常使用的直径为 11～24mm 的中间包小水口不至于堵塞。

与普通钢小方坯和方坯的浇注操作相反，对特殊钢及大方坯的连铸，在钢水包中用铝脱氧要求不是那么严格，因为它通常采用浸入式长水口及在结晶器中加保护渣的中间包，至结晶器之间的封闭浇注系统，以防止钢水二次氧化和生成氧化铝夹杂。

连铸过程必须与炼钢相配合，因此在钢包中脱氧与钢水处理的冶金目标对生产优质产品极为重要。特别是生产易切削钢、高合金钢、低合金钢和各种不锈钢时，更需要特殊的冶炼操作工艺，以便铸坯与最终产品能达到良好的表面质量和内部质量。浇注小方坯和大方坯时，达到优质产品所需要采取的措施是炼钢及脱氧、钢包冶金、喷钙及真空处理、钢包-中间包-结晶器之间的钢流保护、电磁搅拌、自动控制系统等。

把各炉钢的成分控制在很小的范围内，是多炉连浇的前提。炉外精炼技术提供了向钢包中添加铁合金，而不受炉渣或钢包中熔渣的影响，并避免与大气接触的可能性，因而达到了更稳定的收得率和成分范围很窄的良好结果。这些方法成为炼钢工作者的可靠手段，为实现多炉连浇和提高已有连铸机的生产效率创造了最好的条件。

通过研究各钢种和工艺方法的几个例子可以说明，为了很好地准备连铸用的钢水，需要各种炉外精炼方法。对炉外精炼工艺方法评价时要强调一点，所有工艺方法的价值，应该以它们对保证连浇和连铸坯热装炉达到的程度来衡量。炉外精炼必须提高和有助于连铸过程操作的可靠性，以便取消连铸坯的直接检查和清理。因此，以下几方面的综合结果便是衡量所有这些方法效能的标准：

（1）钢水中的硫含量非常低；

（2）通过适当的钢水脱气，达到低的氢含量；

（3）成品钢的化学成分范围非常窄；

（4）调整钢水温度达到中间包钢水过热度的要求；

（5）及时准备好连铸的钢水。

为此，要开发连铸钢水准备的钢包精炼和中间包精炼技术。实践表明，没有符合连铸要求的钢水质量，就不可能稳定连铸生产工艺和保证连铸坯的质量。

连铸技术的发展促进了炉外精炼技术的发展，使之成为炼钢生产工艺中必不可少的手段之一。1989 年日本普钢连铸比 98.1%，特钢 78.9%，综合为 94.8%。日本炉外精炼比和连铸比逐年增长情况也充分说明了这一点，如图 1-14 所示。

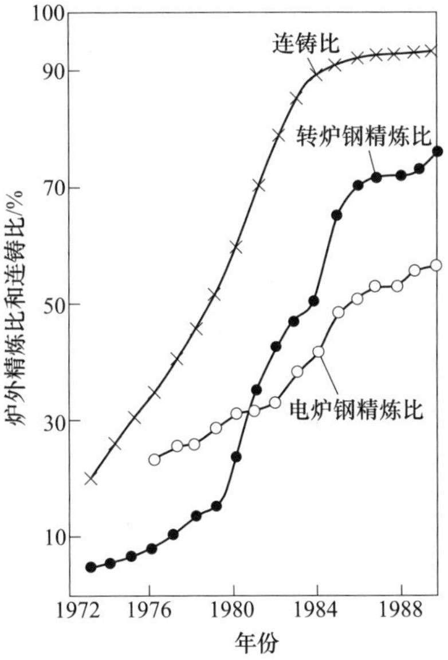

图 1-14　日本炉外精炼比和连铸比逐年增长的趋势

1.5.1.2　科学技术进步要求提高钢材质量和开发新钢种

随着时代进步，火车时速已由 100km 提高到 300km 以上，更有甚者能达到 500km，这就要求钢轨能承受高速冲击和车轮摩滚，车体结构轻而牢固；汽车的轻型高速化要求有高深冲性的车壳钢板和高强度的传动零件及车架；深层采油深达 5000m 以上，要求高强度耐冲击扭震的钻杆和油井管，如果一根钢管断裂，就会造成钻井报废，损失达百万元以上；$(40\sim100)\times10^4$kW 的火力发电机组，要求有能经受蒸汽温度 625℃ 和压力 180×10^5Pa 的锅炉管和磁感应强度高而铁芯损失少的电机硅钢片；长跨度大桥，如在建中的日本明石大桥，主跨长 1990m，要求易焊耐蚀并有 785MPa 的高强厚板；大型化工和炼油工业要求耐蚀耐高压钢材；仪表电机工业的发展要求光洁而高强的铅系易削钢；处在狂风巨浪中的海上采油平台，载重 $(30\sim50)\times10^4$t 的货轮以及超高层建筑物等，都对钢材性能提出严格要求，而原子能工业、导弹和军工等对钢材性能及质量的要求，就更不言而喻了。为了科技发展，迎接新挑战，提高钢材性能和质量是十分必要的。

用户对钢材质量的要求，其主要指标有高的纯净度、均匀性能和高的精度，这是提高钢质量的重要方面。而各种炉外精炼方式则是获得高纯度、高均匀性和高精度钢材的重要措施。关键的环节是选用相应的精炼措施达到一定的冶金目的，保证用户的需要。

提高钢材性能和质量的重点之一是钢的超纯化。提高钢的纯净度需要降低：硫、磷含量，氧化物夹杂量，氢、氮气体含量和非金属以及微量杂质元素的含量等。对超低碳钢，碳含量应尽力降低；以硫、磷为例，普通钢要求均低于0.035%，优质钢要求低于0.025%，而超纯钢则要求均低于0.010%甚至0.005%以下，有的还要求 $[S]+[P]+[H]+[N]+[O]<0.007\%$。

钢水超纯化大大减轻了产生中心偏析、裂纹、大型夹杂、气孔、白点和斑疤等缺陷的倾向，使钢组织致密均匀，改善了连铸坯的表面及内部质量，使钢材性能大为提高。

对于不锈钢来说，要求碳和氮的固溶量尽量降低，例如 $(C+N)<0.01\%$ 以后，就可以完全防止晶间腐蚀及应力腐蚀。采用炉外精炼使 $(C+N)<0.01\%$ 后，要比传统的用钛、铌来使不锈钢稳定化更为经济，质量更好。

铝脱氧钢板和铁素体不锈钢的焊缝韧性和夏比冲击值，可因碳和氮含量的降低而大为改善。如果是要求热塑性的产品，应该避免高的 $Al \times N$ 值，因为连铸坯凝固时，AlN 可能导致钢坯内显微裂纹的形成。

处于交变载荷下的高强度钢，对氧化物夹杂有越来越高的要求，这是因为它会引起钢的韧性降低、裂纹源形成，并最终导致钢的疲劳寿命缩短。

从各种不同的使用性能出发，需要对钢中夹杂物形态进行控制。最初是厚板生产者及T型焊接工艺要求钢中硫化物夹杂呈一定的形态。然后，Z型钢和石油、天然气管线用钢对硫化物的数量及形态有着更为严格的要求。例如，为防止焊缝的脆性开裂，焊条钢炉外精炼时应用复合脱氧剂，使精炼后钢中夹杂物呈细小分散的半塑性状态（铝硅酸锰系列），结果是令人满意的。

近期对精炼钢质量要求的另一个明显变化，是许多用户提出要大大降低精炼钢的磷含量。对于低合金高强度的管线用钢，磷含量必须小于0.010%，以防止氢诱导裂纹（HIC）及应力腐蚀裂纹（SCC）；对于奥氏体不锈钢，如果将磷含量从0.02%降到0.002%，则应力腐蚀裂纹可以完全防止。降低钢的磷含量，对高强度齿轮钢（SCM420等），其磷含量由0.015%降为0.002%时，疲劳强度能由814MPa提高到863MPa。

用于深冲的高强度冷轧钢板，经常要求很低的碳含量（≤0.040%）。由于炉外精炼工艺能把碳降到很低的水平，而又保证钢中氧及氧化物夹杂含量不高，因此可以在炉外精炼时使钢液脱碳，来取代传统的成品带钢连续脱碳退火的工艺。该工艺不但降低了生产成本，而且大大提高了生产率。此外，这类产品常常还要求非常低的氮含量［如 $w(N)=0.002\%$］，这在脱碳退火中是无法达到的，而在氧气转炉激烈脱碳之后，再加上真空下的脱碳则有可能实现。

据统计，精炼钢目前能达到的水平为钢中硫、氧、氢、氮、磷的含量小于0.01%，钢的性能会进一步改善，一些目前常见的冶金缺陷（如白点、热裂、回火脆性、焊接裂纹等）也可以消除。

为了在国内及国际市场有竞争力，有必要发展新的冶金工艺，同时这些工艺必须是经济的。冶金学家们发展了一些新工艺方法，并将其用于钢的生产，这就完全改变了早期的炼钢工艺。目前，典型的炼钢炉是一个废钢熔化装置，在炼低合金钢的情况下，在炉中进行脱碳和脱磷以及升温到要求的温度后出钢。由于全部精炼工作都在钢包中进行，因而提高了初炼设备的生产能力。

炼钢工作者通过炉外精炼技术可冶炼出具有高质量特性的钢种以满足实际需要，具体要求如下：

（1）精确控制化学成分以保证力学性能稳定；

（2）减少钢中磷、硫含量以改善冲击性能、抗层状拉裂性能、热脆性，并能减少中心偏析和防止连铸坯的表面缺陷；

（3）减少钢中氧、氢、氮含量以减少超声波探伤缺陷、条状裂纹等，并且能改善钢材的制管性能；

（4）使用先进技术精炼钢液以满足对钢质量的各种特殊需要，例如控制硫化物夹杂形态以防止氢致裂纹；

（5）控制夹杂物的形状以改善钢的深冲性能和钢的加工性能。

采用炉外精炼还能优化炼钢工艺和提高效益。采用炉外精炼工艺，投资将增加5%~10%，其成本将增加10~30元/t，并增加了炼钢炉到连铸的生产周期。同时，炉外精炼是改善钢质所必需的工艺，而且能提高总经济效益。举例如下。

（1）能生产无缺陷连铸坯，使不精整率达90%以上，这样就简化了精整工序，使连铸坯由精整后冷送改为热送热装或直接轧制。例如，采用转炉-炉外精炼-连铸-热送直轧流程的有日本堺厂、加拿大道福斯克厂和韩国的光阳厂等；采用连铸坯热装入炉的就更普遍了。因而缩短了生产周期，节约能耗达20~30kJ/t。

（2）冷轧薄板用低碳钢，经真空处理使 $[C] \leqslant 0.003\%$，$[N] \leqslant 0.003\%$。可采用连续退火流程使钢板温度均匀，省去板卷吊放加罩工序，劳动生产率提高3倍，生产周期由10日缩短为10min，提高了经济效益。目前全世界不断投产冷轧连续退火线，进而用于镀锌、镀锡及硅钢片上。

1.5.2 炉外精炼技术的发展历史

1.5.2.1 国外炉外精炼技术的发展历史

炉外精炼技术的发展可追溯到1933年，Perrin用高碱度合成渣炉外脱硫和50年代的钢水真空处理技术，随后在低真空度条件下，对钢水进行脱气处理和真空浇注用于模铸生产。随着高真空、大抽速蒸汽喷射泵的问世，1956—1959年研究成功DH法（真空脱气法）和RH法（真空循环法）；60年代研究成功VAD炉（真空精炼炉）、VOD炉（真空吹氧精炼炉）和AOD炉（氩氧精炼炉）；70年代以来，又有LF、CLU和钢包喷粉与喂线技术；到80年代又相继出现RH-OB、CAS（CAS-

OB）、IR-UT 等新技术。如今，各种不同功能的炉外精炼处理方法，或单独或组合起来，在冶金生产中发挥着十分重要的作用。

据不完全统计，1990 年为止，世界各主要工业国家已拥有 1000 余台（套）炉外精炼装置，钢水精炼比例也迅速提高。以日本为例，1973 年转炉钢炉外精炼处理比率仅为 4.4%，而 1983 年增长到 48%，10 年增长 10 倍。1985 年进一步增长到 65.9%，1989 年已达 73.4%。而日本转炉钢真空处理比 1989 年竟高达 54.6%，有的厂（如大分）真空处理比高达 80%以上。

自从 1973 年第一次世界能源危机以来，各工业国家钢铁工业对连铸和炉外精炼技术的投入就成为重点。它推动了冷、热连轧水平的提高，也推动了 80 年代以质量为中心的钢铁工艺和产品结构全面优化的进程。

80 年代连铸技术迅速发展。为了适应高速浇注及多炉连浇的工艺要求，除了连铸本身必须采取必要的技术措施之外（如优质保护渣技术、压缩铸造、电磁搅拌、漏钢预报、液面自动控制、大容量中间包等技术），人们对浇注钢液也提出了十分严格的要求。概括地说，这些要求是：严格的温度控制；严格的时间管理；严格的成分控制。

显然，上述三项任务单靠炼钢炉是很难胜任的。鉴于此，目前世界各国都采用了各种炉外精炼技术。例如日本，几乎 100%的连铸钢都经过炉外精炼。

近年来，国外炉外精炼设备发展很快，主要炉外精炼设备逐年增长。目前世界炉外精炼设备的总数已超过 1000 座，其中 LF 炉（钢包精炼炉）约 220 多座，AOD 炉和 VOD 炉近 200 座，DH（真空提升脱气）装置和 RH（真空循环）装置（含 RH-OB 和 RH-PB）约 150 多座，VD（真空脱气）装置 130 多座，ASEA-SKF 炉（桶式精炼炉）和 VAD 炉（真空电弧加热脱气精炼炉）近 100 座，其他精炼设备 200 座。其中，RH 及其改进的 RH-OB、RH-PB 设备的能力最大，粗略估算年生产能力为 1.5×10^{8}t，其中日本约 7000×10^{4}t，美国 2000×10^{4}t 以上，德国 1000×10^{4}t 左右，其他国家约 5000×10^{4}t。随着对超低碳钢和超低硫磷钢的需要量越来越大，RH 或 RH-OB、RH-PB 真空精炼设备将继续增加，现代化的转炉炼钢车间都将采用这种精炼方法。AOD、VOD 等主要用于精炼不锈钢的炉外精炼设备，其生产能力已完全可以满足生产不锈钢的需要。

从美国和加拿大发展情况看，一个是 LF 发展快，其在三种具有电弧加热功能的精炼炉中占有绝对优势；另一个是钢包精炼站发展很快。在炉外精炼设备发展中，连铸发展和要求钢水清洁度起了决定作用。由于美国和加拿大连铸比仍较低，其炉外精炼设备的发展在很大程度上是为连铸配套，因此带有加热功能的炉外精炼设备发展就占很大比重，而投资较少的 LF 炉相应也占较大比重。从 RH 与 VD 设备的发展来看，尽管 RH 投资高，但由于其精炼的质量优势，在世界各种具有真空功能的设备中仍占优势。LF 也朝可配上真空功能这一方向发展。

从有关数据来看，不同种类炉外精炼设备的发展是不同的，其中发展速度最快的是 LF 和 RH。以 Thyssen 许可证生产的 RH 设备，在 1988 年以前就达 100 台。

在日本的 11 个主要的电炉生产厂家生产的 4694×10^{3}t 钢中，53.9%经过 LF+RH 精炼，16.6%经过 ASEA-SKF 精炼，6.6%经过 RH 单一精炼，6.1%经过 VOD

或 AOD 精炼，其他方法精炼的占 3.6%，未精炼的占 7.1%，精炼率 92.9%。由此可见，LF+RH 双重精炼工艺在日本占统治地位。

在 20 世纪 80 年代以前，炉外精炼设备主要是用于处理特殊钢，炉外精炼占比很低。随着连铸技术的发展，人们发现炉外精炼是实现高效率浇注和获得优质铸坯的重要手段，因此炉外精炼与连铸的发展密切相关。70 年代以来，日本的炉外精炼比和连铸比保持同步增长。日本发展连铸采取了许多措施来重视炉外精炼技术，特别是广泛采用真空处理，对提高连铸坯质量和连铸机的生产效率起到了重要作用。另外在 1981 年时，日本转炉钢的炉外精炼占比就已大于电炉钢，到 1986 年时，转炉钢的炉外精炼占比高达 70.8%。由表 1-8 可以看出，目前日本电炉钢中特殊钢的炉外精炼占比已高达 94%以上，几乎全部特殊钢都经炉外精炼；转炉钢的炉外精炼主要是真空处理，目前真空精炼占比达 54%以上。表 1-9 列出苏联的炉外精炼比及连铸比，其中真空处理的钢很少，真空精炼比最高（1988 年）仅达到 2.5%，主要是精炼特殊钢，一般连铸的钢水仅经吹氩或喷粉处理。

表 1-8 日本电炉钢和转炉钢的炉外精炼占比

年　份	1985	1986	1987	1988	1989	1990
电炉钢的炉外精炼占比	41.9	51.4	53.4	53.5	56.0	58.0
特殊钢占比/%	88.0	93.5	94.2	94.3	94.4	94.5
普通钢占比/%	28.0	30.3	31.0	30.3	35.1	48.3
转炉钢的炉外精炼占比/%	65.9	70.8	71.7	71.7	73.2	78.8
真空精炼占比/%	53.3	53.3	52.9	51.4	54.6	—

表 1-9 苏联炉外精炼钢的产量和炉外精炼占比

年　份	1970	1975	1980	1985	1986	1987	1988	1990
炉外精炼处理产量/kt	300	600	1000	1300	3200	3700	4100	36800
炉外精炼占比/%	0.3	0.4	0.6	0.9	2.0	2.3	2.5	2.3
钢包吹氩或喷粉产量/kt	100	1000	14400	36700	48300	55900	64000	72480
炉外精炼占比/%	0.1	0.7	9.7	23.7	30.1	34.6	39.2	45.9
连铸占比/%	—	6.9	10.7	13.6	15.0	16.1	16.6	17.3

现在，世界上约有 AOD 设备 140 台（根据太原钢铁公司资料），主要的不锈钢生产国是欧洲、美国和日本，生产的不锈钢占世界产量的 93%。1988 年，国外生产的 1051 万吨不锈钢中，AOD 炉精炼占 65.4%，VOD 炉精炼占 19.6%，CLU 炉占 5.1%，RH-OB 设备精炼占 2.1%，ASEA-SKF 炉占 1.0%，其他精炼设备及未经炉外精炼占 6.8%。在日本的 11 个主要电炉钢公司中，每年生产 762×10^3t 不锈钢，其中有 84.6%经 AOD 精炼，14.8%经 VOD 精炼，0.6%经 LF 精炼。现在，不锈钢生产方法很多，但无非是用氧加真空的办法。

目前，国外许多公司的炉外精炼比已达到100%。例如，美国内陆钢铁公司的板带产品公司每年为公司的全连续式带钢冷轧机提供80万吨超低碳钢，碳和氮含量都要求不大于0.003%，他们生产这种钢全部经RH-OB设备处理。

各国的炉外精炼一般都经历了从初级到高级的发展阶段。根据用户对钢材质量的要求，选用不同形式的炉外精炼方法。

(1) 应用简单的钢包处理方法为主（例如钢包吹氩、喂线、钢包喷粉等），以达到降低钢中的总氧含量，去除大颗粒（≥40μm）夹杂，通过钙处理来改变夹杂物的形态等。这对改善钢的质量和后步工序的操作都有明显作用，同时又因为这些方法的设备简单，投资少，便于维护而容易被采用。

(2) 采用钢包精炼炉为主（如VAD、ASEA-SKF、AOD、LF等）。利用各种钢包炉实现以下精炼功能：钢水升温和保温；为连铸机多炉连浇储存钢水；实现大量添加合金料进行合金化；均匀成分和温度；延长吹气搅拌时间来生产更纯净的钢；脱硫，必要时还可加合成渣脱磷；真空脱气。

这样不仅可以提高初炼炉的生产率，而且可以更有效地改善钢的质量。这些精炼方法的设备投资和操作费用都比较高，主要用于精炼特殊钢。

由于炉外精炼设备的完善和工艺的改进，大大提高了生产纯净钢的水平，目前炉外精炼达到的钢水纯净度水平为：$w(C)=0.001\%$，$w(S)=0.0004\%$，$w(P)=0.0025\%$，$w(N)=0.0015\%$，$w(H)=0.0001\%$，$w(O_2)=0.0005\%$。铁水预处理、炉外精炼技术以及一些新的炼钢生产的最佳工艺流程的出现，改善了钢的性能，降低了钢中杂质元素的含量。将来，各元素含量可以达到如下水平。

(1) [C] 和 [N] 含量将小于 $10\times10^{-4}\%$。在强搅拌条件下增大气-液接触面积，并在后部工序中力求降低 p_{CO} 和 p_{N_2} 以防止回升。

(2) [O] 含量将小于 $5\times10^{-4}\%$。采用强湍流搅拌并选用合适的渣系以利于吸收钢中的脱氧产物。采用挡渣或其他除渣措施以除掉氧化渣是非常重要的，然而更为廉价的除渣方法仍有待研究解决。对于这样低 [O] 水平的钢水来说，采用碱性耐火材料和保护气氛就显得更为重要了。

(3) [P] 含量将小于 $20\times10^{-4}\%$。在较低温度和大渣量下吹炼经过处理铁水将是一个好方法。能够中间除渣，并进行再加热的设备是很必要的。对于个别钢种，需采用有效的还原脱磷措施。

(4) [S] 含量将控制在 $2\times10^{-4}\%\sim3\times10^{-4}\%$（目前这已不成问题）。

综上所述，在不久的将来即可获得 $[C]+[N]+[O]+[P]+[S]\leqslant50\times10^{-4}\%$ 水平的钢水，无疑地还应防止杂质元素在凝固过程中的偏析。炉外技术的应用是提高钢质量的重要手段。

1.5.2.2　我国炉外精炼技术的发展现状

我国早在50年代末期到60年代中期，就在炼钢生产中开发了炉外精炼技术。例如采用高碱度合成渣在出钢过程脱硫，冶炼轴承钢；钢包静态脱气和采用DH真空处理装置精炼电工硅钢，还有混合炼钢等。60年代中期至70年代，特钢系统和机电行业的炼钢车间开始引进一批真空精炼装置，例如大冶特钢[1]、武钢[2]的 RH，北重[3]的 ASEA-SKF。80 年代初期开始，一批自行设计和制造的炉外精炼装置（包括真空精炼装置）陆续投入生产，尤其是随着连铸生产的发展和扩大品种的需要，钢水吹氩处理和喷射冶金用于铁水预处理及二次冶金得到了迅速的发展；国产 LF 炉成功地应用于一些重点电炉生产厂的特殊钢生产之中。1985 年宝钢[4]投产后，引进的 RH、CAS、KIP 正常投入生产，在线作业对提高产品的质量，开发高水平的品种等方面起到了良好的示范作用。80 年代后期，国产喂线机与包芯线喂线技术已在许多钢厂广泛应用，与之相对应的耐材、挡渣、扒渣等相关技术也得到了发展。

我国于 1957 年开始研制钢水真空处理技术，由于多种原因，这项技术没有得到推广。我国的真空装置大大低于世界平均水平，而真空处理钢比例约占 2%，为日本的 1/25。1993 年，我国的钢产量达 8800×10^{4}t，生产效益也在提高，钢材品种在扩大，成绩是巨大的。目前，我国已有 VD、RH、ASEA-SKF、VOD、AOD、LF、CAS（CAS-OB）、钢包喷粉和喂线等多种炉外精炼装置，但利用率很低，钢的质量水平与发达国家相比，差距是巨大的。炉外精炼技术在我国方兴未艾，处于发展之中。

据不完全统计，到 1990 年末，我国已拥有不包括吹氩装置在内的各种炉外处理设施 132 台（套），其中冶金系统 115 台，机电系统 17 台。冶金系统中，各类具有真空脱气能力的装置 28 台，喷射冶金设备 53 台，冶金系统的吹氩精炼设备有近 200 台。自 70 年代末期起，连铸用钢水基本上都经过吹氩处理。1990 年，全冶金系统不包括吹氩、喂线的钢水精炼比为 2.68%（其中电炉钢 3.60%，转炉、平炉钢精炼比 2.49%，真空处理比 1.99%）。由于宝钢连铸生产的增长及鞍钢大板坯连铸机投入生产，今后的钢水精炼比将有较大的提高。

宝钢、武钢二炼钢、鞍钢[5]三炼钢与太钢[6]二炼钢已形成或基本形成了铁水预处理-复吹转炉-炉外精炼-连铸的现代化典型工艺流程。

我国炉外精炼比低的主要原因如下。

（1）重产量的钢铁市场。自 80 年代开始，我国钢铁市场供不应求，出现重产量倾向，钢材市场价超出调拨价 2~3 倍，用户“饥不择食”，见钢就买；有些钢厂置规程标准于不顾。这种形势下，谈炉外精炼将钢超纯化无疑是空中楼阁。自 1989 年后形势才大为好转，但是国内钢材产量仍是逐年快速提高，常规产品供大于求。

（2）炼钢设备容量太小。到 1989 年，我国共有转炉 171 座，其中小于 30t 的 136 座，占 80%；共有电弧炉 1387 座，其中小于 15t 的 1335 座，占 96.2%。RH 装置的最小容量为 35t（1968 年日本山阳厂），而 LF 和 VD，最小容量只有 10t，热效率低，不经济。小而多的炼钢炉，限制了 RH、LF 和 VD 等的推广。随着国家政策的制约，各钢铁企业也开始逐步进行淘汰落后产能和落后设备，这将大大有利于与

[1] 大冶特殊钢股份有限公司，以下简称大冶特钢。

[2] 武汉钢铁集团公司，以下简称武钢。

[3] 北方重工集团有限公司，以下简称北重。

[4] 宝钢集团有限公司，以下简称宝钢。

[5] 鞍山钢铁集团公司，以下简称鞍钢。

[6] 太原钢铁集团有限公司，以下简称太钢。

各类精炼设备的配套和衔接。

（3）已有炉外精炼装置开工率低。客观因素有蒸汽源和氩气源不足，液压阀漏油和仪表精度太差等。另外，国家的经济战略调整也是直接影响炉外精炼技术发展的直接因素。21 世纪之后，多变的世界经济活动以及国内大发展的战略使普通钢种使用量急剧上升，高质量钢种所占比例很少，导致很多钢铁企业已有炉外精炼装置开工率很低，更有甚者基本就没有使用过精炼装置正常生产。

最近几年，国内炼钢设备以及炼钢工艺水平提高，这为炉外精炼技术发展提供了强有力的技术支持，各企业也非常重视炉外精炼的效果。因此，炉外精炼技术在国内得到了长足的发展。但是，光是靠普通钢种的大量生产和输出不会长期发展下去，可以预见，炉外精炼技术的应用在我国将会进入大发展时期。

1.5.3　炉外精炼技术的发展趋势

现代冶金生产应从整体优化着眼，对冶炼、精炼、浇铸、轧制各工序，按照各自的优势进行调整组合，从而形成专业分工更加合理、匹配更加科学、经济效益更加明显的整体优势。炉外精炼技术的应用，必须认真分析市场对产品质量的要求，做到炉外精炼功能对口，工艺方法和生产规模的匹配经济合理，还要注意主体设备与辅助设备配套齐全，才能获得稳定的工艺和良好的经济效益。

世界上主要工业国家的钢铁企业整体优化水平提高很快，有的转炉炼钢厂已实现了四个百分之百：百分之百地进行铁水预处理，百分之百地实行转炉顶底复合吹炼和无渣少渣出钢，百分之百地进行炉外精炼和百分之百地进行连铸。一些电炉钢厂也都实现了百分之百地炉外精炼。各国经验表明，炉外精炼应向组合化、多功能精炼站方向发展，并已形成一些较为常用的组合与多功能模式：

（1）以钢包吹氩为核心，加上与喂线、喷粉、化学加热、合金成分微调等一种或多种技术相复合的精炼站，用于转炉-连铸生产衔接；

（2）以真空处理装置为核心，与上述技术中的一种或多种技术复合的精炼站，也主要用于转炉-连铸生产衔接；

（3）以 LF 炉为核心，并与上述技术及真空处理等一种或几种技术相复合的精炼，主要用于电弧炉-连铸生产衔接；

（4）以 AOD 为主体，包括 VOD、转炉顶底吹生产不锈钢和超低碳钢的精炼技术。

不同类型工厂对炉外精炼技术的选择，根据质量、工艺和市场的要求，也初步地形成了一定的模式。

（1）生产板带类钢材的大型联合企业，一般配有两种类型的精炼站，即以 CAS-OB 吹氧精炼和以真空处理为主的复合精炼。

（2）生产棒线材为主的 30t 以下中小转炉钢厂，一般配有钢包吹氩、喂线、合金成分微调的综合精炼站。

（3）电炉钢厂选择精炼方式有以下几种：

1）生产不锈钢板、带、棒线的钢厂，一般采用 AOD 精炼方式，有的附有 LF 或 VOD/VAD；

2）非不锈钢类合金钢厂，一般配以 LFV 为核心的多功能复合精炼装置；

3）普碳钢和低合金钢生产厂，则配以 LF 为核心的多功能复合精炼装置。

当然，钢铁企业生产没有一个固定的模式，随着国家政策以及经济需求的改变，钢材市场也在时刻改变，这就使钢铁行业必须根据市场需求和发展趋势进行适当的调整，形成自己的发展模式。

当前炉外精炼技术主要发展趋势如下。

（1）多功能化。多功能化是指由单一功能的炉外精炼设备发展成为多种处理功能的设备和将各种不同功能的装置组合到一起建立综合处理站，如 LF-VD、CAS-OB、IR-UT、RH-OB、RH-KTB。上述装置中分别配了喂合金线（铝线、稀土线）、合金包芯线（Ca-Si、Fe-B、C 芯线）等。这种多功能化的特点，不仅适应了不同品种生产的需要，提高了炉外精炼设备的适应性，还提高了设备的利用率和作业率，缩短了流程，在生产中发挥了更加灵活、全面的作用。

（2）提高精炼设备生产效率和二次精炼比。表 1-10 给出了常用二次精炼设备生产效率的比较。影响二次精炼设备生产效率的主要因素为钢包净空高度、吹氩强度和混匀时间、升温速度和容积传质系数以及冶炼周期和包衬寿命。

表 1-10　常用二次精炼设备的生产效率

精炼设备	钢包净空高度/mm	吹 Ar 流量/$L \cdot (min \cdot t)^{-1}$	混匀时间/s	升温速度/$℃ \cdot min^{-1}$	容积传质系数/$cm^3 \cdot s^{-1}$	精炼周期/min	钢包寿命/次
CAS-OB	150~250	6~15	60~90	5~12	—	15~25	60~100
LF	500~600	1~3	200~350	3~4	—	45~80	35~70
VD	600~800	0.25~0.50	300~500	—	—	25~35	17~35
VOD	1000~1200	2.4~4.0	160~400	0.7~1.0	—	60~90	40~60
RH	150~300	5~7	120~180	—	0.05~0.50	15~25	1. 底部槽 420~740； 2. 升降管 75~120； 3. 钢包 80~140

显然，RH 和 CAS 是生产效率比较高的精炼设备，一般与生产周期短的转炉匹配使用。

为了提高二次精炼的生产效率，近几年国外采用的技术如下。

1）提高反应速度，缩短精炼时间。如 RH 通过提高吹氩强度，扩大下降管直径，顶吹供氧等技术，使容积传质系数从 0.15cm^3/s 提高到 0.3cm^3/s，可缩短脱碳时间 3min。AOD 采用顶供 O_2 技术后，升温速度从 7℃/min 提高到 17.5℃/min，脱碳速度从 0.055%/min 上升到 0.087%/min；平均降低电炉电耗 78kW · h/t。

2）采用在线快速分析钢水成分，缩短精炼辅助时间。将元素的分析周期从 5min 降至 2.5min，一般可节约辅助时间 5~8min。

3）提高钢包寿命，加速钢包周转。二次精炼钢包的寿命和炉容量有关。美国 WPSC 钢厂，290t 转炉配 CAS-OB 生产 LCAK 钢板，采用以下技术提高钢包寿命：包衬综合砌筑，根据熔损机理对易熔损部位选择合适的耐火材料；关键部分采用高级耐火材料，如包底钢流冲击区采用高铝砖［$w(Al_2O_3) \geq 96.3\%$］，寿命可提高

20~30 炉；每个包役对侵蚀严重部位（如渣线和钢水冲击区）进行一次修补。采用上述工艺后，平均包龄从 60 炉提高到 120 炉，最高包龄达到 192 炉，降低耐火材料总成本的 20%。

4）采用计算机控制技术，提高精炼终点命中率。二次精炼的自动化控制系统，通常包括以下功能：精炼过程设备监控与自动控制；精炼过程温度与成分在线预报；数据管理与数据通信；车间生产调度管理。

5）扩大精炼能力。北美新建的短流程钢厂，生产能力一般为 120 万~200 万吨/天，多数采用一座双炉壳电炉或竖炉电炉，平均冶炼周期为 45~55min。为了提高车间的整体生产能力，采用一台电炉配两台 LF（或一台 LF、一台 CAS），使平均精炼周期达到 20min，以保证炼钢车间的整体能力。

（3）炉外精炼技术的发展不断促进钢铁生产流程优化重组，不断提高过程自动控制和冶金效果在线监测水平。例如，LF 钢包精炼技术促进了超高功率电弧炉生产流程的优化；AOD、VOD 实现了不锈钢生产流程优质、低耗、高效化的变革等。

50 多年来，炉外处理技术已发展成为门类齐全、功能独到、系统配套、效益显著的钢铁生产主流技术，发挥着重要的作用。但炉外处理技术仍处在不断完善与发展之中。未来炉外处理技术将在以下几个重点方面取得进展：

1）以转炉作为主要手段的全量铁水预处理，不仅将大大提高铁水预处理的生产效率，而且还将为现有冶金设备的功能优化重组开辟新的方向；

2）中间包冶金及结晶器冶金技术将逐渐显示其对最终钢铁产品质量优化的重要意义；

3）电磁冶金技术对炉外处理技术的发展将起到积极的推动作用；

4）中小型钢厂炉外处理技术；

5）配套同步发展辅助技术，包括冶炼炉准确的终点控制技术、工序衔接技术智能化等；

6）无污染的处理技术及过程的环保技术。

炉外精炼技术本身的发展和相关技术的完善，对于钢铁生产流程的整体优化及钢铁产品质量的影响十分重要。在完善钢铁生产系统工艺和炉外处理技术中，钢液温度补偿技术——加热方法，炉外处理设备所用的耐火材料的质量和使用，防止处理后钢液再氧化，以及小型炼钢车间炉外处理方法的最佳选择等问题还需要进一步研究。

（1）钢水降温后的温度补偿技术。精炼过程钢水温度的降低，需要热补偿。若采用电弧加热，耐火材料寿命降低，增加钢中夹杂物含量。电阻加热升温速度慢，且电耗量大。钢水采用化学加热方法（如 CAS-OB），向钢液中加铝、硅，同时吹氧保证处理后的钢液温度符合连铸要求，但这种方法增加了铝和合金的消耗量，而且适用的钢种有限。目前用于炉外处理的加热方法，其加热速度不大，约 2~6℃/min。这不利于提高生产率，不能适应生产需要。因此，温度补偿技术是炉外精炼存在的一个难题，有待研究解决。

（2）耐火材料使用寿命。炉外精炼设备用耐火材料寿命较低；电磁搅拌要求炉衬要薄，为此炉龄一般只能为 200~300 炉，这样修炉频繁，造成精炼成本高。尤其是局部损坏较多，有待开发新型耐火材料。

钢包作为精炼容器，浇注完毕温度降低，内衬温度急变抵抗性能欠佳，容易剥落。此外，滑动水口滑板的工作条件恶劣，需要在红包条件下更换，换后立即烘烤。

吹氧、吹氩后钢水的成分和温度均匀化了，但钢包内衬侧壁的不均匀冲刷，影响其使用寿命。炉外精炼一般用高铝质耐火材料，如渣线等部位用镁碳砖，也存在钢水增碳可能，并需经常修补等。

（3）精炼后期钢水再污染。精炼处理时间越长，过程中的二次氧化、吸气越严重；洁净度越高，污染越厉害。

（4）老厂改造困难大。由于精炼设备的投资、布置、设备容量等因素的限制，老厂技术改造困难较大。

题库

2 CAS 精炼法

2.1 概　　述

最初的钢包精炼法是用在铁水预脱硫，因为与钢水相比，铁水温度比较低，对耐火材料等的制约比较小，容易实现简单的精炼方法。它是既没有真空设备，也没有加热设备功能的简单设备进行钢包精炼的方法，即所谓的简易钢包精炼法。

随着冶金技术的发展，钢包精炼法在钢水精炼的过程中也得到了广泛的应用，该方法普遍用于极低碳钢之外的钢种的大生产。图 2-1 为工业化简易钢包精炼法的示意图。

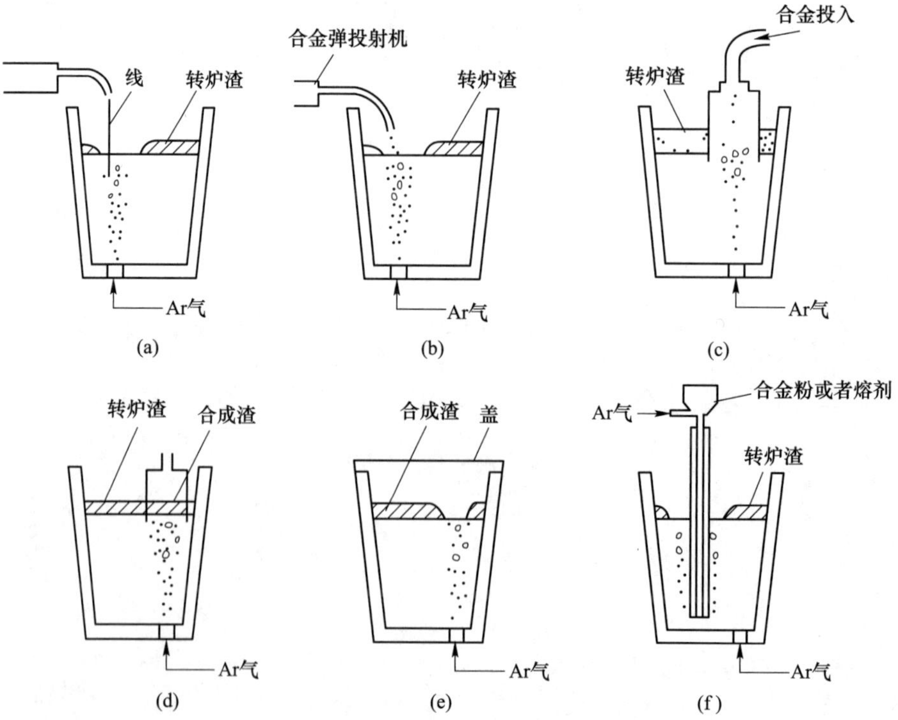

图 2-1　工业化的各种简易钢包精炼法示意图

(a) 喂线法（成分调整）；(b) 合金弹投射法（成分调整）；(c) CAS 法（成分调整，钢水洁净化）；(d) SAB 法（钢水洁净化）；(e) CAB 法（钢水洁净化）；(f) TN 法（成分调整）

各种简易钢包精炼法中，CAS 法结合了成分调整和钢水洁净化的功能，效果非常明显，也是当前精炼生产中不可或缺的一种精炼方法。

2.1.1　CAS 法

在大气压下，通过钢包吹氩进行钢液氩气处理，可达到均匀钢液温度和成分、加速合金料及脱氧剂的熔化、减少钢中氧化物夹杂含量、改善钢液凝固性能的目的。为此，钢包吹氩技术在冶金工业中得到了广泛的应用。提高钢包吹氩强度有利于熔池混匀和夹杂物上浮，但是吹氩强度过大，会使钢液面裸露，在钢液裸露处由于所添加的亲氧材料反复地接触空气或熔渣，又造成脱氧效果和合金收得率的显著降低，造成二次氧化。

为了解决上述问题，日本新日铁公司（以下简称新日铁）八幡技术研究所于 1975 年开发了吹氩密封成分微调工艺，即 CAS（Composition Adjustment by Sealed Argon Bubbling，密封吹氩微调合金成分）工艺。该工艺在以往的钢包底吹氩均匀钢液成分和温度功能的基础上，在钢液面上插入一个浸渍罩，撇开炉渣，铁合金从浸渍罩上面加入，不与炉渣和空气接触，直接加入钢液内，并在底吹氩搅拌下，微调合金成分。很好地解决了上述的问题，再加上这种工艺比较简易，70 年代末期逐渐推广应用。CAS 法系统示意图如图 2-2 所示。

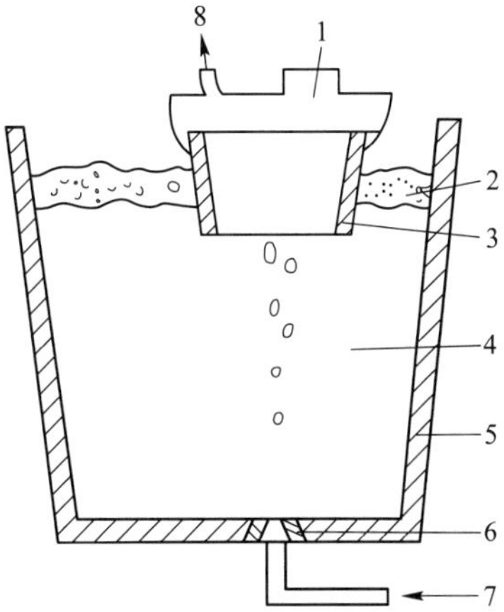

图 2-2　CAS 法系统示意图
1—合金加入；2—少量炉渣；3—隔离罩（浸渍槽、管）；4—钢水；5—钢包；6—多孔砖；7—Ar 气；8—Ar 排出

当吊车将钢水包运到 CAS 处理站，由台车将钢水包开到处理位置，通过钢包底部的透气砖，向钢包内喷吹惰性气体——氩气；在大流量氩气的冲击下，熔池的渣子表面上产生了一块很大的无渣开口，然后将 CAS 罩降下；当 CAS 罩浸入钢水中时，通过减少氩流量，使钢水的流动强度变小，被氩气吹开的渣子又反流回来，从外面将 CAS 罩围住，这样就保护了钢水，使之不与空气接触；罩内的钢水表面呈现无渣状态，罩中形成了氩气气氛，这时再加入铁合金、脱氧剂或冷却剂（C、Mn、Si、Al）进行成分微调和温度调整。此外，这种方法还有利于消除钢中的大型夹杂物，以较低的成本获得纯净的钢水。利用 CAS 工艺可以提高合金收得率，可以在保持较小的成分偏差和改善钢液洁净度的同时，做到准确无误地添加合金元素。CAS 法主要用于处理转炉钢水，生产对氢不敏感的铝镇静钢、铝硅镇静钢和低碳铝镇静钢等普通钢。

2.1.2　CAS-OB 法

控制浇铸温度是生产高质量铸坯及连铸机无故障操作的前提条件。因此，与普通模铸相比，连铸工艺浇铸温度的允许偏差是很小的。

如果在 CAS 法处理之后，为了能够按顺序浇铸那些低于开浇温度的钢液，那么就必须开发一种简便而快速有效的预热装置。

新日铁在 CAS 法的基础上，最早推出了 CAS-OB 法，是最具有代表性的化学加热法。为了快速补偿 CAS 法处理过程中的温降，在浸渍罩的提升架上附加了一个使自耗氧枪上升和下降的起重装置。打开挡板之后，利用定心套管将氧枪导入浸渍罩对钢水进行吹氧，同时从浸渍罩顶部加料孔向钢水中不断加入铝或硅铁，利用铝或硅氧化热来加热钢水，该方法称为 CAS-OB 法，示意图如图 2-3 所示。利用加入的铝或硅铁与氧反应所放出的热量直接加热钢水，其目的是对转炉钢水进行快速升温，补偿 CAS 法工序的温降，为中间包内的钢水提供准确的目标温度，使转炉和连铸协调配合。

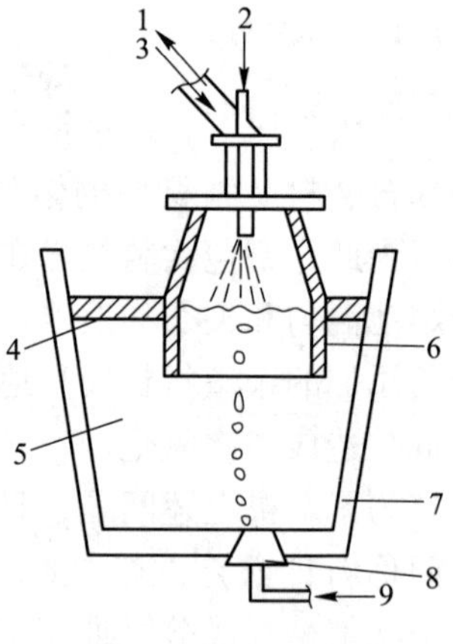

图 2-3　CAS-OB 法示意图
1—烟尘排放；2—吹氧；3—添加合金 C、Si、Mn、Al 等；4—渣；5—钢水；6—浸渍罩；7—钢包；8—透气砖；9—氩气、氮气

OB(Oxygen Blowing) 即为吹氧的意思，这是一种借助化学能快速简便而有效的升温方法，升温速度为 5~10℃/min。CAS-OB 技术一出现，就在日本得到了实际应用，新日铁公司的所有转炉轧钢厂都采用 CAS-OB 装置。这项技术随后在欧洲、南美和北美等地区得到推广。我国宝钢从日本引进了两套设备，武钢则按其原理自行设计开发了这一技术，鞍钢也与日本神户制钢联合设计了两套 CAS 设备，定名为 ANS-OB。目前，国内对此技术感兴趣钢铁企业越来越多。

2.1.3　ANS-OB 法

ANS-OB 是鞍钢三炼钢厂研制的一种与 CAS-OB 类似的钢包精炼工艺，如图 2-4 所示。该工艺解决了吹氩搅拌引起钢水裸露和卷渣，造成的钢水氧化问题，并且有成分微调、钢水升温和降温功能。能保证钢液温度波动在±3℃，满足大板坯连铸机对钢水的要求。

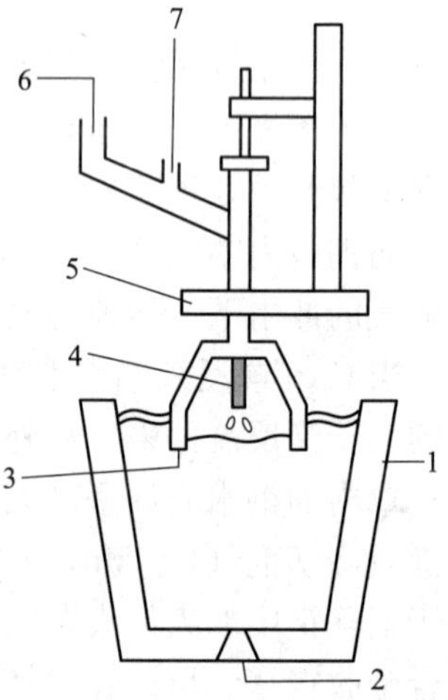

图 2-4　ANS-OB 装置示意图
1—钢包；2—吹氩透气砖；3—罩；4—氧枪；5—提升装置；6—合金管；7—抽吸管

2.1.4　IR-UT 法

1986 年，日本住友金属工业公司 CSMI 借鉴 CAS-OB 技术，开发成功了一种被称为 IR-UT（Injection Refining-Up Temperature）法的升温精炼法，即喷射-升温的技术。其与 CAS-OB 非常相似，主要不同之处在于：IR-UT 采用顶枪向罐内吹氩搅拌钢水，还能以氩气载粉精炼钢液，浸渍罩呈圆筒形而其顶部为带有凸缘的平盖。在进行精炼、升温时，其顶部平盖支承在钢水罐沿上并罩住罐口，可起到防止钢水二次氧化的作用。该技术在对钢水加热的同时，进行脱硫和夹杂物形态的调整操作。IR-UT 钢包精炼如图 2-5 所示。

IR-UT 法取消了底吹氩气，不存在从透气砖处漏钢问题。该方法不仅适用于大钢包，也可以用于 10~25t 的小钢包，具有更广泛的适应性。IR-UT 钢包冶金站采

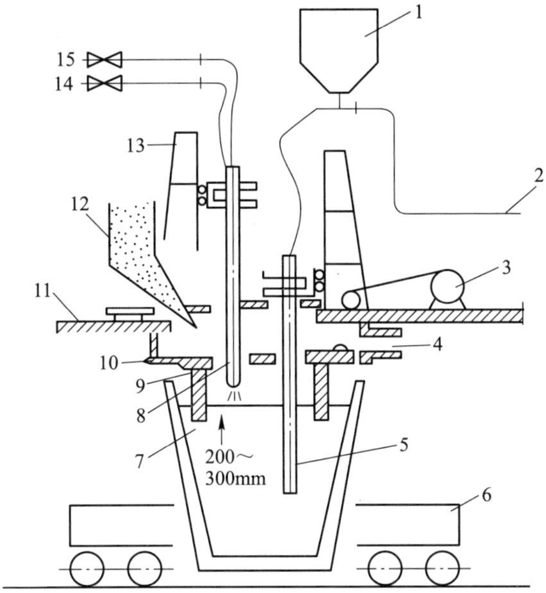

图 2-5　IR-UT 钢包精炼示意图

1—喷射罐；2—搅拌和喷射气体；3—升降装置；4—排气口；5—搅拌枪；6—钢包车；7—钢水；8—吹氧枪；9—隔离罩裙；10—包盖；11—平台；12—合金称量；13—升降装置；14—冷却气体；15—氧气

用上部敞口式的浸渍罩，它与 CAS-OB 采用的上部封闭的浸渍罩相比有以下优点：

（1）可使整个设备的高度降低；

（2）喂线可在浸渍罩内进行，免除与表面渣的反应；

（3）在钢液处理过程中容易观察和调整各项操作，如吹氧、搅拌、合金化及浸渍罩内衬耐火材料的侵蚀等。

IR-UT 法可以在精炼的同时加热钢液，可弥补钢液温度的不足。由于加热是采用化学热法，故升温速度快，加热时间少于 5min，整个处理时间不多于 20min，同时省掉电弧加热设备。IR-UT 法除氧枪外还设有加合金称量斗小车及加料器，从钢包一侧加入合金料，另一侧设喷射罐与搅拌枪相连，搅拌枪吹入氮气或氩气。钢包上部设有罩裙和包盖，设有喷射石灰或硅钙粉的罐和软管，供测量温度和取样用的一套（双体）枪和提升机械。其容量为 10～250t，20 世纪 90 年代初期已建成 10 多台。

2.2　密封吹氩气合金成分调整的原理和功能

现场照片-降罩

2.2.1　CAS 法精炼原理与精炼功能

2.2.1.1　精炼原理

进行 CAS 处理时，首先用氩气底吹搅拌，上升的氩气拱开渣层，在钢水表面形成一个无渣的区域，然后将浸渍罩插入钢水罩住该无渣区，以使加入的合金与炉渣

微课-夹杂物颗粒与气泡碰撞

隔离，也使钢液与大气隔离，从而减少合金损失，稳定合金收得率。

2.2.1.2　精炼功能

CAS 法的基本功能有：

（1）均匀钢水成分、温度；

（2）调整钢水成分、温度（废钢降温）；

（3）提高合金收得率（尤其是铝）；

（4）净化钢水、去除夹杂物。

2.2.2　CAS-OB 法精炼原理与精炼功能

2.2.2.1　精炼原理

CAS-OB 法是在 CAS 法的基础上发展起来的。浸渍罩内增设顶氧枪吹氧，它在吹氧的同时，不断通过浸渍罩向钢液内加入铝或硅铁，利用铝或硅铁与氧反应所放出的热量直接对钢水加热，化学反应为：

$$2Al + \frac{3}{2}O_2 = Al_2O_3 - 30932kJ/kg \tag{2-1}$$

$$Si + O_2 = SiO_2 - 29260kJ/kg \tag{2-2}$$

$$C + \frac{1}{2}O_2 = CO - 9509kJ/kg \tag{2-3}$$

$$CO + \frac{1}{2}O_2 = CO_2 - 23567kJ/kg \tag{2-4}$$

燃烧热通过辐射、传导、对流传给钢水，借助氩气搅拌将热传向钢水深部。燃烧 1.0kg 铝的理论需要氧量为 0.62m^3，燃烧 1.0kg 硅需要氧 0.8m^3；但由于其他烧损和氧利用率的影响，实际分别为 0.74m^3 和 1.05m^3。

钢水比热容取 0.88kJ/(kg · ℃)，燃烧 1.0kg 铝和 1.0kg 硅的吨钢升温值分别为 35℃和 33℃。一般把升温幅度控制在 50℃以内。

一般热吸收率可达 80%以上。为获得较好的铁、锰、碳元素烧损，需要保持比较多的与供氧相平衡的理论燃烧物数量。

例如鞍钢的 ANS-OB，温度控制在目标温度的±3℃。该方法实现了过程中加热，有助于降低转炉的出钢温度，提高炉龄和钢水质量，并且可以协调转炉与连铸的生产，促进多炉连浇，提高生产率。利用加入的铝或硅铁与氧反应所放出的热量直接加热钢水，操作方便，且成本低，效率高。

例如，日本住友公司 180t 钢包试验表明，当吹氩流量为 11m^3/(h · t) 时，加铝或硅铁合金提温，若升温 30℃需耗铝 1.05kg/t 或硅铁 1.2kg/t，氧气总耗量为（标态）0.78m^3/t 或 1.28m^3/t（标态），平均加热速率分别为 7℃/min 或 4.3℃/min。由此可见，铝的提温效率大于硅铁。正因为如此，铝已经成为对钢水进行升温的首选金属。

2.2.2.2 精炼功能

CAS-OB 钢包精炼的冶金功能如图 2-6 所示。

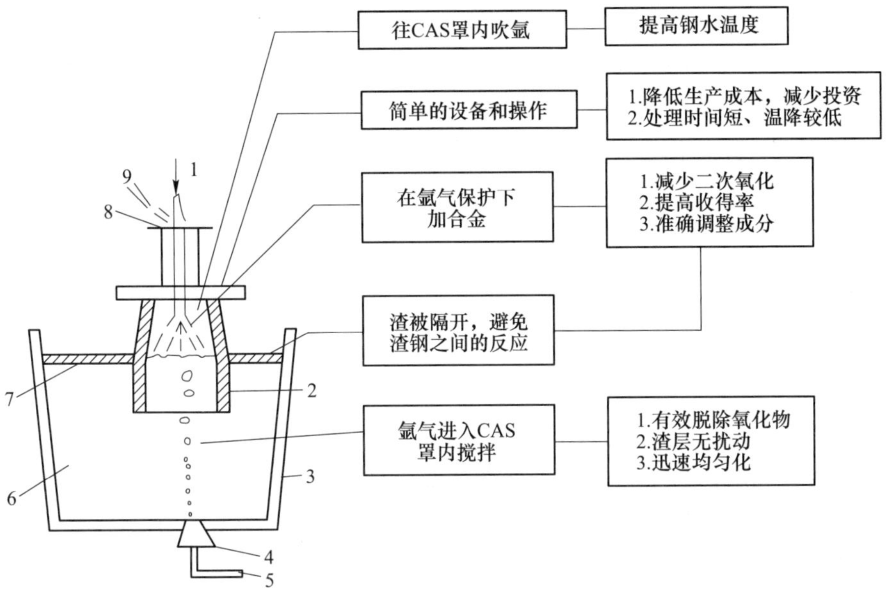

图 2-6 CAS-OB 钢包精炼冶金功能

1—吹氧；2—钟罩；3—钢包；4—透气砖；5—Ar、N_2；6—钢液；7—渣；8—合金加入；9—烟气排出

CAS-OB 钢包精炼的特点如下。

（1）均匀调整钢水成分。当转炉以沸腾钢状态出钢时，在 CAS-OB 站进行合金化，当转炉按下限合金化时，在 CAS-OB 站进行合金微调。根据钢水到 CAS 站成分与目标成分之差，考虑到合金收得率、合金成分和钢水重量经计算加入合金。CAS 处理中 Al、Si、Mn 等合金的收得率稳定，并可提高合金收得率 20%～50%，均匀调整钢水成分，实现对钢液窄成分控制。碳的精确度可达 $15\times10^{-3}\%$；锰的精确度可达 $30\times10^{-2}\%$。

（2）进行合金微调，提高合金收得率，节约合金，降低成本。由于 CAS 罩内无渣，加铝在氩气保护下进行，使耗于炉渣和二氧化的铝损耗大为降低，所以节铝达 40%左右。如宝钢 1989 年 12 月份统计，常规吹氩 $\eta_{Al}=37.3\%$，采用 CAS-OB 法后 $\eta_{Al}=67.1\%$。

（3）净化钢水。对钢水进行加热的同时，能促进夹杂物上浮，可控制钢中酸溶铝不大于 0.005%（质量分数），钢中氧含量降低 20%～40%；在氩气保护下加合金，减少钢水的二次氧化，提高钢水洁净度。

（4）快速提高钢液升温和精确控制钢水温度。在所有炉外处理设备中，CAS-OB 的升温速度最快，可达到 6～12℃/min，升温幅度可达到 100℃；钢水处理终点温度的波动不大于±5℃，法国索拉克公司福斯厂的经验数据为：降低 10℃需加 3.1kg 废钢/t 钢水，升高 10℃时加 0.35kg 铝/t 钢水，0.23m^3氧气/t 钢水。

（5）与喂线配合，可进行夹杂物的变性处理。

（6）设备简单，无须复杂的真空设备，基建投资省，成本低。CAS-OB 法投资是 DH 法的 1/8，操作费用为其 1/5。

（7）冶炼节奏快，适合转炉的冶炼节奏。

（8）起缓冲站作用，使转炉和连铸协调配合。

2.3　密封吹氩气合金成分调整工艺流程

2.3.1　CAS 法工艺流程

进行 CAS 处理时，首先强底吹氩气，氩气通过安装在包底的弥散型透气砖吹入钢液进行搅拌，在上升的气液两相流股作用下，钢液剧烈流动并沸腾，氩气流股上方的钢液表面凸起，将熔渣向周围推开，使熔池表面产生一个大的无渣裸露区域。当裸露的钢液表面积相当于浸渍罩面积时降下浸渍罩插入裸露的钢液内罩住该无渣区域，并且减小供氩强度，使钢液流动减弱。浸渍罩外部回流的熔渣从外部包围浸渍罩，保护供氩，以防止二次氧化。罩内呈密封状态，钢液面无炉渣覆盖，加上吹氩使罩内充满氩气，形成相对的惰性气氛，保持氩气正压，调整成分用的铁合金从罩的顶部加入，不经过炉渣直接加入钢液内，从而减小合金损失，因此合金收得率高且稳定，成分迅速均匀，并可精确调整成分。

CAS 工艺操作过程比较简单，脱氧和合金化过程都在 CAS 设备内进行。由于该工艺的灵活性，所以可以采用以内控条件为基础的其他操作方式，例如，在出钢期间利用硅进行预脱氧和锰及其他合金元素的预合金化。CAS 工艺操作的关键是排除浸渍罩内的氧化渣。若有部分渣残留在罩内，合金收得率应会下降，且操作不稳定。实践证明渣层过厚时，浸渍罩的排渣、隔渣能力得不到充分利用。

与常规吹氩搅拌处理钢水比较，处理 7~8min，钢中总氧量由 $100\times10^{-4}\%$可降到 $40\times10^{-4}\%$以下，处理后钢中非金属夹杂物明显减少，尤其 40μm 以上的大型夹杂物可减少 50%；20~40μm 的夹杂物可减少 1/3~1/2，大大改善钢的质量。

一般 CAS 操作约需要 15min，典型的操作工艺流程如图 2-7 所示，包含设备示意图的 CAS 工艺图如图 2-8 所示。

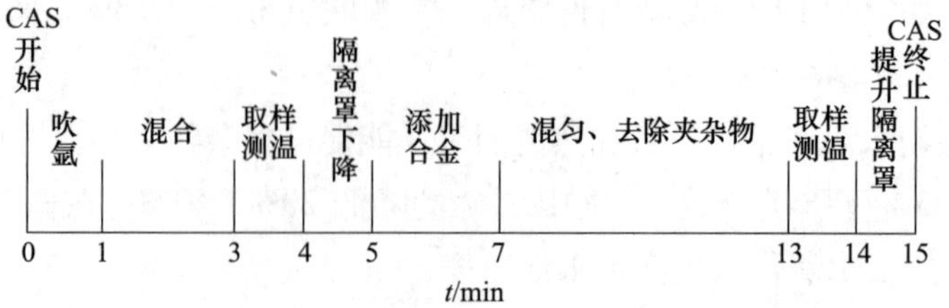

图 2-7　CAS 操作工艺流程时间分配

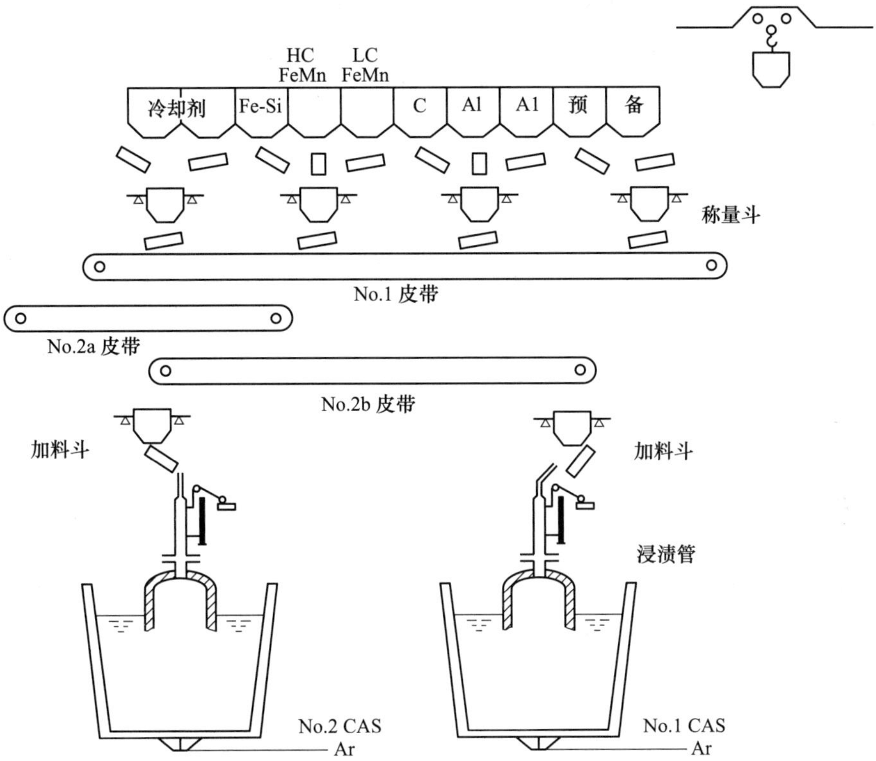

图 2-8 CAS 钢包精炼工艺示意图

2.3.2 CAS-OB 法工艺流程

CAS-OB 工艺的开始阶段与 CAS 工艺完全相同。当依据温度预报需要加热钢液时，在浸渍罩浸入钢液之后，首先要进行钢液脱氧及合金化。此外，还要准备加热所需的铝，并在降下吹氧枪之后在吹氧期间以一定比例连续往钢液里添加铝。

CAS-OB 工艺从吹氩到提罩整个操作过程约 23min，其中吹氧约需 6min，典型的 CAS-OB 工艺操作过程如图 2-9 所示，亦可根据操作条件的不同来修改此操作方式。

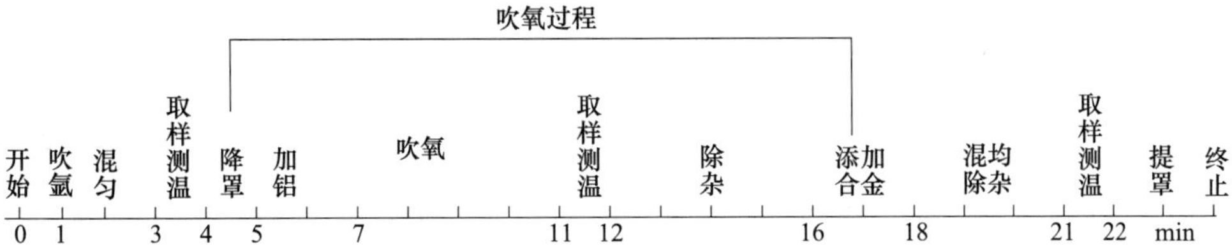

图 2-9 CAS-OB 操作工艺流程时间分配

2.3.2.1 工艺参数的选择

A 发热剂的加入量

发热剂的加入量是影响升温幅度的重要因素，同时发热剂的过剩指数对升温幅度有一定的影响。因此，根据钢液要求的升温幅度，发热剂的加入量应有一个合适值，该值可由钢水与发热剂的热平衡关系得到，其计算公式为：

$$c_{钢}\Delta T W_{钢} = Q_{发} W_{发} \eta \tag{2-5}$$

所以发热剂的加入量为：

$$\frac{W_{发}}{W_{钢}} = \frac{c_{钢}\Delta T}{Q_{发}\eta} \tag{2-6}$$

式中　$W_{钢}$——钢水量，t

$W_{发}$——发热剂的加入量，kg；

$c_{钢}$——钢水比热容，kJ/(t · ℃)；

$Q_{发}$——发热剂的发热值，kJ/kg；

ΔT——升温幅度,℃；

η——发热效率。

发热效率 η 是一个综合指数，它取决于一系列因素，如供氧气强度、枪位高度、发热剂的粒度、发热剂的过剩指数及钢中 Fe、Si、Mn 等元素的氧化发热值等。同时，η 也与设备有关，设备确定了热传输速率，也确定了钢液吸热和散热的速率。

发热剂的加入方式，一般采用一次加入、分批加入或连续加入。连续加入方式优于其他方式。

发热剂的过剩指数 I 定义为：

$$I = \frac{发热剂实际加入量}{预定升温理论计算量(即按化学计算反应的量)} \tag{2-7}$$

过剩指数 I 为 1.0~1.4。当发热剂过剩指数增加时，升温幅度增加，发热剂的氧化率增加，钢液中残存的发热剂的量也增加。

B　供氧量或供氧强度

供氧量或供氧强度是影响升温效果的又一重要因素，而且它还影响冶金效果：供氧量不足，发热效果差；供氧强度过强，易造成喷溅，且受设备限制。供氧量与供氧强度的关系为：

$$供氧量 = 供氧强度 \times 供氧时间$$

因此，应先保证供氧量，然后根据升温速度选择合适的供氧强度。

钢水化学加热法中供氧量的化学反应式计算为：

$$x\mathrm{M} + \frac{y}{2}\mathrm{O_2} = \mathrm{M}_x\mathrm{O}_y + Q \tag{2-8}$$

$$x \qquad \frac{y}{2} \cdot 22.4$$

$$\frac{W_{发}}{M} \qquad Q_{\mathrm{O_2}}$$

得：

$$Q_{\mathrm{O_2}} = \frac{22.4 W_{发}\, y}{2Mx} = \frac{11.2 y W_{发}}{Mx} \tag{2-9}$$

式中　$W_{发}$——发热剂的加入量，kg；

M——发热剂的相对原子质量，kg/mol。

由式(2-9) 可求出供氧量 Q_{O_2}。

供氧强度可根据升温速度的需求确定，由式(2-6) 得：

$$W_{发} = \frac{\Delta T c_{钢} W_{钢}}{Q_{发} \eta} \tag{2-10}$$

式(2-10) 两边同除以时间 t，得：

$$\frac{W_{发}}{t} = \frac{\frac{\Delta T}{t} c_{钢} W_{钢}}{Q_{发} \eta} = \frac{\Delta t c_{钢} W_{钢}}{Q_{发} \eta} \tag{2-11}$$

由式(2-10)，得：

$$q_{O_2} = \frac{Q_{O_2}}{t} = \frac{11.2 \Delta t c_{钢} W_{钢} y}{Q_{发} \eta x M} \tag{2-12}$$

式中　q_{O_2}——供氧强度，$m^3/(h \cdot t)$；

Δt——升温速度，℃/min。

铝（硅）加热钢水方法的升温速度，取决于单位时间供氧速度。供氧强度的增加，必须相应增加供给铝（硅）速度［为保持一定的铝（硅）过剩系数］，由于供热负荷的增加，加之良好的气泡搅拌，促使钢水温升速度加快。但是，由于受喷溅和安全因素影响，供氧速度不能过高（只能保持在一定的合适数值），从而限制了更大升温速度。

据新日铁、住友以及美国 Bethiehem 厂经验认为，平均供氧强度以 $11m^3/(h \cdot t)$（标态）为好，不宜超过 $20m^3/(h \cdot t)$，300t 钢包实际使用的供氧速度为 1000～$6000m^3/h$(标态)，相应加铝速度为 20～200kg/min，钢水升温速度为 5～13℃/min。美国 300t 钢包供氧速度为 2700～$3100m^3/h$(标态)，升温速度为 5～6℃/min。对于 160t 钢包，当供氧强度为 $11m^3/(h \cdot t)$ 时，钢水升温速度为 7℃/min。供氧强度增加至 $14m^3/(h \cdot t)$，升温速度达到 10℃/min。小型钢包（20～30t）的供氧强度可提高至 33～$45m^3/(h \cdot t)$（标态）（相当于 900～$1000m^3/h$，标态），最高温度升速可达 15℃/min，平均 7～12℃/min。过高的供氧强度还会引起 Al(Si) 加热效率的降低。

据经验，Al(Si) 过剩指数也对加热速度有影响。为了确保升温效率，适当提高过剩指数是必要的，一般宜大于 1.2。加入铝量与配氧的关系为：

$$Q = 0.62G \tag{2-13}$$

式中　Q——应配氧量；

G——加入铝量。

在相同供氧速率下，采用硅加热仅为铝加热的 60%。小钢包的吨钢占据浸渍罩容积要大些，因而供氧强度可略高于大型钢包。据经验，200～300t 钢包供氧强度为 11～$20m^3/(h \cdot t)$（升温速度 5～13℃/min），160t 钢包平均 $14m^3/(h \cdot t)$（相当于 7～10℃/min）。住友提供的 20t 小钢包供氧速度为 33～$45m^3/(h \cdot t)$（升温速度可达 15℃/min）。

C　吹氩量

吹氩量过小，不足以撇开渣层；吹氩量过大，又会导致喷溅；另外钢渣搅拌过于激烈，又会使渣混入钢中，影响合金收得率和钢的纯净度。因此要设计合理的吹氩曲线。

D　搅拌强度和混匀时间

搅拌强度与吹氩量、钢液温度、包内钢液量有关，而混匀时间又与搅拌强度大小直接相关。数学表达式为：

$$\varepsilon = \frac{3171Q\pi}{M_L}\left[\ln\left(1 + \frac{9.81\rho_2 H}{p_2}\right) + \eta\left(1 + \frac{T_n}{T_L}\right)\right] \tag{2-14}$$

$$\tau = 800 \times \varepsilon^{-0.4} \tag{2-15}$$

式中　ε——搅拌强度，W/t；

Q——吹氩量，m^3/s；

M_L——钢水量，t；

p_2——液面上气氛压力，Pa；

H——钢液深度，m；

ρ_2——钢液密度，t/m^3；

T_L——钢水温度，K；

T_n——吹入气体温度，K；

τ——均匀混合时间，s。

2.3.2.2　升温过程钢中元素的变化规律

钢水化学加热法在升温过程中，由于其氧化燃烧金属或合金，必然对钢中元素产生一定的影响。在使用铝做发热剂时，过剩指数为 1.2～1.3，供氧速度合适时，元素的变化规律如图 2-10 所示。

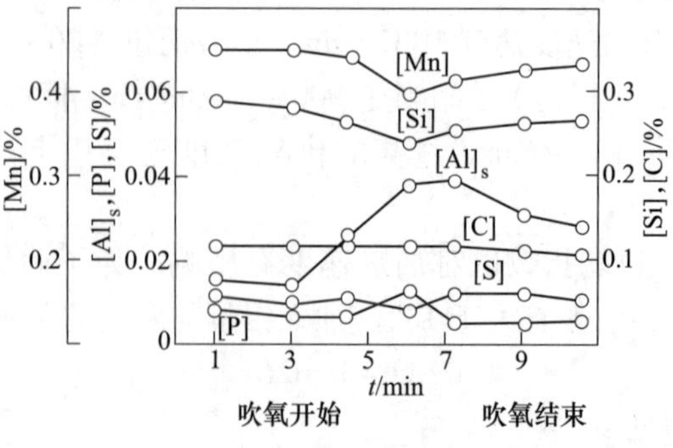

图 2-10　升温过程钢水成分变化

由图 2-10 可见，在吹氧前期，[Si]、[Mn] 下降，在后期回升。这是由于前期集中供氧，[Si]、[Mn] 参与反应，随着向钢中投入金属铝，[Al] 逐渐增多，[Si]、[Mn] 的氧化受到抑制，[Si]、[Mn] 含量逐渐回升。[C]、[P]、[S] 在过程中变化微小。

在加铝吹氧结束后吹氩搅拌过程中钢水成分变化如图 2-11 所示。

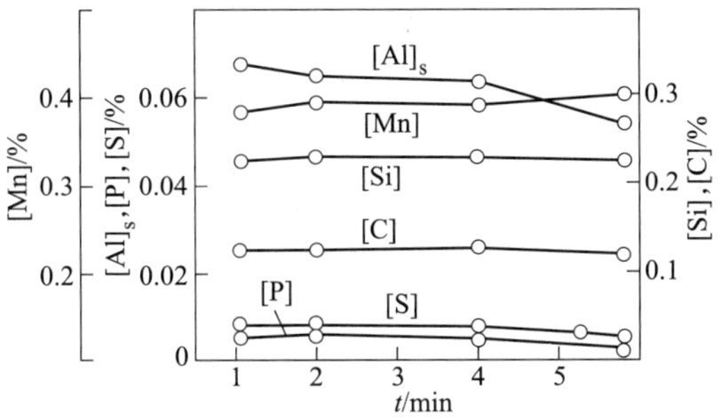

图 2-11 加铝吹氧结束后吹氩搅拌过程中钢水成分变化

由图 2-11 可见，[Si]、[Mn] 呈缓慢增多趋势，[Al] 呈下降趋势，这说明 [Al] 在还原 SiO_2 和 MnO，还原能力随其含量变化的主要因素为发热剂的过剩指数、供氧强度、搅拌强度等。据住友提供的数据，加热含 [Si]=0.1%~0.3% 和 [Mn]=0.3%~0.6%的钢水，升温期间将有 [Si]=0.03%和 [Mn]=0.07%被烧损。碳的烧损量与钢水含碳量不同而异，对于 [C]≤0.15%钢水，烧损量为 0.02%，对于 [C]>0.35%钢水，烧损量为 0.03%。因此，在钢水升温后，需加入一定数量合金进行成分微调。由于浸渍罩的设置，较易实现准确的成分微调，其目标偏差可控制在表 2-1 范围。

表 2-1 目标成分偏差范围

目标成分	[C]	[Si]	[Mn]（<0.7%）	[Mn]（>0.7%）	[Al]
偏差范围/%	±0.02	±0.04	±0.05	±0.06	±0.015

2.3.2.3 氧枪枪位的控制

在实际操作中，氧枪枪位的控制对升温过程是相当关键的因素。武钢的实验表明，低的枪位可以获得高的升温速度，其原因是增加了射流的冲击强度，造成了更大的、同时被钢水包围的热点区热损失少。但枪位过低时氧枪的熔损加剧，枪位控制困难，升温效果也受到影响。日本专利文献称，在 50~800mm 可控枪位范围内，200~500mm 的枪位是比较理想的。另外，影响升温速率的因素还有钢包容量、发热剂种类、原始钢水成分和浸渍罩尺寸等。

顶吹氧枪的顶端与浸渍罩内钢液静止时液面间的距离 L 应满足：

$$K < L < \left[K + \left(10\frac{F_{O_2}}{d^2} + 200\right)\right] \tag{2-16}$$

此时高温火焰点能形成在起泡很高的钢液内，所产生的热量便从高温火焰点向四处传播，而实现高效率、快速升温。

$$K = 80\frac{E_g^{0.7}}{d\rho_c^{0.5}} \tag{2-17}$$

$$E_g = 28.5FT\lg\left(\frac{1 + H}{1.48}\right) \tag{2-18}$$

式中　E_g——惰性气体使钢液搅动的能量，W；

　　F——底吹惰性气体流量，m^3/min；

　　T——处理温度，K（或℃）；

　　H——钢液面与供气砖出口间距，m；

　　d——浸渍罩内径，m；

　　ρ_c——钢液密度，kg/m^3；

　　F_{O_2}——顶吹氧流量，m^3/min。

最佳吹氧模式为：氧气流股对钢液面的冲击以钢液飞溅量少，氧流股集中于反应区域内，利于铝氧反应的穿透。穿透深度（L）和钢液深度（L_0）的比值（L/L_0）应选择在 0.2~0.3。浸渍管的插入深度（h_s）与钢液深度（L_0）之比以 0.1 为宜。

2.4　密封吹氩气合金成分调整方法的设备

2.4.1　CAS 法设备

CAS 设备可分为五个系统和一个操作中心，即：

（1）底吹氩系统，包括供氩管网、氩气流量与压力的检测和控制装置、钢包底吹氩装置和更换装置；

（2）CAS 罩系统，包括提升装置、换罩装置；

（3）合金化和成分微调系统，包括料仓（常用合金、降温废钢、升温铝和合成渣料）、合金称量及微调称量装置、加料滑槽等；

（4）测温取样系统，包括机械测温取样装置、记录、分析温度、记录的仪表、气动送样装置等；

（5）除尘和排气系统，包括排烟导管、除尘装置、抽引烟气的装置等；

（6）操作中心，上述五个系统的操作、管理、数据采集得一二级计算机系统。

CAS 炉主要设备组成如下：精炼钢包及钢包车；带有特种耐火材料（如刚玉质）保护的浸渍罩及其升降机构；除尘系统；带有储料包、称重、输送及振动溜槽的合金化系统；测温、取样、氧活度测量装置和清渣装置。底吹氩控制系统以及计算机和自动化检测控制系统等如图 2-12 所示。

示意图-浸渍罩

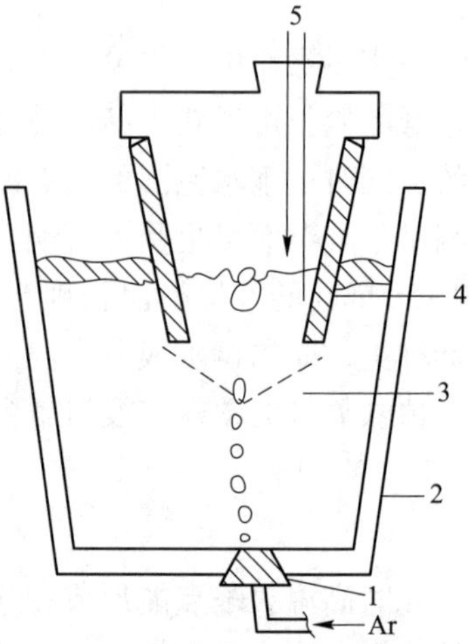

图 2-12　CAS 法设备示意图

1—透气砖；2—钢包；3—钢水；4—浸渍罩；5—加热及取样孔

浸渍罩（又称隔离罩）是由钢板支承的耐火材料环罩，由罩体和浸入部分组成，浸入部分用高铝耐火水泥浇铸而成，操作时插入钢水。

2.4.2　CAS-OB 炉设备

CAS-OB 设备可分为六个系统和一个操作中心，即：

（1）底吹氩系统，包括供氩管网、氩气流量与压力的检测和控制装置。钢包底吹氮装置和更换装置；

（2）CAS 罩系统，包括提升装置、换罩装置；

（3）合金化和成分微调系统，包括料仓（常用合金、降温废钢、升温铝和合成渣料）、合金称量及微调称量装置、加料滑槽等；

（4）供氧系统，包括供氧管网、氧气的流量和压力的检测和控制装置、氧枪升降、更换装置、双层气冷氧枪的制作系统等；

（5）测温取样系统，包括机械测温取样装置、记录、分析温度、记录的仪表、气动送样装置等；

（6）除尘和排气系统，包括排烟导管、除尘装置、抽引烟气的装置等；

（7）操作中心，上述六个系统的操作、管理、数据采集得一二级计算机系统。

CAS-OB 法除了 CAS 设备外，再增加上氧枪及其升降系统、提温剂（铝丸）加入系统、烟气净化系统、自动测温取样、风动送样系统及光谱分析系统等设备，如图 2-13 所示。CAS-OB 工艺装置的特点包括：

（1）采用包底透气塞吹氩搅拌，在封闭的浸渍罩进入钢水前，用氩气从底部吹开钢液面上浮渣，随着大量氩气的上浮使得罩内无渣，并在罩内充满氩气形成无氧区；

（2）采用上部封闭式锥形浸渍罩隔开包内浮渣，为氧气流冲击钢液及铝、硅氧化反应提供必需的缓冲和反应空间，同时容纳上浮的搅拌氩气，提供氩气保护空间，从而在微调成分时，提高加入的铝、硅等合金元素的收得率；

（3）浸渍罩上部封闭并为锥形，具有集尘排气功能。

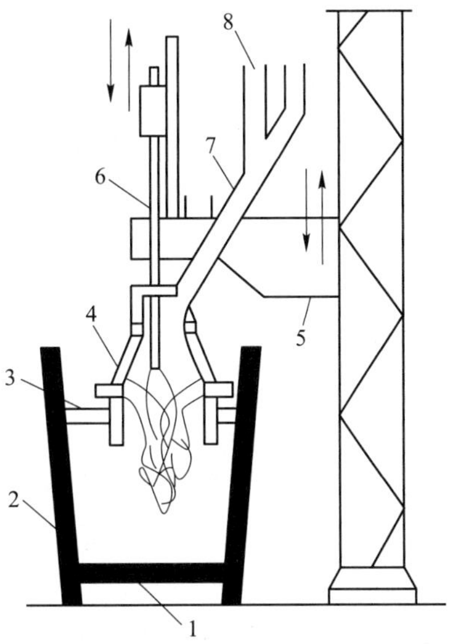

图 2-13　CAS-OB 设备示意图
1—透气砖；2—钢包；3—渣；
4—浸渍罩；5—浸渍罩升降机构；
6—氧枪；7—合金料斜槽；8—排气口

2.4.2.1　浸渍罩

设置浸渍罩是吹氧烧铝（硅）加热钢水法提高加热效果、避免浮渣影响、保证加热工艺顺利进行的重要措施。各种方法使用的浸渍罩形状和结构不尽相同。CAS-OB 浸渍罩为锥形体如图 2-14 所示，其由钢板焊成，分上下两部分，上罩体内衬耐火材料，下罩体内外均衬以耐火材料，以便浸入钢水内部，通常浸入深度为 100～200mm。耐火材料为高铝质不定型材料，一般 $w(Al_2O_3)>70\%$，使用寿命为 65～100 次。

浸渍罩的内径的计算公式为：

$$D = \tan\frac{\theta}{2}H + d \tag{2-19}$$

式中　D——浸渍罩内径；

H——钢水深度；

θ——氩气泡扩张角，取 $\theta = 22°$；

d——浸渍罩外径。

浸渍罩深度 = 净空高度 + 渣层厚度 + 罩插入钢液中的深度(100 ~ 200mm)

浸渍罩在钢包内的位置应能基本笼罩住全部上浮氩气泡，并应与包壁保持适当的距离。据新日铁经验，自包内壁至浸渍罩外壁的距离 170mm 合适，如果包容过小也可适当调整。浸渍罩内面积与间隙面积比为 0.5~0.6。浸渍罩的高度取决于所选浸渍罩容积。浸渍罩不宜过大，否则会减慢升温速度。

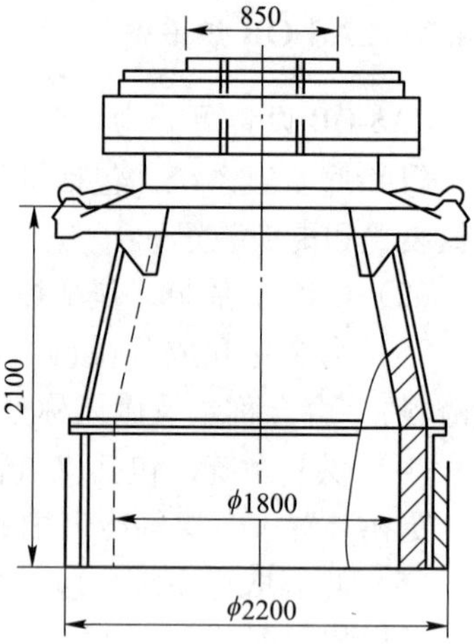

图 2-14　300t 钢包用 CAS-OB 浸渍罩结构

2.4.2.2　氧枪

一般在化学加热法中多采用惰性气体包围氧气流股的双套管顶吹氧枪。常见吹氧枪为消耗型，用双层不锈钢管组成。套管外涂高铝质耐火材料 [$w(Al_2O_3) \geqslant 90\%$]，套管间隙一般为 2~3mm。中心管吹氧，套管环缝吹氩冷却，氩气量大约占氧量的 10%。这种喷枪使氧气流股包围在惰性气氛当中，形成了集中的吹氧点，在大的钢水面则形成低氧分压区，从而抑制了钢水的氧化。操作中控制外管压力和内管压力的比值在 1.2~3.0 能收到良好的效果。氧枪的烧损速度大约为 50mm/次，寿命为 20~30 次。

为提高升温速度，将顶吹氧枪下段置于由底吹气体和顶吹氧在浸渍罩内形成的发泡钢水中进行吹氧，最合理的方法是把枪头埋入发泡的钢水中。显然，底吹的惰性气体不足以使钢水发泡，要借助钢中碳的氧化生成大量的 CO 和 CO_2 气体，在起泡的钢水中吹氧可以实现高的热效率和快速升温。因为此时热量向钢水的传递最快，这里枪位的控制极为重要。这种吹氧过程中，要消耗一定量的碳，解决方法是转炉以碳的上偏差出钢，或 OB 后补加部分碳。

2.4.3　ANS-OB 系统

ANS-OB 系统具有氩气搅拌、成分调整和温度调整功能，由底吹氩气装置、合金称量与加入装置、氧枪升降与吹氧装置、浸渍罩升降装置、保温材料加入装置、自动测温取样装置、风动送样及光谱分析装置和除尘装置构成。

浸渍罩采用钢结构附有高铝质耐火材料，固定在升降台架上，罩的升降及浸入深度由 PLC 控制。

加热过程中氧气通过设在钢液面上的 40mm 左右的氧枪射在钢液面上。氧枪为钢结构、双层套管的外附高铝质耐火材料的消耗型氧枪。内管通氧气，环缝通氩气。供给系统由 DDC 控制，升降由 PLC 控制。在吹氧的同时，将铝粒连续投入钢水中，其称量和投入由 DDC 和 PLC 控制。

2.5 CAS-OB 具体操作过程

2.5.1 工艺过程

CAS-OB 的工艺过程如下。

（1）出钢。CAS 法操作中应注意挡渣：转炉渣为高氧化性渣，含 FeO、MnO、P_2O_5等多种氧化性物质，出钢时应注意挡渣，流入钢包中的渣，若不撇开，在加合金微调成分时，将导致加入的合金在穿过渣层时被烧损，以及吹氩搅拌过程中降低合金收得率和成分命中率。为此要确保底部吹氩量，若发现吹氩压力低，不足以吹开渣面时，则此包钢水以不处理为宜。此外，必须让吹氩露出的钢液面能放下浸渍罩或略大些，确保罩内无渣，使合金直接进入钢液内。

（2）钢包台车到位。使用天车或者钢包小车将钢包运到处理站，并保证对中位置。

（3）液面、渣厚测定。

（4）底吹氩、浸渍管下降。强吹氩 1min，吹开钢液表面渣层后，立即降罩，保证浸渍罩内没有渣子。

（5）测温取样。下降浸渍管的过程中进行测温取样。

（6）铝称量、氧枪下降。通知主控，使用合金称量装置按计算好的铝量进行称量。

（7）铝投入、吹氧。一次性、多次或者连续加入铝，降氧枪进行吹氧。

（8）底吹氩。控制好底吹氩气，保证与吹氧加热协调，对钢水进行加热。

（9）测温取样。

（10）合金计算称量并加入合金。使用合金称量装置按计算好的合金量进行称量，不断吹氩，加入铁合金并进行搅拌。

（11）吹氩搅拌。保持吹氩，确保钢水温度、成分达到均匀。

（12）上升浸渍管。吹氩结束将浸渍罩提升。

（13）测温取样。

（14）吊包浇注。换吹氩管，并用天车将钢包吊至连铸工位。

2.5.2 具体操作

2.5.2.1 新包的使用

A 知识点

精炼炉烘炉的作用如下。

（1）新炉砌好后经过有效烘烤以驱除水分。精炼钢包内砌筑的耐火砖一般均含有一定数量的水分（尤其是厂房条件差，无烘房而露天堆放的耐火砖）；另外，砌砖时填充砖缝用的耐火泥是湿的泥浆，也含有水分。这些水分如不驱除，在出钢和浇铸过程中，水会蒸发为气体，降低钢的质量，或者在气体逸出时有产生爆炸事故的可能。

（2）烘烤提高了钢包内温度，可以避免钢水在钢包内降温过多而影响浇注，也可以减少在出钢过程中耐火衬砖的破损。

（3）钢包经过有效烘烤后，使耐火泥与衬砖烧结成为一个整体，提高内衬的强度和耐侵蚀性能。

钢包烘烤方法一般有用油（豆油或轻柴油）烘烤、用煤气烘烤、用焦炭或木柴烘烤三种。

（1）新钢包虽然经过烘烤，但与其使用温度（1500~1600℃）相比，还是比较低的，其包衬内表面没有完全烧结，在开始使用时，表面层容易脱落，使钢中非金属夹杂物增加。

（2）要求高的钢种对夹杂、气体的要求非常严格，而新钢包的水分虽经烘烤能去除，但不彻底，所以新钢包第一、二炉不能精炼要求高的钢种，以免钢因夹杂含量高或气体裂纹等缺陷增加而报废。

（3）新包第一炉不能进行真空脱气操作的原因除上述之外，还牵涉到真空下钢水、炉渣与包衬的反应，如果进行真空抽气，会使钢包内衬受到极大的损坏，对钢水的质量也有很大的影响。

B　操作步骤（或技能实施）

精炼炉烘炉的操作步骤（或技能实施）如下。

（1）转炉出钢前，检查新钢包的耳轴、保险、滑板系统是否完好。检查耳轴时，要注意焊处无裂缝，紧固件必须齐全而且旋紧不松动，以免吊包时发生意外而造成人员伤亡、设备损坏。检查保险翻板能否灵活翻动，要求安全可靠。翻板不能有变形，在使用时能顺利地套牢龙门架，在翻板上不能有钢残渣以免影响使用。滑板系统要完好，试验抽动是否灵活，检查大、小螺丝是否旋紧，要保证透气砖能正常透气，上下水口内无异物存在。

（2）检查新精炼钢包的砌筑。新精炼钢包的砌筑必须符合砌筑的操作规程，砖体排列要整齐、光洁，砖缝要小于 2mm，而且都要用耐火泥把砖缝嵌密嵌实。

（3）检查烘包用煤气开关。首先打开煤气开关，确保没有水流出，如果有水应将脱水装置内的积水放出，以免在烘包时有水流入精炼钢包内而影响烘炉质量；然后检查煤气开关是否启闭自如有效：打开时喷嘴须畅通而无异物（如焦油等）堵塞，关闭时无煤气外泄。

（4）按工艺要求进行烘包操作。烘包时必须先点火后开煤气，严禁先开煤气后点火，这种操作极易造成爆炸事故。煤气点火必须使用点火棒，点火后将点火棒靠近煤气喷嘴再开气。要保证一次点燃，开气要先少一点，待火点着后再渐增大；若一开始就大火急烘，会造成内（衬砖）红外（壳）冷的假象，降低烘包质量；若未能一次点燃，应迅速关气，等泄漏煤气散发后再进行第二次点火。

新精炼钢包烘烤必须严格执行烘烤制度，先小火烘烤，然后逐渐过渡到中火和大火。严禁一开始就用大火烘烤，以免炉衬砖表面因受热太大而爆裂，影响使用寿命。

（5）指挥吊车，平稳吊起新钢包，接好氩气软管。

（6）把新钢包平稳放在转炉出钢位置，出钢时开启氩气开关。

（7）转炉出钢完毕，平稳吊起钢包至精炼炉座包工位，调换氩气软管。

（8）清除钢包口的残钢、残渣及垃圾。

注意事项：

（1）新包、空包的吊运要平稳，不能受剧烈振动或撞击，否则容易引起衬砖松动，使砖缝增大，降低钢包使用寿命；

（2）新包使用前必须经过烘烤，否则不允许使用。烘烤点火时，操作人员必须站在安全、易避之处，以防火焰喷出伤及人员；

（3）新包在第一、第二炉使用时不能用来进行高要求钢种的精炼操作，否则会增加钢中的气体和夹杂；

（4）新包第一炉钢水的精炼操作只能进行加热、合金微调、脱硫等操作，不能进行真空脱气操作；

（5）各项检查和准备必须严格遵守有关的操作规程或规定进行。

2.5.2.2 钢包内衬耐火材料的选择

A 知识点

根据钢包工作层所选用的材质，确定钢包隔热层和永久层采用轻质浇注料或其他材质整体浇注工艺。

包壁和包底工作层采用螺旋砌筑法砌筑，设计上使用六块起步砖。渣线砖加厚50mm，一方面为了工人分辨镁碳砖和铝镁碳砖，另一方面做到均衡侵蚀。采用螺旋砌筑不仅可以使操作简化，砌筑速度加快，而且还使得拆除时间缩短，有利于抑制钢液渗透。钢包的剖面图如图 2-15 所示。

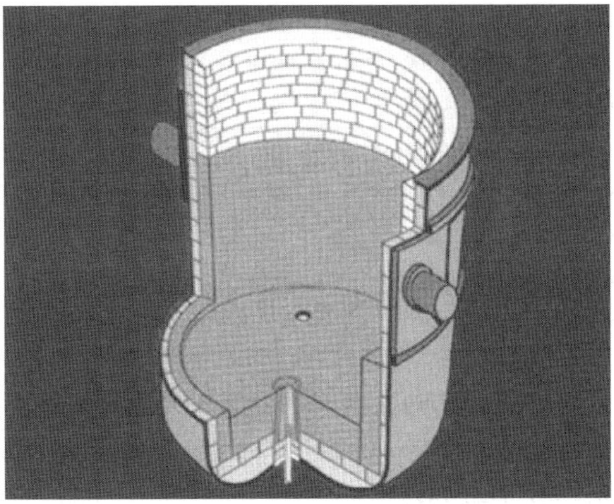

图 2-15 钢包的剖面图

对于包底工作层，因它与高温钢水接触的时间最长，承受钢液的静压力最大，清理残钢、残渣时受到的机械损坏也较严重，工作条件比包壁更恶劣，所以砌砖适当加厚。

B　操作步骤或技能实施

随着对清洁钢的需求增长、炉外精炼和连铸技术的发展，钢包功能的不断扩大，但钢包内衬的工作条件越来越恶劣，因此对钢包内衬耐火材料的要求也越来越苛刻。在此以 150t 钢包耐火材料选用情况为例，从八个方面介绍钢包内衬耐火材料的选用原则。

钢包内衬耐火材料的选择应考虑材质、经济性、精炼工艺、浇铸工艺、配砌的耐火材料、冶炼的钢种、使用的部位和跨间吊车吨位等因素。

a　材质对钢包内衬选用的影响

钢包内衬的材质对钢包的使用安全非常重要。钢包的使用安全是指在钢包内衬的设计使用寿命期间，确保不会发生钢包烧穿、钢包外壳软化，造成钢包掉落等生产安全事故。在考虑钢包的使用安全时，首先应考虑其使用寿命，即保证在内衬的使用寿命内，包壳的表面温度小于包壳材质的蠕变温度，一般应小于 300～350℃（碳钢的蠕变温度 300～350℃，合金钢的蠕变温度 350～400℃）。理论上，应根据钢液温度、钢液在钢包内的存放时间、耐火材料的理化性能、预期的使用寿命来确定内衬的材质和砌筑厚度。但在实际生产上，通常根据各种耐火材料的蚀损速度来选择耐材种类和厚度。表 2-2 为国内部分钢厂的钢包内衬耐火材料的使用情况。

表 2-2　国内部分钢厂的钢包内衬耐火材料的使用情况

厂名	钢包容量/t	包衬材质	工作层厚度/mm	侵蚀速度/mm · 次$^{-1}$	平均寿命/次
鞍钢三炼	180	高铝镁砖			30
包钢	70	一级高铝砖			25
武钢二炼	80	高铝砖	150		38
	80	铝镁碳砖	120	0. 9～1. 17	50
马钢三炼	70	铝镁尖晶石	150	3～3. 5	35
	70	铝镁尖晶石浇注料	150	1. 18	60
马钢一炼	105	二级轻烧高铝砖	150		22
	105	高铝尖晶石浇注料	150		65
上钢一厂	40	不烧铝镁砖			16
攀钢	135	高铝砖			20

根据表 2-2，若钢包采用 150t，则钢包工作层可选用铝镁碳砖，工作层砌砖 150mm 厚。使用寿命按 40 炉考虑。

b　经济性对钢包内衬选用的影响

选用耐火材料的经济性通常用吨钢成本来衡量，吨钢成本的计算公式为：

$$\text{吨钢成本(元)} = \sum[\text{单耗}(kg/t) \times \text{耐材单价(元}/t)]$$

通常吨钢单耗黏土砖为 8～20kg，高铝砖为 5～10kg，铝镁碳砖和镁碳砖为 3～5kg。例如 150t 钢包耐火材料的吨钢单耗 3kg，其中铝镁碳砖和镁碳砖 2.35kg，浇注料 0.65kg。在实际生产中，可以根据实际耐火材料价格计算吨钢成本。

c 精炼工艺对钢包内衬选用的影响

在精炼过程中，钢包内衬的工作条件包括：

（1）高温，一般精炼温度在 700～1600℃，甚至高达 1800℃；

（2）在高真空下，衬砖与钢水反应加剧，影响内衬的稳定性；

（3）当采用电弧加热时，距电弧最近处的包衬局部过热；

（4）精炼炉渣成分和碱度范围波动大；

（5）钢液在钢包内停留时间长，有些精炼方法长达 160～230min；

（6）钢液、炉渣、气流的强烈冲刷，使得衬砖受到严重的热震作用和间歇式温度剧变等。因此精炼钢包，特别是重要部位的内衬，要选用高档耐火材料。

各种精炼钢包内衬耐火材料的使用情况见表 2-3。

表 2-3 精炼钢包内衬耐火材料的使用状况

项目名称	真空循环脱气	钢包喷粉	真空吹氧脱碳	电磁搅拌真空脱气	氩氧脱碳	电弧加热
适用钢种	低合金钢	优质钢	不锈钢	不锈钢	不锈钢	
	轴承钢	特殊钢		高速钢		
	硅钢			高合金		
	弹簧钢			工具钢		
内衬材质	高铝砖	高铝砖	高铝砖	高铝砖	白云石砖	高铝砖
	镁铬砖	镁铬砖	镁铬砖	镁铬砖	镁铬砖	镁铬砖
	高铝尖晶石浇注料	镁碳砖	白云石砖、高铝尖晶石浇注料	白云石砖	镁钙碳砖	白云石砖
		白云石砖			镁碳砖	镁碳砖
		锆质砖			镁钙碳砖	铝镁碳砖
吨钢耐材单耗/kg	0.1～1.0	1.5～7.5	5.0～20	6.0～11	5.0～20	2.0～10
使用寿命/次	22～120	20～140	20～60	20～90	40～50	20～100

d 浇注工艺对钢包内衬选用的影响

对于连铸用钢包，由于钢水的温度高且停留时间长，通常采用高档的高铝砖、铬英石砖、白云石砖、镁铬砖、镁碳砖、铝镁碳砖等砌筑，也可以采用锆英石浇注料、镁铝尖晶石浇注料、高铝尖晶石浇注料等进行浇注。

如选用的精炼设备为钢包炉，并采用板坯连铸工艺。钢包炉具有电弧加热、电磁搅拌、造渣精炼、合金微调、喂线和喷粉等功能。因此，根据精炼工艺和浇铸工艺的要求，钢包工作层可选用铝镁碳砖，渣线部位选用镁碳砖。

e 耐火材料的相互作用对钢包内衬选用的影响

在选用钢包内衬耐火材料时，还应注意配砌的耐火砖的种类。如镁碳砖不宜与

含 SiO_2 高的砖种相混，否则会加大镁碳砖的局部熔损。其熔损机理为：

$$2Fe + (SiO_2) \longrightarrow 2(FeO) + Si \tag{2-20}$$

$$(FeO) + (C) \longrightarrow Fe + CO\uparrow \tag{2-21}$$

$$2Mn + (SiO_2) \longrightarrow 2(MnO) + Si \tag{2-22}$$

$$(MnO) + (C) \longrightarrow Mn + CO\uparrow \tag{2-23}$$

锆英石砖不宜与碱性砖配砌，因为锆英石（$ZrO_2 \cdot SiO_2$）在高温下会发生分解反应，其反应为：

$$ZrO_2 \cdot SiO_2 \longrightarrow ZrO_2 + SiO_2 \tag{2-24}$$

分解温度在 1450~2430℃。在高温钢水作用下，铬英石分解出的 SiO_2 会使碱性砖严重熔损，有时甚至产生熔塌现象。

另外，锆质砖、白云石砖、镁碳砖和铝镁碳砖的导热率较大，所以采用这几种砖后，要增砌绝热层或加厚钢包永久层或采用保温性能良好的隔热材料作永久层。

钢包工作层选用铝镁碳砖，渣线部位选用镁碳砖，因此确定钢包永久层采用导热率低，隔热性能好的轻质浇注料整体浇注。

f　冶炼的钢种对钢包内衬选用的影响

冶炼的钢种不同，对耐火材料的要求也不同。如冶炼超低碳钢、IF 钢、铝镇静钢时，宜采用高铝尖晶石浇注料或高铝砖，不宜采用含碳的镁碳砖、铝镁碳砖和镁铝碳砖；而冶炼含锰量和氧较高的钢种，宜用抗侵蚀的镁碳砖和铝镁碳砖，而不宜选用高铝砖。对于浇注含钛和铝的不锈钢，宜用锆英石砖；对于要求含铬量极低的钢种，不宜用镁铬质砖；对于低磷、低硫钢种以及要求夹杂少的特殊钢种，宜用白云石质类的碱性砖，不宜用黏土砖、叶蜡石砖。

在浇注沸腾钢时，应尽量避免选用含有石墨的砖种和浇注料，否则内衬使用寿命较低。因此根据所冶炼的钢种不同，应选用不同材质的耐火材料。

g　耐火材料的使用部位对钢包内衬选用的影响

通常钢包内衬由永久层、工作层、渣线层、隔热层组成。

钢包隔热层要求导热率低，隔热性能好；永久层除要求导热率低，隔热性能好，还要求它能够在 1300~1400℃下长期使用，并具有足够的常温和高温强度，能够短时间抵抗钢水的冲击，防止穿包事故的发生；包壁和包底工作层要求抗侵蚀、抗剥落、热稳定性能要好、不粘渣、拆包容易。渣线层宜选用耐侵蚀、耐渣蚀、热稳定性能好、高温结构性能稳定的镁碳砖和镁铬砖，它可以克服因钢水及炉渣渗透引起的塌落等结构剥落现象；座砖宜采用耐热震性能好的高铝质座砖，水口宜采用耐侵蚀、抗冲刷的刚玉质水口砖。

h　吊车吨位对钢包内衬选用影响

在一些老厂改造过程中，选用钢包耐火材料还需考虑跨间吊车能力。

注意事项：

（1）冶炼的钢种不同，对耐火材料的选择要求也不同，钢种应与耐火材料相对应；

（2）钢包不同的部位应选用相应的耐火材料内衬，以做到综合砌炉；

（3）精炼钢包内衬的选用，应特别注意精炼的方法及钢种。

2.5.2.3　分渣技术

A　知识点

随着用户对钢材质量要求的日益提高，需要不断提高钢水质量。减少转炉出钢时的下渣量是改善钢水质量的一个重要方面。在转炉出钢过程中进行有效的挡渣操作，不仅可以减少钢水回磷，提高合金收得率，还能减少钢中夹杂物，提高钢水清洁度，并可减少钢包黏渣，延长钢包使用寿命；与此同时，亦可减少耐火材料的消耗，相应提高转炉出钢口耐火材料的使用寿命，还可为钢水精炼提供良好的条件。

为提高转炉挡渣效果，国内外在挡渣技术方面进行了深入研究，自 1970 年日本发明挡渣球出钢挡渣方法以来，各国为完善挡渣技术，发明了十几种挡渣方法。

从挡渣技术的发展趋势来看，国外正在逐步从有形挡渣法向无形挡渣法方向发展。由于用挡渣球等有形挡渣物挡渣，材料消耗高，挡渣效果不理想。国外不少钢厂已采用了无形挡渣法，并配有炉渣检测装置实行自动控制挡渣，如气动挡渣法、电磁干扰法等。这些方法除挡渣效果较好外，还提高了钢水收得率，挡渣的费用也降低了。特别是气动挡渣法，在挡渣效果、可靠性和费用等方面优势明显，已在国外许多钢厂的大型转炉上采用，国内宝钢也已采用。当前，国内小型转炉大都采用挡渣球挡渣，出钢末期人工投入，投入的准确性及投入时机都难以保证，造成挡渣效果很不稳定，这一直是困扰小型转炉的大问题，在这方面有待于进一步研究新方法，不断提高和稳定挡渣效果。

气动挡渣和挡渣球挡渣应用较多，图 2-16 列举了几种挡渣方法。另外，挡渣塞法、挡渣料法、避渣罩法、滑板法、气动挡渣法、电磁挡渣法、出钢口吹气干扰涡流法、转动悬臂法、挡渣棒法、挡渣罐挡渣法、均流出钢口挡渣法等也是较为成熟的挡渣方法。

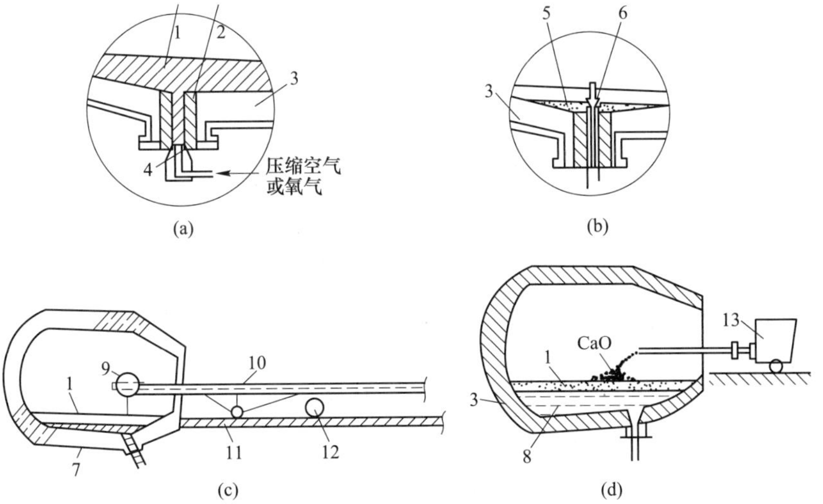

图 2-16　几种挡渣方法示意图

（a）气动挡渣器；（b）挡渣棒挡渣器；（c）挡渣球加入示意图；（d）石灰挡渣料挡渣

1—炉渣；2—出钢口砖；3—炉衬；4—喷嘴；5—钢渣界面；6—锥形浮动塞棒；7—炉体；8—钢水；9—挡渣球；10—挡渣小车；11—操作平台；12—平衡球；13—石灰喷射装置

a　气动挡渣

（1）挡渣原理。气动挡渣是一个不依靠密封面的挡渣方法，它从炉体外面将强气流吹入出钢口，从而堵住渣流。出钢过程中，钢水（及炉渣）通过感应线圈从炉口流出，不同质的液体（不同比例的钢水炉渣）通过感应线圈时会产生不同的感应电流，从而使感应线圈感应出钢水中的带渣量，当带渣量超过了3%左右时，气动挡渣设备的自动系统会打开气动阀门，从气塞中喷出的高压气流（一般为氩气或压缩空气）将正在流出的液体（钢水及炉渣）全部压回炉内，同时摇起炉子完成挡渣操作。图2-16(a)为气动挡渣示意图。

（2）气动挡渣效果。国外某钢厂气动挡渣试验的效果见表2-4。

表 2-4　用气动挡渣和不用气动挡渣的下渣量比较

炉容量/t	下渣量/$kg \cdot t^{-1}$（钢）	
	不用气动挡渣器	用气动挡渣器
55	30~40	8.0~16
143	20~40	4.0~10
160	16.6~24	9.4~10.8

目前，气动挡渣法在国内一些转炉上已得到较好应用。例如根据宝钢测定，应用气动挡渣后下渣量大为减少，钢包中的渣量一般在钢水量的5‰以下，即300t转炉出钢后，钢包中渣量在1.5t以下（渣层厚在50mm以下）。若不挡渣，在同样生产情况下钢包中渣层厚度在150mm左右。

b　挡渣塞挡渣

1987年，Michael D. Labate总结了德国（当时西德）挡渣棒在美国使用的经验，发明了具有挡渣和抑制涡流双重功能的挡渣塞，如图2-17所示。该装置呈陀螺形，粗端有三个凹槽、六个棱角，能够破坏钢水涡流，减少涡流卷渣。其密度与挡渣球相近，在4.5~4.7g/cm^3，能浮于钢渣界面，伴随着出钢过程，逐制堵住出钢口，实现抑制涡流和挡渣的作用。挡渣塞是一种带杆的，可以导向的圆锥体耐火制品。该法挡渣成功率可达95%左右。

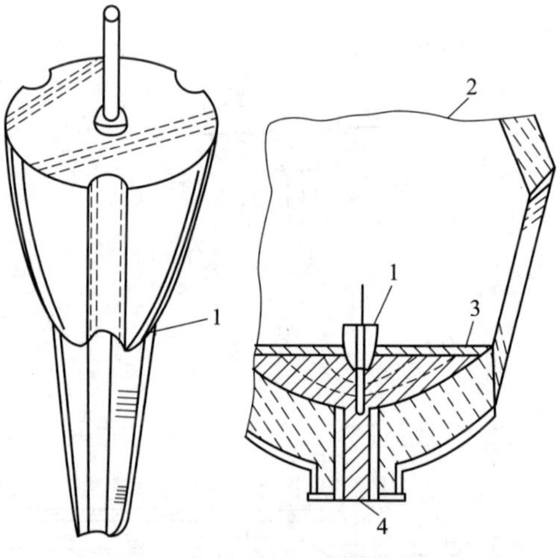

图 2-17　挡渣塞挡渣法

1—挡渣器；2—转炉；3—钢水；4—出钢口

德国曼内斯曼胡金根厂在220t转炉上用挡渣塞挡渣。武钢1996年开发设计了类似的陀螺形挡渣塞，如图2-18所示。其上部为组合式空心结构，下部为带导向杆的陀螺形，与挡渣球类装置相比，具有可灵活调节比重、能自动而准确地到达预定位置、成本低、成功率高的特点。

国内外不少钢厂在挡渣器件的结构、形状及其投放方式等方面进行了不少探索和改进，取得了一定效果。例如，用倒四面体或立方体的挡渣体、陶瓷挡渣块以及四周开槽的标枪式浮动芯棒等器件取代挡渣球挡渣，挡渣效果都好于挡渣球；用投放车并不断改进来取代人工投放挡渣体，减轻了操作者的劳动强度，提高投放准确率，从而改善了挡渣效果。

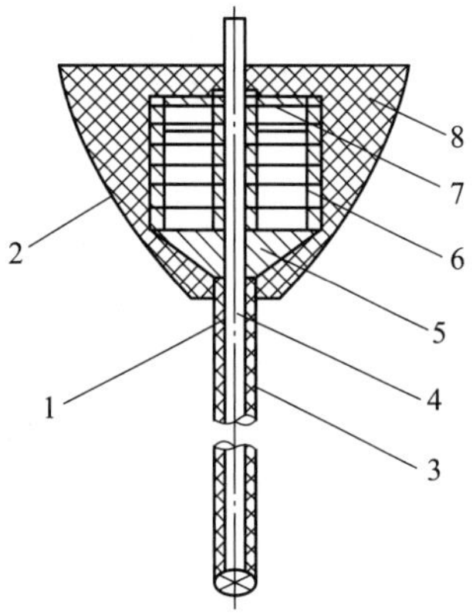

图 2-18 陀螺形挡渣塞

1—导向杆；2—挡渣塞本体；3—耐火材料；4—杆芯；5—芯片座板；6—芯片；7—芯片盖；8—耐火材料

图 2-19 是一种典型的挡渣塞装置示意图。在转炉出钢结束前开动挡渣塞小车，由塞杆作导向将挡渣塞伸入出钢口内。挡渣塞具有一个适宜的密度，使其始终漂浮在钢渣界面处（见图 2-20），并随着钢水面下降而下降，逐渐靠近出钢口，当钢水出净，挡渣塞就自然落在出钢口碗上，挡住了炉渣流向钢包。

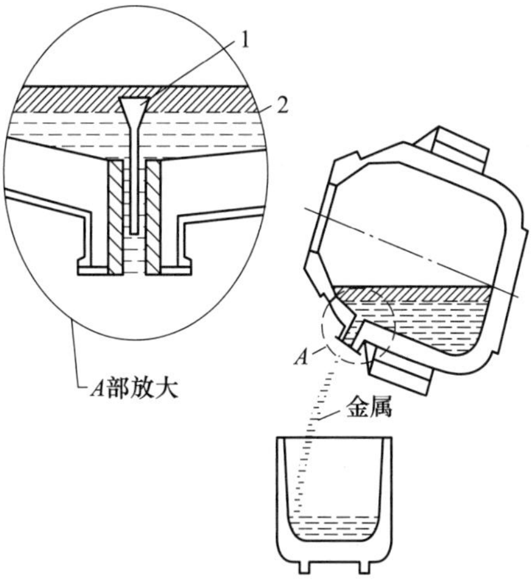

图 2-19 挡渣过程示意图

1—锥形浮塞；2—渣-金属界面

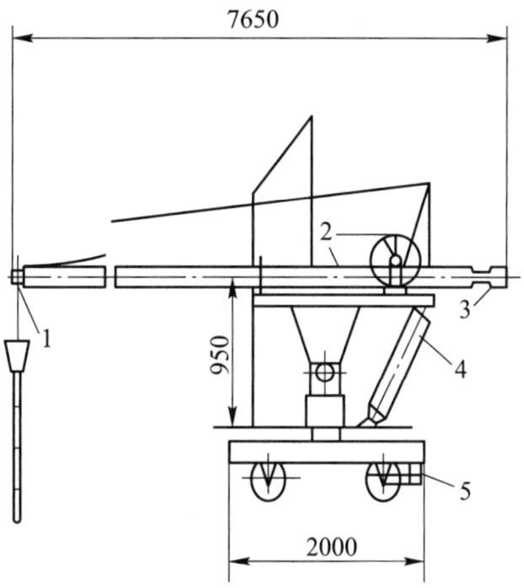

图 2-20 出钢挡渣塞装置示意图

1—夹紧装置；2—齿条；3—夹紧缸；4—移动缸；5—传动装置

正确使用挡渣塞技术，可使流入钢包内的炉渣量小于 2.5kg/t 钢，对于 250t 的钢包来说，浮在钢水面上的渣层厚度仅为 20mm 左右。

c 挡渣料法

挡渣料法也称硬吹或干渣吹炼法。此法是以改变渣的流动性的方法来实现挡渣的，即在吹炼结束时喷射一种固态混合物，提高渣稠度，使渣局部或全部凝固，或在出钢口上部渣面投入粒状耐火材料，形成块状堵塞物，防止渣流出。例如，加古川制铁所在 1978 年试验过喷吹石灰法挡渣，新日铁曾用过固化炉渣法来挡渣。

d 避渣罩挡渣法

避渣罩挡渣法是 1988 年美国阿·勒德隆钢铁公司发明的，如图 2-21 所示。避渣罩砌筑在出钢口处，出钢时，钢水经耐材制成的避渣罩侧孔流入出钢口钢，由于避渣罩顶部呈封闭形式，阻碍了出钢口上方涡流形成的条件，能够有效地防止涡流卷渣。

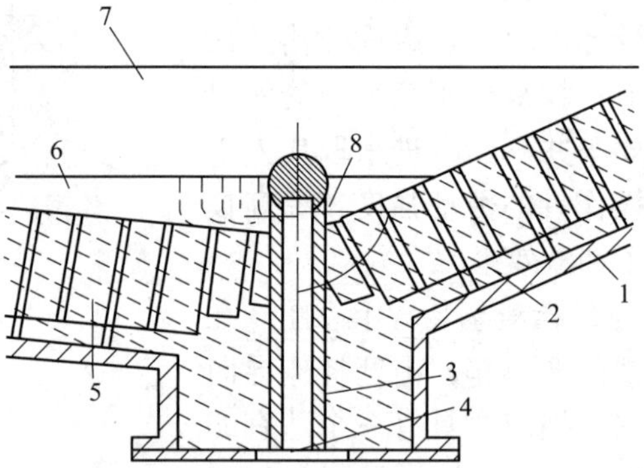

图 2-21　避渣罩挡渣法

1—炉壳；2—转炉；3—避渣罩；4—出钢口；5—炉衬；6—钢水；7—钢渣；8—孔

e　滑板法

卢森堡、德国、日本等国家钢铁企业在转炉上用大型钢包滑动水口挡渣，与一些挡渣法相比，可以有效控制下渣量，并能准确控制出钢时间。其原理是将类似钢包滑动水口耐火元件系统移植安装到转炉出钢口部位，通过操作系统以机械或液压控制的方式开启或关闭出钢口，以达到挡渣的目的。这种装置挡渣效果较好，但其成本较高。同时，由于出钢口所在的特定位置，使得安装与拆卸均不方便，且易受吹炼期间喷溅的影响。

德国钢厂 210t 转炉使用的一种在出钢口末端用液压闸门的挡渣装置，该装置由驱动连接件、带保护箱的闸门和液压驱动系统三部分组成。转炉装料时闸门为开启位置，转炉到出钢位置时闸门关闭，出钢前闸门重新开启，闸门开关用时仅 0.3s，操作安全可靠。与挡渣球相比，钢包下渣量减少了 70%，挡渣效果显著。但该装置设备复杂，成本较高。

f　出钢口吹气干扰涡流法

日本钢管公司经多年研究发现，从出钢口流出的钢流中混入熔渣的原因，主要是出钢口上方引起的钢流吸入漩涡，这种吸入漩涡位置越高，越容易将熔渣带走。因此，如果降低通过出钢口流出钢水的相对流速，即可降低所产生的吸入漩涡的高度，因而能防止熔渣的流出。

根据此研究成果，日本钢管公司提出了出钢口吹气干扰涡流法。该方法是在出钢口周围安装惰性气体吹管，出钢时，通过惰性气体吹管往炉内喷吹惰性气流，可有效地阻止炉渣流出。韩国光阳厂也研制了类似的方法，即出钢时向出钢口上方的钢液面吹氩气，吹散钢液面上的炉渣，同时形成一个“刚性”凹坑，抑制熔池涡流在出钢口上方形成，凹坑形状对阻止炉渣随钢水流入出钢口起着重要作用。采用本方法钢包内渣层厚度为 20~50mm，而采用挡渣球法渣层厚度是 70~100mm。

另外，加拿大伊利湖钢铁公司研究认为，230t 转炉当出钢口上方钢水高度 125mm 时，开始出现涡流卷渣现象。为防止涡流卷渣，在出钢口设置多孔透气砖，通过吹气来干扰涡流，使钢包渣层厚度小于 75mm。

g 电磁挡渣法

日本钢管公司发明了电磁挡渣法。该方法是在转炉出钢口外围安装电磁泵，出钢时启动电动泵，通过产生的磁场使钢流直径变细，使得出钢口上方钢液面产生的吸入涡流高度降低，可以有效地防止炉渣通过出钢口流出。该公司在250t转炉上安装了可产生约1500G磁场的电磁泵，挡渣效果显著，出钢时间约20min，钢水温度几乎不降低。

h 转动悬臂法

瑞典斯堪的纳维亚兰舍斯钢公司设计了一种转动式悬臂塞挡渣器，可使出钢带渣减到最低程度，欧洲许多厂采用该挡渣法。

i 挡渣棒法

1983年，日新制钢研究成功挡渣棒法。该方法是挡渣棒吊在支臂上可在炉内自由移动，在出钢即将结束时，从转炉内部将出钢口堵塞住，以挡住炉渣，如再配以荷重器、高频电流信号，效果更佳。该装置操作与维护较为复杂。

j 挡渣罐挡渣法

此方法是日本川崎钢铁公司研制的，它能在转炉出钢时将熔渣分离。该方法挡渣所用的罐有一个直径约200mm的底孔，用挡渣球或其他挡渣装置截渣。出钢时，先将钢水直接进入钢包，在出钢结束前1min，把经过预热的挡渣罐放在钢包上，然后将钢水浇入挡渣罐，当确认渣进入罐后，即采取截渣措施。

这种挡渣罐的特点是，罐底孔比转炉出钢口维修方便，渣与钢能有效分离。用这一方法可使钢包中渣层厚度减至20~30mm，并不降低钢水收得率，通过挡渣罐预热，可将钢水温降控制在小于10℃的范围。缺点是挡渣罐要经过预热，会增加能耗和辅助设施。

k 均流出钢口挡渣法

均流出钢口挡渣法是奥地利人提出的，它利用均流出钢口来减弱出钢时的涡流效应。均流出钢口是一个有收缩和带倒锥度形状的出钢口，可以减弱出钢终了时产生的涡流效应而减少钢水夹带炉渣；并且当钢水流过均流出钢口时，钢流处于逐渐减小流通断面和缓缓增加流速的过程，这是均匀、渐变过程。因此，钢流能形成紧密流股，从而也减少了钢水的氧化程度，使得出钢口寿命也有所提高，并减少了涡流效应。

另外还有一些挡渣方法，如三孔出钢法、真空吸渣法、气动撇渣法、扒渣法等，未能广泛应用。

B 操作步骤（或技能实施）

气动挡渣的操作步骤如下。

（1）在砌筑转炉炉衬时将感应线圈安装在出钢口处的炉壳钢板和耐火砖之间。

（2）出钢时，气动阀（气塞）自动移到离出钢口一定距离处。当感应线圈感应到炉渣时，气动阀自动打开，高压气流喷向出钢口，挡住炉渣继续流出。

（3）当感应线圈因故不起作用时，用肉眼判断。当见到下渣时，人工按下气动阀按钮，打开气动阀，同样喷出强气流起到挡渣效果。

（4）在强气流堵住钢流的同时迅速摇起炉子，完成出钢任务。

注意事项：

(1) 气动挡渣，要求出钢口较圆整、光滑，否则会影响强气流挡渣的效果；

(2) 气动挡渣时，当强气流堵住钢流时，会有少量钢、渣飞溅出来，所以在出钢口周围的操作人员要注意安全，以免烫伤。

2.5.2.4　吹氩操作

A　知识点

(1) 钢包精炼炉在整个冶炼过程中，均必须进行吹氩搅拌。

(2) 吹氩搅拌的作用是均匀钢水温度、成分、促使夹杂物上浮。

(3) 根据斯托克斯公式，钢水内的夹杂在钢水静止时，上浮的速度较慢。若要充分去除夹杂，钢水在钢包内需静置较长时间，这是不允许的，所以也只有通过吹氩搅拌，使夹杂加速上浮。

(4) 在精炼期间，还要添加部分铁合金进行脱氧和合金化操作，利用吹氩搅拌，能加速合金的熔化和在钢水内的扩散，从而达到均匀成分的目的。

B　操作步骤（或技能实施）

吹氩的操作步骤如下。

(1) 转炉出钢时，精炼钢包底部就开始进行氩气搅拌。直到钢包车开到准备跨至吊包为止。

(2) 出钢完毕，钢包吊到精炼炉旁，进行氩气皮管的调换，拆下氩气皮管接头，接上精炼炉专用氩气皮管接头。

(3) 开启通氩截止阀，调整氩气压力为 2.94×10^5Pa 左右。最低也要使氩气压力不小于 1.5×10^5Pa。

(4) 精炼过程结束，将钢包开到座包工位，由吊车将钢包吊起，再次进行氩气皮管的调换；关闭通氩截止阀，拆下精炼炉专用氩气皮管接头，装上浇注用氩气皮管接头。

注意事项：

(1) 吹氩搅拌的强度必须与炉内真空度密切配合，以避免由于搅拌过分强烈导致钢水炉渣激烈喷溅，产生溢渣或黏真空盖事故；

(2) 在整个精炼期间，吹氩搅拌不能停止，如果发生氩气中断的情况，则精炼过程只得停止进行；

(3) 在真空脱气阶段，必须有专人在真空盖观察窗前观察炉内情况，并随时与操纵室有关人员保持联系，及时调整氩气压力。

2.5.2.5　吹氩装置的拆装

换氩气瓶的操作如下：

(1) 换瓶操作前，应确认关闭空瓶组汇流排主截止阀后，再关闭该组气瓶的截止阀，保证瓶内留有剩余压力。

(2) 拆下空瓶，换上满瓶，打开满瓶上的截止阀，检查连接处及其他管路是否有泄漏情况，并及时处理故障。

（3）确认无误后，即完成换瓶操作，使这组氩气瓶处于备用状态。

汇流排的操作如下。

（1）氩气汇流排一般均以多只氩气瓶为一组，分为若干组。正常运行时，应保证各组气瓶均为满瓶（压力大于 39.23×10^5 Pa），一组使用，其余各组备用。在气包压力达到下限发出警报后（低于 5.4×10^5 Pa），应立即检查汇流排气瓶出口压力，当压力低于 9.8×10^5 Pa 时，应进行换组操作。

（2）换组操作时，必须先关闭原供气组的主截止阀，然后打开另一组的主截止阀，供气后应认真检查各压力表上显示的压力，确认无误才可离开现场。

（3）各组汇流排上的减压阀应一次性调整好，平常使用时，无异常情况，不得随意变更。

底吹氩拆装氩气皮管的操作如下。

（1）出钢时，即开启精炼炉手动氩气管道总阀，检查压力表上显示压力是否正常（大于 5.4×10^5 Pa），随后检查钢包车上减压阀是否正常，供氩皮管是否畅通，是否破损，若有异常即预排除或通知有关人员检修。

（2）当钢包吊至座包工位时，拆下浇钢氩气皮管，接上钢包炉供氩皮管，用专用夹具将皮管夹紧，防止松脱。

（3）打开氩气减压阀前的终端截止阀，并根据需要，调节供氩压力和流量。

（4）钢水精炼完毕，吊起钢包，拆下钢包炉供氩皮管，换上浇钢氩气皮管，随即关闭氩气终端截止阀和氩气管道总阀。

顶吹氩拆装吹氩管的操作如下。

（1）观察吹氩装置周围是否有其他人员，有人应让其避开。关闭氩气阀门，切断氩气。

（2）将升降臂上升到上限位闭合。按下悬臂旋转按钮，将吹氩管旋转至装拆吹氩管工作位置（小平台边）。按下升降按钮，使吹氩管下降至方便装拆操作的位置。

（3）切断电源。卸掉氩气皮管。松掉压紧螺母。由吊车副钩将旧吹氩管吊走。由吊车副钩将新吹氩管吊来就位，拧紧压紧螺母，接上氩气皮管。打开氩气阀门，检查接头处是否漏气，吹氩管是否堵塞。

（4）接通电源。将升降臂上升到上限位闭合。按悬臂旋转按钮，使吹氩管复位至待吹位置。

注意事项：

（1）无论进行什么操作，都要注意自身站立位置，确保人身安全，要注意周围的其他人员，确保他人安全；

（2）任何吹氩装置调换后，都要检查接头处是否有漏气现象，若有则要重新连接；

（3）检查氩气皮管是否损坏漏气，若有则要及时调换；

（4）换瓶、换组操作时，必须注意操作中各种截止阀的操作顺序，不能弄错。

2.5.2.6　喂线料的识别

A　知识点

（1）根据丝线的外形，可将丝线分为包芯线和金属实心线两种。包芯线是用 0.2~0.3mm 厚的薄钢带将各种合金粉剂包覆起来，然后通过成形设备制成圆形或矩形多种规格的芯线；金属实心线是指用铝等易成形金属制成的圆形或矩形多种规格的线材。

（2）各种丝线均制成很长的线材，卷绕在特制的卷筒上。

（3）各种包芯线的规格举例见表 2-5，表 2-6 为某钢铁企业包芯线具体技术指标。

表 2-5　各种包芯线规格

生产厂	芯线种类	截面尺寸 /mm×mm	铁皮厚 /mm×mm	单位长度粉质量 /$g \cdot m^{-1}$	成分（质量分数）/%
法国阿维尔公司	CaSi 线	11×6	0.2	100	Ca：30
	CaSi 线	11×6	0.2	90	Ca：64
	CaSi 线	26×9	0.4	400	Ca：64
	碳线	ϕ13			C：99
攀钢 包头稀土院	CaSi 线	ϕ10	0.25	125	Ca：29/30，RE：10
		12×6	0.4	105	Ca：29/30
		28×12	0.4	620	Ca：29/30
		ϕ10	0.3	130	Ca：40，Mg：10
钢铁研究总院 黑龙江冶金研究所	CaSi 线	12×6	0.2	97.5	Ca：30
	B 线	12×6	0.2	220	B：18.5
	Ti 线	16×7	0.3	376.7	Ti：38.6

表 2-6　某钢铁企业包芯线技术指标

包芯线种类	药剂牌号	公称直径 /mm	铁粉比	均匀度	水分	钢带厚度 /mm	单位长度粉质量/$g \cdot m^{-1}$
硅钙线	Ca28Si60	13	≥1.27	2.5	≤0.5	0.35~0.4	220
碳线	C	13	1∶0.87	2.5	≤0.5	0.35~0.4	140
铁钙线	FeCa30	13	1∶1.44	2.5	≤0.5	0.35~0.4	250
铝钙线	FeCa30Al5	13	1∶1.37	2.5	≤0.5	0.35~0.4	230

（4）包芯线要求包括：

1）硅钙包芯线用硅钙合金技术条件执行《铝及铝合金板材及允许偏差》（GB 3419—82）；

2）包芯线选用钢带应符合《碳素结构钢冷轧钢带》（GB 716—1991）、《低碳钢冷轧钢带标准》（GB 3526—1983）的规定，钢带使用前应去油污、除锈、表面光洁；

3）包芯线应包覆牢固、不漏粉、不开线；

4）千米接头个数不大于 2 个；

5）碳线覆线选用石墨电极粉，含碳量（质量分数）应大于99%；

6）铁钙线、铝钙线含硅量（质量分数）应小于 0.8%，含碳量（质量分数）应不大于 0.5%；

7）包芯线采用内轴式包装，线头要用胶带封口，每盘必须挂有铭牌标明厂家、生产日期、成分、主要技术指标。

B　操作步骤（或技能实施）

（1）喂线机所用各种丝线的截面有矩形和圆形两种。

（2）包芯线的外表面是薄钢带，内芯为各种合金粉剂，除了碳线外，其余合金线不易区分，所以必须认清生产厂在卷筒上的标牌。

（3）碳线内芯粉末为碳粉，呈黑色。

（4）纯金属实心线目前只有铝线，其外表面呈银白色，质软，易弯曲。

（5）区别合金包芯线的一个简单方法是：在同一截面尺寸的前提下，截取同一长度的不同丝线，然后称其质量来比较。但这种方法受合金成分、钢带厚薄、合金粉末压紧程度的影响误差较大。

注意事项：

（1）各种喂线料要有标牌应注明其成分，规格，不得混淆；

（2）各种喂线料要保持干燥，保持清洁。

2.5.2.7　喂线操作

A　知识点

a　加钙处理

金属钙是一种强脱氧剂和脱硫剂，加钙处理可以改善钢的质量。然而，钙是一种非常活泼的金属，易氧化，所以直接加钙会引起沸腾喷溅，钙的烧损大，在钢中分布也难均匀。因此，将硅钙合金粉剂与铝粉按比例混合作线芯，外面用 0.2mm 薄钢带紧紧包覆，并将粉压实制成各种规格的包芯线，利用喂线机按适当速度将包芯线稳定而垂直穿越渣层插入钢水一定深度，就能充分利用钙的强脱氧脱硫性质，不至于造成浪费。

b　喂线技术

喂线技术进行化学成分微调和脱氧，其优越性如下。

（1）合金收得率高。由于喂入钢水的合金芯线能垂直、稳定、迅速地穿越渣层，避免合金元素烧损，合金收得率高而且稳定。

（2）合金微调接近目标值。用喂线法进行合金成分微调时，可保证成品各元素波动范围小，更接近目标值。

c　喂线速度和喂线量

喂线速度一般以“m/min”表示，该值越大，则喂线速度越大，每 1min 喂线量越大；喂线量以钢种工艺要求而定。如准钢在终脱氧喂铝线时，工艺要求为 0.3kg/t 钢，则先截取 100m 铝丝，称其质量，如 ϕ5mm 铝丝 100m 长的质量为 5.3kg，再根据钢水吨位算出共需铝丝的质量，如 20t 钢水需加铝 6kg，则可算出需喂铝线 113m，在喂线机上定好标尺后，即可开启喂线机，等到达规定长度后，喂线机会自动停机。

d　喂线速度对合金收得率及脱氧效果的影响

若喂线速度过慢，则丝线不能到达规定深度，造成丝线在炉渣中烧损大，合金收得率和脱氧效果均会降低；若喂线速度过快，则丝线来不及在钢水中熔化而造成丝线卷回，露出钢水面，同样要降低合金收得率和脱氧效果。

e　钢水脱硫粉剂

钢水脱硫粉剂 CaO、CaO+铝、$CaO+CaF_2$+铝、CaF_2+CaCO_3、CaC_2+CaO，钙+硅、CaC_2 及金属钙粉和镁粉等，可根据钢种化学成分中碳、硅等要求来选择合适的脱硫剂。目前常用的脱硫剂是 CaC_2 和 Ca-Si 粉，使用时要考虑增碳和增硅量，其中金属钙和金属镁的脱硫效果最好。TN 法喷粉装置示意图如图 2-22 所示。

f　喂线脱硫

脱硫用的喂线料其外面用薄铁皮包裹，里面为粉状脱硫剂。线条直径可以从几毫米到十几毫米，称为包芯线。包芯线盘圆放在专用的放线架上，盘圆线头送入喂线机导管内。喂线时，包芯线将快速穿入钢液深部，然后熔化，进行脱硫反应，这样就避免了脱硫剂与炉渣的接触，减少了脱硫剂的烧损，提高了脱硫效果。

喂线操作需考虑包芯线内脱硫剂的单位含量和加入总量、喂线的速度等。喂线机有双线和单线两种。

g　喂线设备

喂线机设备简单，操作方便，能替代部分喷粉脱硫操作，中、小型转炉以及钢水精炼成分微调时普遍采用。

喂线时选择含钙脱硫剂不仅可脱硫，还可改变夹杂物形态等。一般包芯线有铝线、碳线、Ca-Si 线等，脱硫常用 Ca-Si 线。喂线按喂入的位置可分为钢包喂线，中注管喂线和中间包喂线三种。

钢包喂线设备的布置如图 2-23 所示。它由一台线卷装载机、一台辊式喂线机、一根或多根导管及其操作控制系统等组成。

图 2-22　TN 法喷粉装置示意图

1—传动装置；2—立柱；3—喷粉缸；4—升降架；5—喷枪；6—钢包盖；7—钢包；8—控制室

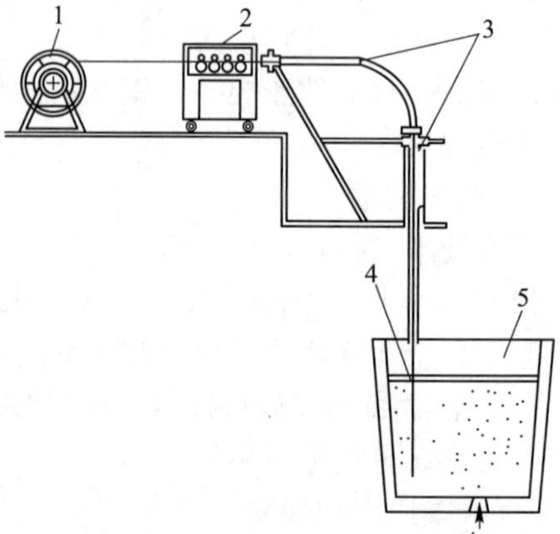

图 2-23　钢包喂线设备布置示意图

1—线卷装载机；2—辊式喂线机；3—导管系统；4—包芯线；5—钢水包

喂线机的形式有单线机、双线机、三线机等。其布置形式有水平的、垂直的、倾斜的三种。一般是根据工艺需要、钢包大小及操作平台的具体情况，可选用一台或几台喂线机，分别或同时喂入一种或几种不同品种的线。

线卷装载机主要是承载外来的线卷，并将卷筒上的线开卷供给辊式喂线机，一般是由卷筒、装载机托架、机械拉紧装置及电磁制动器等组成。当开卷时，电子机械制动器分配给线适当的张力，进行灵敏的调节。在每次喂线处理操作后由辊式喂线机的力矩，把线反抽回来，线卷装载机的液压动力电机反向机械装置能自动地调节，保持线上的拉紧张力，便于与辊式喂线机联动使用。

辊式喂线机是喂线设备的主体，是一种箱式整体组装件。其内一般有 6~8 个拉矫输送辊，上辊 3~4 个，底辊 3~4 个，并采用直流电机无级调速。此喂线机设有电子控制设备，可控制无级转速、向前和向后运行，并能预设线的长度可编程序控制和线的终点指示。线卷筒上的制动由控制盘操作。标准喂线机备有接口，可以连接到计算机。

导管是一根具有恰当的曲率半径钢管，一端接在辊式喂线机的输出口，另一端支在钢包上口距钢水面一定距离的架上，将从辊式喂线机输送出来的线正确地导入钢包内，伸至靠近钢包底部的钢水中，使包芯线或实芯线熔化而达到冶金目的。中间包喂线示意图如图 2-24 所示。

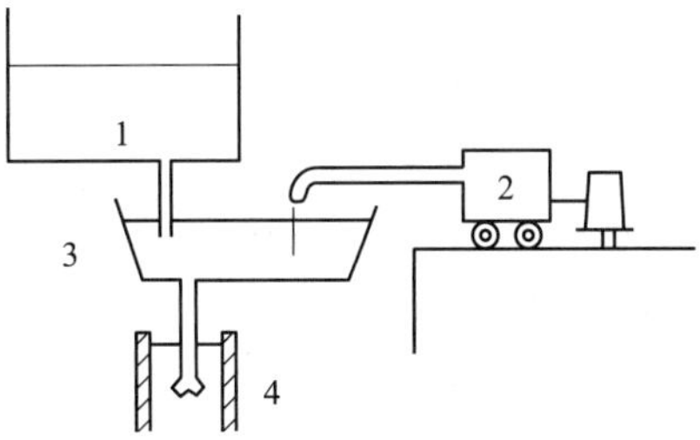

图 2-24　中间包喂线示意图

1—钢包；2—喂线机；

3—中间包；4—结晶器

B　操作步骤（或技能实施）

（1）按工艺要求，选择合适的丝线。

（2）按工艺要求，确定喂线速度及喂线量，并在喂线机控制面板上设置。

（3）移动喂线机至合适位置，使导管出口离钢水面约 300mm。

（4）开启喂线机，使丝线通过导管垂直插入钢水内。

（5）按确定的喂线速度和喂线量喂线完毕后，移动喂线机到安全位置。

注意事项：

（1）在进行喂线操作前，必须先检查喂线机是否完好，开启是否顺利；

（2）丝线的选择不得有误，否则将影响钢的质量，甚至造成报废，因此要熟悉丝线的规格、品种、成分；

（3）喂线前，要注意钢包内渣液面状况，如炉渣结壳会阻碍丝线进入钢水，因此要调整渣况后再喂线；

（4）喂线速度和喂线量是喂线操作的两个主要工艺参数，要严格按照工艺要求进行，不能图快而盲目操作；

（5）每次喂线过程中，要密切注视丝线在钢水内熔化的情况，若有异常要及时调节喂线速度；

（6）喂线结束后，要及时将喂线机移至安全位置，防止被损坏。

2.5.2.8　钢包喂 Ca-Si 线操作

A　知识点

近年来，由于金属制品行业的工艺技术、装备水平不断提高，对中、高碳钢、低合金钢的原料要求越来越严，不仅要求均匀稳定的化学成分，钢中硫、磷越来越低，而且对钢中气体、夹杂含量要求越来越少、夹杂物尺寸要求越来越小，同时还要确保钢的实物质量。除了强化冶炼技术操作工艺，完善吹氩工艺，加强过程控制外采用炉外处理工艺，钢包喂合金线是最简单可行的手段，其钢水在吹氩前期喂 Ca-Si 线，处理后可以从如下几个方面反映其效果。

a　脱硫作用

某厂对喂 Ca-Si 线处理前、后的钢水取样进行化学分析其具体数据的平均值见表 2-7。

表 2-7　喂 Ca-Si 线脱硫情况

喂线前［S］/%	喂线后［S］/%	脱［S］量/%	脱［S］率/%
0.027	0.022	0.004	15.93

由表 2-7 数据可以看出，经过喂 Ca-Si 线处理的钢水其含硫量（质量分数）平均为 0.022%，脱硫率为平均 15.93%，效果比明显，达到了预期目标钢中 $w[S] \leqslant 0.025\%$。

b　脱氧作用

某厂通过吹氩喂 Ca-Si 线处理钢水，在喂线前、后直接用测氧枪测定钢液，再由毫伏记录仪换算出测定的结果，具体数据平均值详见表 2-8。

表 2-8　喂 Ca-Si 线脱氧情况

喂线前 T［O］（质量分数）/%	喂线后 T［O］（质量分数）/%	脱［O］率/%
1.7×10^{-3}	0.9×10^{-3}	38.54

由表 2-8 数据可以充分证明，经过喂 Ca-Si 线处理的钢水其氧活度大大降低，其平均 $T[O] \leqslant 9\times10^{-4}\%$，脱氧率平均达到 38.54%。

c　改变夹杂物形貌

喂线处理后的连铸坯，经取样分析，发现有部分铝酸盐、硅酸盐夹杂物变性成为球状的含钙复合夹杂物，即硅铝酸钙复合夹杂。此外，有一部分硫化物在喂 Ca-Si 线后变为复合型的“包裹”夹杂。轧后钢样中的心部为钙铝酸盐夹杂已变性，而外围包裹着 MnS 夹杂的复合物。这种“包裹”型复合夹杂物，在铸坯的轧制过程中抑制了 MnS 的压缩伸长。

d　喂 Ca-Si 线夹杂物检查情况

钢中夹杂物含量对金属制品的拉拔性能和使用性能有着重大的影响。因此，对钢中夹杂物的情况按不同方法进行检查对比分析。

（1）夹杂物的评级对比。喂 Ca-Si 线处理与不喂线处理的高碳钢夹杂物评级情况与国内外同类产品情况对比，可以得到喂线后钢中夹杂物降低了 0.5，消除了 1.5 级，与国内、外同钢种水平接近。

（2）夹杂物指数对比。喂 Ca-Si 线钢与国内、外同类钢种夹杂物指数对比情况可以得到生产 82B、ϕ6.5mm 盘条夹杂物指数与国内外部分企业水平相当，但氧化物夹杂指数值略高一些。

（3）夹杂物分级。喂 Ca-Si 线后钢中夹杂物尺寸明显变小，大大地改善了钢的内在质量。

e　气体含量

钢水及线材中全氧含量及氮含量均好于同类产品。

B　操作步骤（或技能实施）

（1）喂线工艺的发展。“射线法炉外精炼工艺”简称钢包喂线工艺，作为喷射冶金炉外精炼工艺的一种多年前就已经被国外一些先进的冶金企业所采用。目前，国外许多家公司应用该工艺。近年来我国鞍钢、宝钢、马钢[1]、首钢[2]、太钢、武钢等单位也纷纷推广使用该工艺。喂线设备经安装、调试其操作简便，安全可靠，效果明显，已成为提高钢水综合质量不可缺少的重要一环，应该纳入正式的操作工艺规程之中。

（2）喂线工艺及特点。射线法是将合金包芯线或铝线通过喂线机，以合理的速度、准确的数量射入钢包钢液深处，并至包底一定高度熔化弥散合金元素直接与钢水发生化学反应，对钢液进行炉外精炼从而达到去硫、脱氧、减少夹杂，改变夹杂物形貌的目的。其该工艺特点：

1）合金收得率高为 85%~93%；

2）合金量易控制，数量准确，电子记数数码显示；

3）脱氧、脱硫效果良好；

4）降低夹杂级别，减少夹杂含量，改变夹杂形貌；

5）无污染，环境保护好；

6）投资少，占地面积小，工程时间短。

2.5.2.9　钢包喂含镁包芯线操作

A　知识点

国家对 AH36、16MnR 等钢种颁布了新的产品标准，对钢中硫含量要求更加严格，我国许多中小型转炉炼钢厂（炉容量 50t 以下），由于受各方面原因的制约，炉前没有铁水预处理工艺，造成转炉生产对硫含量难以控制，达不到新标准要求。近年来，镁的价格大幅度下跌，镁锭价格甚至低于铝锭价格约 15%，即 2.75 万元/t 镁。铁水用喷镁粉脱硫是目前效率最高、环境污染最小的新工艺，我国宝钢、本钢[3]等已成熟使用。本技能是向钢包喂入含镁包芯线脱硫，取得了良好的冶金效果。

[1] 马钢（集团）控股有限公司，以下简称马钢。

[2] 北京首钢股份有限公司，以下简称首钢。

[3] 本钢集团有限公司，以下简称本钢。

a　包芯线中镁的配入量

用镁粉对钢液进行脱硫处理，结果见表 2-9。由表 2-9 可知，镁是一种很好的脱硫剂，最高脱硫率可达 64.5%。随镁单耗的增加，脱硫率出现下降趋势，原因是随镁粉加入量增加，钢水出现了较大喷溅，镁的收得率大幅下降。金属镁的熔点为 922K，沸点为 1363K，熔化热为 8.76kJ/mol，蒸发焓为 134.0kJ/mol，其蒸气压的计算公式为：

$$\lg p=-\frac{6802}{T}+9.995$$

当温度为 1873K 时，$p=2.31\times10^{6}$Pa，远大于钢液的静压力，容易引起钢液翻腾。

表 2-9　含镁包芯线对钢液脱硫处理结果

炉数	脱硫剂量/kg·t^{-1}	脱硫处理后样 w/%					平均脱硫率/%
		C	Si	Mn	P	S	
N_1	0.4~0.5	0.11	0.33	1.20	0.026	0.011	64.5
N_2	0.6~0.7	0.20	0.31	1.24	0.027	0.014	56.2
N_3	0.8~0.9	0.18	0.31	1.10	0.026	0.016	50.0

b　脱硫和脱氧

含镁包芯线处理钢水，根据喂线脱硫的要求，控制钢中氧含量是有效脱硫的先决条件。在转炉出钢过程中以钙质复合脱氧剂（组成见表 2-10）进行了深脱氧。另外，钙质复合脱氧剂中 CaC_2（脱氧后生成 CaO）还有利于提高钢包顶渣碱度，AD 粉有利于改善顶渣流动性。这些都为脱硫创造了有利条件，钙质复合脱氧剂有效降低了顶渣中（FeO）含量。AD 粉是电解铝厂的副产品，西方工业国视其为工业废料，其主要成分为 Al_2O_3和部分难分离的铝粉，将其应用于炼钢脱氧无疑会有推广价值。钙质复合脱氧剂在加入量为 3~4kg/t 情况下，可将钢中［O］控制在 $(30\sim50)\times10^{-4}\%$，以使喂线处理取得较好的脱硫效果。

表 2-10　钙质复合脱氧剂组成

成分	CaC_2	Ca-Si	Re（含 Mg）	钝化石灰	AD 粉	水分
w/%	50	25	5	5	15	0.4

加入钙质复合脱氧剂的炉次在出完钢后，钢包中硫含量较转炉终点硫平均低 0.002%，而常规生产是钢包中硫含量略高于转炉终点硫含量，说明钙质复合脱氧剂在脱氧的同时还具有一定的脱硫效果。但考虑到其加入量较少，并且在钢包钢液面上形成高碱度低氧化性的覆盖渣后，由于缺乏良好的反应动力学条件，其脱硫效果较差，若能实现渣洗（如钢渣混冲），该顶渣的脱硫效果有望提高。

c　喂线深度

为了尽可能提高合金利用率，保护包底，喂线深度应控制适宜。喂线深度经验公式为：

$$H = A\delta\left(1 - \frac{\delta}{D}\right)V \tag{2-25}$$

式中 H——包芯线喂入钢水深度，mm；

A——与铁皮材质和钢水温度有关的参数；

δ——铁皮的厚度，mm；

D——包芯线的直径，mm；

V——包芯线的喂入速度，m/s。

如 30t 钢包使用 ϕ13mm、含镁包芯线，在（1600±10）℃钢液中的熔化时间为 1.0~1.2s。钢包深度为 1.8~2.0m，喂线深度以（0.60~0.75）H 为宜，即 11~15m。据此喂线速度应为 0.9~1.5m/s。

d 不同规格包芯线的喂线速度

喂线速度适宜参数的确定很重要。当喂线速度偏高时，喂入钢包深部的芯线反应过于激烈，引起钢水溅出；当速度偏低时包芯线易在钢水表面燃烧，影响冶金效果。

包芯线的喂入速度与芯线的直径、芯线种类、铁皮厚度、钢包容量及钢水温度等很多因素有关，在大量实验和理论推导的基础上，其定量关系式为：

$$V = 0.12 \cdot \frac{W^{0.344}}{\delta\left(1 - \frac{\delta}{D}\right)} \cdot 10^{-3} \tag{2-26}$$

式中 W——钢液质量，t。

根据式(2-26)在 δ、D、W 改变的情况下，可以计算出较佳的喂入速度。如 W 为 30t，包芯线铁皮厚为 0.3mm、直径为 13mm，由式（2-26）得 V=1.32m/s，理论上可满足喂入深度的要求。

e 吹氩和喂线

通常认为喂线的同时进行底吹氩搅拌可促进钢液的流动，为脱硫提供良好的动力学条件。但在实际中多个炉次的结果与上述观点相悖，喂线同时底吹氩的一些实验炉次出现了钢液面剧烈波动，影响生产操作，同时脱硫效果不甚理想。由金属镁的脱硫反应机理可知，喂线脱硫效率的高低主要取决于镁气泡和钢液的界面层的传质过程，镁气泡在钢液中的停留时间越长，则脱硫效果越好。若在喂线的同时底吹氩，则会大大缩短镁气泡在钢液中的停留时间，镁气泡很快上浮至液面燃烧，其脱硫利用率将降低。如宝钢目前采取喷镁粉对铁水进行深脱硫，多年生产经验表明，在保证镁粉在喷枪管道中具有良好的传输流动性能的情况下，应尽量压低载气流量，以减少铁水喷溅和提高镁粉利用率，喂含镁包芯消应是同样原理。合理的工艺路线应是先喂线脱硫，喂完再进行净化底吹氩搅拌，以促进钢液成分和温度的均匀，有利于夹杂物和氮、氢等气体上浮排除。

f 脱硫率和温降

生产结果表明，采用本工艺可将转炉出钢前的硫含量（质量分数）由约 0.035%脱至 0.020%以下。脱硫率有高有低，脱硫率较低的炉次主要是因为出钢过程中下渣量较大，带入大量的转炉终渣，导致钢包顶渣（FeO）含量和钢液氧含量偏高，从而降低了脱硫效果。喂线过程中的平均温降为 9.7℃，原因是金属镁在钢液中的化学反应是强烈的放热反应，其放出的热量部分抵消了过程的温降。在喂线之后进行的 3min 底吹氩搅拌，钢液温降幅度较大，约为 20~25℃。喂线处理时镁在钢液中形成大量气泡对钢液有良好的搅拌作用，其功能类似于吹氩搅拌，因此可将喂线后的吹氩时间压缩为 1min，进而降低成本、提高生产率。在脱氧合金化和底吹氩之后，常规生产炉次的钢液不同程度地出现了回磷、回硫情况，平均回 $w(P)=0.0064\%$，回 $w(S)=0.0028\%$；而喂线炉次平均回 $w(P)=0.0039\%$，说明了钙质复合脱氧剂具有抑制、减轻钢液回磷的作用，消除了由于喂线脱硫可能导致钢液回磷幅度较大情况的发生。

g　社会效益和应用前景

从脱硫热力学分析，炉前铁水预脱硫比钢水脱硫既经济又可行，但铁水喂线脱硫后必须扒除炉渣，否则脱硫渣在转炉高氧化气氛下将产生严重回硫，增设扒渣站及相应设备对中小型转炉厂无疑是个负担，长远来看也不符合国家限制中小型转炉发展的政策导向。若采用炉后钢包喷粉法脱硫，不仅涉及设备投资而且由于钢包容量偏小，易引起钢水溅出，温降较大，效果无法稳定。一些中小型转炉厂，炉后虽配有 LF 精炼炉，可开发其脱硫功能，但考虑到 LF 处理时间较长（约 30min），严重影响转炉与连铸机（特别是板坯连铸机）之间的衔接。由于喂线技术固有的投资少、占地小、设备轻便、操作简易，采用钢包喂线脱硫工艺技术是目前中小厂生产低硫高附加值钢种的较佳选择，这样才能达到国家新标准的要求，走出困境，开拓发展。

B　操作步骤（或技能实施）

钢包喂含镁包芯线的操作步骤（或技能实施）如下。

（1）包芯线中配入适量的镁粉 $w(Mg)=92\%$、$w(\text{盐类})=8\%$，将镁粉按此比例与经过调整的其他粉剂混合后，外部用 0.30mm 厚的薄钢带包覆起来，加工制造方法与其他常用合金包芯线相同。在直缝咬口处要密实坚固，不得开裂和漏粉。根据钢包容量和冶金用途选择不同尺寸的包芯线。对 30t 的钢包和现有的喂线机适宜采用 13mm 的包芯线。包芯线经喂线机矫直拉出，经导管进入钢液中，为了控制包芯线的加入量和喂线速度，在喂线机上装有显示喂入长度的计数器和速度控制器，以便控制喂线量和喂线速度。

（2）转炉出钢时加入钙质复合脱氧剂，以调整钢包顶渣碱度、降低顶渣（FeO）和钢液氧含量，为喂线脱硫提供条件。钢包顶渣成分见表 2-11。喂线前根据不同钢种的实际生产脱氧合金化过程，加入铁合金，喂线温度控制在（1600±10）℃。如在 30t 钢包中进行喂线，根据钢种采用不同的喂线速度与喂入量对钢水进行脱硫处理。转炉出钢前进行测温并取出钢、渣试样，出钢脱氧合金化完毕测温取样，钢包在吹氩喂线工位进行脱硫处理，之后取样测温，钢包运到连铸机浇铸，并取铸坯成品样分析化验。

表 2-11　常规生产钢包顶渣成分

成分	FeO	SiO_2	CaO	MgO	P_2O_5	Al_2O_3	其他
$w/\%$	6.5	25.5	41.92	6.84	0.90	17.21	1.13

（3）喂线过程同时底吹氩不利于脱硫，若喂线后再底吹氩可以得到较好的效果。

（4）本技能除了适合中小转炉生产低硫高附加值钢种外，还能解决转炉常规生产中经常遇到吹炼终点时硫仍偏高，从而导致转炉后吹或临时改炼钢种的不利情况。

2.5.3 操作举例

2.5.3.1 喂线操作

（1）钢水成分达到规格要求，温度合适，出站前进行钙处理。

（2）按不同钢种选择芯线种类。

（3）对要求钢中酸溶铝的钢种，根据规格要求喂入铝线，设定喂线量时要考虑铝的收得率，铝线喂线速度200~220m/min。

（4）含钙的包芯线喂线速度为180~220m/min，根据钢水翻腾情况，适当调整速度，根据钢中Al_2O_3含量及钙收得率确定喂线量。硅钙线收得率15%~25%，铝钙线钙收得率12%~20%。

（5）喂铝线时，要适当增大吹氩量。

（6）喂含钙线前，要减速小吹氩流量，至钢水面涌动，且不裸露钢水，喂线后保证净吹时间不小于5~8min。

（7）其他包芯线喂线工艺另行规定。

2.5.3.2 135t钢包喂Ca-Si线

（1）钢水量及钢包容量。钢水量120~130t/炉，钢包采用不烧铝镁砖砌造其容量135t。

（2）喂线钢种。优质碳素结构钢82B、80C、70、65、45，低合金高强度钢30Si2MnB、30MnSi、30MnSiBTi等。

（3）合金线规格及含粉量。Ca-Si线直径13mm，其Ca-Si单位长度粉质量为221g/m。

（4）喂线方式及速度。喂线是在吹氩前期进行，其速度为3~4m/s。

（5）喂线量。高碳钢82B、80C为150m/炉，其余喂线的钢种为200m/炉。

（6）吹氩方式及吹氩量、时间。采用狭缝式底吹氩工艺，吹氩量为0.3~0.36m³/min、吹氩时间为3~5min。

2.6 生产效果

2.6.1 CAS法精炼效果

实践表明，在提高合金收得率和合金成分的命中率，减少合金元素的损失方面，CAS法是一种高效、廉价的方法，比喂线、射弹等处理范围宽得多。CAS法处理时，钢中铝、氧含量变化波动极小，铝几乎没有损失，氧含量始终维持稳定的低水平。

经 CAS 法处理的钢水可达到如下水平。

（1）与常规吹氩搅拌处理的钢水相比，钢中总氧量（质量分数）可由 0.010%下降到 0.0040%以下。

（2）氧化物夹杂含量低，40μm 以上的大型夹杂物可减少 80%，20~40μm 的夹杂物可减少 1/3~1/2，大大改善钢的质量。

（3）提高脱氧元素的收得率。由于收得率的提高，同样的加铝量，钢中酸溶铝量可成倍增加，CAS 操作的关键是排除浸渍罩内的氧化渣。若有部分渣残留在罩内，合金收得率就会下降，且操作不稳定。实践表明，渣层过厚时，浸渍罩的排渣、隔渣能力也就得不到充分利用。

（4）能够较好地使成分合乎规格。最典型的是 Sollac 公司 Gos-Sur-Mer 工厂的试验结果：经 CAS 工艺精炼钢液，其成分控制范围很窄，同时可节约铝 0.4kg/t 钢。经过熔池吹氩，氧化物进一步脱除，在 CAS 处理结束时，总的氧含量（质量分数）降低到 0.0025%~0.0045%。由于氧化物的继续脱除，中间包总的氧含量（质量分数）达到 0.002%~0.003%水平。

宝钢 300t 钢包 CAS 操作工艺流程为：转炉出钢挡渣粗调合金→炉后测温取样→将钢水吊至 CAS 处理台车上→吹氩、测定渣层和安全留高→测温取样、定氧→计算、放出和称量合金→吹氩、浸渍管放下→合金投入、吹氩搅拌→吹氩停止、测温取样→确认成分→台车开出、处理结束。采用转炉→CAS 精炼→连铸工艺，生产低碳铝镇静钢时，CAS 处理后钢液 $w(\mathrm{T[O]}) = 0.0073\% \sim 0.01\%$，中间包钢水 T[O]为 0.0038%~0.0053%，铸坯中总氧含量为 0.0014%~0.0017%之间。该工艺生产的深冲用低碳铝镇静钢具有很高的洁净度。宝钢铝的收得率由常规脱氧的 40%（一般厂 10%~30%）提高到 80%~90%，Ti 由常规脱氧的 50%~80%提高到约 100%。

美国威林—匹斯堡公司和联合碳化物公司 200t 吹氩装置，氮含量可由 $43\times10^{-4}\%$降到 $32\times10^{-4}\%$；氧含量可在吹氩 15min 以后由 $180\times10^{-4}\%$降到 $15\times10^{-4}\%$，脱氧效果相当于真空处理的水平。非金属夹杂物较不吹氩处理改善了 60%~70%。吹氩处理滚球钢，氢含量下降 22%，并使为消除白点而进行的热处理时间减少一半。处理电工钢，可以完全消除硅含量不合格现象，冶炼时间缩短 40min，电耗降低 57kW · h/t 钢，电炉生产率提高 10%。

但应注意，处理时钢水温度会降低，有研究得出吹气在 1~10min，钢水温降 ΔT 与处理时间 τ 的关系如下。

（1）镇静钢：

$$\Delta T = 0.87\tau + 0.14\tau^2 - 0.0083\tau^3 \tag{2-27}$$

（2）低合金钢：

$$\Delta T = 0.49\tau + 0.558\tau^2 - 0.0479\tau^3 \tag{2-28}$$

（3）半镇静钢和沸腾钢：

$$\Delta T = 0.66\tau + 0.373\tau^2 - 0.0289\tau^3 \text{。} \tag{2-29}$$

2.6.2 CAS-OB 的精炼效果

2.6.2.1 加热效果

精炼过程中能显著提高钢水温度，可以降低出钢时的钢水温度，延长钢包使用寿命，方便操作。

化学加热的理论基础是放热反应，尤其是铝与氧的放热反应，不管氧是已经溶于钢液的还是喷入的。表 2-12 列出几种元素 0.1%含量在钢液中氧化的理论加热效果。钢水比热容取 0.88kJ/(kg · ℃)，每吨钢液中有 1kg 铝氧化，则温度升高 35℃，1kg 硅氧化，则温度升高 33℃，一般把升温幅度控制在 50℃以内。氧化 1kg 铝的理论需要氧量为 0.62m^3，氧化 1kg 硅的理论需要氧量为 0.8m^3；但由于其他烧损和氧利用率的影响，实际分别为 0.74m^3和 1.05m^3。250t 钢包中加铝后的加热效果如图 2-25 所示。最高加热速率为 15℃/min。可以看出，当加热速率较低（5~6℃/min）时，铝加热效率达到 80%~100%；当加热速率高于 10℃/min 时，加热效率超过 100%。其原因是，尤其是在高吹氧速率时，除铝外，还有其他元素也被剧烈氧化。

表 2-12 钢液中溶解元素 0.1%含量氧化升温效果

元　　素	温度升高/℃
[Si]	+27
[Mn]	+9
[Cr]	+13
[Fe]	+6
[C]	+14
[Al]	+30

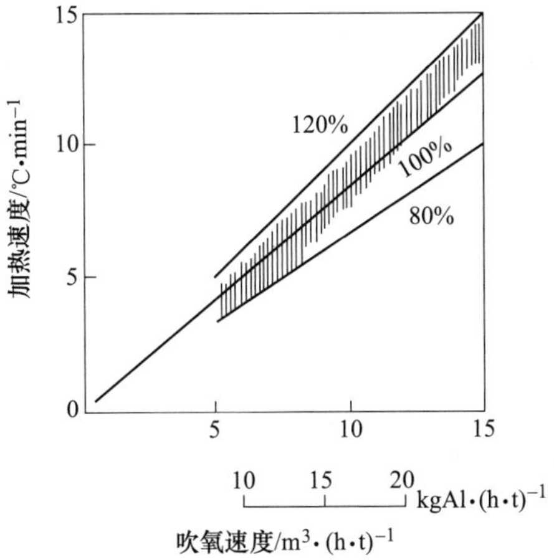

图 2-25 加热速度与吹氧速度的关系

2.6.2.2 钢液的成分

总的来看，吹氧对被处理的钢液的化学成分的影响很小。吹氧处理前后，C，

Si 和 S 的含量差别不大，而 Mn 则损耗 0.02%左右。氮含量实际无变化，因为在浸渍罩内部有渣和氩气保护，使钢液无法与空气接触。钢水氮含量维持低水平。CAS 处理后钢水中［N］为 0.002%，钢水送到中间包内，［N］为 0.0022%。

2.6.2.3　钢液的纯净度

以氧为例，如图 2-26 所示，Fos-Sur-Mer 工厂的试验结果表明，经过 CAS-OB 处理，钢中氧含量与 CAS 处理之后相仿。

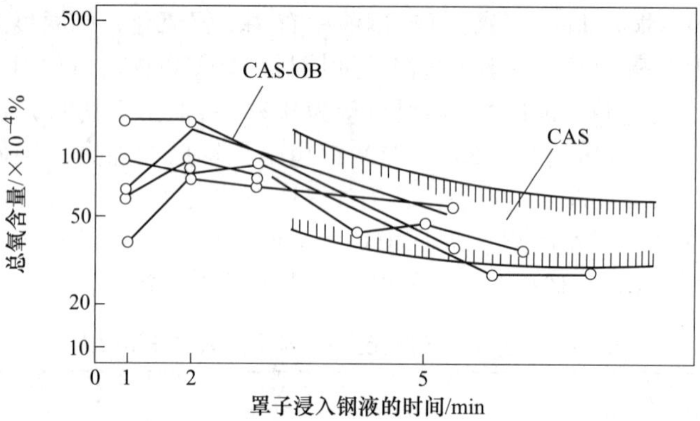

图 2-26　两种工艺总氧含量的比较

而夹杂物方面，钢中氧化物总量明显降低，升温后经几分钟吹氩处理，SiO_2、Al_2O_3等夹杂物大部分被去除，改善中间包水口结瘤，延长连铸机的使用寿命。

日本八幡厂 300t 转炉在生产中采用 CAS-OB 技术用于补偿炉外精炼温损和降低转炉出钢温度（由 1730℃降低到 1680℃）。该厂转炉出钢温度可以降低 40～50℃。目前在 $11m^3/(h \cdot t)$ 供氧强度（标态）下，加热钢水升温速度已达到 10℃/min。加热前后钢水成分几乎无变化，也未有氮升高的倾向。对夹杂物的调查结果发现，中间包钢水或成品坯中均未出现问题，与以往基本相同。

法国索拉克钢铁公司福斯钢厂在 310t 钢包上采用 CAS-OB 技术后，在 1000～$6000m^3/h$ 供氧量下，加铝量 20～200kg/min，升温速度达到 5～13℃/min。

美国加热方法于 1988 年 8 月获专利，并于 1989 年初正式用于伯利恒厂 300t 转炉，升温速度平均为 6.1℃/min；钢水吹氧加热时间根据升温幅度要求波动于 3～6min，最大升温量为 55.6℃；吹氧期间发现硅、锰有轻微烧损，1L 氧气锰的烧损为 0.64g，硅的烧损为 0.59g；磷、硫、氮、钒等变化极微，一般不超过 0.001%。对 $w[C]=0.03\%\sim0.3\%$的钢水加热后未见碳的明显烧损。关于铝加热的钢水质量，在钢件横断面取样分析含氧量，未见明显增加。关于操作成本，据伯利恒厂的经验平均加热 4min，升温 23℃情况下，成本增加$3.22/t。

武钢 CAS-OB 实践表明，钢水经吹氧升温后，夹杂总量及 SiO_2 夹杂含量明显下降，中间包钢水夹杂总量及［N］含量与普通工艺生产的钢水非常接近。SiO_2 夹杂平均降低大于 0.002%，Al_2O_3夹杂由于加铝有所增加。升温后经 3～4min 纯吹氩处理，Al_2O_3夹杂大部分被去除。经铝热法处理的连铸坯与普通工艺相比，沿铸坯厚度方向夹杂面积百分数也没有明显差距。

宝钢 CAS-OB 试运转期间，测试了工艺因素对钢液质量的影响，发现 OB 升温处理后紧接着一段时间的 CAS 处理，可以把 OB 后钢液中较高的［O］量降至较低含量，且与正常 CAS 处理的［O］含量相当。尚未发现 OB 处理对钢液［N］含量有何影响。两种工艺处理的氧化物夹杂含量比较可以说明，OB 处理和正常 CAS 处理对钢液中氧化物夹杂含量和大型夹杂含量没有明显差异，只是 Al-Si 脱氧后大型夹杂含量略有上升，但增加不大，不至于影响日常生产钢种质量。

鞍钢的 ANS-OB 对 08Al、20、16Mn、65Mn 等钢种进行处理，连铸用钢水在浇铸前全部进行 ANS 处理，同时全过程进行底吹氩，吹氩时间达 6~24min。钢水温度及成分控制严格，浇钢中硫、磷平均含量分别为 0.015%和 0.020%；同钢种多炉连浇的各包钢水碳物质的量波动不大于 0.06%。夹杂物检验分析结果表明，ANS 处理钢中夹杂物含量低，夹杂物中主要是 Al_2O_3夹杂。经 ANS-OB 处理，钢中的夹杂物总量与 Al_2O_3等夹杂分量比无 OB 处理得好。鞍钢转炉钢水经 ANS 处理连铸板坯洁净度较高，铸坯表面及内部质量均好，连铸产品质量优良、性能稳定，板坯质量合格率达到 99.7%以上。

2.6.3 ANS-OB 精炼效果

ANS-OB 对 08A、20、16Mn、65Mn 等钢种进行处理，连铸用钢水在浇铸前全部进行 ANS 处理，同时全过程进行底吹氩，吹氩时间达 6~24min。钢水温度及成分控制严格，浇钢中硫、磷平均含量分别为 0.015%和 0.020%；同钢种多炉连浇的各包钢水碳含量波动不大于 0.06%。夹杂物检验分析结果表明，ANS 处理钢中夹杂物含量低，夹杂物中主要是 Al_2O_3夹杂。经 ANS-OB 处理，钢中的夹杂物总量与 Al_2O_3等夹杂分量都比无 OB 处理时少。鞍钢转炉钢水经 ANS 处理连铸板坯钢质洁净度较高，铸坯表面及内部质量均好，连铸产品质量优良、性能稳定，板坯质量合格率达到 99.7%以上。

2.7 实 例

2.7.1 宝钢 300t 钢包 CAS 工艺

宝钢于 1989 年从日本引进两台 CAS 装置，该设备具有脱氧、降低夹杂、合金化、调温等功能，CAS 处理时间为 28min，氩气流量为 0.35~0.5m^3/min，氩气压力为 0.85MPa。

宝钢 CAS 装置包括 10 只上部合金料仓及相应的电磁振动给料器和电子秤称量系统、3 条输送皮带、中间料斗、卸料溜槽、浸渍管及其升降机构、测温取样、割渣装置。宝钢根据需要在原 CAS 设置上开发了 300t CAS-OB 钢包（加铝）吹氧升温技术，即在 CAS 装置上增设氧枪、升降机构和供气系统（O_2、N_2、Ar）。其特点有：

（1）氧枪采用消耗双层套管，中心管吹氧，套管环缝吹氩冷却，套管外涂不定形耐火材料，枪体结构简单；

（2）升降机构采用可编程序控制器和交流变频调速器，具有自动和手动控制功能，氧枪定位精度高；

（3）吹氧操作采用 CENTUM 集散型仪表控制，计量精确，直观，操作简便。

宝钢 300t 钢包 CAS 操作工艺流程为：转炉出钢挡渣粗调合金→炉后测温取样→将钢水吊至 CAS 处理台车上→吹氩、测定渣层和留高→测温取样、定氧→计算、放出和称量合金→吹氩、浸渍管放下→合金投入、吹氩搅拌→吹氩停止、测温取样→确认成分→台车开出、处理完毕。

在 CAS 处理中，为获得较高的合金收得率和净化钢水，一要挡好渣，二要保证一定的合理的底吹氩量。为保证钢水温度成分均匀和夹杂上浮，吹氩搅拌时应大于 6min，对铝镇静钢还要适当延长。300t 钢包搅拌强度为 50W/(t · s)。

2.7.2　宝钢 300t 钢包 CAS-OB 工艺流程

宝钢 300t 钢包 CAS-OB 工艺流程为：转炉出钢挡渣粗调合金+炉后测温取样→将钢水吊至 CAS-OB 处理台车上→测定液面、渣层厚度→测温取样→底吹氩、浸渍管放下→称量铝、氧枪下降→铝投入、吹氧→底吹氩→测温取样、定氧→CAS 操作，如图 2-27 所示。

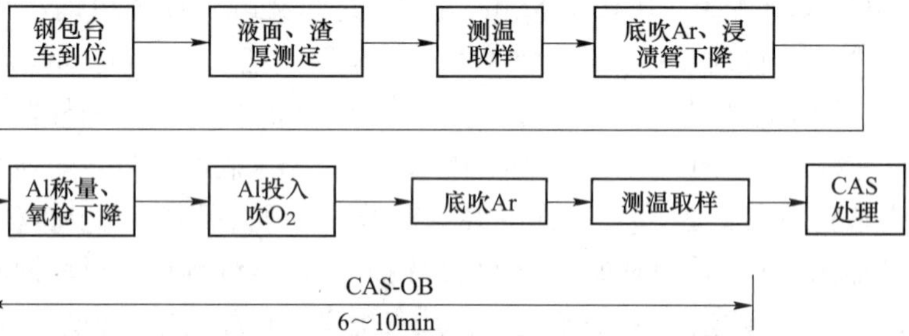

图 2-27　宝钢 CAS-OB 工艺流程

300t 钢包 CAS-OB 升温处理时间一般为 6～10min。以 30 炉次生产数据统计，OB 吹氧量（匹配相应加铝速度和总量）与钢液升温幅度的关系如图 2-28 所示。钢液升温速度主要取决于供氧强度（匹配相应加铝速度和总量），在供氧强度 0.16～0.20m^3/(t · min) 条件下，宝钢 300t 钢液升温在 5.8～9.1℃/min，平均升温 7.0℃/min。

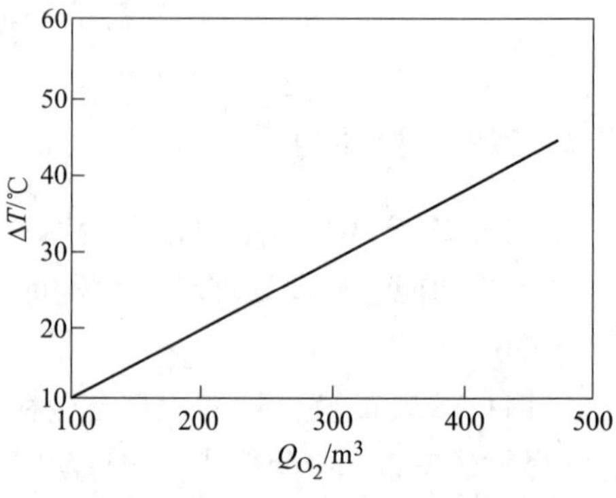

图 2-28　吹氧量和升温幅度的关系

为了提高合金收得率和净化钢水，一要挡好渣，二要保证一定的合理的底吹氩量。目前宝钢 CAS 采用的吹氩曲线如图 2-29 所示。吹氩搅拌时间应大于 6min，铝镇静钢还要适当延长，搅拌强度为 50W/(t · s)。

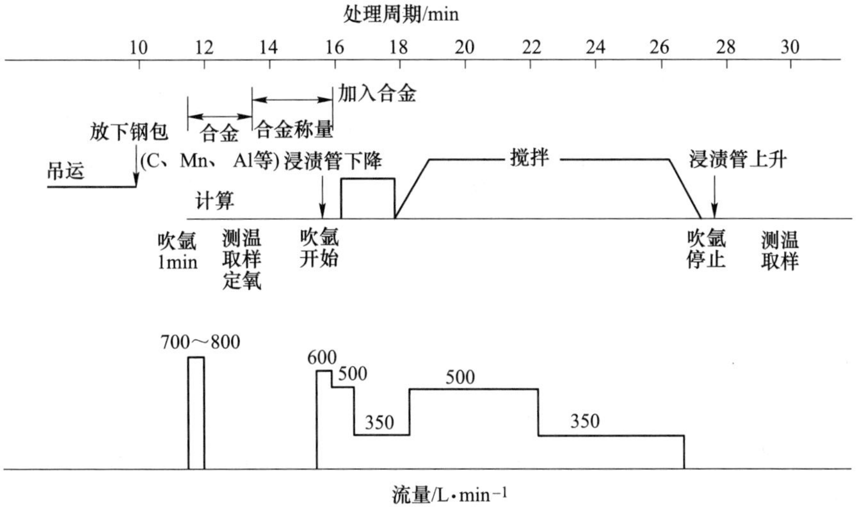

图 2-29 宝钢 300t 钢包 CAS 吹氩曲线

2.7.3 武钢二炼钢 CAS-OB 工艺

钢水到站后，先采用大流量底吹氩气搅拌钢水，把渣排斥到包壁四周，翻腾的钢水呈裸露状态。这时降下浸渍罩，渣被拦在罩外。向罩内加入铝丸（含铝 99.7%，粒度 8~12mn），铝丸被钢水迅速融化成熔融状态，吹入的氧气与液态铝发生剧烈的氧化反应，释放出大量的化学热，首先将罩内的钢水加热。钢包底吹氩气的搅拌作用，使罩内高温钢水与钢包内低温钢水发生对流，结果使整包钢水达到升温目的。升温 25~30℃的工艺操作如图 2-30 所示。

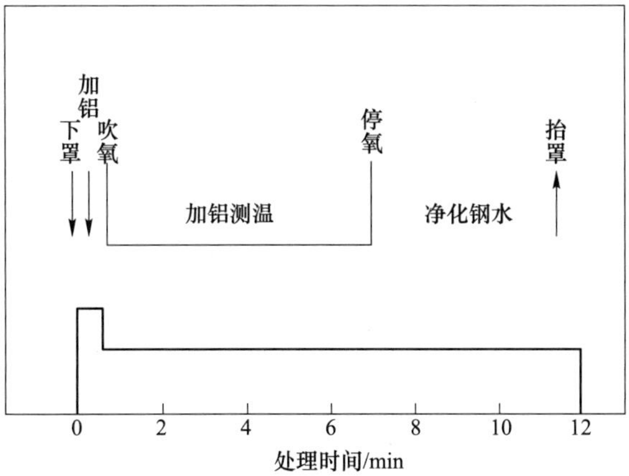

图 2-30 武钢二炼钢 CAS-OB 工艺操作工序

开吹氩气流量为 300~350L/min（标态），钢水裸露面积为 ϕ600~800mm，浸渍管插入钢水深度为 100~200mm。吹氧过程中，向钢水分批加入升温剂。如果钢水量为 74t，吹氧时间为 6~7min，总处理时间为 12~15min，即完成 25~30t 的升温操作。

2.7.4　鞍钢 ANS-OB 精炼工艺

鞍钢 ANS-OB 工艺处理工序如图 2-31 所示。

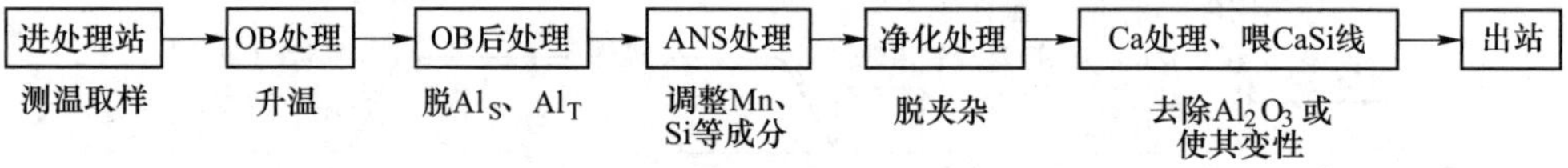

图 2-31　鞍钢 ANS-OB 工艺操作工艺

钢包为 200t，底吹氩气搅拌强度为 0～0.004m^3/(min · t)，采用双层套管消耗式顶吹氧枪，环缝通氩气冷却，内管通氧气，供氧强度为 0.1～0.2m^3/(min · t)。根据钢水升温要求，计算加铝量和吹氧量，将氧铝比控制在 0.7～0.8m^3/kg，加铝吹氧升温；同时底吹氩气搅拌，并在加铝吹氧结束后再持续吹氩搅拌 3min。钢水中［C］、［P］、［S］变化很小，［Si］降低 0%～0.05%，［Mn］降低 0%～0.05%。

为保证钢水升温正常进行，升温时的浸渍管插入深度为 300～400mm。这样能保证投入的铝在浸渍管内，减少外逸，增大与氧反应的机会。当插入深度为 200mm 时，投入铝外逸严重，铝的收得率降低。

为了提高合金收得率，降低精炼工序的成本的措施有：

（1）出钢时要求脱氧良好，使酸溶铝含量大于 0.007%；

（2）优化合金成分调整次序，处理时先进行温度和其他成分的调整，再调整铝含量；

（3）增设氩气增压泵，使底吹氩气压力符合排渣要求，避免降罩时罩入钢渣；

（4）同时避免大氩气量底吹氩操作，防止裸露钢水的氧化，吹氩量应以钢包内渣面静止不动为宜。

题库

3　LF+VD 操作

3.1　LF　法

微课-LF 精炼工艺及设备概况

3.1.1　概述

LF 是 Ladle Furnace（钢包炉）的缩写，是由日本大同钢铁公司大森钢厂于 1971 年开发的。开发初意是把 EAF 中的还原操作移到钢包中进行，该方法是一种利用钢包对钢水进行炉外精炼的设备，有时也称为日本式钢包炉精炼法。

LF 钢包精炼炉（以下简称 LF 炉）实际就是电弧炉的一种特殊形式，它是在非氧化性气氛下，通过电弧加热、包底吹氩搅拌，造高碱度还原渣，进行钢液的脱氧、脱硫、合金化等冶金反应，以精炼钢液。为了使钢液与精炼渣充分接触，LF 炉强化精炼反应，去除夹杂，促进钢液温度和合金成分的均匀化。LF 炉设备投资少，可显著提高车间产量。它也是最常用的精炼方法，取代了电炉还原期，解决了转炉冶炼优质钢问题。同时，LF 炉还是连铸车间，尤其是合金钢连铸车间不可缺少的钢液成分、温度控制及生产节奏调整的设备。

LF 炉外精炼法（以下简称 LF 法）的主要任务是脱硫、造渣、温度调节、精确的成分微调、改善钢水纯净度。

1971 年，日本特殊钢（现大同特殊钢）公司开发并实际应用 LF 法，其后在世界上许多国家和地区的公司得到应用。LF 法的发展使其功能适应电炉生产率飞速提高和用户对产品高质量、高可靠性的要求，其最主要的原因之一是适应连铸生产的要求。在连铸工艺流程中，LF 设置需要在一定时间内建立可供应一定温度钢液的体制，因此起到操作简单、质量稳定的重要作用；而 LF 法在钢液温度严密调整和工序时间管理方面能发挥最大的效果。另外，LF 法在钢包内保持非氧化性气氛，从钢包底部进行吹氩搅拌，使钢液连续循环流动，钢包内钢液成分偏差极小，可达到精确控制成分的目的。这种功能对特殊钢连铸发挥极大的效果，使连铸相邻炉间存在元素浓度差极小，有效控制产品质量特性的波动。

LF 法是目前应用最广泛的炉外精炼技术之一。据不完全统计，2002 年，全世界共有 LF 钢包炉 300 多台。20 世纪 90 年代，我国先后建成了 30~300t 的 LF 炉 59 座（不完全统计），设计处理能力超过 2800 万吨，其中 200~300t 的 3 座，年处理能力 430 万吨；100~150t 炉的 21 座，处理能力 1250 万吨；60~90t 的 30 座，处理能力 1060 万吨；30~50t 的 5 座，处理能力 110 万吨。从 1980 年西安电炉研究所自行设计第一台 40t LF 炉起，至 1999 年重庆钢铁研究院自行设计并成套向宝钢一炼钢提供一台 300t LF 炉顺利建成投产，我国 LF 炉的国产化取得了长足的进步。宝钢一炼钢的 300t LF 炉已成为生产低硫管线钢的重要手段，生产的 X70 钢，LF 法处理的钢中 $w[S]<0.002\%$。宝钢集团五钢公司自 1982 年建成 LF 炉以来，经 LF 处理的轴承钢已达到瑞典 SKF 的实物质量水平，年处理量已超过 10 万吨，处理品种达 30 多个，LF 炉平均处理时间 60~65min，每吨钢耗电量在 20kW · h 以下，经 LF 处理的轴承钢 $w[O]<0.002\%$，还成功利用 LF 炉冶炼了超低碳不锈钢。国内典型钢厂 LF 处理的钢种及配置情况见表 3-1。

表 3-1　国内典型钢厂 LF 相关参数和生产的钢种

厂名	生产钢种	容量/t	变压器容量/MVA	电极直径/mm	升温速度/℃ · min^{-1}	处理周期/min	供货商
宝钢电炉厂	油井管、高压锅炉管、一般管线钢	150	22+20%	457	3~5	25~40	DANIELI
武钢一炼钢	硬线钢、弹簧钢、低合金钢、焊丝	100	18	400	4~5	36	华兴武钢
攀钢	普通碳素钢、低合金钢、深冲钢	120	20	400	约 2	24~34	鹏远
上钢五厂	弹簧钢、调质钢、高压锅炉钢	100	18	—	3~5	30	上钢五厂
包钢	重轨钢、管线钢、合金结构钢、优质碳素钢	80×2	14+20%	400	4~5	33~35	DEMAG
鞍钢一炼钢	重轨钢、低合金钢、合金结构钢、优质碳素钢	100×2	16	400	3~5	37	鹏远
兴澄钢厂	普通碳素钢、低合金钢、结构钢、优质碳素钢	100	—	—	3~5	—	DEMAG
张家港润忠公司	Q235、20、45、20MnSi	100	13.5	400	3~5	20~25	FUCHS
南京钢厂	普通碳素钢、45、65、70、80、62B 钢	70	12+20%	—	3~5	20~38	DANIELI

3D 动画-LF 工作原理

3.1.2　原理与功能

LF 法的工作原理如图 3-1 所示。将初炼炉内熔炼的钢水送入钢包，钢包到站后被移至精炼工位，加入合成渣料造高碱度合成渣，降下石墨电极插入熔渣层中对钢水进行埋弧加热，补偿精炼过程中的温降，同时用氩气搅拌，使钢包内保持强还原性气氛，进行所谓埋弧精炼。

LF 炉可供初炼炉（电弧炉、中频炉、AOD 炉、转炉）钢水精炼、保温之用，是满足优质钢、特种钢生产和连铸、连轧的重要冶金设备，可对钢液实施升温、脱氧、脱硫、合金化、测温取样、均匀钢液成分和温度，提高质量（纯净度）。具体功能包括：

（1）电弧加热升温；

（2）钢水成分微调（主要的合金化在转炉出钢过程中加入钢包并将其成分控制在钢种要求的下限，钢包精炼炉再根据需要加入少量合金进行微调，而且少量易

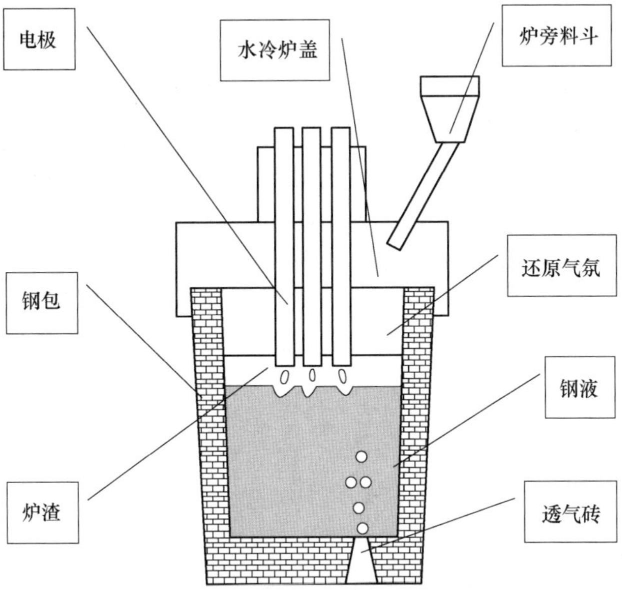

图 3-1 LF 法原理图

氧化的合金也主要在钢包精炼炉添加调整）；

（3）脱硫、脱氧、去气、去除夹杂（需要强调的是，为了取得较好的脱硫效果，在脱硫前必须先对钢水进行脱氧，使钢中较含氧降到较低水平）；

（4）均匀钢水成分和温度；

（5）改变夹杂物的形态；

（6）作为转炉、连铸的缓冲设备，保证转炉、连铸匹配生产，实现多炉连浇。

图 3-2 展示了 LF 炉的精炼功能。

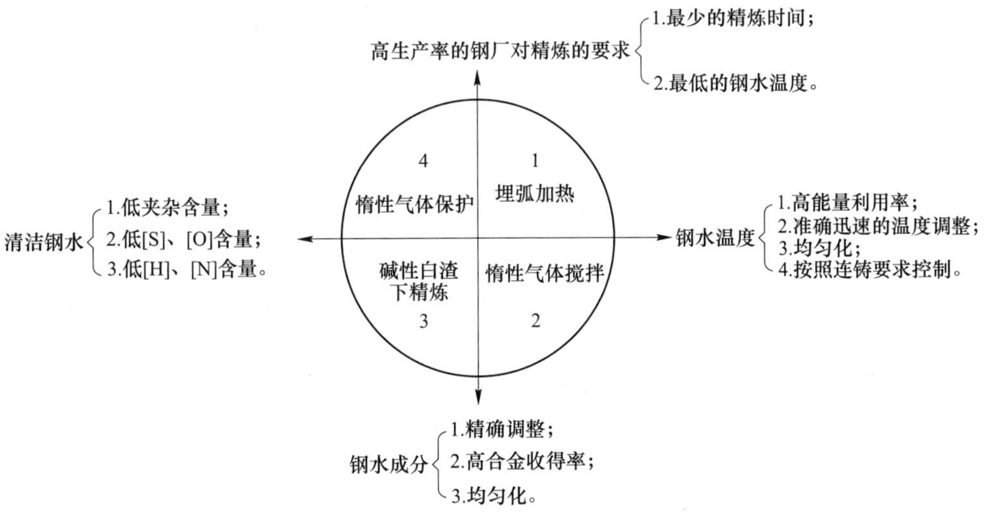

图 3-2 LF 炉精炼功能图

3.1.3　设备

LF 炉其实就是一种简单的电弧炉。以石墨电极与钢水之间产生的电弧热为热源，按电极加热方式可分为交流钢包炉和直流钢包炉（<50t）。直流钢包炉包括单电极直流钢包、双电极直流钢包和三电极直流电弧电渣钢包。目前国内基本上是用交流钢包炉，这里讲的 LF 炉单指三电极交流钢包炉。

现场视频-LF 本体系统设备总览

3D 动画-LF 车间设备总览

现场照片-电极

LF 炉系统主要由以下部分组成：加热电力系统；钢包；吹气系统；测温取样系统；控制系统；合金料和合成渣料添加装置；适应一些初炼炉需要的扒渣工位；适应一些低硫及超低硫钢种需要的喷粉工位；适应脱气钢种需要的真空工位；用于较大炉体的水冷系统。LF 设备如图 3-3 所示。

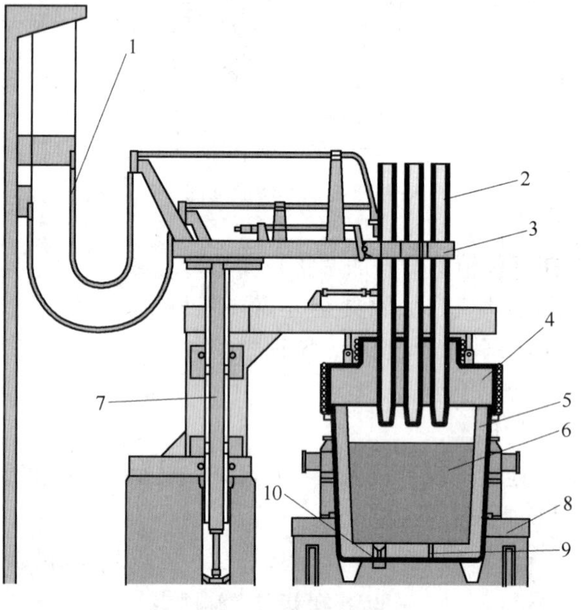

图 3-3　LF 设备示意图

1—软电缆；2—电极；3—电极夹持器；4—炉盖；5—钢包；6—钢水；7—电极升降装置；8—钢包车；9—透气砖；10—滑动水口

（1）钢包。钢包由钢板焊成桶体或圆锥体。焊缝应可靠焊接，以形成刚性结构，内部由耐火材料砌筑而成，有利于钢液的搅拌和炉衬寿命的提高。钢包底部装有透气砖，保证不倒钢水而直接可以供连铸。滑动水口应操作方便、运行平稳，工作中不应有卡滞现象。吹氩装置应工作可靠，透气砖不准有堵塞现象。

根据 LF 炉容量的不同，钢包底部透气砖的个数一般不同。大钢包（如 60t 以上的钢包）可以安装两个透气砖，更大一些的可以安装三个透气砖。正常工作状态开启两个透气砖，当出现透气砖不透气时开启第三个透气砖。透气砖的合理位置可以根据经验决定，也可以根据水力学模型决定。

（2）电极升降装置。电极升降装置由电极横臂、立柱和导向轮等组成。横臂和立柱应有足够的刚性，且两者之间应有良好的绝缘。导向轮（或小车）与立柱之间应运行平稳，不应有卡滞现象。

（3）炉盖。炉盖是 LF 钢包精炼的重要部分，因为很多情况下 LF 炉的冶金效果在很大程度上取决于炉子内的气氛控制。为了避免空气从炉盖和钢包之间的间隙及炉盖开孔处进入炉内，需要采取一些必要的保护措施，包括使用过程中必须采取的包口清理和维护工作。

炉盖分耐火材料炉盖和水冷炉盖两类，其上应设有加料孔和操作孔等。耐火材料炉盖拱度应合理，以防止工作过程中塌陷。水冷炉盖进、出水口设置应合理，水流应流畅，不应有死角。随着技术进步，原来普通结构的耐火材料炉盖倾向于被水冷炉盖取代。图 3-4 为全水冷管式炉盖，整个炉盖用无缝钢管和特质弯头阻焊而成，形成均流无死点的高效水冷强制循环。

现场照片-LF 炉盖 1

现场照片-LF 炉盖 2

现场照片-LF 炉盖 3

示意图-LF 炉盖

炉盖为外排烟形式，在炉盖下檐设一裙边，收集钢包口溢出的烟气；炉盖顶部为一直桶形水冷圈，收集电极孔处的烟气；两部分烟气最好汇合成一总排烟管，与除尘管道对接。这种形式的炉盖结合烟道调节阀的开度调节可以确保炉内的还原性气体，同时防止尽量少的烟气溢出。

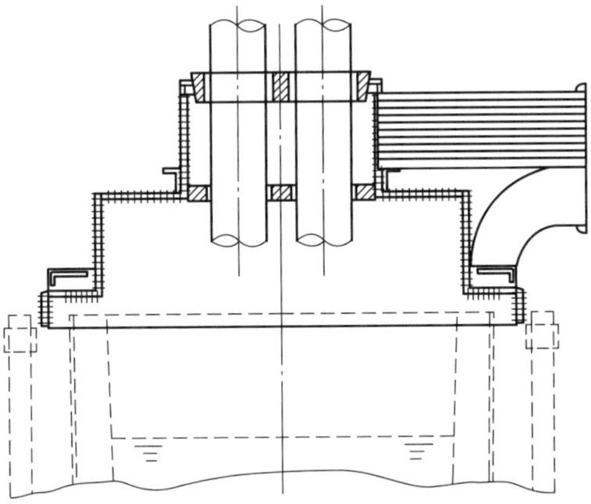

图 3-4 全水冷管式钢包炉盖

（4）桥架及炉盖提升机构。桥架为钢制框架结构，应具有足够的刚度和强度，能稳定地支撑提升装置和电极升降装置。炉盖提升机构应有足够的强度，在提升炉盖时，能平稳运动，不得有卡滞现象。

（5）钢包车及驱动机构。钢包车为钢制框架结构，应有足够的刚度和强度。驱动机构在最大载荷下，应能平稳运行，不得有打滑现象。

（6）水冷系统。水冷系统可为开放式或封闭式给水系统，系统中应设有水温、水压监测和保护环节，各支路还应设置截止阀。

（7）吹气系统。吹气系统设有流量、压力监控和保护环节，而且应能远程控制。

（8）电力加热系统。LF 炉电力加热系统与电弧炉电力加热系统一样，但是 LF 精炼没有熔化过程，而且 LF 精炼大部分加热时间都是在埋弧下进行。熔化的都是渣料和合金固体料，因此选用较高的二次电压。从工作条件来说，LF 炉要比电弧炉好一些。如果吹气流量稳定并且采用埋弧加热，液面稳定便基本上不会引起电流的波动，因此不会产生很大的因闪烁造成的冲击负荷，所以从短网开始的所有导电部件的电流密度都可以选得比同容量的电弧炉大得多。

LF 炉精炼期，钢水已进入还原期，往往对钢水成分要求较严格。又由于采用埋弧加热，低电压短电弧运行，有增碳的危险性。为了防止增碳，需要装备灵敏的电极调节装置。为了对钢液进行充分的精炼，得到纯净钢，为连铸提供温度和成分合格的钢水，使钢水得到能量补充是十分必要的。但是应当尽量缩短时间，以减少吸气和热损失。提高升温速度，仅靠增加输入功率是不够科学的，还应注意钢包的烘烤，提高烘烤温度，缩短钢包的运输时间等。

3.1.4　工艺流程

LF 的工艺制度与操作因各钢厂及钢种的不同而多种多样。LF 一般工艺流程为：初炼炉（转炉或电弧炉）挡渣（或无渣）出钢→同时预吹氩、加脱氧剂、增碳剂、造渣材料、合金料→钢包进准备位→测温→进加热位→测温、定氧、取样→加热、造渣→加合金调成分→取样、测温、定氧→进等待位→喂线、软吹氩→加保温剂→连铸。

现场视频-LF 生产过程简介 1

LF 炉精炼工艺的主要环节如下。

（1）钢包准备（烘烤 1200℃）。

（2）造渣。合理造渣可以达到脱硫、脱氧、脱磷甚至脱氮的目的；可吸收钢液中的夹杂物并控制夹杂物形态；可形成泡沫渣（或称为埋弧渣）淹没电极，埋弧加热，提高热效率，减少耐火材料侵蚀。

现场视频-LF 生产过程简介 2

（3）电极加热。LF 炉加热过程，应采用低电压、大电流操作。开始加热时，炉渣尚未熔化完全之前，加热速度慢一些，随后提高加热速度。

（4）搅拌。LF 精炼期间搅拌的目的是均匀钢液成分和温度，加快传热和传质；强化钢渣反应；加速夹杂物上浮去除。

LF 炉的精炼工艺参数有：钢液加热升温速度 2~5℃/min；氩气搅拌时钢液温度下降速度 1℃/min；因脱气造成的温降速度为 3.5℃/min；采电极用埋弧加热钢液，电弧稳定、热效率高而噪声小。

动画-LF 生产流程

3.1.5　优点及效果

LF 法主要通过埋弧加热、造高碱度还原渣以及吹氩搅拌完成精炼功能，具有以下生产工艺优点。

（1）加热与控温。LF 采用电弧加热，热效率高，钢水平均升温 1℃耗电 0.5~0.8kW·h，LF 升温速度决定于供电比功率（kV·A/t），而供电的比功率又决定于钢包耐火材料的熔损指数。因采用埋弧泡沫渣技术，可减少电弧的热辐射损失，提高热效率 10%~15%，终点温度的精确度不大于±5℃。

（2）采用三相电极三（单）支臂、水冷炉盖，具有电极旋转和平移钢包车两种结构，占地少，适于旧车间改造。可选钢包倾动机构，进行扒渣操作。

（3）采用机械传动、PLC 控制、液压或气动电极夹紧、水冷电缆，设备简单，易于使用维护，可靠性高。

（4）配合各种小型熔炼炉生产各种特殊钢，最小单炉处理钢水量6~8t，单炉处理时间25~35min。

（5）采用白渣精炼工艺。控制下渣量不大于5kg/t，一般采用Al_2O_3-CaO-SiO_2系炉渣，包渣碱度$R\geqslant3$，以避免炉渣再氧化。吹氩搅拌时避免钢液裸露。

（6）具有包底吹氩（氮）装置，可以人工（或机械）包顶加料，吹氧（辅助脱碳、脱磷），吹氩搅拌易于实现窄范围合金成分控制，提高产品的稳定性。

（7）合金微调与窄成分范围控制。据试验报道，使用合金芯线技术可提高金属回收率，齿轮钢中钛的回收率平均达到87.9%，硼的回收率达64.3%，钢包喂碳线回收率高达90%，喂稀土线回收率达到68%，高的回收率可实现窄成分控制。

（8）设备投资少，精炼成本低，适合生产超低硫钢、超低氧钢。

（9）现代转炉、电炉与连铸联系的纽带。

经过LF处理生产的钢可以达到很高的质量水平。

（1）脱硫率达50%~70%，可生产出硫含量不大于0.001%的钢。如果处理时间充分，甚至可达到硫含量不大于0.0005%的水平。目前能够达到的水平为$2.0\times10^{-4}\%$。

（2）可以生产高纯度钢，钢中夹杂物总量可降低50%，大颗粒夹杂物几乎全部能去除；钢中含氧量可达到0.002%~0.003%的水平。

（3）钢水升温速度可以达到4~5℃/min。

（4）温度控制精度±(3~5)℃。

（5）钢水成分控制精度高，可以生产出诸如$w[C]_{精度}=\pm0.01\%$、$w[Si]_{精度}=\pm0.02\%$、$w[Mn]_{精度}=\pm0.02\%$等元素含量范围很窄的钢。

3.2 VD 法

3.2.1 概述

早期精炼设备的使用目的之一就是使钢水脱气。最早的真空脱气设备即为现在人们将其称为VD（Vacuum Degassing）的炉外精炼设备。20世纪50年代，该方法由德国首先应用于生产低碳钢，这种真空脱气设备主要由钢包、真空室、真空系统组成，基本功能就是使钢水脱气。现在看来，这种钢水处理设备是比较简单的，但是它却带来了一个炼钢技术的新时代，是人们掌握清洁钢生产技术的开始。

早期的钢包脱气设备存在的一个特别明显的问题是钢水没有搅拌和加热。因为没有加热功能，所以出钢时要使钢水过热，过热温度根据炉容量的不同而不同。较大的炉子过热温度可以小些，较小的炉子过热温度要大一些。而且当钢水容量较大时，钢包底部的钢水难以自上而下的完全发生脱气反应。钢中［O］与沸腾层高度H的关系见表3-2，它表明脱气反应确实发生在钢水表面层，因此较大容量的钢包处理效果较差。向钢包内加入合金会产生较大的温度降，合金也难以均匀。

表 3-2　钢包真空处理时钢中氧含量与沸腾层高度的关系（$p_{残}<200Pa$）

钢　号	无　渣		有　渣	
	$w[O]/\times10^{-4}\%$	H/m	$w[O]/\times10^{-4}\%$	H/m
GCr15	425	0.114	425	0.2
40CrNiMoA	178	0.114	178	0.2
20Cr	10	0.114	10	0.2
08F	59.5	0.114	59.5	0.2

为了克服钢包不能搅拌的问题，钢包上安装了吹气用的塞棒。更进一步的改进是在钢包底部安装了透气砖或在钢包上装配了电磁搅拌装置。

搅拌气体一般是氩气。因为氩气不溶解于钢水，不会形成对钢质量有害的夹杂物。当氩气吹入钢水时，氩气气流就会上升，带动钢液循环运动，保证钢液充分脱气。加入钢水中的合金在这种搅拌的作用下很快均匀。气泡在上升过程中体积不断膨胀，形成了对钢中气体来说的真空，气体不断向气泡中扩散，由气泡将钢中气体带出钢水。但是不靠真空，只靠吹入惰性气体将钢中气体带出钢液是不现实的，而且在现在的炉外精炼工艺中，由吹入的氩气带出钢液的气体量是很小的一部分。使用吹入氩气的方法将钢中气体带出钢液在理论上是成立的，但在工艺中实现，将引起很大的温度降，而且消耗太多的氩气。

吹氩用的吹氩管是由钢管外包耐火材料制成的。外包耐火材料可以根据炉渣和冶炼的钢种来决定。使用吹氩管的方法完全能够保证吹气的成功率，但是在真空盖上的安装方式却比较复杂，现在很少使用，因此发展到采用了钢包底吹气的方法对钢水进行搅拌，其真空脱气设备已经接近今天使用的 VD 设备。

1962 年，美国共和钢公司安装了一台电磁搅拌真空脱气设备。钢包外壳用不锈钢制造，以防止钢包外壳发热。在电磁搅拌力的作用下，钢水每分钟循环一次。钢包衬用 70%的高铝砖砌筑。在抽真空的初期，钢水激烈沸腾，90t 的钢水体积变为 110t 的体积，所以放入真空室的钢包要留有足够的自由空间。

使用电磁搅拌的优点是不管钢包大小，整个钢包内的钢水都可以进行均匀搅拌而不会产生死角。但是使用这种脱气方法的缺点是设备投资大，设备维护复杂。

对电磁搅拌方法与吹气搅拌方法的优劣进行过较长时间的争论。搞电磁搅拌的人认为，气体搅拌会在钢包内产生死角，但是如今在电磁搅拌的精炼设备上都同时安装了气体搅拌装置。

3.2.2　原理与功能

VD 法的工作原理基于 H、N 在钢液中溶解服从平方根定律，当 VD 抽真空时，真空室内压力降低，使［H］、［N］随之降低，达到去除目的。通过钢包底部的透气砖将 Ar 吹入钢液，Ar 气形成小气泡并在上升过程中不断长大，对 H、N 以及 CO 而言为真空室，它们从溶液中析出并向吹入的 Ar 气泡内扩散而一起去除。此外，吹 Ar 有利于去除夹杂、均匀成分和温度，避免钢液二次氧化。VD 法原理图如图 3-5所示。

VD 法通过采用真空、吹氩搅拌以及添加合金等手段完成精炼任务，具有以下功能：

（1）有效的脱气，减少［H］、［N］；

（2）脱氧，通过 C+［O］═ CO 降低钢液中的氧含量；

（3）通过碱性顶渣降低硫含量；

（4）通过合金微调及吹 Ar 控制化学成分和温度；

（5）通过吹 Ar 使夹杂无聚集上浮。

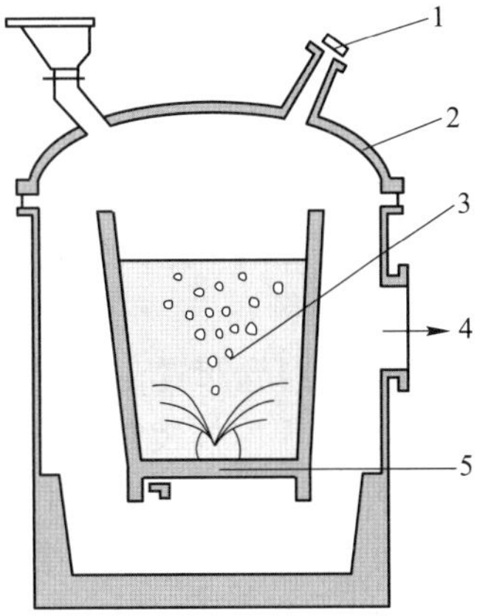

图 3-5 VD 法原理图

1—观察孔；2—真空盖；3—Ar 气泡；4—抽真空；5—透气砖

3.2.3 设备

对 VD 设备的基本要求是：保持良好的真空度；能够在较短的时间内达到要求的真空度；在真空状态下能够良好地搅拌；能够在真空状态下测温取样；能够在真空下加入合金料。

VD 设备主要部件由水环泵、蒸汽喷射泵、冷凝器、冷却水系统、过热蒸汽发生系统、窥视孔、测温取样系统、合金加料系统、吹氩搅拌系统、真空盖与钢包盖及其移动系统、真空室地坑、充氮系统、回水箱部分组成，具体如图 3-6 所示。VD 的形式有两种：一种是真空盖直接扣在钢包上，称为桶式真空结构；另一种是钢包放在一个罐中的，称为罐式真空结构。

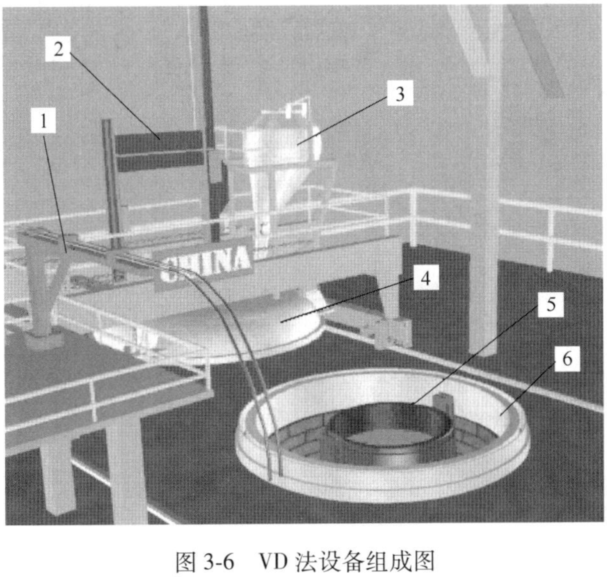

图 3-6 VD 法设备组成图

1—喂线系统；2—自动测温取样系统；3—加料系统；4—真空盖；5—钢包；6—真空罐

（1）真空盖。真空盖由钢板焊成外盖，内部砌筑耐火材料，盖沿可以与真空罐形成密封系统。真空盖的钢结构加工件上设观察孔、工业电视孔、合金投料斗、托架、防热罩吊挂装置。

（2）真空罐。真空罐由钢板制成的圆桶、法兰、密封座和平板组成，主要完成容纳钢包、保持真空、承接并处理外溢的钢水等任务。罐体是圆桶形的刚性焊接结构，底部由一个冲压而成的半椭圆封头构成，内衬耐火材料。罐体上设有水冷密封法兰，底部装有漏钢的铝帽，当发生漏钢时，事故钢水沿罐体下部的事故流槽进入隔离式事故坑内，达到保护设备的目的。罐体侧装有钢包吹氩软管和快速接头。

3D 动画-VD 料仓加料

（3）加料系统。带真空阀门的真空料仓接受高位料仓辅助料，再把辅助料加入真空料仓，料仓布置在真空罐盖的上面并一起运动。阀门的开闭由汽缸操作。

（4）测温取样装置。设装置固定在真空罐台车上，取样枪插入预定深度，停留数秒，然后抽出，枪头使用探头及热电偶。

（5）喂线装置组成。喂线装置由松卷装置、喂线机和导向装置构成。

（6）真空系统。真空系统主要是由真空泵将真空罐内的气体抽出而维持的，由抽气管（固定抽气管、移动弯管）和真空泵（增压泵、喷射泵、启动喷射泵/器、冷凝器和密封水箱等）组成。目前，抽真空设备主要采用的真空泵有水环泵和蒸汽喷射泵。后者被冶金系统广泛使用，原因是蒸汽喷射泵结构简单，没有活动件，维护方便。具体结构图如图 3-7 所示。蒸汽进入喷嘴后，高速喷出，产生低压，将气体吸入并在混合室混合，经扩大管后，动能转变成压强能。如果吸入的气体来自容器，容器压力降低，即可称为蒸汽喷射真空泵。

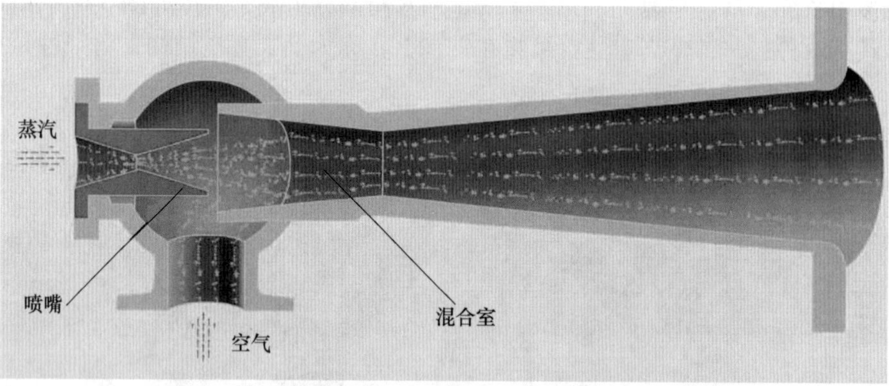

图 3-7　蒸汽喷射泵原理图

以下是 150tVD 设备的技术参数与主要设备。

（1）主要技术参数包括：

1）容量：150t；

2）真空室直径：6400mm；

3）真空室盖直径：6600mm；

4）真空室盖钢板厚度：25mm；

5）处理一炉钢水时间（包括喂线）：35min；

6）处理钢水温度：1650～1620℃；

7）工作真空室：0. 6～2. 5kPa；

8）钢包自由空间高度：800～1000mm；

9）真空室高度：8000mm；

10）真空室盖高度：2000mm；

11）冷态极限真空度：67Pa。

（2）真空室系统。真空室用于放置对钢水进行处理的钢包，并对钢水进行真空处理。真空室盖是一个用钢板焊接而成的壳形结构。150tVD 炉真空盖上安装的设施如下。

1）一个水冷的带有环形室的主法兰，内外径分别为 6210mm 和 6800mm。

2）一个密封保护环。

3）三个供吊车吊运的吊耳。

4）两个窥视孔，一个带有手动中间隔板，以防渣钢喷溅到窥视孔的玻璃上，接口尺寸为 510mm；还有一个由 0.7kW 电机带动的机动窥视孔。通过这两个窥视孔，可以观察钢包中的情况。

5）为了测定钢水的温度，取出钢样，真空室盖上安装了真空密封室和取样吸管（也称取样枪）。取样枪的行程由一个旋转开关控制，运动由电机带动。

6）10 个合金料仓，三个料斗，其作用是把合金从大气下加入真空室中。

7）真空室地坑。过去真空室布置在低于车间地平面的地坑里，真空室由耐火材料砌筑，即使钢水或炉渣溢出钢包，甚至钢水穿漏，也不会损坏。真空室地坑直径为 6400mm，真空室高度为 8000mm，真空室外径为 6800mm。配有与炉盖匹配的水冷法兰盘以及与密封圈匹配的凹槽，两个支撑钢包用的对中支撑座，一个与抽气管连接的接口，一个氩气快速接头，一个用于漏钢预报的热电偶，一支用于真空室盖与真空地坑的真空密封圈。目前，真空罐一般安放在车间地平面的轨道小车上。

8）钢包盖。将耐火材料砌筑在钢制拱形上，并用三个吊杆吊在真空盖上。

9）真空盖的提升与移动机构。该机构是一个型钢焊接的框架结构，尺寸为 7700mm×9710mm×5055mm；提升电机一台，功率 1kW，转速 750r/min，转矩 147N·m。两条轨道，运行距离 8000mm；运行速度 6m/min；提升速度 1m/min；盖的提升行程 600mm，提升能力 55t，轨道长度 18000m。配重 2×6000kg。

（3）水冷系统。水冷系统包括：

1）冷凝器的冷却，进水温度不超过 32℃，出水温度不超过 42℃，压力 0.2MPa，每小时消耗冷却水 300m^3；

2）真空室的下口法兰、观察孔、合金加料斗、取样器的冷却水压力为 0.35MPa，进水温度不超过 35℃，出水温度不超过 42℃，每小时需要冷却水 20m^3；

3）水环泵的冷却，进水温度不超过 35℃，出水温度不超过 42℃，每小时用量 60m^3。

（4）吹氩搅拌系统。钢包底部的三个透气砖，经常使用的是两个，流量为 30~50L/h，表压为 1MPa。

（5）蒸汽供应系统。蒸汽压力为 1.4MPa，每小时用量 11.8t。饱和蒸汽过热度 20℃。

（6）真空度测量由 U 形管真空计和压缩式真空计承担。

（7）真空泵。4 级 MESSO 蒸汽喷射泵，三个水环泵作为第 5 级，抽气能力

400kg/h，8min 可以达到 67Pa。

蒸汽喷射泵工作压力 1MPa，工作蒸汽最高温度为 250℃，过热度 20℃。冷却水进水最高温度 32℃，出水最高温度 42℃。压力波动不超过 10%。

当真空处理结束时，为了保证安全，需使真空室破真空，压力为 1MPa。流量为 $1000m^3/h$。

3.2.4　工艺流程

3D 动画-VD
作业过程

VD 炉的一般精炼工艺流程为：吊包入罐→启动吹氩→测温取样→盖真空罐盖→开启真空泵→调节真空度和吹氩强度→保持真空→氮气破真空→移走罐盖→测温取样→停吹氩→吊包出站。

来自转炉或 LF 炉的钢水经吊车放入等待的真空处理罐内，同时换接吹氩软管，在主操作平台上测温、取样，并对包内钢渣进行观测（取样）。在操作室内将真空盖运输车开到该罐位并降下真空盖将罐密封；同时，启动弯管运输车将该罐的抽气管与真空系统连接。真空泵系统接到启动命令，从启动器开始分四步启动并形成真空对钢水进行处理。

根据需要，由铁合金系统称量好的渣料或铁合金经皮带机送入真空加料系统的受料斗，通过密封阀进入罐内的钢包里。这些工作一般在抽真空开始 10min 内完成。

通过监视系统可以观察到钢包液面情况，同时通过对真空和吹氩系统的调节达到控制包内反应程度的目的。

待真空处理完成后，关闭真空泵，同时打开相关的阀门对系统进行破真空处理。均压后，将真空盖升起，启动盖车开至下一个处理罐位或等待位。

测温、取样，钢水成分、温度符合要求后，进行喂线处理。

上述工作完成后，断开吹氩软管，由天车将钢包吊运送到连铸机的钢包转台上等待浇铸。

3.2.5　效果及优点

通过 VD 精炼，钢中的气体、氧的含量都降低了很多；强烈的惰性气体搅拌和熔池反应确保钢-渣间的反应，实现钢液脱硫；夹杂物评级也都明显降低；通过喂线处理还可以对硫化物夹杂做变形处理。通过 VD 炉处理钢水中的气体含量可以达到：$w[H]<2\times10^{-4}\%$、$w[N]<60\times10^{-4}\%$，氧控制在 $(12\sim19)\times10^{-4}\%$的水平。这个结果说明，这种精炼方法是有效的。但是应当指出的是，使用当今系统的炉外精炼方法得到的钢质量比单独采用 VD 精炼要好得多。

上海五钢❶于 1998 年建成投产 100t VD 炉，采用直流电弧炉-VD 真空处理-连铸生产工艺，67Pa 高真空保持时间 18min 以上，0.16MPa 以上的吹氩强度，真空温降为 2.0℃/min，精炼渣量在 10kg/t 以下，就能使真空脱氢率达 70%以上。脱气后

❶　宝钢集团上海五钢有限公司，以下简称上海五钢。

[H] 最低达到 $0.5\times10^{-4}\%$；GCr15、45、42MnMo7、20 钢的平均脱氮率分别为 24.6%、14.95%、12.15%、9.5%；GCr15 的真空脱硫率平均达 29%，中碳钢的平均真空脱硫率为 38%左右，钢中硫含量可降到 0.010%以下；低碳钢的平均真空脱硫率为 45%左右，钢中硫含量可降到 0.019%以下。

武钢一炼钢 1998 年建成 100t 双工位的 LF 和 VD 各一座。VD 的主要技术参数如下：额定容量 100t，真空泵抽气能力 400kg/h；蒸汽压力 0.8~0.9MPa；真空罐内径 6000mm；工作真空度不大于 67Pa；真空罐高度 7700mm；极限真空度 30Pa；设备冷却水耗量 $100m^3/h$。生产实践发现，精炼时吹氩强度选择 225~325L/min，真空度不大于 67Pa，保持 10~15min 为最佳。VD 精炼完毕时，钢中 [H] 由精炼前的 0.00046%~0.00072%降低到 $0.9\times10^{-4}\%$~0.0002%，脱氢率 63%~82%；钢中 [N] 由精炼前的 0.0026%~0.0045%降低到 0.0018%~0.0032%，脱氮率 22%~45%；真空结束时，T[O] 由处理前的 0.0035%~0.0047%降低到 0.0012%~0.0025%；VD 处理前后相比钢中的夹杂物数量和大小均显著减小，钢液达到了较好的洁净度。

衡阳钢管厂于 2001 年建成投产 40t VD 炉，真空处理过程中蒸汽流量不小于 1.2×10^4 t/h，蒸汽温度不小于 185℃，蒸汽压力不小于 0.75MPa。抽气时间 5min（从 101.325kPa 到 67Pa）左右，真空保持时间 15min。进 VD 处理前，还要控制合适的渣厚（200~300mm）和渣况。吊包浇注前采用 WF 喂线机喂 Ca-Si 线终脱氧。通过 LF+VD+WF 处理，T[O]=0.0015%~0.003%。VD 处理前[H]=0.0003%~0.0005%，VD 真空脱气后，w[H]=0.0001%~0.0003%。VD 在深脱硫钢水的基础上，脱氮率可达到 20%~40%，[N] 最低可控制在 0.005%以下。

3.3 LF与VD法的配合

尽管对真空脱气设备（VD 法）作了很大的改进，但是就真空脱气设备本身来说还存在如下缺点。

（1）仍没有加热设备。由于没有加热设备，对进行精炼的炉号只好提高初炼炉的出钢温度。即使如此，精炼温度也无法主动控制，所以就得不到稳定的精炼效果。

（2）渣层覆盖钢液。在渣层的覆盖下，脱气主要在吹面形成的“渣眼”处进行，减慢了脱气速度。所以 VD 脱气速度要比 RH（真空室内钢水表面没有钢渣覆盖）慢得多。

LVD 法（Ladle Vacuum Degassing Process）是一种与 VD 相似的钢包真空脱气法。其不同之处是充分地排除炼钢过程的渣，把只盛有钢水的钢包放置在真空罐内，盖上盖子排气后，通过钢包底部的透气砖吹氩搅拌钢水。该方法需要完全清楚钢液表面的钢渣，而且操作中温降很大，一般适用于小规模电炉厂冶炼特殊钢。

对于高质量钢水来说，VD 设备和 LF 设备都有缺陷。LF 法的功能是在常压下埋弧加热，高碱度合成渣精炼和底部吹氩搅拌，但是对于气体含量有要求的钢种就没有办法冶炼了。而 VD 法则不能精确控制钢水温度。随着技术的发展，LF 炉与

VD 法配合起来使用，可以在真空下精炼。为区别，人们把有真空设备的精炼法称为 LF-VD 精炼法（或 LFV 法），原理图如图 3-8 所示。LF-VD 法可以完成钢水再加热，调整温度，合金成分微调、脱气、脱氧、脱碳、脱硫和去除夹杂物等多项任务。LF 在常压下对钢水电弧加热、吹氩搅拌、合金化及碱性白渣精炼等。VD 进行钢包真空冶炼，其作用是钢水去气、脱氧、脱硫、去除夹杂，促进钢水温度和成分均匀化。如果在真空盖上再配以氧枪在真空下吹氧，还可以精炼超低碳不锈钢种。小于 80t 电炉或转炉采用 LF+VD 炉外精炼组合（钢包作为真空钢包使用）。

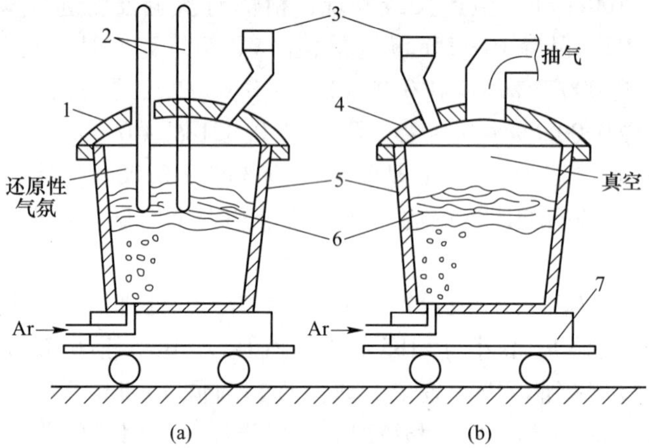

图 3-8　LF-VD 法原理图

（a）埋弧加热；（b）真空处理

1—加热盖；2—电极；3—加料槽；4—真空盖；5—钢包；6—碱性还原渣；7—钢包车

LF-VD 法具有功能齐全、设备简单、操作灵活方便等优点，因此在特殊钢、普通钢和铸钢生产中得到广泛应用，已成为我国生产纯净钢的主要炉外精炼方法之一。过去 LF 法主要是与电弧炉相匹配，用以生产特殊钢。近些年，在转炉车间设置 LF-VD 炉的厂家越来越多。根据需要可选用电弧加热和底吹氩搅拌，或补偿温度损失，微调合金成分等功能。

LF-VD 法通常由座包工位、加热工位和真空工位组成。该方法可以先加热后真空处理，也可以先真空处理后加热。真空处理可采用真空室或真空盖，真空盖与带凸肩的钢包用耐热橡胶密封圈加以密封。

LFV 真空装置一般由蒸汽喷射泵、真空管道、充氮罐、真空炉盖（或真空室）、提升机构、提升桥架、真空加料装置等设备组成。

蒸汽喷射泵的能力一般要根据处理钢水量、处理钢种、精炼工艺、真空体积等因素来选择。例如，对于中小容量的 LFV（30~50t），处理要求一般纯洁度的钢种，采用桶式结构真空，蒸汽喷射泵的能力一般为 150kg/h；而对于同样容量的 LFV，处理对象相同的，采用罐式结构真空，蒸汽喷射泵的能力为 250kg/h。

LFV 的真空度一般为 67~27Pa。

VD 主要与电弧炉和 LF 配合，用于生产管线钢，$[S]<10\times10^{-4}\%$；$[H]<1.5\times10^{-4}\sim2.0\times10^{-4}\%$；$[N]<40\times10^{-4}\%$；$[O]<20\times10^{-4}\%$。

据资料介绍，某转炉钢厂采用 LF-VD 法生产优质钢后，出钢温度从 1720℃下降到 1670℃，炉龄有提高；钢中［O］从 0.0100%下降到 0.0045%，［S］从 0.024%降到 0.017%，夹杂物含量从 0.0247%降低到 0.00641%，并且避免了因钢水温度波动而造成的连铸故障，连浇炉数也有提高。

抚顺钢厂的 50t LF-VD 炉，钢水从超高功率电炉出钢后，LF 精炼、喂线、VD 精炼都在同一个精炼钢包进行，从出钢到浇铸需 90～120min。

3.4 具体操作过程

3.4.1 出钢

LF 炉所采用的原料包括转炉或者电弧炉冶炼的符合要求的钢水、渣料、铁合金等等。冶炼之前要求对各种原料进行充分准备。

3D 视频-LF 生产总览

3.4.1.1 钢包要求

LF 炉采用钢包作为冶炼的熔池，因此必须在盛放钢水和冶炼之前对钢包进行一定的处理，使钢包满足冶炼的要求。具体要求为：

现场视频-LF 精炼全过程

（1）新包第一炉、渣线部位耐火砖损坏的钢包和后期包不准用作精炼包；

（2）钢包寿命中期要求红包、净包、透气砖透气良好。

钢包准备：

（1）检查透气砖的透气性，清理钢包，保证钢包的安全；

（2）钢包烘烤至 1200℃；

（3）将钢包移至出钢工位，向钢包内加入合成渣料；

（4）根据转炉或电弧炉最后一个钢样的结果，确定钢包内加入合金及脱氧剂，以便进行初步合金化并使钢水初步脱氧。

3.4.1.2 钢水准备

钢水的质量要求包括钢水成分、温度、钢渣的厚度、钢包内的净空高度等。

钢水成分的确定根据具体冶炼的钢种进行判断；钢水温度的确定根据钢种的浇铸、精炼过程的温降进行计算；钢渣厚度要求在满足精炼、保温的前提下尽可能地减小钢渣的厚度；钢包内的净空高度要求根据精炼过程中钢包内可能发生的液面升高、沸腾喷溅进行确定，避免液面的升高、喷溅使钢渣、钢液黏附到钢包盖上而影响精炼的进行。

A 出钢过程要求

出钢过程有如下要求。

（1）根据不同钢种、加入渣量和合金确定出钢温度。出钢温度应当在液相线温度基础上减去渣料、合金料的加入引起的温降，再根据炉容量的大小适当增加一定的温度，以备运输过程的温降。

（2）要挡渣出钢，控制下渣量不大于 5kg/t。

（3）需要深脱硫的钢种在出钢过程中可以向出钢流中加入合成渣料。

（4）当钢水出至 1/3 时，开始吹氩搅拌。一般 50t 以上的钢包的氩气流量可以控制在 200L/min 左右（钢水面裸露直径在 1m 左右），使钢水、合成渣、合金充分混合。

（5）当钢水出至 3/4 时，将氩气流量降至 100L/min 左右（钢水面裸露直径 0.5m 左右），以防过度降温。

B　测渣厚操作及注意事项

测渣厚操作时的注意事项包括：

（1）取一根吹氧管；

（2）将吹氧管垂直插入；

（3）在钢、渣中停留 10~15s 后取出；

（4）测量钢管上钢渣界面的痕迹之间的距离，得到渣厚。

测渣厚时首先要注意安全，测量过程中手勿上下移动。

C　渣层厚度对钢液温度的影响

渣越薄，表面散热量越大。渣厚小于 50mm 时，渣厚对渣表面散热量影响较大；渣厚大于 50mm 时，不同渣层厚度对渣表面的热损失基本相同，渣厚为 100mm、150mm、200mm 情况下，引起的钢液温降也小，20min 后仅为 0.1℃。因此，从减少钢水热损失方面来说，有必要保证大于 50mm 的渣层厚度。

以下以 35t LF 钢包精炼炉为例说明钢水的准备要求。

（1）钢水成分。钢水的五大基本元素为 C、Si、Mn、S、P。精炼要求根据所炼的钢种，保证各类元素成分含量达到基本要求。其中［P］要求严格控制，保证精炼钢包内［P］低于规格上限 0.008%，其他成分按钢种要求控制。

（2）钢水温度。精炼包内温度不得低于连铸要求下限 20℃（以精炼炉测温为准）。

（3）转炉或者电弧炉出完钢后精炼包内渣层厚度应不大于 60mm。

（4）控制好出钢量，要求出完钢后渣面到包沿有不小于 200mm 的净空间。

3.4.1.3　渣料、铁合金准备

精炼过程中经常采用的冶炼原料包括合成剂、铁合金、硅钙线、碳线、铝线等。其准备要求根据各种物料的物理化学性质进行储量、时间、堆放，具体如下。

（1）合成剂。合成剂的理化指标见表 3-3。

表 3-3　合成剂理化指标

含量（质量分数）/%					熔速/s
CaO	MgO	SiO_2	Al_2O_3	H_2O	
≥60.0	≥1.00	≤20.0	≥2.0	≤0.50	≤40

（2）硅钙线。硅钙线的理化指标见表 3-4。

表 3-4 硅钙线理化指标

Ca 含量（质量分数）/%	直径/mm	线密度/g · m^{-1}	线芯线密度/g · m^{-1}
28	13	360	200

（3）碳线。碳线的理化指标见表 3-5。

表 3-5 碳线理化指标

C 含量（质量分数）/%	直径/mm	线密度/g · m^{-1}	线芯线密度/g · m^{-1}
≥99	13	280	120

（4）铝线。铝线要求 Al 含量（质量分数）不小于 99%，直径允许偏差为（13±1)mm；铝线产品表面洁净，不应有明显的非金属夹杂物，使用过程中不发生断线现象。

（5）石灰。石灰一般要求纯净，粒度为 5~45mm，在仓内储存不大于 3 天，化学成分根据具体企业的成分标准检测。

（6）萤石。萤石一般要求纯净，粒度为 5~20mm，杂质含量（质量分数）小于 5%，化学成分根据具体企业的成分标准检测。

（7）合成渣、预熔精炼渣。合成渣、预熔精炼渣一般要求粒度在 5~20mm，化学成分根据具体企业的成分标准检测。

（8）铁合金。铁合金一般要求粒度在 10~50mm，化学成分根据具体企业必须按成分、品种分类存放，合金称量准确。

3.4.1.4 LF 用耐火材料的依据

（1）炉渣碱度。LF 一般都在碱性炉渣下操作，因此应当选择碱性耐火材料，如镁质、镁白云石质、镁碳质、镁铝质等。

（2）精炼温度。精炼炉中渣、钢的温度要比普通钢包中高得多，离电极较近的部位温度可达 2000K 以上。因此，要选择具有高耐火性的材料，也就是要求高的抗高温蠕变性能。在精炼过程中应尽量加快精炼速度，减轻耐火材料的负担。LF 一般为间歇性操作，温度波动范围较大，所以要求耐火材料具有好的耐急冷急热性。

（3）精炼的钢种。精炼炉处理的钢种大部分需要脱硫，因此一般选用碱性耐火材料。但是，有一些钢种需要防止点状夹杂物的产生，就不应使用碱性耐火材料。例如，精炼轴承钢时包衬往往使用高铝砖，而仅在渣线部分使用镁碳砖。

（4）搅拌。搅拌作用会形成对炉衬的冲刷，因此要求耐火材料具有好的高温强度。

（5）稳定性。真空处理时一些耐火材料在真空的作用下会被钢水中的碳还原。引起耐火材料的损坏，还会引起钢水增碳。因此，进入真空室的 LF 钢包的耐火材料应当在高温和真空下具有好的稳定性。

（6）成本。因为 LF 的使用特性要求，所以对耐火材料的要求更严格。表 3-6 给出了一些 LF 衬体不同部位使用的耐火材料。从这些数据可见，所有部位耐火材料使用寿命比较均衡。可以说，耐火材料的选择是合适的。

表 3-6　钢包耐火材料

公司		A	B	C	D	E	F
钢包容量/t		120	70	25	62	40，70	50
渣线材质	材质	MgO-C	MgO-C	$MgO\text{-}Al_2O_3\text{-}C$	MgO-C	MgO-C	MgO-C
	厚度/mm	230	180	150	130	114	130
	寿命/炉	35~40	70	40	40	60~100	35
包底材质	材质	MgO-C	MgO-C	MgO-C	MgO-C	MgO-C	MgO-C
	厚度/mm	230	180	150 40	130 40		130
	寿命/炉	35~40	40				35
迎钢面材质	材质	MgO-C	MgO-C	$MgO\text{-}Al_2O_3\text{-}C$	$MgO\text{-}Al_2O_3\text{-}C$	不烧成高铝砖	MgO-C
	厚度/mm	230	180	150	130	114	130
	寿命/炉	35~40	70	40	40	60~100	35
一般包壁材质	材质	不烧成高铝砖	MgO-C	$MgO\text{-}Al_2O_3\text{-}C$	不烧成高铝砖	不烧成高铝砖	不烧成高铝砖
	厚度/mm	230	180	150	130		130
	寿命/炉	35~40	70	40	40		35
衬垫材质	材质	不烧成高铝砖	氧化锆	$MgO\text{-}Al_2O_3\text{-}C$	$MgO\text{-}Al_2O_3\text{-}C$	氧化锆	氧化锆
	厚度/mm	180	180	114~130	180		150~180
	寿命/炉	70	70	40	40		35
处理时间/min		50~60	40~50	40	30~40		35~50
消耗量/$kg \cdot t^{-1}$		6.0	3.9	5.5	4.4		

一个不容忽视的问题是，获得长的耐火材料使用寿命仅靠耐火材料的选择是不够的，必须充分注意耐火材料的使用，否则即使选了好的耐火材料也不可能获得长的使用寿命。例如，使用高碱性火材料（如 MgO-C 材料），但是炉渣碱度一直很低，就会造成耐火材料的严重侵蚀，其表现就是渣中 MgO 含量很高。这种现象在我国的钢铁厂是很常见的。

3.4.2　生产前准备

LF 炉精炼之前除了要准备好各种原料之外，还必须认真检查各种精炼设备系统，以及操作系统是否正常并处于待工作位置，以便顺利的准备下一包钢水的进来和生产。

生产前准备包括主控工、精炼工各个岗位的准备，不同的人员所要检查准备的内容是不同的。主控工主要是负责主控室内精炼工艺生产操作系统的准备，要求各部分系统、按钮、信号等完好，确认其他分系统准备完毕，能够顺利生产；精炼工主要负责精炼设备的各个系统准备完毕，设备、工具完好无损并处于待处理位置，能够随时进入生产工艺。

3.4.2.1　主控工准备步骤

主控工所要做的工作是调出生产信息画面，了解当班生产计划；与生产调度联系，反映 LF 炉设备情况，接受生产信息指令。

（1）检查操作台上各种按钮，报警装置，信号灯转换开关是否好用。

（2）将信号柜上转换开关打到检查位，检查各个光字牌是否显示正常，按下音响实验按钮，检查报警器是否正常。

（3）通知二次除尘风机房启动除尘风机。

（4）发现问题及时通知维修工或工长处理。

3.4.2.2　精炼工准备步骤

（1）电极的检查并准备，其包括：

1）检查电极夹持器，电缆夹头及其冷却水回水出口是否有水，管道阀门是否渗漏水；

2）保持电极升降臂，钢包盖升降滑道的清洁与灵活，注意水冷炉盖、水冷臂、水冷电缆的供水压力、水温，发现异常后停止操作；

3）检查电极升降系统连接单位是否牢靠，接头螺纹是否有损坏，滑道上有无障碍物，保证升降自如；

4）检查电极夹持是否牢靠，电极是否完好；

5）电极应符合《高功率石墨电极》（YB/T 4089—2015），检查电极长度，侵蚀情况，电极不得有裂纹，使用前要充分干燥。

（2）水冷炉盖系统的检查并准备，其包括：

1）用肉眼观察炉盖内部、边沿处的溅渣情况；

2）水冷炉盖上各启动闸门动作正常；

3）水冷炉盖升、降正常；

4）炉盖冷却水进出水温，压力正常，无漏水；

5）提升油缸供油路正常，无漏油。

（3）能源、介质系统的检查，其包括：

1）检查液压系统油路、阀门及液压缸是否渗漏；

2）检查氩气管道阀门是否漏气，检查压力表、流量表、减压器是否完好、无漏气，总管压力应在 0.8MPa 以上，否则必须报告调度室。

（4）检查精炼包车轨道上是否有障碍物，运行是否正常。

（5）检查测温、取样系统是否正常。测温取样枪，上、下行正常，测温显示仪表正常。

（6）检查并准备钢包车，其包括：

1）确认轨道线上及周围无障碍物；

2）确认水冷炉盖处于上极限位置；

3）确认电极处于上限位置；

4）确认测温取样枪在停放位。

（7）准备好铁锨、取样器、电极吊环、上电极扳手、测温枪、热电偶等工具。

（8）检查并准备好区域内复合渣等渣料及硅铁、锰铁、硅钙线、铝线、碳线。

（9）合金系统的检查并准备，其包括：

1）振动给料器正常；

2）称量斗完好；

3）皮带机正常。

（10）操作室内电信号正常。

（11）正常后，将电极、炉盖提升至上极限位，将精炼包车开至坐包工位。

3.4.3 坐包位

经原料准备和生产前准备之后，所有原料、生产系统、生产工具都准备就绪，可以进入精炼工艺。第一道工序为坐包，该工段主要是接受初炼炉记录，核对钢种、炉号、填写有关项目。接通 Ar 气，视钢水搅拌程度调节，以钢水不暴露渣面为宜。钢包车开到加热工位。具体的操作步骤如下：

（1）精炼包运至精炼平台后，钢包车平稳坐好开至加热工位，要求到位准确与炉盖对正；

（2）接通氩气软管上的快速接头（人离开后开氩气阀门）；

（3）测量渣层厚度并记录；

（4）打开氩气阀门，视钢液搅拌程度调节压力大小，一般以钢渣液面轻微蠕动为宜；

（5）非造渣精炼钢种吹氩 3min 后，造渣精炼钢种化渣 6min 后，取样送化验室，取样部位要求位于精炼包中心钢渣界面下 300~400mm；

（6）测量钢水温度，测量位置要求在精炼包中心钢渣界面下 150~200mm。

动画-LF流程简介

3.4.4 精炼过程

3.4.4.1 钢包精炼炉工艺操作要点

3D 动画-LF精炼流程简介

（1）接通底吹系统，进行吹气搅拌，并降下包盖；

（2）向钢包加入适量的合成埋弧渣，厚度为 75mm 左右；

（3）降下电极并起弧；

（4）调节电流，对钢水进行升温和调温操作；

（5）在升温过程中，进行各种所需的精炼操作；

（6）吊包出钢。

动画-LF 炉冶炼过程

3.4.4.2 钢包精炼炉操作工艺

A 钢包精炼炉工艺流程

钢包精炼炉的具体工艺流程图如图 3-9 所示。根据不同的产品要求，可以有选择性地进行精炼操作。

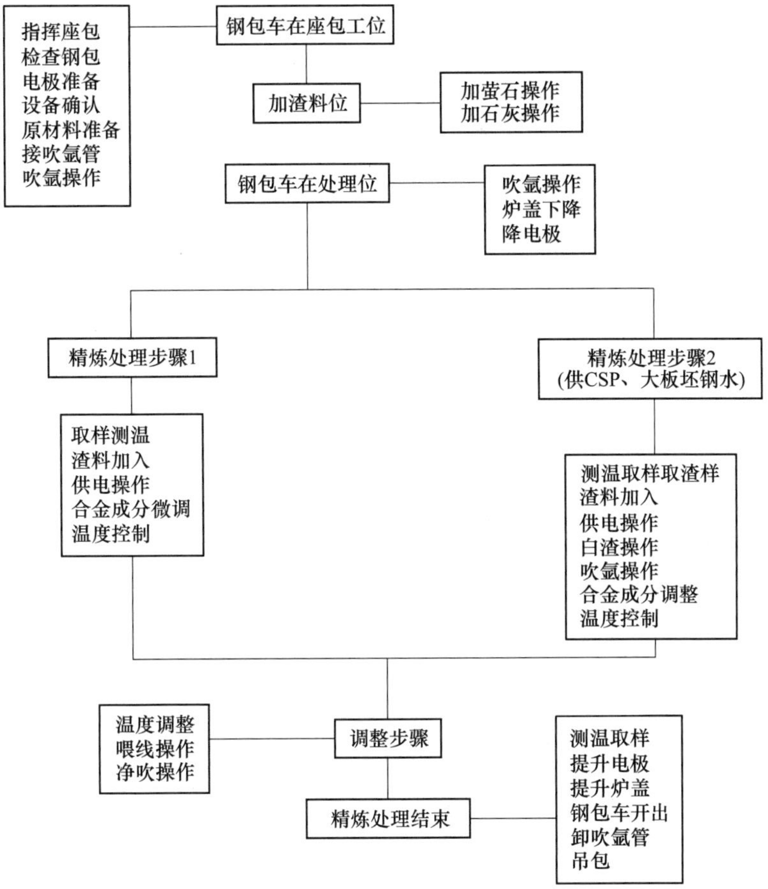

图 3-9 钢包精炼炉工艺流程示意图

现场视频-100t LF-VD现场操作简介

B 钢包精炼炉具体操作

a 座包

座包时的具体操作如下。

(1) 钢水从初炼炉倒入精炼钢包后，吊包到座包位前，进行调换氩气皮管接头的操作，调好后开启通氩截止阀，调整氩气压力为 2.94×10^5Pa 左右。

3D 动画-LF精炼加热系统

(2) 精炼包放上座包工位，在合适位置取样全分析，测温。

(3) 清理包口，要求包口平整，无垃圾杂物，无残渣冷钢。

b 加热、造渣

加热、造渣时的具体操作如下。

现场视频-LF 加料系统

(1) 开动座包车，使精炼包进入加热工位，下降加热盖。

(2) 根据实际情况加入高碱度还原造渣料。

(3) 根据测定温度及所炼钢种要求，调节好输入电压和电流，下降三相电极进行通电加热。

(4) 在保证氩气搅拌下，加热钢水至符合脱气要求的温度。

(5) 停电，升起三相电极，升炉盖，测温，要求钢水温度符合脱气工艺要求。

并调整炉渣流动性。

（6）根据全分析结果，配加合金以符合要求。

c　LF 炉精炼埋弧渣工艺技术

炉外精炼已成为现钢铁生产流程中必不可少的工艺环节，它能显著提高钢水质量和生产效率，并在流程中起缓冲调节作用。LF 炉是目前最广泛应用的炉外精炼设备之一。

LF 炉的主要任务包括脱氧、脱硫、去气、去夹杂物、升温并调整出钢温度，合金化并调整钢水化学成分。而这些冶炼任务的完成都与炉渣密切相关。目前，精炼炉炉渣大多采用 $CaO-CaF_2$渣系，有时添加少量的黏土砖块，其渣系类似于电炉还原期的稀薄渣。但由于钢包炉精炼温度高，这种 CaF_2含量较高的炉渣对包衬侵蚀非常严重，同时又由于钢包直径相对于电炉要小得多，电弧辐射强，采用这种渣系电弧几乎全部暴露在渣面以上。因而钢包包衬寿命很低，一般只有十几炉到二十几炉。

d　真空脱气

真空脱气时的具体操作如下。

（1）钢水温度、成分达到脱气要求。渣况良好后，使精炼钢包移至真空脱气工位，下降真空盖，盖住包口，保证密封。在真空精炼过程中，碳脱氧的效果十分明显，所以对初炼钢水氧含量要掌握一个合适的范围。如常压下硅的脱氧能力应该比较强，但真空条件下碳的脱氧能力强于硅。在真空脱气前加入的硅铁，在经过长达1h 的精炼后，其回收率可高达 95%以上。

（2）逐级开启蒸汽喷射泵抽真空，使炉内真空度逐渐到 67Pa。

（3）在炉内真空度逐渐上升的同时，要逐渐降低氩气的压力，保证炉内正常的沸腾。

（4）当真空度达到 67Pa 后，在此真空度下保持适当时间，使钢水得到充分脱气。

（5）脱气完毕，进行破真空操作；在逐级关闭真空泵的同时，开启大气进气阀，并同时适当提高氩气压力。破真空结束后，上升真空炉盖。

e　加热

加热时的具体操作如下。

（1）破真空后，使精炼钢包移至加热工位。

（2）在加热工位，取样进行全分析和测温。

（3）根据测温结果，调整钢水温度，并做好吊包的准备工作。

（4）根据全分析结果微调成分，使钢水成分全部进入规格。

f　成分微调

钢水成分的调整按照各钢种冶炼技术规程的要求进行配加调整，考虑升温 0~10min 时，增碳（质量分数）0.01%~0.02%；升温 10~20min 时，增碳（质量分数）0.02%~0.03%。

为确保成分微调的精确性，在计算各种合金料用量时，必须考虑加入的所有合金对钢液量的影响。因为增加的那部分钢液也同样需要达到成分的要求，特别要考虑合金中的磷对最终成分中磷含量的影响。合金料用量的计算公式为：

$$P_i = \frac{G(a_i - b_i)}{f_i c_i} + M_i P'_i \tag{3-1}$$

式中 P_i——某种合金用量，kg；
G——钢液质量，kg；
a_i——某种元素的目标含量，%；
b_i——某种元素在钢液中的含量，%；
c_i——某种元素在合金料中的含量，%；
f_i——某种元素的收得率，%；
M_i——某种合金的补加系数；
P'_i——某种合金的初步总用量，kg；
$M_i P'_i$——某种合金的补加量，kg。

其中：

$$M_i = \frac{\dfrac{a_i}{f_i c_i}}{1 - \sum_{i=1}^{n} a_i / f_i c_i}$$

$$P'_i = \sum_{i=1}^{n} P_i \frac{a_i - b_i}{f_i c_i} \tag{3-2}$$

式中 $\dfrac{a_i}{f_i c_i}$——某种合金在钢液中所占比，%；
$1-\sum a_i/f_i c_i$——不含合金的纯钢液所占比，%。

LF 成分控制精度见表 3-7。日本几家公司有关 LF 处理钢液主要成分 C、Si、Mn 标准偏差范围分别为：w(C)＝0.008%～0.012%；w(Si)＝0.0006%～0.017%；w(MnO)＝0.008%～0.017%。

表 3-7 LF 成分控制精度

成分	C	Si	Mn	Cr	Mo	Ni	Als
精度控制（质量分数）/%	±0.01	±0.02	±0.02	±0.01	±0.01	±0.01	±0.009

g 精炼过程中设备更换

生产过程中，若需更换、接长电极，必须确认停电、更换操作牌和清理作业牌后方可进行，使用专用扳手接长，连接处必须使用风管吹扫干净。两节电极连接处距电极夹持器必须保留 150mm 的距离，两电极接缝不大于 2mm。

h 吊包浇注

吊包浇注时的具体操作如下。

（1）在座包工位，进行终脱氧操作。

（2）终脱氧后，吊包，调换氩气皮管接头，进行浇注。

3.4.4.3　注意事项

（1）每步操作要求顺序正确，有关工艺参数准确。

（2）如同钢包吹氩一样，要为每种需要钢包炉处理的钢种制定相应的处理模式。在处理全过程的时间坐标上规定每一操作单元的起始时间，并设定操作参数。

（3）钢包炉精炼的前提条件是吹气搅拌。因此必须确保钢包的透气性能，严禁在钢包透气不良的情况下（如透气塞堵塞或供气系统发生故障）进行加热，以免造成钢水温度上下不均匀，甚至极度损坏上部耐火材料而发生事故。

（4）处理前对钢包要进行严格检查，尤其是渣线砖的侵蚀情况和寿命，以防在处理中发生事故。

（5）要检查钢包盖、电极升降冷却水系统的状况，要确保冷却水参数正常，严禁漏水现象存在。

3.4.5　具体细节要求

3.4.5.1　造渣

在炉外精炼过程中，通过合理的造渣，可以达到脱硫、脱氧、脱磷甚至脱氮的目的；可以吸收钢中的夹杂物；可以控制夹杂物的形态；可以形成泡沫渣（或者称为埋弧渣）淹没电弧，提高热效率，减少耐火材料侵蚀。因此，在炉外精炼工艺中要特别重视造渣。

LF 精炼渣的基本功能包括：深脱硫；深脱氧、起泡埋弧；去非金属夹杂，净化钢液；改变夹杂物的形态；防止钢液二次氧化和保温。因此，LF 精炼渣根据其功能由基础渣、脱硫剂、发泡剂和助熔剂等部分组成。

白渣精炼是 LF 炉工艺操作的核心，利用白渣进行精炼，可实现脱硫、脱氧、生产超低硫和低氧钢。在保证白渣精炼的基础上还要使钢渣具有很强的发泡性，确保埋弧加热减少对耐火材料的侵蚀以及提高热效率。一般要求：出钢挡渣，控制下渣量不大于 5kg/t；钢包渣改质，控制 $R \geqslant 2.5$，渣中 $w(TFe+MnO) \leqslant 3.0\%$；白渣精炼，一般采用 $CaO\text{-}SiO_2\text{-}Al_2O_3$ 系炉渣（见图 3-10），控制 $R \geqslant 4$，渣中 $w(TFe+MnO) \leqslant 1.0\%$；控制炉内气氛为弱氧化性，避免炉渣再氧化；适当搅拌，避免钢液面裸露，并保证熔池内具有较高的传质速度。

A　LF 炉造渣原则

LF 炉造渣要求“快、白、稳”。“快”就是要在较短时间内造出白渣，处理周期一定，白渣形成越早，精炼时间越长，精炼效果就越好；“白”就是要求 $w(FeO) \leqslant 1.0\%$，形成强还原性炉渣；“稳”有两方面含义：一是炉与炉之间渣子的性质要稳，不能时好时坏；二是同一炉次的白渣造好后要保持渣中 $w(FeO) \leqslant 1.0\%$，提高精炼效果。

初渣熔化后，根据脱硫和埋弧需要分 2~3 批加入造渣剂，根据渣况加入铝矾土或萤石，保证白渣具有良好流动性。造渣及加热期间，要保证良好的埋弧效果，不

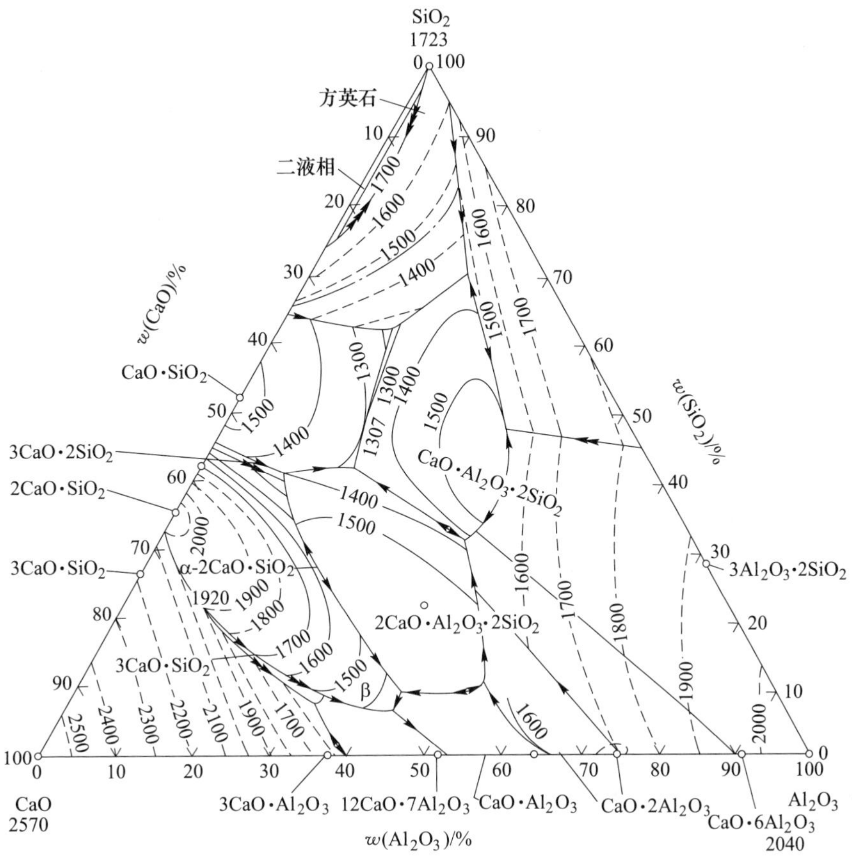

图 3-10 $CaO-SiO_2-Al_2O_3$渣系相图

得长时间听到“雷鸣”音，或从电极孔看到反射“强光”，以免裸弧加热和钢水增碳。

深脱硫钢种，应补加合成渣或白灰提高碱度，并适当加大氩气流量及提高钢液温度，保证在还原性气氛下一定的强搅拌时间。

根据渣况，少量多批从检测门向渣面加入 Si-Fe 粉、电石、铝粒进行造白渣操作，适时调整除尘阀开度，保证炉内还原性气氛，造渣完毕后应使渣中 $w(FeO+MnO)\leqslant 1\%$，并保持到处理结束。

B 精炼炉熔渣的泡沫化

LF 炉用三根电极加热，加热时电极插入渣中进行埋弧操作。为使电极能稳定埋在渣中，需调整基础渣以达到良好的发泡性能，使炉渣能发泡和保持较长的埋弧时间。因此，精炼渣不仅要有优良的物理化学性质，而且应有良好的发泡性能，以进行埋弧精炼，减少高温电弧对炉衬耐火材料和炉盖的辐射所引起的热损失。

但是在精炼条件下，由于钢水已经进行了深度不同的脱氧操作，钢中的碳和氧含量都较低，不会产生大量的气体，要形成泡沫渣有一定的困难。一般认为，在精炼渣的条件下，熔渣泡沫化性能取决于熔渣的表面张力和黏度，同时与发泡剂的产气效果密切相关。首先造大部分精炼渣作为基础渣，然后再加入一定数量的发泡剂

[如碳酸盐、碳化物（SiC）、碳粉等]，可使炉渣发泡。基础渣发泡性能的好坏，对整个埋弧渣操作过程非常重要。

a　衡量熔渣发泡效果的指标

可用多种指数来表示熔渣的发泡效果。

（1）相对发泡高度 ε，其计算公式为：

$$\varepsilon = \frac{发泡高度 - 熔渣高度}{熔渣高度} \tag{3-3}$$

（2）起泡率 η，其计算公式为：

$$\eta = \frac{发泡总高度}{熔渣高度} \tag{3-4}$$

（3）发泡持续时间 τ。

（4）发泡指数 P。

（5）起泡指数 $\sum$。

熔渣的发泡效果应从发泡高度和持续时间两方面来考虑。ε 和 η 没有持续时间的概念，τ 则没有表明发泡高度。P 既考虑了渣的发泡高度又考虑了持续时间，其定义为：

$$P = \sum (\Delta H_i \cdot t_i) \tag{3-5}$$

式中　ΔH_i——在 t_i 时间内熔渣发泡高度与熔渣原始高度的差值；

　　　t_i——达到 ΔH_i 的持续时间。

把式(3-5)写成积分式，得：

$$P = \int_0^t \Delta H \mathrm{d}t \tag{3-6}$$

在实验室实验中，主要用 P 作为考察熔渣发泡效果的指标。

起泡指数 Σ 的定义为：

$$\sum = \frac{H_{\mathrm{f}}}{v} \tag{3-7}$$

式中　H_{f}——熔渣发泡高度，cm；

　　　v——气体排出速度，cm/s。

从式(3-7)可见，$\sum$ 实际上是气泡在渣中的停留时间。在半工业性实验中，可用 $\sum$ 作为考察熔渣发泡效果的指标。

b　影响熔渣发泡效果的主要因素分析

影响熔渣发泡效果的主要因素分析主要包括以下几个方面。

（1）熔渣碱度。熔渣碱度低时，发泡效果较好。在基础渣 $CaO\text{-}SiO_2\text{-}MgO\text{-}Al_2O_3$ 的碱度（$B=1.0\sim2.6$）范围内，当碱度较低时，表面张力值较低。熔渣起泡过程中，熔渣表面积增加（ΔS）需要做功。表面张力值低，所做的功小（$\Delta A=\sigma\Delta S$），渣容易发泡。另外，通过计算可知，渣的黏度在一定范围内随碱度的降低而提高，渣的黏度适当可以使渣在气膜上不易流失，气泡在渣中的运动速度变慢。综合这两方面的影响，渣黏度较高可以使泡沫化维持时间较长。

LF 存在以下两种处理模式。

1）若转炉与连铸（LD-CC）之间衔接时间较短，则 LF 的加热与精炼须同时进行。此时要求埋弧渣碱度较高，达到既能起泡蔽弧，又能精炼的冶金效果。

2）若 LD-CC 之间衔接时间较长，则 LF 处理可以采用先加热、后精炼的双工位操作。此时加热过程中的埋弧渣可以采用低碱度渣，待加热结束后，适当加入一些造渣剂，使其具有精炼效果。鉴于上述考虑，选用碱度 $B=1.0\sim3.0$ 的 CaO-MgO-Al_2O_3渣系，用 CaF_2作为溶剂调整渣的表面张力 σ 和黏度。实验研究表明，$B\approx1.9$ 时，最有利于炉渣发泡。其主要原因可能是在这样的碱度附近，熔渣中形成了 $2CaO\cdot SiO_2$而增大了炉渣黏度的缘故。碱度过高或过低，对炉渣发泡均不利。但仅用炉渣碱度的大小来衡量炉渣发泡性能是不完全的，还必须同时考虑其他组元含量的多少。

（2）基础渣中 CaF_2 含量。实验结果表明，对 CaO-SiO_2-MgO-Al_2O_3 渣而言，CaF_2是表面活性物质，适当配入一定量 CaF_2，渣容易起泡。$w(CaF_2)=8\%$时，熔渣发泡效果最好；但当 CaF_2含量过高时，熔渣黏度降低，这不利于泡沫渣的稳定，使发泡持续时间减少，因此 $w(CaF_2)\leqslant10\%$。

（3）渣中 MgO 含量。MgO 含量对低碱度精炼渣和高碱度精炼渣的影响情况并不完全相同。对低碱度精炼渣系（$B<2.5$），$w(MgO)=11\%$时，炉渣具有较好的发泡性能。其主要原因是当炉渣碱度较低时，提高 MgO 含量可以增加炉渣黏度，改善炉渣发泡性能，但当 MgO 含量过高时，炉渣的流动性变坏，气体在渣液内会变得不均匀和不稳定，从而影响了炉渣的发泡性能。对高碱度精炼渣系（$B\geqslant2.5$），随着 MgO 含量的增加，炉渣的发泡性能较为明显地降低。所以当精炼渣系碱度较高时，MgO 含量应该低一些对炉渣发泡有利。

（4）渣中 Al_2O_3含量。在较低碱度范围内，当 $w(Al_2O_3)\approx15\%$时，炉渣相对发泡高度取得最大值。当炉渣碱度较高时，Al_2O_3含量对炉渣发泡性能的影响没有发现有明显的规律。$w(MgO)$与 $w(Al_2O_3)$之和对低碱度渣系发泡性能影响的研究表明，两者之和应控制在 22%~26%。

（5）发泡剂种类和粒度。在 LF 精炼条件下，泡沫渣的形成不仅需要基础渣有好的起泡性能，发泡剂的作用也很关键。各种发泡剂中碳酸盐明显优于碳化物，碳酸钙是价格低廉效果较好的发泡剂。碳酸盐与其他物质组成复合发泡剂对碳酸盐的发泡效果有所改善，过量增加碳化物的含量对发泡高度作用不大。发泡剂的粒度对发泡过程影响明显，具有一定粒度的发泡剂可使发泡效果得到较长时间的保持，不同粒度发泡剂的混合使用有利于改善发泡效果。

C LF 典型渣系

a 埋弧渣

要达到埋弧的目的，就要有较大厚度的渣层。但是精炼过程中又不允许过大的渣量，因此就要使炉渣发泡，以增加渣层厚度。使炉渣发泡，从原理上讲有还原渣法和氧化渣法两种方法。在炉外精炼工艺中，除了冶炼不锈钢外，精炼过程都需要脱氧和脱硫，因此最好是采用还原性泡沫渣法。采用还原性泡沫渣法不但可以达到埋弧的目的，而且可以同时脱硫，但是还原泡沫渣的工艺目前仍然还不很成熟。目前造还原泡沫渣的基本办法是在渣料中加入一定量的石灰石，使之在高温下分解生成二氧化碳气泡，并在渣中加入一定量的泡沫控制剂，如 $CaCl_2$ 等来降低气泡的溢出速度。北京科技大学电冶金教研室的初步试验效果较好。

LF 炉造氧化性泡沫渣的基本办法是控制渣中（FeO）的活度。在高碱性渣的条件下，如果控制渣中 a_{FeO} 偏低，可以向钢水中加入一定量的氧化铁皮或者铁矿石；如果偏高，可以向炉中加入铝粒或铝块。

b　脱硫渣

日本某厂通过炉外精炼的有关操作可将钢中硫降到 0.0002%的水平。脱硫要保证炉渣的高碱度、强还原性即渣中自由 CaO 含量要高；渣中 FeO+MnO 含量要充分低，一般要小于 1%。从热力学角度讲，温度高利于脱硫反应，且较高的温度可以造成更好的动力学条件而加快脱硫反应的。

要使钢水脱硫，首先必须使钢水充分脱氧。要保证钢中 $a_O \leqslant 0.0002\% \sim 0.0004\%$，其实 a_O 如此低，所以可以近似认为 $f_O=1$，$a_O=w[O]$。经常使用的脱硫合成渣组成是：$w(CaO)=45\%\sim50\%$，$w(CaF_2)=10\%\sim20\%$，$w(Al_2O_3)=5\%\sim15\%$，$w(SiO_2)=0\%\sim5\%$。过多的 SiO_2 会降低炉渣的脱硫能力，但是它却可以降低炉渣的熔点，使炉渣尽快参加反应，起到对脱硫有利的作用，只要不超过 5%就不会对脱硫造成不利影响。

含 CaO、SiO_2、Al_2O_3 的三元系钢包精炼脱硫渣的常规组成有 $w(CaO):w(SiO_2):w(Al_2O_3)=60:10:30$；$(60\sim65):(4\sim6):(30\sim35)$；$65:5:30$。有人提出处理前的组成最好是 $w(CaO):w(SiO_2):w(Al_2O_3)=70:10:20$。总之，不含 CaF_2 的渣，$w(SiO_2)=5\%\sim10\%$，CaO 在饱和浓度附近的组成脱硫能力强是大家公认的。另外，$w(MgO)\leqslant15\%$ 时，对 CaO-SiO_2-Al_2O_3 渣系脱硫能力的影响不大。对铝镇静钢的目标渣系成分，根据 $w(Al_2O_3)=25\%$ 的 CaO-SiO_2-MgO 三元相图，如图 3-11 所示。

由图 3-11 可得到以下结论。

（1）含 $w(Al_2O_3)=25\%$、$w(SiO_2)=10\%$、$w(CaO)=60\%$、$w(MgO)=5\%$ 的渣，该渣的熔化温度在 1675℃、1600℃ 时，固相是石灰（CaO），液相成分为：$w(SiO_2)=10.6\%$，$w(MgO)=5.4\%$，$w(CaO)=59\%$，液相与固相的质量比是 15.33，液相约占 94%。

（2）含 $w(Al_2O_3)=25\%$、$w(SiO_2)=10\%$、$w(CaO)=55\%$、$w(MgO)=10\%$ 的渣，该渣的熔化温度在 1667℃、1600℃ 时，固相是方镁石（MgO），液相成分为：$w(SiO_2)=10.6\%$，$w(MgO)=8.4\%$，$w(CaO)=56\%$，液相与固相的质量比是 53，液相约占 98%。

（3）含 $w(Al_2O_3)=25\%$、$w(SiO_2)=10\%$、$w(CaO)=57\%$、$w(MgO)=8\%$ 的渣，该渣的熔化温度在 1600℃ 时全部是液相，温度稍低于 1600℃ 将同时析出固相石灰（CaO）和方镁石（MgO）。

（4）含 $w(Al_2O_3)=30\%$、$w(SiO_2)=10\%$、$w(CaO)=60\%$ 的渣，该渣 1600℃ 的黏度是 0.13Pa·s，加入不超过 10% 的 MgO，黏度还能降低。

两种含 CaF_2 的渣，成分和熔化温度见表 3-8。

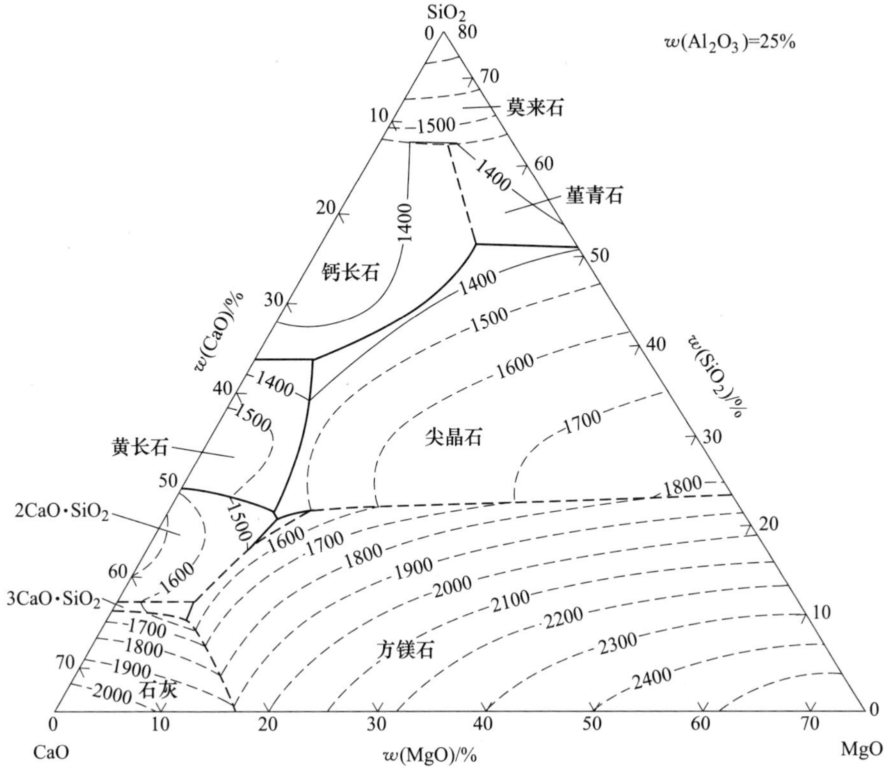

图 3-11 $w(Al_2O_3)$ = 25%的 $CaO\text{-}SiO_2\text{-}MgO$ 三元相图

表 3-8 两种含 CaF_2 的 $CaO\text{-}SiO_2\text{-}Al_2O_3\text{-}MgO$ 渣的成分与熔化温度

编号	成分（质量分数）/%					熔点/℃
	(CaO)	(MgO)	(SiO_2)	(Al_2O_3)	(CaF_2)	
1	58	10	20	5	7	1617
2	55.3	9.5	19.0	9.5	6.7	1540

硅镇静钢的目标渣系成分与表 3-8 中的两种渣的成分很接近，因此其熔化温度大致应在 1550~1620℃。表 3-8 中渣 1 在 1600℃的黏度为 0.3Pa·s。

根据太田和水渡计算 Al_2O_3 活度的公式和万谷志郎关于 $CaO\text{-}SiO_2\text{-}Al_2O_3\text{-}MgO$ 渣系硫容量的实验结果，假定钢液中酸溶铝含量为 0.01%，计算出两个组成的渣的硫容量和渣与钢液之间的硫分配系数，见表 3-9。

表 3-9 1873K 时 $CaO\text{-}SiO_2\text{-}Al_2O_3\text{-}MgO$ 渣系硫容量和渣与钢液间平衡硫分配系数的计算结果

编号	成分（质量分数）/%				$\lg C_{S^{2-}}$	L_S
	(CaO)	(Al_2O_3)	(SiO_2)	(MgO)		
1	60	25	10	5	−1.82	1636
2	55	25	10	10	−1.95	1023

表 3-9 中编号 1 的渣的脱硫能力比编号 2 的渣强得多。需要注意的是，上述计算是渣中不含 FeO、MnO，实际上由于渣中不可避免地有少量 FeO 和 MnO 的存在，硫的分配系数将大大降低，根据经验，较好的情况下能达到 200~300。

CaO-SiO_2-Al_2O_3-MgO 渣系，$w(CaO)=60\%$即可保证 CaO 饱和，$w(MgO)\leqslant 8\%$，$w(Al_2O_3)=25\%$较好，Al_2O_3含量太低则渣的熔化温度过高。

Rinboud 等对 CaO-Al_2O_3-SiO_2-MgO 渣系的 L_S 值进行了详细的热力学计算及试验。结果表明，当钢中 $w[Al]=0.03\%$时，温度为 1600℃时，脱硫渣的组成为：$w(CaO)=60\%\sim70\%$，$w(SiO_2)=5\%\sim10\%$，$w(Al_2O_3)=20\%\sim30\%$，L_S 可达 500~700。

钢包到达 LF 工位后，根据脱硫要求加入适量铝酸钙合成渣，并对钢包渣进行脱氧，使渣中的 $w(FeO+MnO)<1\%$。在 LF 处理过程中，要控制底吹氩流量。对于深脱硫钢，为了强化渣钢界面的脱硫反应，宜采用较强的搅拌方式。

c　脱氧渣

LF 精炼过程一方面要用脱氧剂最大限度地降低钢液中的溶解氧，在降低溶解氧的同时，进一步减少渣中不稳定氧化物（FeO+MnO）的含量；另一方面要采取措施使脱氧产物上浮去除。

用强脱氧元素铝脱氧，钢中的酸溶铝达到 0.03%~0.05%时，钢液脱氧完全，这时钢中的溶解氧几乎都转变成 Al_2O_3，钢液脱氧的实质是钢中氧化物去除问题。

因此，考察精炼渣的脱氧性能的优劣也应该从两个方面来理解：首先精炼渣的存在应该增强硅铁、铝等脱氧元素的脱氧能力；另外，精炼渣的理化性质应该有利于吸收脱氧产物。实践证明，脱氧产物的活度降低能大大改善脱氧元素的脱氧能力。对于铝镇静钢所用精炼渣，降低 Al_2O_3的活度有重要的意义，由活度图和铝脱氧的平衡可以计算不同铝含量的钢水中氧活度。在同样铝含量的情况下，随产物铝酸钙中 CaO 含量的不同，钢水中的氧活度相差一个数量级。当合成渣中的 CaO 含量较高，Al_2O_3的活度较低时，精炼合成渣有较好的促进脱氧效果。

从 CaO-Al_2O_3渣系的相图可知，合成渣较低的熔点可以保证熔渣具有良好的高温流动性，CaO-SiO_2-Al_2O_3系渣中 SiO_2的出现有利于精炼渣熔点的降低；适当增加渣中 CaO 的含量能更显著地降低 Al_2O_3的活度。这些因素都有利于渣对钢水中非金属夹杂物（主要是 Al_2O_3）的吸收。

铝（硅）镇静钢中存在的夹杂物主要是 Al_2O_3型，因此需要将渣成分控制在易于去除 Al_2O_3夹杂物的范围。渣对 Al_2O_3的吸附能力可以通过降低 Al_2O_3活度和降低渣熔点，以改进 Al_2O_3的传质系数来实现，因此可以通过 CaO-SiO_2-Al_2O_3三元渣系相图来讨论。

降低 Al_2O_3活度被认为是更重要的，渣成分应接近 CaO 饱和区域。如果渣成分在 CaO 饱和区，Al_2O_3的活度变小，可获得较好的热力学条件，但由于熔点较高，吸附夹杂效果并不好，在渣处于低熔点区域时，吸附夹杂物能力增强，但热力学平衡条件恶化。其解决办法是渣成分控制在 CaO 饱和区，但向低熔点区靠近。具体的措施是控制渣中 Al_2O_3含量，使 $w(CaO)/w(Al_2O_3)$ 控制在 1.7~1.8。生产低氧钢的主要工艺措施有：

（1）尽可能脱除渣中的（FeO）和（MnO），使顶渣保持良好的还原性；

（2）使渣碱度控制在较高程度，阻止渣中 SiO_2 还原；

（3）采用 $CaO-Al_2O_3$ 合成渣系，并将炉渣成分调整到易于去除 Al_2O_3 夹杂物的范围；

（4）合适的搅拌制度，在 LF 处理低氧钢过程中，有一个合理的搅拌强度问题。为防止炉渣卷入和钢水裸露，一般采用较弱的搅拌方式。

结合以上分析，LF 炉白渣精炼工艺要点如下：

（1）出钢挡渣，控制下渣量不大于 5kg/t；

（2）钢包渣改质，控制包渣 $B \geqslant 2.5$，渣中 $w(FeO+MnO) \leqslant 3.0\%$；

（3）白渣精炼，一般采用 $CaO-SiO_2-Al_2O_3$ 系炉渣，控制包渣 $B \geqslant 3$，渣中 $w(FeO+MnO) \leqslant 1.0\%$，保持熔渣良好的流动性和较高的渣温，保证脱硫、脱氧效果，LF 炉精炼渣的最终控制目标渣系成分列于表 3-10；

（4）控制 LF 炉内气氛为还原性气氛性，避免炉渣再氧化；

（5）适当搅拌，避免钢液面裸露，并保证熔池内具有较高的传质速度。

表 3-10 铝镇静钢和硅镇静钢目标渣系成分

项目	成分（质量分数）/%				
	(CaO)	(SiO_2)	(Al_2O_3)	(MgO)	(FeO+MnO)
铝镇静钢	55~65	5~10	20~30	4~5	< 0.5
硅镇静钢	50~60	15~20	15~25	7~10	< 1

D 加渣料操作前确认

加渣料操作前需要确认：

（1）钢水包在加热位；

（2）炉盖不在上限位；

（3）排风管阀打开；

（4）电极在上限位，没有加热；

（5）底吹氩系统工作正常。

确保一切准备就绪之后才可以进行加渣、造渣。

E 造渣制度

钢水精炼过程中需要加入还原剂、渣料，造还原渣，对钢水进行处理。

钢水进入工作位后，根据钢种和钢包内渣况，加入还原剂（如铝粉、硅铁粉等），同时加入约一半或全部造渣料，吹氩搅拌 3~5min，然后再取样测温；完成以上操作后，根据钢水温度，确定供电时间，开始供电，供电过程中如渣料已熔化，可以把剩余的渣料加入。

需要注意的是，在造还原渣时根据钢种不同所加入的脱氧剂也不同，铝镇静钢应向钢包内加入铝粉（分批加入）来脱氧，而硅镇静钢应控制铝的加入量，低硅钢注意控制萤石加入量。

3.4.5.2　加热与温度控制

LF 炉采用电弧加热，加热效率一般不小于 60%，高于电炉升温热效率。吨钢水平均升温 1℃耗电 0.5~0.8kW · h。

升温速度决定于供电比功率（kV · A/t），供电比功率的大小又决定于钢包耐材的熔损指数。通常 LF 炉的供电比功率为 150~200kV · A/t，升温速度可达 3~5℃/min。

A　埋弧渣工艺技术

目前，加热过程中通常采用 LF 炉精炼埋弧渣工艺技术。

精炼炉炉渣大多采用 CaO-CaF_2渣系，有时添加少量的黏土砖块，其渣系类似于电炉还原期的稀薄渣。由于钢包炉精炼温度高，这种 CaF_2含量较高的炉渣对包衬侵蚀非常严重；同时，又由于钢包直径相对于电炉要小得多，电弧辐射强，采用这种渣系电弧几乎全部暴露在渣面以上，因而钢包包衬寿命很低，一般只有十几炉到二十几炉。针对上述情况，东北大学电冶金研究室开发了 LF 炉精炼埋弧渣技术。通过在 60t、100t 和 150t 大型 LF 炉的生产实际应用表明，采用该技术后可达以下效果：

（1）可使 LF 炉包衬寿命提高 30%；

（2）钢水升温度提高 1~15℃/min；

（3）减少电弧对空气的电离造成的钢水增氮；

（4）降低精炼电耗 10%~20%；

（5）每吨钢生产成本降低 30~50 元。

精炼渣是由天然原矿和冶金常用渣料人工配制而成，也称为精炼合成渣，可由专业厂生产提供给炼钢厂。精炼合成渣生产设备和工艺均比较简单，主要设备包括破碎、混料、干燥和包装等设备，通常生产散状耐火材料厂或保护渣厂均可在不添置新设备的情况下生产。

LF 炉精炼埋弧渣用量为 2kg/t 钢左右，对年产 50 万吨钢的炼钢车间用量为 1000t/a，因此也可给精炼渣生产厂家带来很大的经济效益。

现场视频-LF 加热及测温取样

B　调整精炼钢水温度操作

a　知识点

常炼钢种精炼过程中的温度要求见表 3-11。

表 3-11　常见钢种精炼温度要求

钢种	精炼温度/℃			
	LF 前	VD 前	吊包	熔点
20 钢	1550~1570	1660~1670	1585~1595	1510
45 钢	1550~1570	1640~1650	1555~1565	1485
40Cr	1540~1560	1640~1650	1555~1565	1490
15CrMo 管	1540~1560	1680~1700	1585~1595	1510

精炼加热钢水的方法是利用三相交流变压器输送电能，采用低电压大电流，在三相电极与钢水间产生电弧对钢水进行加热。由于钢包内的钢水深度较大，上部被加热的钢水不易向下流动，所以会造成上下温差较大的后果。为了避免这种现象发生，在整个加热过程中，必须吹氩气对钢水进行搅拌，使钢水在精炼包内良好流动，以确保钢水温度的均匀上升。

精炼炉加热钢水所用的设备与电弧炉相似。

加热温度的均匀主要通过吹氩搅拌来实现。

加热开始，电极下降应保持三相电极同时起弧。如三相不能同时起弧单相下降过快会插入钢液造成钢液增碳，影响成分的控制。

b 能实施与操作步骤

炼钢水温度的调整通常采用三相交流电弧加热。初炼钢水出钢（倒入）专用精炼包后，根据不同初炼炉工艺条件的特点一般有以下三种情况。

（1）初炼炉还原性钢渣出钢，钢包进入座包工位，并经钢包小车输送或天车吊运到加热工位就位。

（2）初炼炉氧化性钢渣出钢，钢包进入座包工位后，排除氧化渣，加入预配制的渣料或合成渣料，再经平车输送或吊运到加热工位就位。

（3）初炼炉采用无渣出钢（偏心底炉 EBT），在出钢过程中加入预配制的渣料或合成渣料。钢包进入座包工位，再经平车输送或吊运到加热工位就位。

1）初钢液出钢后进入加热工位前，进行第一次加热前的钢液测温。测温位置一般在氩气搅动区附近。

2）观察搅拌系统是否正常，调整氩气压力可见钢渣翻动，以不出现裸露钢水面为原则。

3）加热工位炉盖复位，观察炉盖和钢包口是否密合，如不密合应作处理。

4）按工艺规程确定的电力曲线控制。

5）按通、停电顺序要求送电，三相电极平稳同步下降通电起弧。

6）根据测温值和目标温度的差值按正常供电条件下升温速率，得出估计加热时间，同时考虑到升温的有利或不利条件（钢包状况、炉渣状况、搅拌状况）做适当的修正。

7）估计钢液温度达到或接近目标温度时（结合加热的时间）准备测温。

8）按测温结果决定是否继续加热。必须按工艺要求达到目标温度值。

9）加热完毕并符合精炼工艺要求后，停电升起三相电极及炉盖，钢包离开加热工位同时切换氩气将氩气搅拌调小至弱搅拌（仅见渣面有较小波动）。

10）测温超过目标温度应采取降温措施，一般可采取弱搅拌方法降温至目标温度。

其中，测温操作顺序如下。

1）检查测温棒、导线、接插口是否完好。

2）接上测温头，检查仪表系统是否正常。

3）停电（三相电极稍升起），打开测温窗，斜插入测温棒（无测温窗设备可升炉盖开出钢包车后测温）。

4）测温点位置一般在氩气搅动区。插入深度一般控制在渣面下 200mm 左右（目测估计）。

5）插入时间在 5s 左右，当温度仪显示后，立刻拔出测温棒。若超出 10s 仪表不显示，立即拔出测温棒，并检查故障原因后再次测温。

6）拆除废测温头子，让测温棒冷却，装上新测温头子备用。

c　注意事项

（1）在对精炼钢水进行加热之前，必须了解所炼钢种在精炼过程中的温度控制要求。

（2）钢包进入加热工位之前，必须检查三相电极位置是否升高。避免钢包开进加热工位时，撞断电极，并估计整个精炼阶段有足够长度的电极。

（3）加热前，必须检查加热炉盖和钢包口是否有冷钢、残渣。若有必要先清理干净，以避免影响正常的加热操作；必须检查搅拌系统是否正常；确认本炉座能获得用电许可后，才能进行通电操作。

（4）通电加热前，要检查电极孔水冷设备及电极夹头水冷设备以确保无漏水；要检查三相电极端部是否有易脱落接头和短电极，如有应及时处理，以避免影响加热操作过程出现脱落，造成钢液增碳。

（5）在通电加热过程中，要随时注意加热设备的运转情况，比如变压器有无异常声响，变压器温升是否正常，操作台仪表仪器是否正常，开关、按钮、指示灯是否正常，电极升降是否灵活、安全可靠。若有任何不正常情况，都应与有关部门联系，及时修理，以避免发生各种事故。

（6）在通电加热过程中，要注意和判断钢包内的渣况。

1）加热开始时要观察钢包内炉渣是否有大面积的结块，以防止三相电极通电时因不导电而折断及影响正常起弧。

2）加热过程要听电弧声是否正常，正常的电弧声应是平稳的嗡嗡声。发现电极上下窜动和较长时间电弧断续的噼啪声，应判断吹氩搅拌是否过大，判断炉渣是否过稀，判断渣量是否过少或其他原因。长时间不正常极易造成弧光反射侵蚀钢包渣线部分耐火材料导致事故。

（7）电极接触液态炉渣应立即起弧，要注意表面炉渣结壳引起不导电折断电极和电极接触钢液时间过长引起增碳，要保持三相电极同时平稳下降。

3D 动画-电极下降、加热、提升模拟

（8）在通电加热过程中，必须做到安全第一、三不伤害。重点注意：

1）测温操作测温棒插入钢液时注意钢渣飞溅；

2）测温毕测温棒取出时注意周围，防止碰撞；

3）测温棒、测温头、导线应安放在干燥处且避开热源，测温过程中测温人员应同控制室人员密切联系。

C　控制炉外精炼的钢水温度

a　知识点

精炼钢水的电弧加热系统包括变压器、炉盖、电极臂、电极和电极升降设备。炉盖的结构基本上和三相电弧炉炉盖相似。由于加热的目的是补偿出钢、运送、脱气、合金化等过程中的热损失，所以所需功率要比电弧炉低，使用的石墨电极较细、变压器容量也较小。

精炼炉冶炼过程温度控制的原则。

（1）初期：以造渣为主，宜采用低级电压、中档电流加热至电弧稳定。

（2）升温：采用较高电压、较大电流。

（3）保温：采用低级电压、中小电流。

（4）降温：停电。

精炼炉供电曲线如图 3-12 所示。

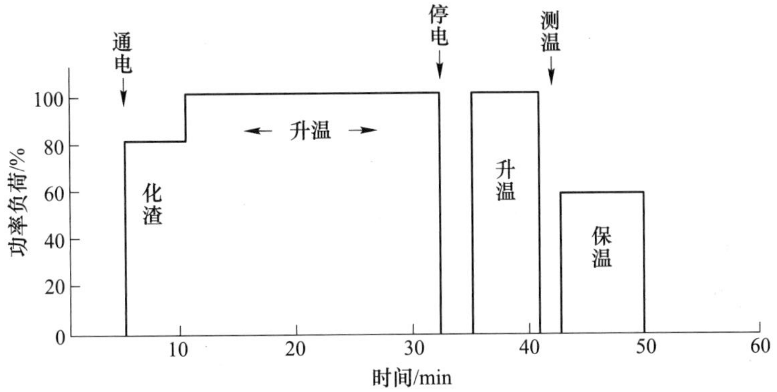

图 3-12 精炼炉供电曲线

b 技能实施与操作步骤

实施“控制炉外精炼钢水温度”操作技能前，必须对工厂的精炼炉加热设备的设计参数、运行特点了解和掌握。主要包括以下几方面。

（1）熟悉本炉座经常冶炼的钢种的工艺要求。

（2）初炼钢水倒入精炼钢包后测温，并根据本钢种的目标温度或在进行真空脱气前要求达到的要求温度来确定供电电压、电流和加热时间。表 3-12 为 LF 炉的各项电参数（工厂实例）。

表 3-12 LF 炉的各项电参数

LF 炉容量/t	100	40	30
变压器容量/MV · A	18	6	6
二次电压/V	237~344	120~280	120~280
二次电流/kA	35	15	15
升温速度/℃ · V^{-1}	3~5	2~4	2~4
电极直径/mm	400	350	300

（3）电极控制。电极升降控制有手动和自动两种。在正常操作下一般采用自动模式，在渣况不好、渣面有大块固体渣料时，应选择手动下降，以免电极接触固体渣料不导电而造成电极折断。

（4）功率选择。功率选择是指选择电压、电流值的大小（应参考工厂的操作规程）。一般有两种：一是自动升温模式，即根据升温值和时间在计算机画面上选择适当电流、电压值后启动自动控制模式按钮；二是手动操作模式，即通过 PLC 控制按钮或控制台上电压、电流设定表通过揿按钮实现。

以下是某钢包精炼炉冶炼时的加热操作规程。

（1）了解冶炼钢种的工艺和温度控制要求。

1）钢种要求。

2）工艺过程：LF→浇铸（连铸）；LF→VD→浇铸（连铸）。

3）浇铸的温度要求值，进 VD 工位温度值。

4）初钢液的测温值。

表 3-13 为某钢厂精炼车间具体实例。

表 3-13　精炼工艺和温度控制要求

钢种	40Cr	20 钢
工艺过程	LF→VD→CC	LF→CC
浇铸温度/℃	1555～1565	1585～1595
进 VD 温度/℃	1640～1650	—

（2）按升温速度核算加热需升温值，估计加热时间。

（3）选择功率大小，确定电压、电流。

（4）根据工厂的停送电管理要求，按送电要求顺序操作。

（5）按预计的加热时间进行测温。

（6）按测温值与工艺要求比较决定继续加热、保温或降温。

（7）温度符合要求进入下工序操作。

c　注意事项

（1）进行精炼钢水温度调整前，必须熟悉、掌握本钢种对冶炼温度的工艺要求热设备的工艺参数。

（2）进行加热操作时，要严格执行配电的安全操作规程。

（3）要了解是热钢包（重复使用）还是冷钢包（首次使用），因为不同条件的钢包吸热程度不同将影响升温速率。

（4）要了解炉渣的保温和散热，不同的渣况条件升温速率有很大区别。

（5）要了解搅拌情况是否正常，过强、过弱的搅拌会对升温速率带来影响。

（6）要了解真空脱气条件下的温降和真空脱气时间的关系。钢液经过真空脱气后，其温度要下降 70～100℃，所以在真空脱气后，若达不到目标温度要求，则还要再次加热，以补偿热损失，同时进行合金成分的最后调整。操作中对温度的控制应尽量做到一步到位。

（7）加热升温的速度一般为 2～5℃/min。由于刚开始时，精炼包衬的温度较低，所以升温速度比较缓慢，直到吸热和散热达到平衡后，才能有效地升温。升温的速度取决于使用电功率的大小，但是加热速度太快，易导致渣线区耐火材料损蚀严重，所以一般升温速率采用中下限为好。

（8）由于在加热过程中，还必须加入合金进行成分微调，所以必须考虑加入合金而造成温度的下降。因此在加入合金后，还需再加热升温，以达到要求的吊包浇铸温度或达到符合脱气的温度要求。

(9) 后期钢包（包龄较长）加热时间过长，应注意防止钢包出现窜钢。出现钢包外壳有发红现象（钢包外壳温度高）应立即停电，升电极炉盖，开出钢包车。

(10) 在调整温度的各个阶段都必须对钢液进行测温，以确保钢液温度的控制。

D 加热过程计算机动态控制

现代化的钢铁企业均实现了冶炼过程远程操作，通过计算机动态控制可以优化劳动环境，减小劳动强度，而且可以降低人为操作的不确定性。在加热过程中采用计算机动态控制终点温度可保证控制精度为-5~5℃。

LF 炉加热期间应注意的问题是采用低电压、大电流操作。由于造渣已经为埋弧操作做好了准备，此时就可以进行埋弧加热了。在加热的初期，炉渣并未熔化好，加热速度应该慢一些，可以采用低功率供电。熔化后，电极逐渐插入渣中。此时，由于电极与钢水中氧的作用、包底吹入气体的作用、炉中加入的 CaC_2 与钢水中氧反应的作用，炉渣就会发泡，渣层厚度就会增加。这时就可以以较大的功率供电，加热速度可以达到 3~4℃/min。加热的最终温度取决于后续工艺的要求。对于系统的炉外精炼操作来说，后续工艺可能会有喷粉、搅拌、合金化、真空处理、喂线等冶炼操作，所以要根据后续操作确定 LF 加热结束温度。

LFV 的加热工位可使钢水温度得到有效控制，温度范围可控制在±2.5℃内。钢水在真空脱气后，在浇铸或连铸过程中的温降十分均匀稳定。这使钢锭的表面质量或连铸坯表面质量得到有效保证，而且为全连铸和实现多炉连浇创造了十分优越的条件。

需要指出的是，由于在冶炼过程中仍有一些不确定因素，单纯的只依靠计算机控制有时候反而会加大冶炼负担。所以必须将计算机控制与炼钢工的操作经验结合起来，更快、更好地进行冶炼生产。

3.4.5.3 合金化

LF 炉精炼过程中合金化一般要求：合金微调于窄成分控制；在线建立快速分析设施，保证分析相应时间不大于 3min；精确估算钢水重量和合金收得率；钢水脱氧良好，实现白渣精炼；计算机在线准确计算各种合金加入量，保证钢水成分的准确性与稳定性。

加铁合金操作前需要确认：钢水包在加热工位；炉盖不在上限位；电极在上限位；电极停止通电，没有加热；排风管阀打开；底吹氩搅拌工作正常。

A 脱氧合金化制度

冶炼过程后期需要对钢液各元素成分进行调整，达到最终钢液的要求范围内，这就需要对钢液进行合金化操作。对于大多数合金元素来说，加入钢液之前必须进行充分的脱氧。

待还原渣形成后，根据钢样分析结果并考虑各元素的吸收率进行合金调节，合金加入量的计算公式为：

$$合金料加入量 = W \cdot \frac{N - N_t}{M_e \cdot F} \cdot 1000 \tag{3-8}$$

式中　W——钢水量单位，t；

N——钢种某元素目标值,%；

N_t——钢种某元素实际值,%；

M_e——合金中某元素含量,%；

F——元素吸收率,%。

元素吸收率在正常操作过程中一般是比较稳定的，各个具体企业都会有特定的元素吸收率结果。

为了防止元素被还原，使钢液成分含量上脱格，所有合金料的加入量均按精炼终点内控中下限成分的目标值进行计算，合金料加入 2~3min 后取样，根据分析结果再进行合金成分微调；如果所炼钢种为多合金钢种，合金料的加入量和种类较多，或钢种的成分范围较为严格，可分两次或三次加入合金料。

需要注意的是，脱氧合金化操作在加入增碳剂、合金料及手动（自动时不需提起）测温取样时均需提起电极，停止供电。

B　计算合金加入量调整钢液成分

a　知识点

（1）各种合金加入量的计算。以下是某钢厂炼钢实例。

1）工厂条件：40t LFV 炉（钢水量 40t 计）。

2）精炼钢号：20CrMnTi。

3）工艺要求：电炉→LF→VD 炉→连铸。

除 Ti 合金化在 VD 结束后用喂线法加入，其他元素在 LF 炉配加，并在 VD 后均进入规格内控制要求范围。

4）化学成分标准要求见表 3-14。

表 3-14　某钢厂炼钢中化学成分

元素	C	Mn	P	S	Si	Cr	Ni	Cu	Ti
成分（质量分数）/%	0.18 0.23	0.80 1.10	≤0.035	≤0.035	0.17 1.37	1.00 1.30	≤0.30	≤0.20	0.04 0.10

5）钢水成分分析值及控制（配加）要求见表 3-15。

表 3-15　钢水成分分析值及控制（配加）要求

元　素		C	Mn	P	S	Si	Cr	Ni	Cu	Ti
成分（质量分数）/%	LF 分析（1）	0.16	0.75	0.020	0.030	0.15	1.05	0.07	0.11	—
	LF 分析（2）	0.17	0.78	0.022	0.015	0.16	1.05	0.07	0.11	—
	按 LF 分析（2）配加要求	0.20	0.90	—	—	0.28	1.15	—	—	0.08①
	VD 结束分析（3）	0.21	0.92	0.023	0.012	0.25	1.13	0.07	0.12	—

①为 VD 结束喂线配加要求。

6）铁合金成分见表 3-16。

表 3-16 铁合金成分

元素	C	Mn	Si	Cr	Ti
Fe-Mn	6.0	65	—	—	—
Si-Mn	—	62	17	—	—
Fe-Cr	7.0	—	—	68	—
中 Cr	—	—	—	63	—
Fe-Si	—	—	75	—	—
Fe-Ti（丝）	规格：ϕ13mm 粉铁比=2.65∶1 单位长度粉质量：450g/m				27
生铁	4.0	—	—	—	—

7）计算公式。

$$合金加入量(kg) = \frac{[控制成分(\%) - 分析成分(\%)] \times 钢液量(kg)}{回收率(\%) \times 铁合金中元素含量(\%)} \quad (3\text{-}9)$$

喂线：Fe-Ti 总量：同上（Ti 的回收率 75%）。

$$喂线长度 = \frac{喂线总量}{单位质量}$$

喂线量：Fe-Ti 丝质量 158kg，长度 351m。

8）计算结果。铁合金及生铁配加量及配算元素增量见表 3-17。

表 3-17 铁合金及生铁配加量及配算元素增量

铁合金名称	配加量/kg	配算元素增量/%			
		C	Mn	Si	Cr
Fe-Mn	74	0.011	0.12	—	—
Fe-Cr	59	0.010	—	—	0.10
Fe-Si	64	—	—	0.12	—
生铁	90	0.009	—	—	—

（2）各种合金元素的回收率。在精炼炉内脱氧条件较好的情况下加入合金的回收率比较高，在钢包内顶渣氧化铁小于 0.5%的条件下各元素的回收率分别为：

1）100%回收率的元素有 Ni、Mo、Mn、Cr、Si、C、V、Nb；

2）S、Al、Ti 直接加包中回收率 30%~50%；

3）喂线法加入的回收率，S、Al、Ti 为 70%~80%，B 为 40%~50%。

b 技能实施与操作步骤

（1）根据钢种的特点和工艺要求，首先了解初钢液中合金元素配加情况并预测在加热前期、中途、后期、结束分别配加合金的种类并做好准备。

（2）精炼钢包进入座包工位后，取样进行化学元素全分析。

（3）根据全分析结果，计算出精炼期应配加的各种合金的补加量，并进行称量、复核。

（4）精炼钢水加热到预定温度后，把上述称量好的合金通过料仓或人工分批加入。

（5）凡钢水经过真空脱气后，一般应再取样进行全分析。

（6）根据全分析结果及该钢种成分控制要求，计算出需要补加的合金数量，进行称量，复核，并在吊包前 5min 加入完毕。

（7）取样操作。

1）取样方法有样瓢和取样器取样两种。

2）样瓢取样操作：首先保证样瓢周围粘渣，其次取样人手握瓢柄末端将取样瓢插入钢液面下深度 200～300mm，插入部位在包壁至中心 1/2 处，等盖渣平稳后取出取样瓢，最后进行取括片样或倒园杯样。

3）取样器（见图 3-13）取样操作过程：首先检查取样器头部保护套是否完好，将完好取样器插入取样棒；其次打开测温窗，快速插入钢水深约 200mm，位置靠近吹氩搅拌区并保持 3s 左右；最后迅速提起取样棒，拉出钢液面，拆卸纸管，打破壳取出试样。

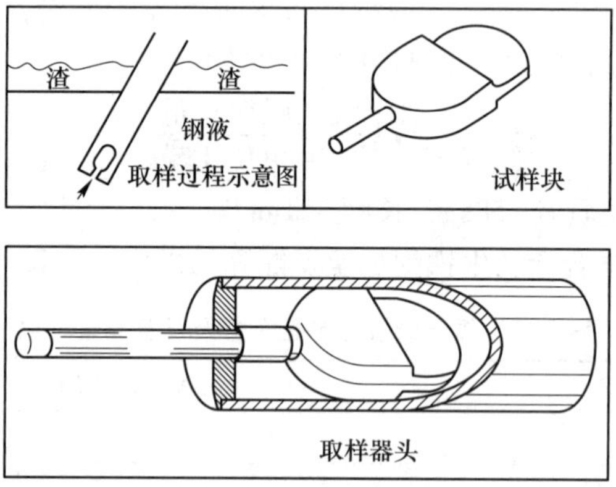

图 3-13　取样器示意图

c　注意事项

（1）在进行合金补加前，必须掌握准确的钢水量及钢液中各种合金元素含量。

（2）合金加入量的计算必须要经过复核，以保证准确无误。

（3）要能准确识别各类常用合金，防止误用。称量合金要准确，并经过复核才能加入钢包内。

（4）合金加入钢包内时，注意勿碰击电极，必要时应停止加热。

（5）精炼钢包内合金熔化的条件较差，因此不宜加入块状较大的合金，一般不要超过 100mm×100mm×100mm。

（6）为了确保合金元素有较稳定的回收率。加合金前钢包中的渣应脱氧良好，渣应呈白色为好。加合金时要继续保持炉渣良好的还原性，在渣面要适量补加粉状脱氧剂。

（7）在加入合金时要考虑合金中除主元素外的其他元素对钢液成分的影响。如加入高碳铬、高碳锰要计算增碳量，喂 Ca-Si 丝时考虑增硅量，喂 Fe-Ti 丝时要考虑 Al、Si 增量喂 Al 丝时注意有增硅的可能性。

（8）加入较多数量的合金时必须考虑到合金熔化吸热造成的钢液温度下降，要保证足够的温度弥补。

（9）全部合金加毕到吊包浇铸必须有足够的时间使合金充分熔化。

C 成分异常的处理

a 知识点

（1）成分异常产生的原因分析。

1）取样无代表性。取样位置、方式不符合要求，如靠近渣面的试样易受炉渣影响造成成分波动；合金未全部熔化造成成分偏析；搅拌效果差，造成钢水成分不均匀，同时钢渣反应差影响脱硫的正常。

2）合金料未加入。由于合金加料系统故障，应加入合金料部分留在料仓内或撒落在钢包外；也有人为因素造成漏加、计算错误等。

3）操作工艺执行不规范。还原精炼渣未达到脱氧良好的要求，渣量不足，在上工序氧化渣带入过多耐火材料，尤其要注意；加热过程电极插入钢液增碳；钢水量不准，称量系统故障以及对造成损失的钢水估计不足；钢液温度不符合要求。尤其是温度低造成化学成分均匀性差。

（2）防止措施。取样操作熟练工具完好，保证加料系统正常，严格执行操作工艺。

（3）处理方法。成分高于上限要求，不能改钢号作回炉或原料钢处理。应尽量避免出现这类事故；成分低于下限要求，补加合金至成分要求范围。

（4）常见典型成分异常情况。炼钢生产过程中，钢液中［C］的异常情况最常见，以此作为典型分析。

1）造成［C］的异常的原因如下。

①初钢液出钢过程增碳，因增碳剂密度较钢液、炉渣轻，如果操作不当部分增碳剂将浮在渣面，而未进入钢液，同时吹氩搅拌不充分，造成［C］偏低。在增碳量较大的钢种中易发生。

②增碳剂中固定碳含量不稳定，引起增碳量误差；取样无代表性。

③加热电极熔损，引起增碳。特别是当炉渣较稀薄时，加热操作中电极容易与钢液接触造成增碳。炉渣结块不导电，电极下降插入钢液造成增碳；炉渣脱氧不良，含碳脱氧剂使用过量造成增碳；含碳质耐火材料的钢包内衬烘烤不符合要求，造成在精炼过程中剥落进入钢液增碳。

2）防止措施如下。

①增碳剂中固定碳含量要定期检验，并在实际操作中进行验证；增碳剂加入时要直接与钢液接触，尽量避免通过炉渣再进入钢液。必要时可用喂线机喂碳粉包芯线增碳；增碳操作结束要经充分搅拌后取样。

②加热操作时做到电极严禁与钢液接触；造好还原精炼渣，保证碳的回收率。

3）［C］成分异常处理方法：［C］成分高于上限要求时，可考虑改钢号，如45 钢改 50 钢、40Mn 改 45Mn；［C］成分低于上限要求时，可用增碳剂或喂碳粉包芯线增碳至要求成分中下限。

b 技能实施与操作步骤

（1）在精炼过程中通过取样发现钢水成分同预测成分（合金配加成分）比较

有较大差异。

（2）重新取样进行验证。

（3）对照工艺卡检查执行情况，及时发现问题，寻找原因。可按以下几个方面检查，以下八项原因是易造成成分异常的主要原因：

1）钢水量是否有误，前期合金加入是否有误；

2）合金元素成分是否正确无误，合金配加量计算是否正确；

3）炉渣是否还原良好，上工序氧化渣是否带入过多；

4）温度是否过低，已加入合金是否熔化均匀；

5）取样是否有代表性；

6）发送样是否有误，分析试样是否符合要求；

7）是否采用全新未烘烤良好的钢包；

8）料仓及输送系统是否工作正常，搅拌系统工作是否正常，是否有设备漏水情况，电极是否有增碳现象。

（4）根据重取样分析结果与工艺执行情况的分析，采取相应措施：如合金元素（C、Si、Mn、Cr、Ni 等）低于下限要求，补加合金至成分中下限；如合金元素（C、Si、Mn、Cr、P、Ni 等）确认高于上限，则回炉重氧化或改钢号、改相应标准；如有害元素 S 不符合进入下一工序要求必须进一步采取脱硫操作，如增加渣量、加强钢液搅拌、加强渣脱氧等。

c　注意事项

（1）取样符合操作规范，具有代表性，要做到：

1）添加合金、还原剂后不能马上取样；

2）渣况不好出现灰色、褐色、棕黄色，要等渣转白再取样，不然会引起取样无代表性；

3）温度过低会引起取样无代表性，不宜取样。

（2）发现钢水成分异常应尽早处理。

（3）补加合金量应考虑炉渣还原性。

（4）钢水量必须正确。

（5）合金成分必须确认无误。

（6）要杜绝合金元素配加过量。

D　喂线

（1）喂线操作前的确认。确认所喂金属丝的种类及数量；钢包停止加热，电极在上位，炉盖在低位；钢包搅拌系统工作正常。

（2）喂线机操作。首先确认喂线机的导管通畅，下降导管对准钢包喂线位置；其次在喂线机操作面板上设定喂线长度，在喂线机操作面板上选择“进丝”，在操作台上对应导向轮选择“压下”；最后丝线喂结束后，把“进丝”开关选择“待机”位；将喂线机导管升至停放位。

E　测温取样

测温、定氧、取样操作如下。

（1）安装好测温定氧探头；手动将测温枪插入钢水中；取出测温枪。

（2）安装好取样探头；将取样枪插入钢液中；取回取样枪，取出钢样用水冷却后用风动送样送检化验室。

注意事项：钢样不得有夹杂、缩孔，保证样品检测无误。

现场视频-LF测温取样

F　加保温剂

加保温剂的操作步骤为：待钢包开出加热工位，向钢包中加入保温剂，使保温剂均匀覆盖在钢水表面。

特别注意：钢包添加保温剂要确保停止搅拌，钢液表面静止。

3D动画-LF测温、取样模拟

3.4.5.4　吹氩搅拌

吹氩操作贯穿在从刚开始经过精炼过程一直到浇铸的整个过程，是精炼过程非常重要的一个工艺操作。

A　LF炉精炼期间吹氩搅拌的目的

均匀钢水成分和温度，加快传热和传质；强化钢渣反应；加快夹杂物的去除。均匀成分和温度不需要很大的搅拌功能和吹氩流量，但是对脱硫反应，应该使用较大的搅拌功率，将炉渣卷入钢水中以形成所谓的瞬间反应，加大钢渣接触界面，加快脱硫反应速度。对于脱氧反应来说，过去一般认为加大搅拌功率可以加快脱氧。但是现在在脱氧操作中多采用弱搅拌——将搅拌功率控制在30~50W/t。有学者指出，在轴承钢的炉外精炼中更高的搅拌功率不能加快脱氧的结论。

在LF炉的加热阶段不应使用大的搅拌功率。功率较大会引起电弧的不稳定，搅拌功率可以控制在30~50W/t。加热结束后，从脱硫角度出发应当使用大的搅拌功率。对深脱硫工艺，搅拌功率应当控制在300~500W/t。脱硫过程完成之后，应当采用弱搅拌，使夹杂物逐渐去除。

加热后的搅拌过程会引起温度降低。不同容量的炉子、加入的合金料量不同、炉子的烘烤程度不同，温降会不同。总之，炉子越大，温度降低的速度越慢，60t以上的炉子在30min以上精炼中，温降速度不会超过0.6℃/min。

LF炉精炼结束，当脱硫、脱氧操作完成之后，精炼结束之前要进行合金成分微调，合金成分微调应当尽量争取将成分控制在狭窄的范围内。通过LF炉精炼能够得到[S]<0.002%，T[O]<0.0015%。成分微调结束之后搅拌约3~5min，加入终铝，有一些钢种接着要进行喂线处理。喂线可能包括喂入合金线以调整成分，喂入铝线以调整终铝量，喂入硅钙包芯线对夹杂物进行变性处理。要达到对夹杂物进行变性处理的目的，必须使钢水深脱氧，使炉渣深脱氧；钢中的硫也必须充分低，钢中的溶解铝含量[Al]>0.01%。对深脱氧钢进行夹杂物变性处理，钢中的钙含量（质量分数）一般要控制在0.003%的水平，对深脱氧钢，钙的收得率一般为30%左右。对于需要进行真空处理的钢种，合金成分微调应该在真空状态下进行，喂线应该在真空处理后进行。

B　吹氩搅拌对钢液温度的影响

氩气升温造成的钢液温降为：

（1）对 40t 钢水引起的钢水温降为 0.0075℃/min；

（2）对 60t 钢水引起的钢水温降为 0.005℃/min；

（3）对 80t 钢水引起的钢水温降为 0.0037℃/min。

主要原因为：吹氩搅拌消除了包内钢液的温度分层（见图 3-14），增加了钢液向包壁的热传导能力；吹氩搅拌时钢液面裸露，散热增加。

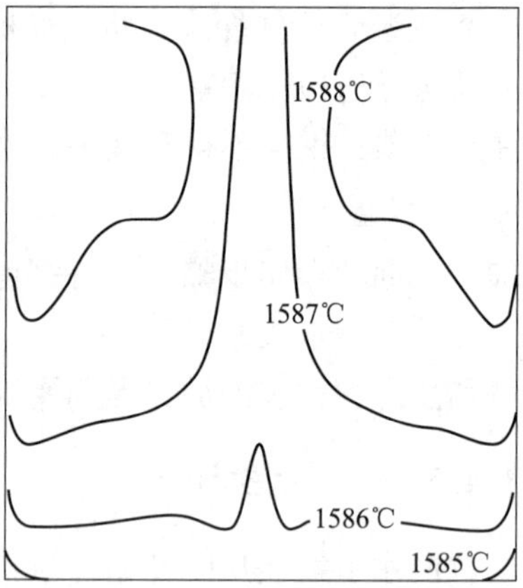

图 3-14　吹氩搅拌与温度分层关系

3.4.5.5　真空吹氩搅拌脱气

吹氩精炼钢水工艺是通过向钢包内的钢液吹入氩气的方法，达到类似真空处理的作用，它包括脱氧、脱气、脱碳、搅拌钢液及去夹杂物等。尤其在真空条件下吹氩脱气效果大幅度提高，被广泛地运用到钢包精炼炉中。

A　钢包吹氩脱气的原理

氩气是惰性气体，通常在制氧时作为副产品分离出来被利用。氩气吹入钢液既不参与化学反应，也不溶解在钢液内。所以氩气刚进入钢液时，可以认为氩气泡对钢液中溶解的气体来说像一个小的“真空室”，这一小的“真空室”内其他气体的分压几乎等于零。根据西瓦特定律，钢液中氢、氮不断向氩气泡扩散，在氮气泡内形成一定的分压，氢和氮在氩气泡中的分压会随着气泡的上浮时受热体积膨胀，因而氢、氮的分压仍能保持较低的水平，故继续吸收氢和氮，最后随氩气泡溢出钢液而被去除。

B　真空吹氩脱气

在真空条件下钢液面上压力大大下降，为达到相同脱气效果，可使吹氩量显著减少。如真空度达到 10.1325kPa 时（1/10 的大气压），则用 1/10 的氩气就达到常压下的脱气效果。钢包精炼炉中极限真空度达 66.7Pa，吹氩量将更少。

真空下吹氩的优点不仅表现出节省吹氩的数量上，它还有以下优点：第一，由于真空下不会引起钢液的氧化和吸气，可以加大吹氩速度，不怕钢液暴露；第二，真空本身具有一定的脱气效果，特别是熔池被氩气泡搅动后，钢液面不断更新，提高了真空的效果。因此，真空下吹氩的脱气方式得到广泛的应用，许多炉外精炼方法中都不同程度地采用真空与吹氩相结合这一手段。

3D 动画-拔吹氩管开出并吊走钢包

C　钢包吹氩的方式

钢包吹氩的方式主要有三种：第一种是用外套袖砖的吹氩管从钢包上部插入钢液吹氩，称“顶吹氩”；第二种是通过多孔透气塞从钢包底部吹入，称“底吹氩”；第三种是通过钢包滑动水口透气塞吹氩。为得到更好的脱气效果，“底吹氩”技术被广泛用于钢包精炼炉中。

D　吹氩操作步骤

（1）检查管路中供氩是否正常，氩气源压力是否正常（参照供气要求）。

（2）检查软管及快速接头是否完好，检查连接是否牢固，管道有否泄漏。若发现异常则及时处理。

（3）将软管快速接头连接到吹氩元件的插口，并检查插口是否连接到位，按吹氩工艺要求打开氩气阀门，调节到工艺要求的吹氩压力。

（4）钢包吹氩从初炼钢液出钢受钢前至精炼全过程，直至浇铸（连铸）前必须全程不间断吹氩，当精炼过程转换工位钢包吊运时，需暂时切断吹氩，但应尽量快速，以防再次吹氩时透气不良。

（5）吹氩量由于透气性会受钢液温度、炉渣变化、真空度的变化而影响，因此需要随时（定时）观察钢液搅拌沸腾强弱，调节氩气压力。

（6）精炼过程结束，卸下快速接头，准备浇铸。

E 氩气压力调节操作

在精炼过程中，吹氩搅拌强度由氩气压力调节，流量表用来控制氩气的消耗量，氩气压力大小一般在工艺操作中有明确规定，各工序的氩压调节操作要求如下：

（1）空包未受钢前，接通氩气观察透气是否畅通；

（2）初钢液出钢过程，氩气压力开大；

（3）初钢液出钢毕，吹氩压力调小，以基本不裸露钢水为准；

（4）加热过程，吹氩压力调整以基本不裸露钢水为准；

（5）真空工位吹氩，通过窥视孔观察钢液沸腾情况随时调整氩气压力；

（6）精炼毕至浇铸（连铸）前，在钢水弱搅拌清洗阶段，吹氩压力调至使渣面微弱的波动状态，严禁钢水裸露。

F 注意事项

（1）发现钢包氩气不通，及时通知有关人员。

（2）注意保护连接氩气管路中的金属软管，若有损坏应及时调换。

（3）经常检查氩气管路，若发现有泄漏，应及时通知有关人员修理。

（4）吹氩过程需要定时（5min 左右）观察氩气压力和透气情况。

（5）真空精炼阶段随时观察钢水沸腾情况，防止大沸腾喷溅，尤其冶炼低碳钢时更要密切注视。

（6）吹氩全过程要保持观察岗位和控制阀门岗位人员间的密切配合，在真空脱气阶段尤其重要。

（7）透气塞抗压强度有限，吹氩压力不能超过极限，一般控制在 0.6kPa 以下。

（8）精炼后，快速接头温度偏高，卸下时避免烫伤。

3.4.5.6 真空脱氧

A 真空脱氧原理

在真空条件下脱氧主要靠碳脱氧，由于碳脱氧的产物为 CO 气体，在真空条件下从钢液排除能力提高，C-O 反应平衡向生成 CO 移动，从而碳脱氧能力大大增强。

由 $[C]+[O]=\{CO\}$ 反应计算，在 1600℃时得到不同 CO 分压下碳和氧的平衡含量见表 3-18。

表 3-18　1600℃时不同 CO 分压下碳和氧的平衡含量

P_{CO}/kPa	$[O]/\times10^{-4}\%$			
	[C]/%			
	0.10	0.20	0.50	1.00
101.283	210	105	42	21
10.1283	21	11	4.2	2.1
1.01283	2.1	1.1	0.42	0.021
0.13328	0.28	0.14	0.06	0.028
0.0665	0.14	0.07	0.03	0.014

由表 3-18 可知，在真空条件下碳的脱氧能力很强，但是在实际情况下碳的脱氧能力并不像理论计算那样，在反应进行过程中还受其他因素的影响。

B　真空碳脱氧的影响因素

在实际生产中，不管采用哪一种真空装置，钢液在真空下由碳脱氧后，其残存的氧含量总是大于计算的平均值。这是因为只有在气-液界面上 C-O 反应的平衡受气相中 CO 分压的作用，在熔池内部（因为生成气泡要克服气相总压力、毛细管压力和液体静压力的作用），CO 气泡内的压力必然大大超过钢液面上气相中 CO 的压力；而理论计算值以平衡气相中 CO 分压为准。为达到更好真空碳脱氧效果，向钢液吹惰性气体（氩气），不断将钢液内 CO 气泡带至液面上排除。

C　真空下碳脱氧过程

开始时可能在钢包底部及全部壁上都能产生气泡，钢液开始沸腾，形成脱氧过程最高峰。以后就只能在壁上产生，沸腾逐渐减弱。再后只能在壁的上部产生，最后全部停止。

D　真空脱氧效果

真空脱氧以碳脱氧为主。真空处理前钢液经沉淀脱氧、精炼渣扩散脱氧后，钢液中氧活度（a_O）可降低至 10PPM 左右，通过真空脱氧处理后可进一步将钢液中氧活度（a_O）降低至 $(3\sim5)\times10^{-4}\%$。

E　技能实施与操作步骤

（1）钢包进真空精炼工位，用快速接头连接吹氩软管与钢包上吹氩元件的插口。

（2）打开氩气阀门，控制氩气流量，调节压力阀，将吹氩搅拌强度控制在渣面能见裸露钢水翻滚。钢水裸露面积大小按钢包大小不同而定，一般裸露的圆的直径为钢包直径的 1/6 左右。

（3）真空罐加盖密封或钢包口加盖密封。

（4）按工艺要求逐级启动真空泵，观察真空度的变化及显示屏是否处于正常工作状态。

（5）视精炼钢包内沸腾情况逐步提高真空度至工艺要求（66.7Pa）。

（6）钢液沸腾剧烈应缓慢进泵（提高真空度），待沸腾平静后再进泵（提高真空度)，必要时（沸腾剧烈）应作退泵（降低真空度）处理，或减小吹氩压力。

(7) 按工艺规定要求在极限真空度（66.7Pa）下，保持一定真空精炼时间。

(8) 真空处理结束，逐级退泵向真空罐充气，待真空室恢复到常压状态，打开真空罐盖。将氩气压力调整到正常状态，以不见裸露钢液面为准。

F 注意事项

(1) 钢包进入真空精炼工位前，必须清扫罐口密封圈上的杂物、垃圾和灰尘。

(2) 开始抽气阶段，要观察是否有漏气点，听见密封部件有嗞嗞声即为漏气点，发现有漏气点及时处理。

(3) 在各级泵启动过程中，应适当降低吹氩强度，调低氨气压力，减少氩气流量。

(4) 在各级泵全部启动，钢包内钢渣的沸腾趋于稳定后，可适当提高吹氩强度，调高氩气压力，提高氨气流量，但以不产生严重喷溅为原则。

3.4.5.7 真空脱气

A 真空脱气原理

双原子气体（H_2、N_2）在钢液中的溶解度服从西瓦特定律，即在一定的温度下，气体的溶解度 δ 与该气体在气相中的分压平方根成正比，即：

$$\delta_{[N]} = K\sqrt{P_{N_2}}$$

$$\delta_{[H]} = K_H\sqrt{P_{H_2}}$$

因此，当温度一定时，钢液面上气体气压的变化应引起平衡的移动，即钢液中平衡浓度的变化。真空脱气就是依据这个原理，通过降低钢液面上气体分压，降低钢液氢与氮浓度，达到去除气体目的。

B 影响真空脱气的因素

(1) 真空度。真空度指真空脱气时钢液面上气相分压，一般由操作台仪表显示，为更具代表性往往选取两点以上的参数做比较。由西瓦特定律可知，真空度越高气相分压越低，则脱气效果越好。在实际操作中，真空度逐渐降低。

(2) 真空保持时间。真空保持时间越长，脱气效果越好，但也有不利方面，如增加钢液温降、增加各种消耗等。真空度为 66.7Pa 的保持时间按不同钢种的质量要求及脱气要求而有区别，一般要求钢种 5~10min；高要求钢种 10~15min；特殊超低气体含量钢种 15~20min。

(3) 吹氩强度。吹氩搅拌影响真空脱气过程进行，吹氩搅拌强烈会加速钢液流动，使内部钢液上浮不断更新表面脱气过的钢液，加速脱气过程进行；同时，氩气本身具有脱气作用。在实际操作中，通过调节氩气压力、流量控制吹氩搅拌强度。真空抽气时，吹氩强度按如下控制：抽气前期要防止剧烈沸腾，从窥视空观察钢水裸露及沸腾情况，控制室与供氩调节岗位要保持密切联系相互配合。真空度达到 66.7Pa 后，应保持钢水裸露面的直径约为钢包直径的 1/3（通过窥视孔观察）。

(4) 炉渣状况。炉渣的黏度、渣层的厚度会影响真空条件下脱气，炉渣黏、渣层厚不利于脱气。应在钢包进入真空罐前做好调整，保持炉渣良好的流动性，炉渣流动性好，渣层薄有利脱气。

C　真空脱气效果

（1）去［H］率。经真空脱气处理钢液中［H］含量一般降至 $2\times10^{-4}\%$以下，去［H］率可达 60%以上。

（2）去［N］率。氮在钢中往往与很多元素作用而生成氮化物，真空脱氮比较困难，经真空脱气处理去［N］率一般只有 20%左右。

D　真空脱气毕脱气效果的检测

钢中［H］含量检测有以下两种方法：

（1）在线定［H］仪，采用定［H］探头插入钢液直接获得钢液中［H］含量数值。

（2）离线定［H］仪，采用真空玻璃吸管从盛有钢液的样瓢采样后，放入干冰中，由实验室定［H］仪测定。

钢中［N］含量测定采用取样器或样瓢取钢样后，在实验室定［N］仪测定，在线定［N］检测。

3.4.5.8　检查抽气

A　喷射泵工作原理

蒸汽喷射泵是冶金上最常用的喷射泵，它由喷嘴、扩压器组成，其结构简单，无运动部件，容易维修，几乎没有磨损。

喷射泵是利用喷嘴射出高速的工作射流，抽吸被抽流体的设备。其工作原理是：当工作蒸汽由喷嘴喷出，因喷嘴为渐扩式，蒸汽的压力能转变为动能，以高速蒸汽流射出喷嘴，并在混合室中与被抽气体混合；然后以高速进入扩压器中，这时动能又转换成压力能，从而把被抽气体抽出扩压器之外。

B　真空度仪表

指示真空罐内气体总压力，一般取有代表性的真空罐内两处地方作为测试点，控制室内有两个仪表显示其数值。

真空度仪表是操作人员进行抽气操作时，最重要的依据，其读数一定要准确，因此在每次抽气前都必须检查及校准。

C　放气阀功能

放气阀功能用于向真空罐内充 N_2或压缩空气，迅速破坏真空，以及配合抽气过程中需迅速退泵增压操作。

D　冷却水

冷却水用于保护喷射泵正常工作，改善喷射泵工作环境，延长寿命。

E　废气温度指示

废气温度指示指真空罐内被抽气体的温度。

F　技能实施与操作步骤

抽气前检查系统各部分是否完好，重点是控制室内控制仪表系统。需要注意：

(1) 蒸汽压力、蒸汽温度是否符合工艺要求;
(2) 冷却水系统: 各喷射泵的冷却水流量、压力、进出水温是否符合要求;
(3) 真空度仪表运行是否正常(上一炉), 抽气前是否指示在常压状态的数值;
(4) 真空管道废气温度(上一炉)是否指示正常;
(5) 破真空用 N_2压力(压缩空气压力)是否符合要求;
(6) 真空管道放气阀是否能正常使用;
(7) 氩气流量计是否工作正常;
(8) 真空合金化罐的第一道、第二道开关阀门是否工作正常;
(9) 喷射泵的开关, 各级泵的进退是否正常(上一炉);
(10) 旁通阀的开关是否正常;
(11) 氩气管道系统及接头是否完好;
(12) 钢包盖运行系统是否正常完好。

G 注意事项

(1) 精炼炉操作人员对脱气装置的检查是以控制室内的控制系统运行是否完好, 工作是否正常为主要内容; 可直接对仪表读数检查, 部分应对上炉抽气过程记录检查。

(2) 发现上炉有不正常或控制室仪表读数不正常应立即向有关设备和仪表部门反映, 并填写有关记录。

(3) 必须确认脱气设备正常后才能启动操作。

3.4.5.9 使用抽气装置

真空泵系统如图 3-15 所示。

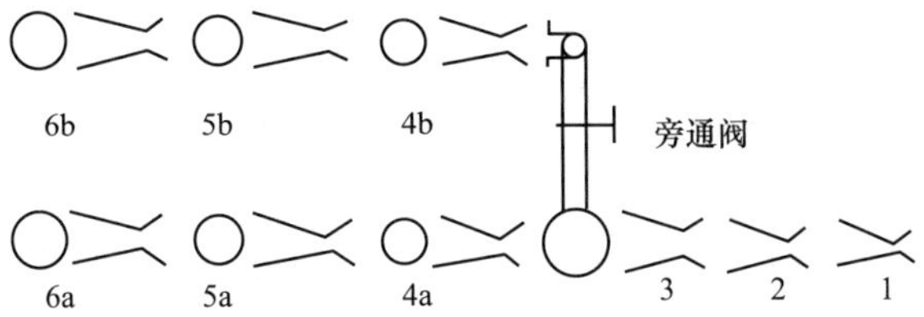

图 3-15 真空泵系统图

真空泵抽气过程控制中, 进泵操作过程控制见表 3-19(工厂实例)。

表 3-19 进泵操作过程控制

真空度	操作内容
常压	启动 6 级泵(付泵)
46.55kPa	启动 5 级泵(付泵)
22.28kPa	启动 4 级泵(付泵)
13.3kPa	关闭旁通阀, 启动 3 级泵
6.65kPa	启动 2 级泵
2.66kPa	启动 1 级泵至真空度 66.7Pa

技能实施和操作步骤如下。

（1）钢包就位，接通氩气并控制钢水面露出渣面。

（2）测温。

（3）真空盖就位，检查蒸汽压力，温度是否符合工艺要求。

（4）启动真空泵，按工艺要求逐级进泵。通过窥视孔或电视监视观察钢液沸腾情况。

（5）按工艺要求在真空度达到 66.7Pa 后，保持时间一般为 5~20min。

（6）保持真空期间，打开真空加料装置阀门将预先准备在真空料罐中的合金加入，加毕关闭阀门。

（7）破坏真空。按进泵相反顺序逐级退泵；关闭喷射泵；打开充 N_2或压缩空气阀门；见真空表显示真空罐内压力恢复到常压。

（8）打开真空盖。

（9）调整底吹氩气压力，控制搅拌强度为正常状态。

（10）测温，取样分析。

注意事项如下。

（1）脱气前检查蒸汽压力、温度必须符合要求。即时值要求蒸汽压力不小于 0.8MPa，蒸汽温度 175℃（工厂实例）。

（2）抽气过程视钢液沸腾剧烈情况做出相应操作，见表 3-20。

表 3-20　钢液沸腾情况下相应操作

钢液沸腾情况	操作内容
沸腾正常钢液打开面直径占 1/3~1/2 钢包直径	继续按正常速度进泵
沸腾剧烈钢水偶有飞溅出钢包口	停止进泵，调小氨气压力
沸腾剧烈钢水飞溅出钢包口	退泵，调小氨气压力
沸腾剧烈钢水有上涨现象	退泵，并打开放气阀

（3）加入真空料罐中的合金块度必须符合要求，防止卡刹。

（4）低碳钢、脱氧不良的钢液极易在抽气过程造成剧烈沸腾，操作时要严格监控。

3.4.5.10　检查和使用抽气装置

喂丝技术是将钢液脱氧、增碳、夹杂物变性、成分微调所需的材料制成线状物（实心物或包芯线）用喂丝机的机械力量，以一定的速度穿越炉渣面，到达钢液深部的一种精炼技术。

喂丝机形式主要有外抽头和内抽头两大类。外抽头式可使用各种不同断面形状的芯线（矩形、扁形），但必须要注意线架抱闸的同步，设备的可靠性要求高，送线的动力要大。内抽头式不需要有带抱闸的线卷架。启动时因芯线拉动时的惯性易造成散乱和折断，在使用时要避免出现此类情况。内抽式拉线时芯线要扭曲，每抽一圈会扭转 360°，这要求芯线的截面必须是圆形。

喂丝精炼方法具有合金回收率高、成分能精确控制、设备简单，投资少、钢液温降少、不污染环境等优点。

喂丝装置由以下部分组成。

（1）主机。主机由多组滚轮组成的送线机构、行走小车和喂丝导管组成。

（2）电气控制。电气控制包括小车进出和停开控制、导管升降控制、芯线夹紧控制、芯线输送速度快慢和停开控制、粉铁比设定、芯线长度设定、喂丝速度设定控制。

（3）芯线架。芯线架有多组支架存放芯线，外抽线架有抱闸机构和控制系统。

包芯线及有关参数，见表 3-21（工厂实例）。

表 3-21 包芯线及有关参数

包芯线	规格/mm	铁皮厚/mm	单位长度粉质量/g · m^{-1}	线密度/g · m^{-1}	粉铁比	主元素含量（质量分数）/%
Ca-Si	$\phi 3$	0.4	214.2	384.2	1.26 : 1	Ca = 28
Fe-Ti	$\phi 13$	0.4	431	580	2.89 : 1	Ti = 30
C	$\phi 10$	0.2	92	176	0.359 : 1	C = 99

检查抽气装置技能实施与操作步骤如下。

（1）检查电气部件是否正常：检查电源开关、检查各操作按钮和开关、检查各指示灯是否能按操作要求正常工作。

（2）检查机械传动部件是否正常：喂丝机小车进出移动、滚轮送线机构的压紧和松开、导管升降系统，导管升降是否灵活、丝料卷筒移动是否灵活。

（3）注意事项：

1）检查喂丝装置时，要认真仔细，如发现有任何部件不正常，须及时修复；

2）检查喂丝装置时，应站在喂丝机两侧；

3）小车行走轨道上不准堆有杂物。

使用抽气装置技能实施与操作步骤如下。

（1）喂丝前的准备：准备所需的包芯线及丝料，并将喂丝机小车移位至受线位置；开启液压（气动）压丝轮，使上下压丝轮间留出空间；将准备好的包芯线、丝料从导入孔塞入；包芯线、丝料穿过导向轮；关闭液压（气动）压丝轮，将包芯线、丝料压紧待用。

（2）喂丝机参数设定：

1）根据钢种工艺要求，按钢水量、成分控制要求和包芯线的铁粉比（丝料成分）确定喂入长度后，在喂丝机控制面板上输入控制信号；

2）根据工艺要求，确定喂丝的速度后，在喂丝机控制面板上输入控制信号。

（3）启动喂丝机小车，使喂丝机移位至喂丝工作位置。

（4）启动导管升降装置，使导管下降至距钢包渣面合适高度，一般为小于 500mm。

（5）启动丝线传输开关，开始按设定的速度和长度喂丝进入钢液中。

（6）当达到设定的喂丝量后，自动停止（手动控制按喂丝量显示值手动关闭）。

（7）启动导管升降装置，升起导管至复原位置。

（8）启动喂丝机小车至复原位置。

（9）必要时切断电源。

（10）注意事项：

1）喂丝前检查设备运行是否正常；

2）检查包芯线是否符合工艺要求；

3）操作过程必须执行工艺规程。包括小车、导管、压丝轮、输送等；

4）喂丝过程要观察芯线运动抽出是否正常，观察芯线喂入钢包中是否正常；

5）喂丝前在芯线喂入钢包的渣面部位熔渣不能结壳，应保持熔渣良好的流动性，防止喂入芯线受阻；

6）一旦发现喂入芯线受阻，立刻停止送线；

7）喂丝过程发生沸腾现象，应防止飞溅钢渣造成伤害事故；

8）喂丝过程必须吹氩搅拌，在喂丝结束后，要继续吹氩弱搅拌，使喂入元素成分均匀，反应产物充分上浮。

3.4.5.11　检查吹氩装置

A　知识点

（1）钢包底吹氩系统安装透气塞方式包括内装式和外装式两种。钢包内衬使用寿命和透气塞寿命同步，可采用内装式。

（2）透气塞按透气方式不同分弥散型、狭缝型和直通孔型，具体如图 3-16 所示。

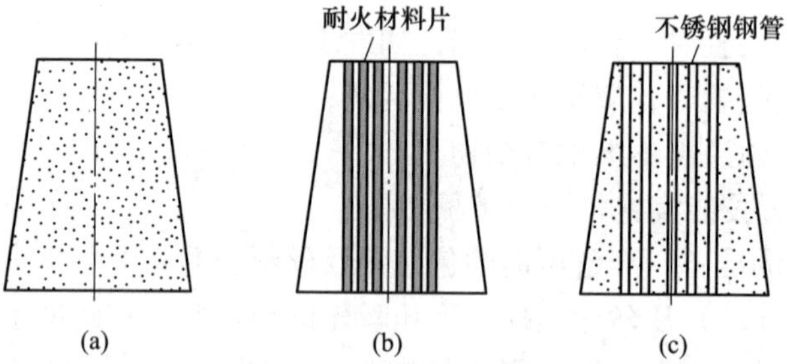

图 3-16　供氩系统示意图

（a）弥散型；（b）狭缝型；（c）直通孔型

（3）透气塞的砌筑由透气座砖固定砌筑在钢包底部，中小钢包安置一只，大型钢包安置两只。特种透气塞根据被侵蚀的程度，从气孔排列形状判断可继续使用的次数。中小型钢包也有采用滑动水口与透气塞结合一体的方式。

（4）透气塞更换安装后要严格检查安装质量，不得出现泄漏气现象。

供氩系统示意图如图 3-17 所示，透气砖、透气砖座砖示意图如图 3-18 所示。

B　技能实施与操作步骤

（1）检查气源是否能正常供气。

（2）检查管道系统：不得有泄漏点；截止阀启闭灵活，无泄漏；软管系统完好。快速接头完好。

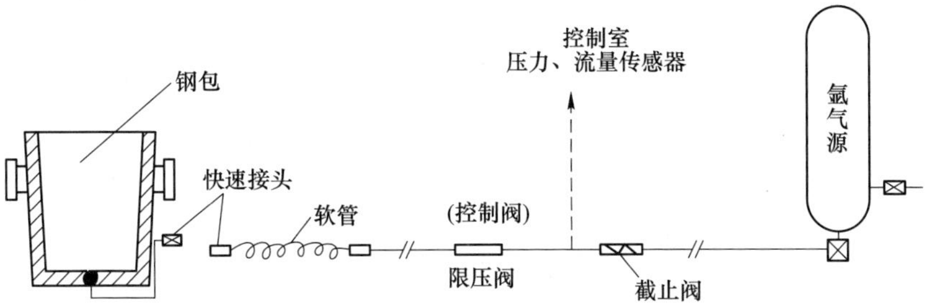

图 3-17 供氩系统示意图

(3) 检查控制系统：控制阀启闭灵活；管道系统表具（压力表）完好无损；控制室内氩气压力、流量表工作正常。

(4) 检查钢包吹氩装置：管道无泄漏，无受外力引起管道损坏；快速接头完好无损。

(5) 其他：钢包透气塞已经使用的次数和透气是否正常；了解上炉精炼过程吹氩系统是否有故障。

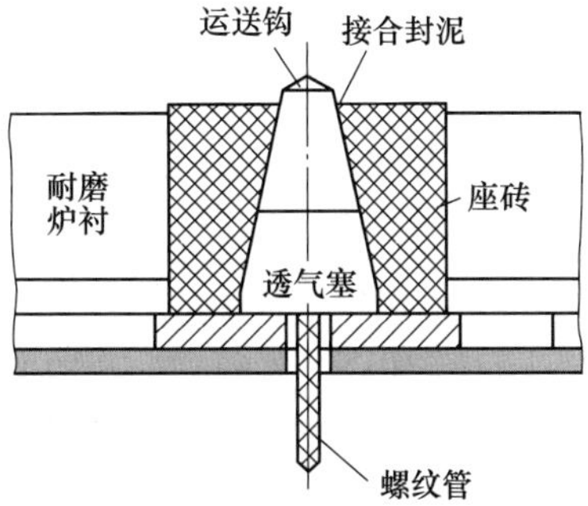

图 3-18 透气砖、透气砖座砖示意图

C 注意事项

(1) 供气系统严禁出现泄漏。

(2) 各控制阀必须能灵活。

(3) 控制室显示仪表必须完好，据此判断吹氩过程供氩的情况。

(4) 软管系统容易受损，应按使用期限规定定期调换。

(5) 快速接头和软管系统应作为日常检查的重点。

(6) 发现供氩系统受外力机械击碰或意外事故造成系统受损时应进行重点检查。

3.4.5.12 检查吹氩装置

A 知识点

氩气是一种惰性气体，在空气中约占（体积分数）1%，标准状况下密度为 1.78g/L 比空气大（空气为 1.29g/L），在零下 185℃液化。氩气是制氧时的一种副产品。

将氩气通过钢包底部的多孔或狭裂透气砖吹入钢水内部，氩气形成大量小气泡上浮。氩气泡对钢中氮、氢、氧来说相当于一个真空室，这些气体进入氩气泡可起到去除钢中氮、氢、氧的效果。氩气泡表面吸附钢中脱氧产物还可达到去除夹杂的作用。从动力学条件来看，氩气泡上浮带动钢水搅拌，提供了气相成核和夹杂物颗粒碰撞机会，有利去除气体、夹杂。

钢包底吹氩装置由透气塞、座砖和连接透气塞的金属管三部分组成，如图 3-19 所示。

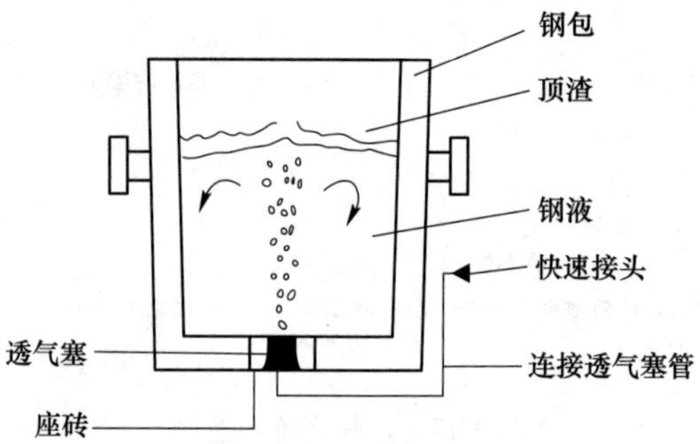

图 3-19　钢包底吹氩装置示意图

B　技能实施与操作步骤

(1) 开启氩气总管截止阀，储气罐气源进入氩气管道。

(2) 空钢包试通氩气：氩气软管连接钢包吹氩接口；开启控制阀，氩气进入钢包透气塞；检查透气塞透气是否完好；检查控制室仪表工作是否正常；关闭控制阀。

(3) 钢包受钢通氩气：开启氩气控制阀，钢包进入受钢位置等待出钢；出钢毕，按钢水面翻滚情况通过控制阀及时调整吹氩压力。

(4) 精炼过程：观察控制室流量计，保持恒定；精炼工序转换时迅速及时卸换氩气接头；按工艺要求控制吹氩压力、流量。

(5) 弱搅拌过程：调小吹氩压力、流量；精炼结束关闭控制阀卸下氩气接头。

C　注意事项

(1) 吹氩装置的连接、开启和关闭要执行有关安全操作规程。

(2) 受钢前要先供氩后出钢，防止堵塞。

(3) 钢包移动、吊运过程中要注意软管不得卡刹、机械压损和扭曲。

(4) 供氩管道严禁机械碰撞。

(5) 卸下软管接头要妥善安放。

(6) 仪表、阀门及管道要定期检查防止失灵和泄漏。

3.4.5.13　检查吹氩装置

A　知识点

钢包氩气堵塞的原因如下。

(1) 设备系统故障：气源故障；管道阻塞；仪表故障；钢包吹氩装置故障；吹氩快速接头及连接用金属软管损坏。

(2) 未按操作工艺执行：出钢口不符合工艺要求导致出钢速度太慢，钢流小、散，温降严重；出钢过程过早加入合金、渣料；新钢包和冷钢包烘烤不良；转换工位时停止吹氩时间过长。

氩气搅拌的作用主要包括：温度均匀化；成分均匀化；提高钢的纯洁度，促进夹杂物上浮，减少钢液中的夹杂物；加速钢渣反应，提高脱硫效果；提高真空脱气效果。

B 技能实施与操作步骤

（1）钢包受钢前开通氩气阀门输送氩气。发现氩气堵塞的处理方法如下：

1）气源故障：气源系统排除故障，恢复供气；

2）管道堵塞：设备系统排除故障；

3）仪表故障：仪表系统排除故障；

4）钢包吹氩装置及透气砖故障：更换钢包。

（2）钢包受钢过程防止钢包氩气堵塞，其目的如下。

1）防止出钢速度太慢。出钢速度太慢会造成冷钢黏住透气塞出孔形成氩气堵塞；

2）防止出钢过程过早加入渣料、合金。渣料、合金应在出钢过程 1/4~1/3 时加入。

（3）供气正常情况下，钢包受钢后发现氩气堵塞，其排除方法如下：

1）增加氩气压力，观察有否恢复通气的可能；

2）通气不畅，应迅速进入加热工位加热，提高钢液温度，并观察是否恢复正常；

3）确认钢包氩气堵塞联系调换钢包。

（4）精炼过程发现氩气不通堵塞，某处理方法如下：

1）检查气源、管道、接头、阀门，发现故障立即排除；

2）吹氩装置如两个（一个作备用），可切换备用装置通气，观察是否可恢复通气；

3）上述措施无效确认无法恢复通气联系调换钢包。

C 注意事项

（1）氩气搅拌是 LF 炉精炼全过程必须保证的前提条件，应全过程观察氩气是否畅通。

（2）发现氩气堵塞必须迅速争取时间处理，增加恢复通气的可能。

（3）有软管连接的部件必须有保护，防止在钢包运送过程中发生机械损坏或受高温损坏。

（4）工位转换过程如有氩气接头插卸转换必须迅速完成，防止间断时间过长而堵塞。

（5）出钢过程加入合金、渣料应在钢包中有 1/4~1/3 钢水后，过早加入易引起钢水温降过大而造成氩气堵塞。特别是新钢包和冷钢包尤其要注意。

（6）钢包受钢开始时钢流要大，严禁钢流不畅。

（7）调换钢包是最不希望出现的处理方法，尽量做好其他工作，减少氩气堵塞事故。

3.4.5.14 排除真空盖黏包

A 知识点

（1）产生黏包盖的原因。真空盖黏包主要在桶式真空钢包精炼炉（LFV）产生。在真空脱气操作时，钢液表面压力不断下降，钢液受其作用，内部气体向钢液表面不断扩散，以及氩气搅拌的不断推动，使钢液形成沸腾，这是真空处理所要达到的效果。但是如果沸腾控制不当，钢渣沸腾出钢包口，这样就造成黏包盖。

（2）防止黏包盖措施如下。

1）精炼钢包在设计时必须考虑受钢水后的钢液面至包口有足够高度的空间，称自由空间，工厂实例见表 3-22。

表 3-22　LF 炉钢包容量及自由空间

LF 炉钢包容量/t	15	25	30	100
自由空间/mm	550	650	750	1300

2）在钢包口上沿铺一层耐火泥或可塑料，防止沸腾的钢渣粘连和滞积。

3）操作时严格监视钢液沸腾情况，特别是进泵时刻，可能引发突发性的沸腾。发现钢液沸腾剧烈立即采取相应措施，减小吹氩搅拌强度，暂缓进泵，甚至退泵。

B　技能实施与操作步骤

（1）局部小面积黏包盖（真空处理毕，发现真空盖运行不畅）的处理方法：反复提升和下降真空盖，使粘连钢水脱开；当真空盖升至钢包能开出位置后，缓慢开出钢包。

（2）局部黏包盖（提升真空盖，真空盖下沿仅能勉强离开钢包上口）的处理方法：反复提升和下降真空盖，使粘连钢水脱开；对局部阻碍钢包开出的冷钢切割断开；缓慢开出钢包。

（3）较严重黏包盖（提升真空盖，真空盖下沿不能超过钢包上口）的处理方法：反复提升、下降真空盖，使粘连钢水松动；用机械方法顶升或拉开真空盖；缓慢开出钢包。

（4）严重黏包盖（真空盖提升无效）的处理方法：拆卸真空盖的连接；开出钢包后，再试用机械方法拉开。

C　注意事项

（1）真空盖黏包是 LF 炉在真空脱气精炼过程中出现的一种事故，危害较大，轻则损坏钢包口砌砖，重则整炉钢冻包并且真空盖系统损坏，因此要尽量避免出现此类事故。

（2）真空脱气时进泵速度不能过快。

（3）钢包中钢水位置必须在要求的位置，使脱气时钢液沸腾有足够的自由空间。

（4）脱气开始阶段，窥视孔观察和脱气进泵操作、吹氩搅拌控制要密切配合。在处理低碳钢时尤其要重视，防止突发性的沸腾。

（5）一旦发现严重沸腾，要立即解除真空，打开真空盖检查。

（6）发现黏包盖后处理要迅速，时间越长，耽搁时间越久处理难度越大。

（7）为防止包口粘连在包口上沿可铺一层耐火泥或可塑料，防止沸腾的钢渣粘连和滞积。

3.4.6 典型钢种精炼工艺操作

3.4.6.1 知识点

专用钢往往通过微量元素的控制，改善钢的性能，满足用户需要。钢中微量元素的控制主要通过喂线操作手段达到。

（1）钢中［S］元素的控制。通常钢中［S］作为有害元素应尽量去除。但一些专用钢为改进切削性能需要控制［S］，范围一般为0.015%~0.035%。精炼渣具有较强的脱硫能力，所以不宜在精炼过程中加入，通常为保证回收率在真空处理后加入。加入的方法采用喂硫铁丝或加硫铁块。

（2）钢中［Al］元素的控制。为改善铸坯晶粒度，细化晶粒，保证钢的力学性能。要对钢中［Al］元素控制，一般要求含量不小于0.006%，一些专用钢特殊要求控制在0.020%~0.050%。由于Al是活泼元素，脱氧能力很强，与渣、钢中的氧反应烧损严重，且质量轻。常规加入回收率波动大且低。一般在精炼后期用喂线机喂入。

（3）钢中［Ca］元素的控制。为改善钢水的流动性及可浇铸性，往往对钢水进行Ca处理，通常的方法是喂Si-Ca丝，一般在真空处理后喂入。但喂Si-Ca丝会造成钢中夹杂物点状级别偏高，造成一些专用钢性能差。因此，在此类钢种Ca处理后应充分进行吹氩弱搅拌，让夹杂物有时间充分上浮排除。

（4）钢中［Ti］元素的控制。钢中［Ti］元素的控制是为了提高钢的强度及钢的抗时效性，控制范围一般在0.04%~0.10%。Ti是活泼元素易氧化，为保证稳定回收率，要在钢水充分脱氧（Al脱氧）特别是真空碳脱氧后喂入。

（5）钢中［B］元素的控制。为提高钢的淬透性，在钢中加入微量的［B］元素，范围一般为0.0005%~0.0035%。B是活泼元素与氧、氮亲和力大，但氧化、氮化能力不及Al和Ti。因此，在操作上应在喂Al和Ti丝后进行喂B丝，保证回收率。

3.4.6.2 技能实施与操作步骤

专用钢精炼的工艺和操作步骤按精炼钢种的特点、质量要求分为两大类，见表3-23。

表3-23 精炼钢种的特点及质量要求

精炼工艺	EF-LF	EF-LF-VD、EF-LFV
精炼控制要求	精确调整成分、温度	1. 精确调整成分、温度； 2. 降低钢中气体含量； 3. 微量元素、易氧化元素含量控制
适宜钢种	普碳钢、碳素结构钢、合金结构钢	1. 汽车齿轮、轴等合金结构钢； 2. 高强度、抗疲劳的合金结构钢、弹簧钢、轴承钢； 3. 含微量元素、易氧化元素的合金钢、工具钢
质量要求	一般	低［O］、［H］、［S］，非金属杂质低的纯净钢

EF-LF 工艺过程为：初炼炉（电炉）出钢→取样、测温→进精炼炉加热工位→加热造渣，脱氧、脱硫→分析测温→调整成分、温度、炉渣→终脱氧（喂线）→弱搅拌→钢包吊运→连铸（铸锭）。

EF-LF-VD 工艺过程为：初炼炉（电炉）出钢→取样、测温→进精炼炉加热工位→加热造渣，脱氧、脱硫→分析测温→调整成分、温度、炉渣→进真空精炼工位→真空脱气→破真空→取样测温测［H］→终脱氧（喂线）→（微量元素喂线添加）→弱搅拌→钢包吊运→连铸（铸锭）。

精炼装备的形式、容量、设备参数能力及后道工序（连铸、铸锭）各不相同，因此精炼炉操作要求和工艺参数控制有差异。但精炼炉操作中有共同的部分（包括五个主要方面），它们是成分控制、温度控制、炉渣控制、真空脱气和供电制度。在操作工艺规程中均明确对这五方面的要求。

成分控制的操作要求如下：

（1）钢种成分主元素控制：在进入加热工位前应进入成分规格下限或接近下限，在加热工位中、后期成分进入工艺要求控制的范围；

（2）易氧化元素［Al］、［Ti］控制：在精炼后期或精炼结束调整；

（3）微量元素 Ca、B、Nb 等控制：在精炼结束弱搅拌前调整；

（4）S 元素（部分钢种有规格要求）控制：在精炼后期调整，注意同步进行调整炉渣，防止炉渣对［S］的影响。

温度控制的操作要求如下：

（1）按铸锭（连铸）温度要求确定精炼毕的目标温度；

（2）按真空处理降温值，确定精炼毕进入真空处理工位前的目标温度；

（3）按加热工位的升温条件和初炼钢水出钢过程配加的渣量、合金量引起的温降确定初钢液的目标温度。

炉渣控制的操作要求如下：

（1）精炼前确定渣料配比（按精炼渣要求）和渣量（钢水量的 1.5%～2.5%）；

（2）加热过程添加发泡剂，调整炉渣黏度，改善炉渣流动性保证脱硫效果；

（3）加热过程选择 Si-Fe 粉、SiCa 粉、CaC_2 等脱氧材料，不断进行炉渣脱氧操作。

真空脱气的操作要求如下：

（1）严格执行进泵操作顺序和退泵操作顺序；

（2）严格执行真空度的逐级保持时间及极限真空度保持时间；

（3）控制吹氩搅拌强度，以求最佳真空脱气效果。

供电制度采用电压、电流控制的供电模式，按电力曲线要求控制。

3.4.6.3　典型钢种操作要点

20CrMnTi 的操作要点如下。

（1）采用 EF-LF-VD 工艺路线。

（2）初炼炉（电炉）出钢加铁合金 FeMn、FeCr、FeSi 配 Mn、Cr、C 至成品规格下限，配 Si 至成品中限（包括脱氧剂中含 Si 量），配加 Al 为 0.5～0.8kg/t。非

EBT 形式出钢，铁合金可在电炉内加入。

（3）保持精炼渣的还原性。

（4）按测温结果调整温度并达到目标温度要求。按分析结果配加合金，调整 C、Mn、Si、Cr，进入成品规格中限，调整炉渣碱度和还原性满足脱硫要求，分析值 $w[S] \leqslant 0.015\%$。真空精炼前喂 Al 丝，控制 $w[Al] = 0.020\% \sim 0.030\%$。

已进入 VD 工位真空脱气，真空精炼时间不小于 20min，真空度达 66.7Pa 时保持时间不少于 10min。

（5）真空脱气毕，测温取样，温度符合目标温度，成分（C、Mn、Si、Cr）进入规格后，按 50%回收率喂 Ti-Fe 丝配加 Ti 至规格中限。

（6）弱搅拌时间不少于 5min。

GCr15 的操作要点如下。

（1）采用 EF+LF+VD 工艺路线。

（2）初炼炉（电炉）出钢加 FeMn、FeCr、FeSi 配 Mn、Cr、Si 至成品规格下限，扣除铁合金（FeMn、FeCr）增碳量，配加增碳剂增碳至规格下限，配加 Al 为 0.8~1.0kg/t。

（3）保持精炼渣良好还原性炉渣颜色呈黄白色。

（4）按测温结果，调整钢液温度并达到符合目标温度要求，按取样分析结果，配加合金，调整 Mn、Cr、Si、C 进入成品规格中限，调整炉渣碱度和还原性完成脱硫，要求分析 $w[S] \leqslant 0.015\%$，进入真空精炼前喂 Al 丝，控制 $w[Al] = 0.020\% \sim 0.030\%$。

（5）进入 VD 工位真空脱气，真空精炼时间不小于 25min，真空度达 66.7Pa 时保持时间不小于 15min。

（6）真空脱气毕，测温取样，温度符合目标温度，成分（C、Mn、Si、Cr、S）进入规格，喂 Al 丝约 0.2kg/t。

（7）弱搅拌时间不少于 8min。

3.4.6.4　注意事项

（1）合金钢冶炼常对钢中有害微量元素要进行控制，所以在选用铁合金时不仅要考虑其主要成分，还应该注意微量成分。

（2）进入真空精炼工位前钢液成分一定要进规格范围。

（3）要求氧含量低的钢种，脱气前要加强脱氧，以便脱氧产物在真空处理时排除。

（4）真空处理时，在极限真空度（66.7Pa）下保持时间要充分，保证有效地去除钢液中气体，夹杂物。

（5）整个精炼过程中始终确保吹氩搅拌，但吹氩搅拌强度应根据不同阶段调整。

（6）喂线时要分清包芯丝种类，避免误操作。需喂多种丝时要注意喂入先后次序，一般先喂 Al，最后喂 Si-Ca。

（7）精炼阶段最后的吹氩弱搅拌时间一定要保证。弱搅拌是去除钢中夹杂物的最后手段，也是尽可能降低钢中氧含量最后措施。

（8）严格控制吊包温度，确保要求的浇铸过热度，保证钢锭（坯）质量。

3.5　LF 法常见问题及处理

3.5.1　炉盖漏水

精炼前充分检查冷却水管道压力和流通情况。若精炼过程中发现炉盖漏水等情况，应按以下步骤处理：

（1）关闭氩气阀，停止搅拌；

（2）提升电极至高位，提升炉盖至高位；

（3）若包内无水则将钢包车开至准备位，处理事故部位；

（4）若炉盖水冷圈或 LF 炉水冷炉盖大量漏水，钢包内有积水，需首先关闭炉盖进水总节门，处理事故部位，待包内的水蒸发干后再动包车。

3.5.2　炉盖塌陷

精炼前充分检查设备准备情况，防止设备在使用过程中发生事故。若炉盖塌陷，应按以下步骤处理：

（1）停止精炼，开出钢包车，上小方坯钢水，若成分温度合适，则吊包浇注；

（2）若炉盖耐火材料较少可二次精炼，浇完后倒渣时，必须把包内耐火砖清理干净。

3.5.3　钢包漏钢

出钢前，对钢包进行充分检查。钢水进站时，对钢包壁进行观察，防止漏包事故发生。若发现钢壁发红，须立刻停止精炼，进行倒包或回炉处理，防止漏包。若在冶炼过程中漏钢，可按以下步骤处理：

（1）立即停止精炼，将钢包车开至钢水，用吊车迅速吊离钢包车；

（2）渣线漏钢：可用吊车将钢水倒出一部分，确保漏钢部位到渣面有效净空大于 300mm，继续精炼，同时派人注意观察；

（3）包壁漏钢或透气砖漏钢，可用吊车直接将钢水倒入或漏入事故包中（发生包壁漏钢时，钢包车要向漏钢反方向运行）。

3.5.4　钢包大翻

正确准备精炼所需要的渣料和合金料，并制定完善的供氩制度，防止在精炼过程中发生钢包大翻事故。若冶炼过程中如发现钢包大翻，可按以下步骤处理：

（1）立刻供电，停止精炼；

（2）提起电极、包盖；

（3）开动钢包车，防止钢包被冷钢黏在钢包车上；

（4）钢包车开出后，用行车试吊钢包，防止钢包被冷钢黏在钢包车上；

（5）清理轨道，钢包车开出加热位，继续冶炼；

（6）若吹氩软管烧坏，应立即更换；

（7）重新开始冶炼后，观察钢水情况，视情况向炉内加入硅粉脱氧，并及时取样、测温。

3.5.5 电极折断

操作过程中随时检查电极抱紧情况，发现异常及时处理，防止电极折断掉入钢包。若冶炼过程中发生电极折断，应按以下步骤处理：

（1）停止电极供电；

（2）停止吹氩或减小氩气至软吹流量；

（3）抬起电极和包盖；

（4）将钢包车开出，使用专用工具打捞断电极；

（5）若折断的电极过长，无法开出钢包车，可用专用钢丝绳在炉盖上捆住电极吊出或用专用吊具吊出小炉顶，再吊出断电极；

（6）将电极夹持器中折断的上部分电极吊出；

（7）装上备用电极；

（8）恢复工作条件后，打开氩气，并及时取样。

3.5.6 电极不能下降

精炼前充分检查电极升降设备是否运行正常，防止在精炼过程中发生事故。若出现电极不能下降情况，应按以下步骤检查处理：

（1）检查液压泵是否真正运行；

（2）精炼钢包车是否在精炼位；

（3）检查炉盖是否降到低位；

（4）检查机械系统有无卡阻。

3.5.7 电极夹钳打火

电极准备过程中要按照操作规程进行操作，防止电极安装发生事故。若出现电极夹钳打火现象，应按以下步骤检查处理：

（1）吹扫电极与夹钳接触面之间灰尘；

（2）检查夹钳内表面是否良好，如果表面不光滑通知钳工打磨处理；

（3）电极夹钳发生漏水时要及时处理。

3.5.8 电极下插、上飘

精炼前充分检查电极升降及通电设备，并在精炼过程中时刻观察掌控精炼动作。若出现电极下插，上飘现象，应按以下步骤检查处理：

（1）及时调整液压设备；

（2）配电工在自动加热过程中，手动调节电极升降，使电流稳定在规定范围内。

3.5.9　底吹氩气微弱或堵塞

在冶炼前，观察底吹氩情况，若底吹效果不好或不通，可按如下步骤处理：

（1）检查管路是否漏气，并及时处理；

（2）若是管路漏气则及时更换管路；

（3）若管路不漏气，打开氩气旁通阀，将钢包车开出加热位；

（4）对钢水送电加热，加热时关闭炉门，防止加热过程中氩气冲开时钢水喷溅伤人；

（5）送电几分钟后，抬起电极打开炉门，观察氩气情况；

（6）若上述步骤均不奏效，则应及时进行换包处理，在等待换包前，送电加热，尽量提升钢水温度，以缩短处理时间。

3.5.10　透气砖堵塞和透气性差

保证吹氩管路正常的情况下，检查包底透气砖，确保精炼正常进行。若发生透气砖堵塞和透气性差等情况，应按以下步骤检查处理：

（1）首先检查要求管网和快速接头有无漏气现象，有漏气现象及时处理；

（2）管网及快速接头无漏气现象时，把底吹氩阀门开至最大，同时降电极加热，观察流量变化；

（3）仍无效时，通知调度，钢包热修班长确认，吊包浇注或倒包处理；

（4）倒包前，精炼负责将吹氩管道与待接收钢水的钢包用临时吹氩管连接起来，倒包过程要吹氩搅拌。

3.5.11　上料系统故障

在冶炼过程中，上料系统发生故障无法加料时，可按如下步骤处理：

（1）若钢水硫含量不高，则可继续冶炼；

（2）使用准备好的散状合金调整合金成分；

（3）若温度满足吹氩精炼要求，则进行吹氩精炼处理；

（4）钢水处理完毕，增加保温剂用量，以减小温降。

3.5.12　喂线事故及处理

准备喂线线时，必须从线卷的椭圆形开口处抽出喂线线，防止喂线过程中卡线，造成喂线线断裂伤人。在线喂线过程中，开始需缓慢进线，待喂线线进入升降导管后再加速到规定速度，避免喂线线跑偏，接触电极，引发触电。

3.5.13　精炼炉盖喂线孔黏钢、黏渣

精炼前充分检查设备，防止事故发生。若出现精炼炉盖喂线孔黏钢、黏渣现象，可按如下步骤处理：

（1）黏渣量小，用烧氧管从上口向下冲击将其打掉；

（2）黏钢、黏渣较多，将喂线机固定部分导丝管拆下，用烧氧管从导丝管上口

向下冲击打掉钢渣；

（3）黏钢、黏渣严重，从上口无法清理时，将炉盖喂线孔水冷管拆下，用火焰清理；

（4）为防止导丝管下口黏钢、黏渣、出钢量大、净空小，喂线时将炉盖升至最高位，但注意防火。

3.5.14 操作平台事故及处理

观察孔平台附近原料堆放整齐，保持操作空间开阔，精炼职工在观察孔测温取样或加料时，注意侧身对应观察孔，避免钢渣、钢水溅出伤人。

3.5.15 钢包内渣结壳不能引弧

出钢过程要控制渣量。若在精炼过程中出现钢包内渣结壳不能引弧现象，可按如下步骤处理：

（1）此时不能硬性下插电极，以免折断；

（2）若结壳较轻，可用吊车吊重物砸开渣面，同时加大吹氩流量，冲开渣面；

（3）若结壳严重将渣面烧开，回炉处理或倒入事故包。

3.5.16 包沿超高

精炼时如果包沿超高，可按如下步骤处理：

（1）发生包沿超过时，由自动运行改手动；

（2）手动开车要缓慢开向精炼位，行驶同时要有人监护，确认无事后再下令前行；

（3）经处理后仍不能进精炼位，作倒包处理。

3.5.17 中包低温预防及处理

预防处理中包低温可按如下步骤处理：

（1）新包，小修包及有包底炉次，氩后温度提高5~10℃，注意过程降温；

（2）吊包温度要有代表性，测温枪保证准确，测温操作规范；

（3）上、下道工序出现故障时加强联系适当提高吊包温度；

（4）渣不能太稀，渣稀时适当增加保温剂用量；

（5）与连铸协调好吊包时间，吊包不宜过早；

（6）发现中包温度低时，下一包适当提前吊包，并提高吊包温度。

3.5.18 精炼长时间压站

精炼过程中出现事故，导致精炼长时间压站，可按如下步骤处理：

（1）确认钢包车及透气砖寿命；

（2）炉下专人监视钢包包壁及透气砖部位，防止渣线或透气砖漏钢；

（3）每隔20min取一次样，以便及时调整成分，发现成分趋于上限及时通知调度；

(4) 炼品种钢时，压站时间较长，要适当补加铝粉，确保渣中（FeO）含量小于 1.0%；

(5) 每隔 20min 做一次炉盖升降运动，防止炉盖与钢包粘连。

3.5.19　精炼所有控制系统停电

精炼过程中控制系统发生停电，可按如下步骤处理：

(1) LF 炉首先将电极柱用机械锁定装置锁紧，防止电极下插；

(2) LF 炉启动液压柴油泵，将电极炉盖升至高位，将钢包车用铲车拖出；

(3) 减小吹氩流量至钢水也涌动，且不裸露钢水；

(4) 低碳钢根据预测故障恢复时间长短，决定是否加保温剂，停电时间长，要加保温剂，电极不在高位，钢包车在精炼位时，保温剂要从炉盖电极孔加入。

3.6　LF 法实例

3.6.1　120t LF 炉底吹氩操作

120t LF 炉底吹氩操作步骤如下。

(1) 钢包在钢包车上座稳后，立即插上快速接头，打开阀门，接通氩气，调整氩气流量。

(2) 氩气流量调整。根据处理阶段、处理手段和处理目的不同适当调整吹氩流量。

(3) 如钢包内炉渣结壳或结块，通电化渣前可适当增加氩气流量，冲开渣面。

(4) 合金成分调整时，适当加大吹氩流量，一是吹开渣面，提高合金收得率；二可加速合金熔化，均匀成分。

(5) 精炼白渣脱硫处理时，适当加大吹氩流量。

(6) 喂线时，根据喂线种类调整氩气流量；铝线应提高脱硫速度，适当加大吹氩流量；钙线（Ca-Si，Ca-Al）要减小吹氩流量，流量大小以渣面涌动、钢水面不裸露为宜。

(7) 新包、大修包、小修包、凉包、有包底钢包精炼过程要适当加大吹氩流量。

(8) 等待吊包时，要减少吹氩流量。

3.6.2　35t LF 炉底吹氩气基本曲线

(1) 三种底吹氩气基本曲线。实践证明并经过反复调整底吹工艺参数，最终确定了三种基本流量、压力曲线，如图 3-20 所示。

如图 3-20 所示，P1 为软吹曲线，出口压力范围为 0～0.35MPa，流量范围为 0～100L/min；P2 为正常搅拌曲线，出口压力范围为 0～0.5MPa，流量范围为 0～150L/min；P3 为大流量搅拌曲线出口压力范围为 0～0.9MPa，流量范围为 0～200L/min。

(2) 正常吹氩搅拌工艺：开吹 6s 为破顶时间，压力 1.4～1.6MPa；6s 至 200s

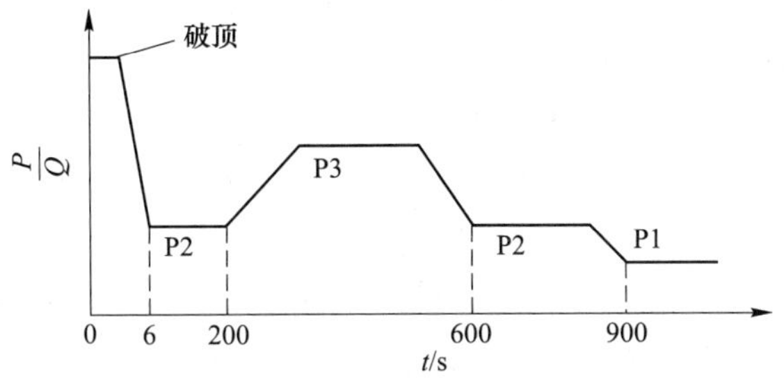

图 3-20 钢包底吹氩气三种基本曲线示意图

为正常搅拌时间，压力为 0.5MPa 左右；200s 至 600s（根据具体情况而定）为加入合金时的大流量吹氩曲线，压力为 0.9MPa 左右；600~900s 为恢复搅拌时间，压力为 0.5MPa 左右；900s 以后为软吹时间，压力为 0.35MPa 以内。

3.6.3 临钢炼钢厂 LF 精炼炉工艺实践

山西新临钢钢铁有限公司 LF 炉于 2005 年 8 月投产热试，很短的时间内，LF 炉已发挥其良好的精炼脱氧优势，有效地起到了改善钢的内在质量和控制钢水温度的作用。

3.6.3.1 LF 炉的设备概况

工艺技术参数为：

（1）公称容量：30t；

（2）正常处理钢水量：30t；

（3）最大处理钢水量：32t；

（4）最小处理钢水量：20t；

（5）变压器额定容量：5500kV · A+20%；

（6）一次电压：10kV；

（7）二次电压：215V-189V-150V；

（8）调压方式：无励磁调压前三档为恒功率，后三档为恒电流；

（9）精炼周期：约 22min。

3.6.3.2 LF 精炼工艺制度及钢水处理效果

工艺流程：转炉→2×LF 炉→连铸。转炉的冶炼周期为 22min，连铸的生产周期为 16~17min。为保证生产连续快速进行，临钢炼钢厂采用两座 LF 炉配一座连铸机的生产工艺，且本厂 LF 工艺的特点是精炼周期较短，这就给 LF 精炼造渣工艺带来了较大难度。在热试期间，炼钢厂采取了多种造渣脱氧工艺，经过反复比较，最终形成了比较适合炼钢厂的一套工艺制度。

A 转炉控制

（1）出钢下渣控制。转炉出钢过程中下渣时，炉渣受钢流的混冲乳化起到了充分氧化钢液的作用，这种原始渣氧化性强，炉渣氧势高且渣中 SiO_2 含量较高，碱度低，给精炼脱氧造成极大危害。根据临钢目前的转炉设备工艺状况，具有较好精炼效果的转炉下渣的渣层厚度不大于 70mm。

（2）转炉成分控制。在转炉出钢脱氧合金化的过程中，由于加入增碳剂（碳粉），有部分碳粒混入钢渣中，且合金、脱氧剂、精炼渣的加入使出钢温降较大，使熔渣变稠甚至硬化结壳，导致精炼前期化渣困难、时间较长和就位成分碳含量不准确。另外，由于 LF 炉加料口较小，精炼周期较短，因此采取了精炼过程不进行合金的成分微调，转炉按钢种中限控制合金成分，按钢种下限控制碳含量，减少转炉下渣的工艺措施，确保在 LF 炉合金和碳含量的准确控制。

（3）出钢时加渣料。研究表明，单独用脱氧剂（如 Fe-Mn）脱氧，发生的反应为：

$$[Mn] + [O] = (MnO) \tag{3-10}$$

$$[Fe] + [O] = (FeO) \tag{3-11}$$

生成 Mn(Fe)O，并不能把氧脱到很低的程度，但是随着脱氧产物 Mn(Fe)O 在渣溶解，其热力学活度降低，促进了脱氧反应的进行，使钢中溶解氧降低。无渣的情况下脱氧产物为 Mn(Fe)O，钢中溶解氧较高，故出钢前应将配好的渣料加入钢包中且放在钢流冲击处，充分利用出钢时钢水冲击的动能，加强渣-金属的混合，达到脱氧、脱硫的目的。为此采取了出钢过程加精炼渣的工艺制度，采取的精炼渣系为 $CaO-Al_2O_3-MgO$，主要成分见表 3-24。

表 3-24　精炼渣系的主要成分

成分	CaO	Al_2O_3	MgO	Fe_2O_3	TiO_2
精炼渣中含量（质量分数）/%	45.9	29.5	1.9	1.3	1.6

B　加热制度

30t 钢包精炼炉的二次测电压范围为 150~215V，加热制度分为四档，调方式为有载或无载。热调试数据表明，实际的钢液升温速度与初始钢液温度、出钢时合金和脱氧剂的加入量、造渣剂的加入量、钢包运转周期等因素有关。实践表明，处理初期采用中等电压、大电流操作以快速化渣提温，当炉渣化好后可根据钢水温度情况，采用不同电流，短电弧加热，弧流变化范围为 10000~16800A。

C　吹氩制度

底吹氩在 LF 炉处理过程中发挥的作用十分重要。底吹氩对化渣、调节成分、脱硫、脱氧及夹杂物的上浮均有较大影响，搅拌强度与钢包带渣量和钢水温度也有较大关系。实践表明，LF 精炼炉到吊包工位后，接吹氩管进行旁吹破壳，破壳后流量稍微变小，以钢水不裸露为准。到加热工位后，根据透气砖透气情况，采取中等强度的氩流量进行搅拌。钢包出加热工位喂 Ca-Si 丝后，进行软搅拌。氩气流量变化范围约为 300NL/min→50NL/min→20NL/min→10NL/min。

D　造渣工艺

LF 炉精炼造渣过程的核心任务是尽快形成 FeO 含量（质量分数）小于 1%的强

还原性渣（即白渣）；能否尽快形成白渣，并使钢水在还原气氛中有足够的精炼时间是保证钢液脱硫和净化钢水质量的关键。在 LF 炉热试期间，考虑造渣剂成本和精炼周期等因素，经多次实践，形成了较好的精炼造渣工艺制度，即钢包至 LF 炉，底吹氩旁吹破壳后，首先喂铝线把钢中的溶解氧脱到最低限度，然后加入电石、铝粉等脱氧剂，转至精炼工位后，测温取样，供电精炼。精炼过程中，根据实际情况分批加入石灰、电石、铝粉等渣料，总量约为350~400kg。供电结束后，LF 炉转至等待工位，喂硅钙线，软吹 3~5min，吊包出工位，精炼过程白渣形成时间约需6~10min。

3.6.3.3 LF 钢水处理效果

A 渣中（FeO+MnO）含量和熔渣碱度

有关资料表明，当熔渣中 w(FeO+MnO)≤1.0%时，钢液内的氧将向与之接触的熔渣内扩散，从而降低了钢液中的氧浓度，保证一定的炉渣碱度，控制包渣碱度 R=3~4.5，会使炉渣具有较高的脱硫和吸附夹杂能力。

热试过程的数据表明，在出钢挡渣正常的情况下，对于出钢时 w(FeO+MnO)=7%~14%，碱度 R=2.5~3 的钢包顶渣，经 LF 炉精炼后，大部分炉次渣中 w(FeO+MnO)≈1%，碱度提高到3~4，有效降低了钢中的氧含量。

B 成分控制

经 LF 炉处理后钢水成分变化不大，在渣厚小于 100mm 情况下，经喂线、添加碳粉、加入渣料后，可适当增加部分合金元素的含量。

由于转炉 C 含量按规格下限控制，考虑石墨电极加热增碳量，根据目标要求加入碳粉，可使钢中 C 含量增加 0.01%~0.08%；由于精炼还原脱氧和加入硅钙线，钢中回硅量平均上升-0.01%~0.04%；由于加入碳粉、电石和铝粉，部分 MnO 被还原，回锰量约为0.01%~0.06%；精炼处理时，随着炉渣脱氧反应的进行，存在回磷现象，回磷量为 0.001%~0.006%；随着炉渣氧化性降低，钢水流动性渐好，脱硫条件得到改善，处理结束后，脱硫率平均为14.96%，最高达41.66%。

C 钢中气体和夹杂

在实际生产时，转炉出钢采用硅铁、锰铁、钢芯铝、硅钙等合金和脱氧剂进行脱氧。钢包精炼时，进一步采用喂铝线脱氧，可以使钢中的氧含量降低，而炉渣中（FeO+MnO）含量的降低和炉渣碱度的提高，使钢中氧向炉渣中扩散成为可能。但在白渣化较差的情况下，钢中氧有可能回升。LF 炉发挥了较好的脱氧优势，脱氧率最高为 84.04%，平均为 66.61%。钢中氮含量稍有增加，平均含量为 $32\times10^{-4}\%$，氮含量控制都在标准范围内。

转炉出钢过程加部分硅钙，精炼结束喂硅钙线，使钢中 Al_2O_3夹杂和 MnS 夹杂由链条状转变为易上浮排除的液态球状氧化物，起到了提高钢液纯净度，消除机械性能影响的作用。金相检验表明，经精炼后的铸坯中只有级别较低的球状氧化物夹杂。

3.6.3.4　结论

（1）LF 炉发挥了较好的脱氧优势，脱氧率平均为 66.61%，铸坯纯净度得到改善。

（2）转炉下渣量不稳定给精炼操作带来一定难度，钢包内渣层厚度不大于 70mm 是今后一段时间内的攻关目标。

（3）LF 炉的工艺制度还需要继续研究，对于如何解决渣料快速熔化，提高渣铁的硫容比，以进一步提高脱硫率是今后需要解决的问题。

3.6.4　淮钢 LF 钢包精炼炉

3.6.4.1　主要设备工艺参数

A　钢包

LF 炉钢包即为转炉炼钢所用钢包，LF 炉对钢包的净空要求 400~600mm，设计的钢包实际净空不小于 800mm。

LF 炉钢包主要包括以下技术参数：

（1）额定容量：90t；

（2）自由空间：950mm；

（3）耳轴中心距：4150mm；

（4）钢包总高：4110mm。

B　钢包车

钢包车是运送钢包的设备，钢包车车体采用的是钢板焊接结构，车体顶面铺有耐火材料保护。钢包车设备由车架、从动车轮组、主动车轮组、驱动装置、动车声光报警、钢包车定位装置、滑线架等组成。

钢包车的供电采用的是电缆滑线供应。钢包车用两台电动机驱动，采用的是频率转换器对速度进行控制，当一台电动机出现故障时，另一台电动机工作，钢包车减速运动。钢包车运行在钢包的吊包位和钢包的加热位之间，两个位置设行程开关控制，每组行程开关设减速、停车、过位保护开关。

LF 炉钢包车技术参数为：

（1）钢包车最大载质量：160t；

（2）钢包车运行速度：2~16m/min；

（3）每辆车电机数量：2 台；

（4）配置钢包车台数：2 台；

（5）运行方式：机械式（变频调速）；

（6）定位精度：±10mm。

C　钢包盖

钢包盖的作用是盖住钢包，在电弧加热，成分微调以及其他操作期间减少能量损失。钢包盖为圆柱体形状，主体设备由钢管焊接而成，水冷结构。

在钢包盖上设置七个孔，分别用于电极升降，合金下料，测温取样，零星加料，一组排气罩。钢包盖底部及侧面分别设置集尘罩，可防止烟气逸出，噪声的放散，减少空气的渗入，使钢包盖内保持一定的正压，制造还原气氛。

钢包盖的内壁涂 50mm 厚耐火泥，顶部设置耐火小炉盖，小炉盖用整体捣制的耐火砖结构，具有绝缘好，整体性好，也易于更换。钢包盖设备采用循环水冷却。

钢包盖排气罩接口的技术参数为：

（1）排出烟气量：45000m^3/h；

（2）烟气温度：200℃。

D 钢包盖升降装置

钢包盖升降装置是用来升降钢包盖的，本次设计采用悬挂式升降方式。钢包盖升降装置是由升降柱、导向装置组成。升降柱的液压缸安装在升降柱的下方，这种缸是柱塞型的，它以升降柱铰接在一起。立柱用一钢管制成，在柱的上面焊有两根三角断面的导杆。

钢包盖升降装置技术参数为：

（1）钢包盖升降行程：600mm；

（2）钢包盖升降速度：3.6m/min。

E 电极升降装置

电极升降装置是用来升降电极的，它是由电极臂、电极臂升降柱（简称电极升降柱）、电极升降柱的导向装置组成。电极升降柱的液压缸安装在升降柱的里面，在升降柱的上部分安装有横臂，因此可以调整电极臂的位置，使电极自由地升降。其他结构设计和钢包盖升降柱相同。电极升降柱的导向装置和钢包盖升降柱的导向装置是安装在一个框架上的，框架固定在基础上，升降柱设置四对导向轮。

电极升降装置技术参数为：

（1）电极升降行程：2400~2800mm；

（2）电极直径：ϕ400mm；

（3）电极分布圆直径：680mm；

（4）电极升温速度：4~5℃/min；

（5）电极升降速度（自动）上升（下降）：4.5(3)m/min；（手动）上升（下降）：5(4.5)m/min。

F 电极臂

电极臂是用来连接电极升降柱和电极之间的设备，它固定在电极升降柱上，随电极升降柱一起升降。电极臂主要由空心矩形结构件、导电铜管、电极加紧装置组成。电极固定件是用电解铜锻造后制成的，液压缸活塞上装有一个盘状弹簧，用以产生夹紧力，夹紧电极，当液压缸压缩盘状弹簧，电极固定件就会打开，放松电极。电极臂采用循环水冷却。

G 其他

（1）液压系统：工作压力为 121MPa，工作介质为水乙二醇；恒压变量泵三台（两开一备）。

（2）短网：阻抗 2.5mΩ，三相不平衡系数不大于 4.5%。

（3）氩气：工作压力为 0.2～0.8MPa，其中事故 1.6MPa，耗量 1×(50～300)NL/min。

（4）冷却水系统：工作压力为 0.2～0.8MPa，进水温度小于 35℃，回水温度小于 50℃，冷却水耗量为 $250m^3/h$，炉盖事故用水耗量为 $80m^3/h$，炉盖事故用水压力为 0.2～0.3MPa。

（5）压缩空气系统：工作压力为 0.4～0.6MPa，耗量 150NL/min。

（6）变压器：额定容量为 16000kV·A，过载 20%，一次电压为 35kV；二次电压为 300～180V，13 级有载调压，二次电流为 34.2kA；冷却方式为 OFWF 油水冷却。

（7）喂线机：形式为双线喂线，喂线速度为 40～300m/min，喂线直径为 9～18mm。

3.6.4.2　LF 炉设施的主要技术及工艺流程

LF 炉设施的主要技术为：

（1）采用双钢包车、单处理工位布置方式；

（2）电极升降方式采用三电极单独升降方式；

（3）采用水冷钢包盖，并在盖上设置除尘吸风装置；

（4）包盖及电极升降等主要工作操作采用液压驱动；

（5）采用国产导电水冷电缆及铜钢复合导电横臂设备和技术；

（6）用国产电炉变压器供电；

（7）主体操作采用计算机控制；

（8）设置钢包喂线机、合金加料及钢包底吹氩工艺处理设施。

精炼炉生产工艺流程简图如图 3-21 所示。出钢后，驱动转炉炉下钢水包车将钢水包运到出钢跨，用 160/40t 吊车将钢水包吊放到 LF 炉钢包车上。

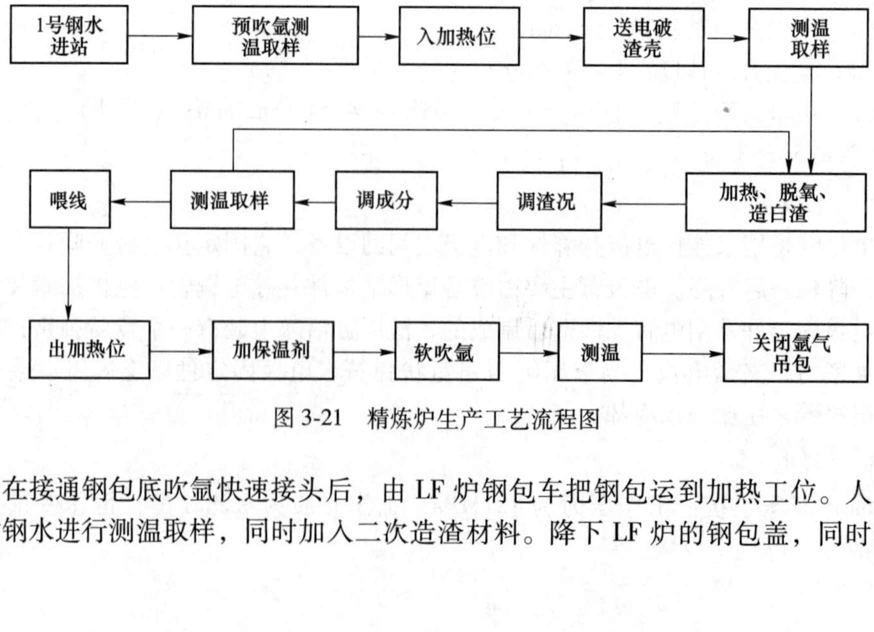

图 3-21　精炼炉生产工艺流程图

在接通钢包底吹氩快速接头后，由 LF 炉钢包车把钢包运到加热工位。人工进行对钢水进行测温取样，同时加入二次造渣材料。降下 LF 炉的钢包盖，同时降下电极并及时进行通电起弧操作，对钢水和熔剂加热。熔剂熔化以后应保持一定时间，以利于 P、S 夹杂物去除。LF 炉全过程底吹氩，以利于升温和成分均匀，并有利于脱硫和去夹杂。

加入铁合金以调整钢水的化学成分后再进行钢水的测温和取样，根据钢水温度和成分以标准值的偏差再进行成分微调（通过对钢水加热、加废钢和铁合金来实现）。钢包出位后，可根据需要进行喂线处理，弱吹氩 3min 后吊出 LF 炉区域。

处理完成后，用 160/40t 吊车将钢水包吊放到连铸机的回转台上去浇注。

LF 炉生产能力的技术参数为：

（1）LF 炉数：1 座；

（2）处理量：80t；

（3）平均升温速度：大于 4℃/min；

（4）处理时间：36min；

（5）日处理炉数：37 炉；

（6）日处理量：2960t；

（7）年处理能力：8.25×10^5t。

3.6.4.3 淮钢吹氩工艺技术操作

淮钢吹氩工艺包括以下技术操作。

（1）生产前准备工作。该操作需要满足以下要求。

1）废钢、铁合金、保温剂、硅钙线、测温枪、热电偶及取样器齐备，并防止潮湿。

2）设备检查完好，需要满足以下要求：

①操作台上各开关按（旋）钮接触良好；

②氩气阀门处于准备状态；

③氩气流量表、压力表、测温表、称量表等正常；

④喂线机正常；

⑤料仓料齐全，量足够。

（2）吹氩操作，其操作如下。

1）钢水测温，需要满足以下要求：

①测温点距包壁 500~700mm，偶头插入钢水 200~300mm；

②钢水进站后测进站温度；

③加调温废钢时，加完废钢后 2min 测温。

2）吹氩操作，需要满足以下要求。

①吹氩时视钢水翻腾状况，调整吹氩流量，控制钢水液面呈偶见钢水。

②吹氩时间：吹氩总时间连铸第一炉不小于 8min，连浇炉不小于 5min；前次吹氩停止至吊包出站时间如果大于 10min，吊包前要再吹氩时间不小于 3min；钢水等待处理，而且温度高，再吹氩开始时间至吊包不小于 10min，留出调废钢及均匀温度的时间。

（3）调温操作。

1）顶吹氩后的钢水温度若高于规定上限温度可适当加废钢调温，80t 钢水每降低 1℃需加废钢约 40kg。

2）对小车上的调温废钢检查确认。

（4）每批废钢加入量不大于 400kg，每批间隔不小于 2min，2min 测温。

（5）加废钢过程中正常吹氩。

（6）最后一批废钢加完后，保证 3min 吹氩时间。

（7）新包、冻包、有包底的包预吹氩时间 5min。

（8）调合金，需要满足以下要求。

1）预吹氩后钢水成分如果需要进行调整，再吹氩调整合金成分，加合金后吹氩时间至少在 3min 以上。

2）吹氩结束取终点样。

3）加合金调温操作的全过程正常吹氩。

4）合金计算方法。合金加入量与降温见表 3-25。

表 3-25　合金加入量与降温

合金	加入量/kg · t^{-1}	降温/℃
锰铁	4	7
硅铁	4	5

合金加入量的计算公式为：

$$合金加入量=\frac{钢水量(kg)\times[目标值(\%)-实际值(\%)]\times 1000}{元素含量(\%)\times 元素吸收率(\%)} \quad (3\text{-}12)$$

其中，元素吸收率锰约为 95%，硅约为 90%。

5）合金有一定的冷却能力。

6）钢包精炼对碳、硅、锰等单一成分一次调整范围目标值为 0.05%以下。

（9）技术操作质量。该操作需要满足以下工艺要求：

1）钢水必须 100%经过氩处理；

2）钢水成分温度等符合连铸要求。

（10）喂线操作。该操作需要满足以下工艺要求：

1）钢水欲吹氩时喂线，硅钙线要喂入钢水中，渣子黏时，待渣子吹熔后再喂；

2）根据钢液的需要设定喂线的长度、喂线的速度 3~5m/s。

（11）取样。该操作需要满足以下工艺要求：

1）欲吹氩结束取精炼过程样，不能提前取；

2）调成分的钢水，吹氩结束，取终点样；

3）试样不能有空心，表面要平滑无砂眼，试样不合格要补取。

（12）钢水保温。该操作需要满足以下工艺要求：

1）调包前加适量保温剂保温；

2）吹氩结束温度偏低、连铸第一炉，补加保温剂；

3）渣子黏时，适当补加保温剂，使保温剂覆盖整个渣面。

3.6.4.4　淮钢精炼工艺基本技术操作

（1）操作前的检查和准备。该操作需要满足以下要求：

1）检查确认液压系统工作正常，检查油温、油液位是否正常；

2）检查确认电极长度满足工作要求及电极准备位电极连接良好；

3）检查电极横臂和炉盖上下运行是否正常；

4）检查确认钢包状况及钢包车运行正常；

5）检查确认喂线机工作正常，丝线够本班和交接班炉使用；

6）检查确认喂线门和观察门运行正常；

7）检查水冷炉盖有无漏水，确保正常使用；

8）检查确认各种开关、按（旋）钮正常、计算机无故障；

9）检查确认冷却水的流量和压力，应满足极限值的要求；

10）检查确认氩气系统正常，特别要检查氩气压力；

11）检查确认报警点正常无报警；

12）断路器闭合符合联锁要求，具备送电条件；

13）上料系统操作正常；

14）检查确认炉前原材料、操作设备、操作工具齐全，保证生产正常运行。

（2）精炼炉操作程序。将钢包放置在钢包车上，接上氩气软管，开通氩气进行预吹氩并开始计时。预吹氩氩气流量按 350~500NL/min 控制，并根据钢液面情况调整以满足以下工艺要求。

1）预吹氩 3min 后，测温、取样（一）。

2）将钢包开至加热位，降下炉盖，调整氩气流量，进行送电操作。

3）先使用起弧电压电流化渣壳，再向炉内加入渣料造渣，每炉加入适量石灰，并配加相应的萤石，为确保快速化渣，各种渣料要分批次尽早加入。

4）保证供电 15min 内形成液态白渣，并保持白渣不小于 10min。

5）向渣面加适量脱氧剂（硅粉、电石、铝粒），关上观察门。

6）造渣结束，升起电极，停电进行测温、取样（二）并检查情况，氩气搅拌情况。

7）送电继续加热，等待样（二）化学分析报告，根据测温结果和吊包时间，正确选择供电抽头/曲线，根据情况，向渣面加入适量的脱氧剂。

8）根据样（二）化学分析报告，计算增碳量和合金加入量调整化学成分接近目标值，根据式(3-12)计算合金加入量。其中，元素吸收率锰约为 95%，硅约为 90%。

9）升起电极停电，调大氩气流量，使钢液面吹开 200~300mm，往炉内加入碳粉，通过上料系统往炉内加入合金另外根据情况及硫含量补加适量脱氧剂或造渣材料。

10）合金加毕，保持该搅拌 1~2min，然后调小氩气流量。

11）增碳、合金化后须吹氩送电 3min，升起电极停电，进行测温、取样（三）。

12）送电继续加热，等待样（三）化学分析报告。

13）停电，调大氩气流量，据样（三）化学分析报告，将成分微调至目标值要求。

14）调小氩气流量，降下电极继续加热，使温度符合吊包温度要求。

15）抬起电机停电，将钢包开至等待位。

16）根据钢种冶炼技术操作规程要求进行喂线，选择合理的喂线长度和喂线速度，确保喂线效果；喂线结束后，软吹，调小氩气流量，以渣面微动钢液不裸露为准，软吹时间执行各钢种冶炼技术操作规程。

17）吊包前测温，其值应达到连铸要求的吊包温度，温差不超过±5℃。

18）吊包前停止计时，此时画面显示时间为精炼时间，关闭氩气，卸掉氩气软管，向渣面加保温剂，吊包。

（3）温度控制操作。该操作满足以下工艺要求：

1）冶炼铸机第一炉必须使用正常周转红包，并保证钢包干净；

2）使用新包及小修包，有包底炉次氩后温度提高 5~10℃；

3）氩后温度六流连浇时按中下限控制，五流连浇时按中上限控制；

4）吊包温度由精炼炉根据连铸反馈情况和值班主任的协调进行确定；

5）过热度按 25~35℃控制，目标 30℃；

6）大包准备应将大包状况反馈给精炼炉。

3.6.5　鞍钢 100t LF 精炼炉概述

鞍钢一炼钢目前拥有两座 100t LF 炉，其年处理能力为 100 万吨，所生产的产品包括普碳钢、低合金钢、合金结构钢及优碳钢等多个钢铁品种。现运行稳定，且具有较高的技术含量。

100t LF 精炼炉的主要工艺参数包括：

（1）电极直径：500mm；

（2）分布圆直径：800mm；

（3）电极升降速度：5m/min；

（4）钢水升温速度：4℃/min；

（5）一次电压：35kV；

（6）二次电压：250~420kV；

（7）二次电流：449kA；

（8）钢水罐车速度：300~600m/min，行程 30m；

（9）液压系统：工作压力 12Mbar；

（10）工作介质：水乙二醇；

（11）水冷系统：进水低于 33℃；

（12）出水低于 50℃；

（13）冷却水流量：500t/h；

（14）氩气系统：工作压力 0.6~0.8Mbar；

（15）耗量最大：$60m^3/h$；

（16）氮气系统：工作压力大于 0.4Mbar。

3.6.6 邯钢 120t 钢包精炼炉操作要点

（1）配电工精炼前的检查与准备。该操作需要满足以下要求：

1）按设备操作规程认真检查各选择开关是否正确；

2）检查各指示信号，仪表显示是否正常，发现问题及时通知有关人员处理；

3）高压电系统是否正常，若有异常时，则报厂调，并及时通知电气有关人员处理；

4）检查无误后，报告精炼班长。

（2）精炼工精炼前的检查与准备。该操作需要满足以下要求。

1）确认电极升降系统正常，三相电极长度能满足精炼需要，特别是转炉新砌炉及连铸返回钢水；检查电极接头处有无缝隙，若有缝隙，则吊至电极接长装置拧紧；检查电极头有无松动，松动时把电极头打掉；检查备用电极是否接长，数量是否充足。

2）确认测温、定氧、取样装置工作正常，测温头、定头、取样器数量充足。

3）检查渣料，合金料，扩散脱氧剂，增碳剂是否充足，并确认合金成分。

4）确认炉盖升降正常，炉盖水冷系统，导电铜臂、电极夹钳等无漏水现象。

5）检查炉盖耐材能否继续使用，特别是电极孔周围耐材能否继续使用。

6）确认喂线机工作正常，各类线数量充足，成分明确，安装到位。

7）检查底吹气管网有无漏气，总管压力 1.5MPa 以上。

8）确认钢包车行走正常，停位准确，轨道内无障碍物。

9）平台准备好大包保温剂。

（3）座包工位。该操作需要满足以下要求：

1）钢包吊到精炼工位后，专人指挥吊车把钢包平稳座正，检查机架有无变形，检查包壁是否透红；

2）检查钢包上沿有无残钢、残渣、异物等，防止包沿超高，确保钢包与炉盖平整、完全接触；

3）接底吹氩管，调整吹氩流量。

（4）加渣料工位。该操作需要满足以下要求：

1）精炼钢包车运行至加渣料工位停稳后，检查工位是否准确；

2）向钢包内加入造渣材料，渣料比为石灰：萤石 = 3：1~5：1，视渣况调整配比，渣料加入量按 2~5kg/t。

3.6.7 某钢厂 LF 炉技术操作规程

3.6.7.1 工艺流程

某钢厂 LF 炉的工艺流程为：

钢水进站→接底吹氩管→钢包进入工作位→测温、取样（定氧）→加热、造渣→调成分→测温、取样（定氧）→喂线→静吹→测温、取样→钢水到非工作位→加保温剂→吊包→连铸。

3.6.7.2　主要原料技术条件

（1）石灰。其满足的工艺参数为：

1）化学成分要求：执行公司原材料技术标准；

2）要求纯净，在仓内储存不大于 3 天；

3）粒度要求：5～45mm。

（2）萤石。其满足的工艺参数为：

1）化学成分要求：执行公司原材料技术标准；

2）杂质含量（质量分数）小于 5%；

3）粒度要求：5～20mm。

（3）合成渣、预熔精炼渣。其满足的工艺参数为：

1）化学成分要求：执行公司原材料技术标准；

2）粒度要求：5～20mm。

（4）铁合金。其满足的工艺参数为：

1）合金粒度：10～30mm；

2）合金料必须按成分、品种分类存放，合金称量准确。

（5）平台备料：铝粉、硅铁粉、增碳剂及所需金属料等。

3.6.7.3　精炼正常工作条件

（1）钢包条件，其包括：

1）底吹透气砖检验合格，其他部位可正常工作；

2）钢包洁净，无包沿；

3）正常周转包，红包出钢。

（2）对转炉出钢的要求，其包括：

1）经“LF”处理的钢种出钢后，钢包净空不小于 350mm；

2）转炉出钢后采取挡渣出钢，要求钢包内渣层厚度不大于 70mm；

3）转炉出钢后，到“LF”的温度应符合温度制度要求；

4）转炉出钢后，钢水合金成分控制在国标中限以下，C 含量低于所炼钢种下限；P 含量低于上限 0.007%，S 含量不得高于成品上限 0.040%；

5）转炉出钢到 1/4～1/3 时，按钢种要求，加入石灰 400～500kg 和合成渣（低碳低硅钢种使用预熔精炼渣）200～300kg，进行预造渣。

（3）“LF”炉的水冷系统无报警（温度、流量）。

（4）变压器的冷却系统无报警（温度、流量）。

（5）电极升降系统无报警，炉盖在低位，钢包车到工作位。

（6）“LF”炉的液压系统无报警。

（7）“LF”炉的气动系统无报警。

3.6.7.4 精炼工艺及制度

A 电极接长及更换工艺

在工作中，电极臂以下任意两根电极的长度差超过 150mm 时，需调节电极，使电极臂以下的长度相等，电极的下端处于同一端面上。当三相电极中的任意一相没有调整的余量时（电极臂以上长度小于 300mm），需要更换电极。

（1）电极更换。用悬臂吊或天车吊住电极尾部提升塞头的吊环，然后松开该相电极的把持系统，将电极吊出，放在电极接长站，再从电极接长站吊一根已接好的电极，装在电极臂上，使三相电极的下端处于同一端面上，然后使该相电极的把持系统抱紧，悬臂吊或天车摘钩，电极更换完毕。

（2）电极接长。其操作如下。

1）将需接长的电极固定好，拧下提升塞头，然后用有油压缩空气将电极螺纹内孔及电极端面吹扫干净（不能用钢棉或铁刷清扫擦拭），将连接用螺纹塞头也吹扫干净，插入螺纹内孔，用手拧紧（不加任何外力）且使之不能倾斜。

2）将需接上的电极去掉头、尾部包装，然后用有油压缩空气将电极螺纹内孔及电极端面吹扫干净（不能用钢棉或铁刷清扫擦拭），将提升塞头也吹扫干净插入螺纹内孔，用手拧紧（不用任何外力）且使之不能倾斜；把另一端（没有提升塞头的一端）用软垫子垫起来（以免在提升过程中损坏）。

3）用悬臂吊吊住电极尾部提升塞头的吊环，慢慢提起到待接电极的上方，对正，再慢慢落下，用专用扳手拧紧，拧紧前上下电极相距 3~5mm 时，要求再次用压缩空气将两电极端面吹扫，避免残留杂物影响导电，两节电极之间不得有空隙，不能松动。

4）电极连接的目标是：要使相邻两节电极之间的连接处具有各向机械应力相等，断面上具有连贯的导电性和连接坚固牢靠。

（3）电极的下放。其需要满足以下要求：

1）确保电极下放的高度要使电极处于上限时，电极下端的高度应高于钢包 200mm；

2）电极夹紧时把持器把持部位应在电极安全线以外。

B 吹氩制度

吹氩制度分为底吹氩制度和事故吹氩制度。

（1）底吹氩制度。精炼生产前，检查钢包及底吹氩管道是否漏气，钢包到达 LF 炉后，接好底吹氩管（底吹氩气要求压力为 1.0~1.2MPa），开氩气，要求精炼全程吹氩，另外精炼各阶段要求吹氩强度不同，具体要求如下：

1）初期起弧化渣阶段要求弱吹氩气，渣化后升温过程要求中等强度吹氩，取样、测温、喂线过程中和喂线后要求弱吹氩气；

2）增碳、合金化及脱硫时要求氩气强搅拌，钢液裸露直径不大于 350mm 为宜，调合金后需吹氩气 3min 以上再取样；

3）停电等待期间及喂线过程中要求弱吹氩气，喂线结束后需弱吹氩气 3min 后再吊包，吹氩时渣面涌动不露钢液；

4）吹氩强搅拌、中强搅拌、弱搅拌，可根据气眼大小（即裸露钢水液面的大小）判断吹氩强度，强搅拌气眼 300~350mm，中强搅拌气眼 150~250mm，弱搅拌气眼 0~100mm。

（2）事故吹氩制度。如果底吹透气砖的透气性不好，则换成高压氮气（2.0~2.5MPa）用高压氮气吹开透气砖，如果吹不开则认为底吹失败。底吹失败时要求尽快组织钢水倒包，倒包过程中，备用钢包要求连接底吹氩管，边吹氩边折钢水，防止透气砖堵死。

C　供电制度

1 号 LF 炉和 2 号 LF 炉的配电表（变压器铭牌参数）分别见表 3-26 和表 3-27。

表 3-26　1 号 LF 炉配电表

变压器级数	13	12	11	10	9	8	7	6	5	4	3	2	1
最大二次电流/kA	42.45	42.45	42.45	42.45	42.45	42.45	42.45	42.45	42.45	42.45	42.45	41.24	40.99
二次电压/V	240	250	260	270	280	290	300	310	320	330	340	350	360

表 3-27　2 号 LF 炉配电表

变压器级数	13	12	11	10	9	8	7	6	5	4	3	2	1
最大二次电流/kA	46.2	46.2	46.2	46.2	44.63	44.63	44.63	44.63	44.63	44.63	44.58	43.30	42.10
二次电压/V	240	250	260	270	280	290	300	310	320	330	340	350	360

LF 炉的供电制度为：

（1）初期起弧化渣、渣化升温或保温阶段，采用 2~3 级电压，电流曲线采用 5 级（短弧），升温速率约为 4℃/min；

（2）供电前，如果钢包内的钢渣出现结块现象，应首先处理结块，防止电极折断，不能处理时，应降低电压级数至 5~6 级，使用 4 级电流曲线（中弧）；

（3）除初期起弧化渣外，全过程均须埋弧操作，严禁用高电压裸弧强制调温，以免损坏包衬，不能实现埋弧时要加入埋弧渣，增碳、合金化及测温取样时须停电并抬起电极；

（4）加热时优先采用自动方式，异常情况采用手动；

（5）三根电极中的任意两根电极臂以下长度差超过 150mm 时须重新调整电极，使电极臂以下长度相等，电极下端在同一平面；

（6）严禁用电极增碳，掉入钢包内的电极头必须及时扒出；

（7）每次供电时间最长不能大于 10min；

（8）尽量减少高压分闸次数，原则上每个浇次分闸 1 次。

D　造渣制度

该过程中，需加入还原剂、渣料，造还原渣。钢水进入工作位后，根据钢种和钢包内渣况，加入还原剂（如铝粉、硅铁粉等），同时加入约一半或全部造渣料，吹氩搅拌 3~5min，然后再取样测温；完成以上操作后，根据钢水温度，确定供电时间，开始供电，供电过程中如渣料已熔化，可以把剩余的渣料加入，石灰加入总量为 800~1200kg，萤石加入总量为 500~700kg。

注意：造还原渣时根据钢种不同所加入的脱氧剂也不同，铝镇静钢应向钢包内加入铝粉（分批加入）来脱氧；硅镇静钢应控制铝的加入量；低硅钢注意控制萤石加入量。

铝镇静钢和硅镇静钢的炉渣成分分别见表 3-28 和表 3-29。

表 3-28 铝镇静钢炉渣成分

炉渣组成	CaO	SiO_2	Al_2O_3	$FeO+MnO+Cr_2O_3$	MgO	S
含量（质量分数）/%	52~58	6~10	15~25	<2	8~10	0.3~2.0

表 3-29 硅镇静钢炉渣成分

炉渣组成	CaO	SiO_2	Al_2O_3	$FeO+MnO+Cr_2O_3$	MgO	CaF_2	S
含量（质量分数）/%	52~58	21~26	5~8	<2	6~8	2~6	0.3~1.0

E 脱氧合金化制度

待还原渣形成后，根据钢样分析进行合金调节，控制标准按所炼钢种的中下限控制，调整量为：$w(C)<0.08\%$；$w(Mn)<0.10\%$；$w(Si)<0.10\%$。

进 LF 炉的钢水中，各元素的吸收率见表 3-30。

表 3-30 各元素的吸收率

元素	C、Si、Mn、Cr、V、Nb、Mo、Ni	Al、Ti	铝线
吸收率/%	95~100	60	75

合金料加入量的计算公式：

$$合金料加入量 = \frac{W \times (N - N_t) \times 1000}{M_e \times F}$$

所有合金料的加入量均按精炼终点内控中下限成分的目标值进行计算，合金料加入 2~3min 后取样，根据分析结果进行合金精调；如果所炼钢种为多合金钢种，合金料的加入量和种类较多，或钢种的成分范围较为严格，可分两次或三次加入合金料。

在加入增碳剂、合金料及手动（自动时不需提起）测温取样时均需提起电极，停止供电。

F 喂线制度

钢水成分温度符合要求后进行喂线，需要细化晶粒及对铝含量有要求的钢种先喂铝线再喂硅钙线或钙线，喂铝线的速度为 200~350m/min；喂硅钙线或钙线的速度为 200~350m/min；喂线量根据钢种要求决定。

喂线时进行弱吹氩，喂完线 3~5min 以后再行吊包（此阶段进行弱吹氩，如钢种对弱吹时间有特殊要求，按要求时间控制），以便钢中夹杂能很好上浮；喂线结束后向钢包中加入覆盖剂，确保不裸露钢水液面。

G　温度制度

温度制度见表 3-31。注：遇备用包、大修包，转炉终点温度可上调 10～20℃，LF 炉根据冶炼时间，出站包温可上调 5～15℃；根据出钢时间的长短，转炉终点温度可提高或下调 10～20℃；精炼还应根据薄板连铸断面大、小，适当调整出站温度。

表 3-31　温度制度

钢　种			SS400	SPHC、SPHD、SS330	Q345B
项目	终点温度/℃		1630～1650	1630～1640	1640～1660
	炉后包温/℃		1570～1585	1570～1585	1560～1575
	LF 进站包温/℃		≥1540	≥1545	≥1540
	LF 出站/℃	第一包	1580～1590	1600～1610	1575～1590
		连浇	1570～1580	1585～1595	1565～1575

H　事故的预防和处理

（1）严禁在炉盖漏水的情况下进行精炼操作。

（2）精炼过程中发现炉盖漏水等情况，应立即停止电极供电，提起电极、停止吹氩并抬起包盖。若包内无水将钢包车开到非工作位，对事故部位进行处理；若钢包进水，须首先关闭炉盖进水总节门，处理事故部位，待包内水蒸发干后再动车。

（3）钢包底吹透气砖安全可靠，操作机构灵活、安全可靠，钢包异常或钢包漏钢须立刻停止精炼，进行倒包或回炉处理。

（4）操作过程中随时检查电极抱紧情况，发现异常及时处理，防止电极折断掉入钢包。

（5）观察孔平台附近原料堆放整齐，保持操作空间开阔，精炼职工在观察孔测温取样或加料时，注意侧身对应观察孔，避免钢渣、钢水溅出伤人。

（6）准备喂线线时，必须从线卷的椭圆形开口处抽出喂线线，防止喂线过程中卡线，造成喂线线断裂伤人。在线喂线过程中，开始需缓慢进线，待喂线线进入升降导管后再加速到规定速度，避免喂线线跑偏，接触电极，引发触电。

（7）电极接长和下放过程中，注意电极坠落伤人。

（8）精炼职工必须穿专用绝缘鞋，防止触电。

3.6.7.5　主要工艺参数

普通参数包括：

（1）LF 炉技术要求：DANIELI 标准；

（2）钢水的运输：2 台钢包车；

（3）正常处理钢水量：150t；

（4）最大处理钢水量：160t；

（5）最小处理钢水量：120t；

(6) 钢包正常自由空间（处理钢水量为 150t 时）：1100mm；
(7) 钢包最小自由空间（处理钢水量为 160t 时）：910mm；
(8) 钢包最大自由空间（处理钢水量为 100t 时）：1960mm；
(9) 钢水处理周期（LF）：30~40min；
(10) 钢水处理周期（LF+VD）：（按钢种要求执行）；
(11) 炉顶技术要求：水冷炉顶；
(12) 电极臂技术要求：符合技术协定要求。
几何参数包括：
(1) 炉顶升降行程：700mm；
(2) 炉顶耐火材料厚度：270mm；
(3) 电极直径：457mm；
(4) 电极极心圆直径：750mm；
(5) 电极技术要求：高密度电极；
(6) 单节电极长度：1800mm；
(7) 电极行程：2900mm。
气体搅拌的工艺参数包括：
(1) 透气砖数量：每个钢包 2 块；
(2) 透气砖最大气体流量：2×600NL/min；
(3) 吹入气体种类：氩/N_2；
(4) 每台钢包车底吹管的数量：2 根；
(5) 事故搅拌系统：1 套；
(6) 最大工作压力范围：1.0~1.2MPa；
(7) 吹开堵塞气孔压力：2.0~2.5MPa；
(8) 事故枪气体流量范围（多孔弥散型）：0~600NL/min。
电气参数包括：
(1) 变压器功率：1 号 LF 为 25MV · A，2 号 LF 为 28MV · A；
(2) 最大过载能力：+5%；
(3) 有载变压级数：13 级；
(4) 基本电弧电压工作范围：110~120V；
(5) 最大电弧电流：42.5kA；
(6) 最大二次电流：44.6 kA。
辅助系统的工艺参数如下。
(1) 电极接长站的工艺参数包括：
1) 电极存放位置：1 号 LF 3 个，2 号 LF 6 个；
2) 电极接长工作位置：1 个；
3) 电极起重装置：1 台悬臂吊。
(2) 喂线系统的工艺参数包括：
1) 喂线机配备：3 台；
2) 喂线机形式：双线喂线机；

3）芯线直径要求：5~18mm；

4）喂线速度：3~350m/min；

5）配备交流电机的功率：11kW。

钢包车的工艺参数包括：

（1）钢包车配备：2 台；

（2）钢包车有载重量：250t；

（3）钢包车最高运行速度：15m/min；

（4）钢包车配备交流电机的功率：2×30kW。

题库

4 RH 精炼法

4.1 RH 精炼法介绍

微课-RH精炼工艺及设备概况

4.1.1 概述

RH 精炼法（以下简称 RH 法）是由原西德鲁尔（Ruhrstahl）钢公司[1]和真空泵厂家赫拉乌斯（Heraeus）公司于 1959 年共同设计研制成功的，也称为真空循环脱气法。

鲁尔钢公司持续对大型锻造用钢锭的脱氢进行了研究，其为使处理设备小型化，降低处理成本并且易于在炼钢厂使用，于 1956 年前后开始了 RH 法的开发。最后由赫拉乌斯公司提案，根据使用铅和汞做的模拟实验，确认了技术可能性之后，继而在西德鲁尔公司进行 100t 钢包的工业化试验，于 1959 年确立为 RH 法。

RH 法设计的最初目的是用于钢液的脱氢处理，随着解决一系列炉外精炼任务的需要。经过 30 多年的发展，RH 由最初单一的脱气设备发展成为包含真空脱气、吹氧脱碳、喷粉脱硫、温度补偿、均匀温度和成分等的一种多功能炉外精炼设备。RH 处理工艺具有精炼效率高、适应批量处理、装备投资少、易操作等系列优点，在炼钢生产中获得了广泛应用和显著进展。它不仅提高钢产量，改善钢材质量，增加品种，降低成本，提高经济效益，而且极大地优化了现代炼钢工艺，是目前广泛应用的一种真空处理法。

4.1.2 RH 技术的发展历史

4.1.2.1 世界范围

自 1959 年第一台 RH 设备在德国蒂森（Thyssn）公司的哈廷根（Hattingen）厂建成以来，RH 法取得了迅猛发展。可处理的最大钢包容量达 400t。

RH 法在欧洲、日本、美国和中国得到普遍推广。日本是较早重视 RH 法发展的国家，1963 年，新日铁公司建成世界上第二台 RH 设备。现在日本五大钢铁公司（新日铁、住友、钢管、神户、川崎）全部拥有 RH 法精炼设备，其全部连铸钢水都经过 RH 法脱气处理。

4.1.2.2 我国情况

RH 法近十几年来在我国发展也很快。1967 年，大冶钢厂从德国 MESSO 公司引进了第一台 RH 装置，宝钢分别于 1985 年和 1999 年投产了两台 RH 装置，武钢

[1] 后改为莱茵钢（Rheinstahl）公司，现为 AHT 公司。

分别于 1979 年至 1990 年投产了四台 RH 装置。1985 年 12 月，宝钢投产了一台 300tRH 装置，该装置是当时全国的最大容量装置。后来攀钢、鞍钢、本钢、太钢等也相继建成投产了 RH 装置，各大钢铁公司都在为进一步应用该精炼技术而努力，建造新的高水平的装置。

全国相继建成了几十台 RH 多功能真空精炼炉（见表 4-1），随着企业产品结构的调整，在未来的一段时间内将会有更多的 RH 真空精炼法建成投产。

表 4-1　我国已建成 RH 真空精炼炉（不完全统计）

序号	厂家	吨位/t	主要特点	建成年份
1	大冶钢厂	100	旋转升降式，以脱气为主	1967
2	上海重型机械厂	30～120	旋转升降式，以脱气为主	1971
3	内蒙古第二机械制造厂	50	旋转升降式，以脱气为主	1978
4	洛阳矿山机械厂	30～120	旋转升降式，以脱气为主	1977
5	武汉钢铁公司 1 号 RH	80	旋转升降式，以脱气为主	1979
6	宝山钢铁公司 1 号 RH	300	双室平移、带 OB	1985
7	武汉钢铁公司 2 号 RH	80	双室平移	1990
8	武汉钢铁公司 3 号 RH	250	双室平移	1996
9	武汉钢铁公司新 1 号 RH	80	双室平移带 KTB/WPB	1997
10	太原钢铁公司	80	双室平移带顶吹氧	1997
11	攀枝花钢铁公司	120	双室平移带顶吹氧	1997
12	宝山钢铁公司 2 号 RH	275	双室平移带 KTB	1997
13	本溪钢铁公司	250	双室平移带 KTB	1999
14	宝山钢铁公司	300	RH-OB	1985
15	鞍山钢铁公司	120	RHO	2000
16	梅山钢铁公司	120	MFB	2002
17	鞍山钢铁公司	120	RH-TB	2004

现代炼钢生产大多遵循从粗炼→精炼→连铸这一工艺途径。精炼的主要问题是温度及时间上的损失，然而由于它具有提高产品质量、扩大品种、能确保连铸稳定生产等优点，因而从炼钢一贯制而言，总的成本仍是有利的；况且许多产品（如无炉外精炼）就无法生产，因而自 20 世纪 70 年代以来，各国根据自身产品及粗炼设备等特征，发展了多种炉外精炼工艺及装置。

4.1.3　RH 技术的功能拓展及技术研究

RH 真空处理工艺以其操作简便、处理量大、生产效率高的特点不断发展，在原来脱氢的基础上又开发了脱碳、脱氧、吹氧升温、喷粉脱硫和成分控制等功能，使改进后的 RH 法能进行多种冶金操作，使其发展成为多功能的真空精炼方法。RH 法的功能和精炼的钢种范围不断扩大，更好地满足了钢种和提高钢材质量的要求，尤其适合和现在的连铸法配合使用。连铸法铸出的钢坯凝固速度快，不利于夹杂物上浮，所以对钢水的洁净度要求更为严格，同时连铸的操作时间长并连续进行，对钢水的成分均匀性要求也较高，RH 精炼法正好满足了这些要求。因此，RH 精炼技术已经越来越重要，在炉外精炼中逐渐占主导地位，被人们公认为是最优秀的钢液真空精炼方法。

4.1.3.1 RH 功能拓展的研究

各国冶金企业开展了对钢水真空处理的研究。由于研究方法不同、研究目的不同，各国出现了各种各样钢水真空处理设备，其中日本的研究最为突出。

（1）富士制铁（现新日铁）于 1961 年和 Ruhrsahl 公司技术合作，1963 年设置了世界上第二座设备，开始用于未脱氧钢的实验。

（2）1969 年，德国蒂森公司恒尼西钢厂 Franz Josef Hann 博士等人在 RH 处理室钢水表面吹氧，此称作 RH-O 工艺。该工艺适应了钢水循环处理的需要，真空室上部脱碳后的钢水回流进入钢包中。由于转炉复吹工艺的引进，为 RH 自然脱碳提供了更好的生产条件，德国蒂森公司最终放弃了此工艺。

（3）兰室制铁所为了用 RH 法熔炼不锈钢，从 1970 年开始一直在做往 RH 槽内吹氧脱碳的试验。当初喷嘴寿命短，1971 年采用套管喷嘴，成功进行了工业化试验。从 1972 年开始，RH-OB 法（RH-Oxygen Blowing Degassing Process，真空室内浸入式侧吹氧法）用于不锈钢脱碳。RH-OB 可以将钢液最终脱碳从转炉转移到真空设备上进行，增加了转炉生产率。转炉出来的钢水，含碳量（质量分数）大于 0.06%，通过连续地向 RH 脱气真空室内吹入氧气，来达到脱碳目的。

为了改善 RH-OB 法脱碳时氧利用率的稳定性，把套筒喷枪改为插入式，这种方法称为 RH-OB-FD 法。这一种方法除具有强制脱碳反应功能外，还具有利用钢水中的［Al］和［Si］的氧化升温的功能，所以作为钢水温度补偿技术，又在普通钢的生产中使用，称为铝升温操作法。

但是，保护喷吹风口需要的氩气量相当大，而且 RH-OB 工艺中耐火材料受侵蚀以及凝壳现象比较严重。RH-OB 设备设计中要考虑到给真空室中加入或产生大量的气体，使得资金投入也很大；而且，大功率的喷吹需要大量蒸汽，还需要更多的冷凝器冷却水。

（4）1991 年，水岛制铁所（现川崎制铁）开发了 RH-KTB 法（RH-Kawasaki Top Blowing）。该方法由顶吹喷枪供给氧气，把脱碳时产生的 CO 气体燃烧为 CO_2，使气氛温度升高，由此而使真空槽内壁温度及钢水（特别是喷溅）温度上升，在防止处理中钢水温度降低的同时，也防止处理中钢滴附着在槽壁上凝固。由于减小了处理时的钢水温降，出钢温度可以降低；由于脱碳能力的提高（顶吹氧的效果和没有黏结冷钢带来的碳的污染的效果），可以提高转炉的终点碳以及可以缩短处理时间。随着转炉负荷的减轻，可以稳定的熔炼极低碳钢，还有因处理中不再黏结冷钢，已无须去除冷钢作业，操作准备更加简便。

（5）1992 年，富士制铁（现新日铁）开发了 RH-MFB 法（RH-Multi Function Burner）。该方法由顶吹喷枪供给燃气或氧气，不仅进行预热，在 RH 处理中也用燃气进行加热。处理中检测钢水温度和槽壁温度，控制燃气的供应量和供给时期，不使用燃气的时候，进行吹氧脱碳和加铝吹氧升温。其冶金功能和 KTB 真空顶吹氧技术相近，是提高钢水温度和防止金属在真空槽内壁附着的方法，同时也适合于极低碳钢的吹炼。燃烧热被钢水吸收的热效率是52%，如果把对耐火材料的传热也算在内的话，热效率为70%以上。有报告称，出钢温度平均可降低28℃。

RH-MFB 法具备温度补偿功能，去除了前一炉冷钢的不利影响，所以不用进行清除冷钢作业，不用规定 RH 处理钢种的熔炼顺序，成为所谓的自由熔炼。

（6）为避免上述 RH-OB 工艺过程的缺陷，可靠性的顶枪喷氧系统在全世界范围内被广泛采用。其独一无二的、显著的特性就是 CO 的二次燃烧生成 CO_2，化学反应产生的热量由真空室系统吸收。

结合以往的生产设计经验，西马克-美威克公司为工业生产开发了高级多功能顶枪系统。这些创新包括在高位置喷吹（称为短枪），从而减小了 RH 处理设施的高度。最近的创新表现在用同一套顶喷枪系统，结合现有的技术开发其他工艺应用。

（7）我国内蒙古第二机械制造厂和内蒙古金属研究所于1984研制成的 RH-Ⅵ法（真空喷粉），用于处理高合金钢。喷吹的粉剂在钢液中经历的路径长，能够被充分利用，对于35CrNi3MoV 钢，最终可获得 $w[O]<19.8\times10^{-4}\%$，$w[S]<15\times10^{-4}\%$的产品。但是该法操作不方便，不适合大批量处理，且喷枪寿命短，容易堵塞。

（8）1982年，徐匡迪等发表了 RH-IJ（RH-Injction）技术的实验室研究报告。同年，新日铁开始研究此组合技术，并于1985年开始工业性试验，1989年，RH-IJ 法在大分制铁所（新日铁）实现了工业化生产。这种方法把溶剂粉体和气体一起吹入 RH 槽内，促进了渣-金属间的反应，可以冶炼出 $w[S]<10\times10^{-4}\%$的钢。这种方法也可以控制夹杂物形态。这种方法与 RH-Ⅵ法类似，存在类似缺点，因而未能得到广泛应用。

（9）名古屋制铁所（新日铁）于1987年研制成功 RH-PB 法（RH-Powder Blowing，插入式），1992年实现了工业化生产。这种方法同样把溶剂粉体和气体一起吹入 RH 槽内，促进了渣-金属间的反应。可以生产 $w[S]<10\times10^{-4}\%$的钢水，也可以控制夹杂物形态。

1992年，住友金属和歌山制铁所成功实现了 RH-PB 法（顶吹式）的工业化生产。这种方法用顶吹喷枪喷吹粉体，同样具有 RH-IJ 的功能。以5kg/t 的单耗喷吹 $CaO-CaF_2$ 系脱硫剂，可得到 $w[S]<5\times10^{-4}\%$的钢水。用8kg/t 的单耗喷吹 $CaO-CaF_2$ 系脱硫剂，可得到 $w[S]<3\times10^{-4}\%$的钢水。用这种方法喷吹铁矿石粉体，可以熔炼 $w[C]<5\times10^{-4}\%$的钢水。

（10）1993年，日本住友金属工业公司和歌山厂开发了类似 KTB 的 RH-PTB（RH-Powder Top Blowing，顶喷粉）技术。该方法在喷吹粉剂时无堵塞喷枪的问题，无耐材消耗，无钢液阻力，载气消耗量小，在生产超低硫钢和超低磷钢时，分别喷吹 $CaO-CaF_2$ 粉剂、CaO-铁矿石粉。

（11）武钢在自己的 KTB 设备上成功开发了 WPB 技术，采用同一支顶枪进行吹氧和喷粉操作，以 KTB 处理低碳和超低碳钢，以 WPB 处理超低硫钢，根据过程温度需要，还可用铝热法使钢液升温。

（12）1995年1月比利时根特的 SIDMAR 公司，在其 RH 设施上使用了顶枪系统，其于 1994 年 4 月热试。MESID（MEVAC/SIDMAR）枪的核心技术，由 SMS-MEVAC 公司开发并申请专利。此顶枪系统使用脉冲气流，能对气体和固体的混合物进行喷吹；再者，顶枪烧嘴可实现真空室耐材的加热与保温。RH-MESSID（RH-MEVAC-SIDMAR）技术几乎集所有功能于一身，将 RH 的精炼功能发挥到了一个新的高度和水平。

RH 精炼技术的发展，必将出现更好更先进的精炼设备。图 4-1 展示了几种典型 RH 精炼方法的原理示意图，常见多功能 RH 技术的特点见表 4-2。

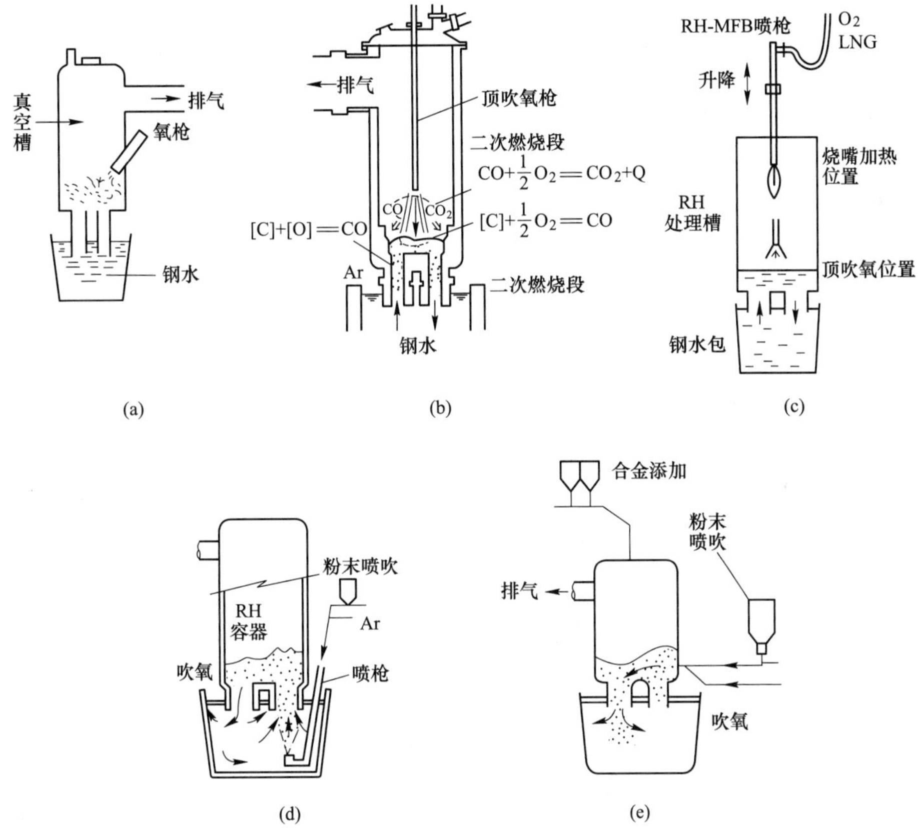

图 4-1　各种 RH 精炼方法的示意图

（a）RH-OB 法；（b）RH-KTB 法；（c）RH-MFB 法；（d）RH-Injection 法；（e）RH-PB（浸渍吹）法

表 4-2　RH 及多功能 RH 技术的特点

类型	开发厂家	主要功能	适用钢种	处理效果	备注
RH	1957 年，西德鲁尔钢铁公司和海拉斯公司	真空脱气（H_2），减少杂质，均匀成分、温度	特别用于对含氢量要求严格的钢种，主要是低碳钢、超低碳深冲钢等	$w[H]<2\times10^{-4}\%$ $w[N]<40\times10^{-4}\%$ $w[O]<20\times10^{-4}\%\sim40\times10^{-4}\%$	原为钢水脱氢开发，短时间内可使［H］降到远低于白点敏感极限以下

续表 4-2

类型	开发厂家	主要功能	适用钢种	处理效果	备注
RH-OB	1972 年，新日铁公司名古屋厂	同 RH，并能吹氧脱碳、加热钢水	同 RH，还可生产不锈钢，多用于超低碳钢的生产	同 RH，并可使终点 $w[C] \leqslant 35 \times 10^{-4}\%$	为钢水升温而开发
RH-Ⅵ	1984 年，我国内蒙古第二机械制造厂和内蒙古金属研究所	同 RH，并可喷粉脱硫、磷	同 RH，用于处理高合金钢	$w[O]<20 \times 10^{-4}\%$ $w[S]<15 \times 10^{-4}\%$	粉剂在钢液中经历的路径长，能够被充分利用
RH-PB(IJ)	1985 年，新日铁公司大分厂	同 RH，并可喷粉脱硫、磷	同 RH，主要用于超低磷、硫钢的处理	$w[H]<1.5 \times 10^{-4}\%$ $w[S]<10 \times 10^{-4}\%$ $w[P]<20 \times 10^{-4}\%$	喷枪插入钢包内上升管下面
RH-KTB	1986 年，日本川崎钢铁公司	同 RH，并可加速脱碳，减少热损失	同 RH，多用于超低碳钢、IF 钢、硅钢的处理	$w[H]<1.5 \times 10^{-4}\%$ $w[N]<40 \times 10^{-4}\%$ $w[O]<30 \times 10^{-4}\%$ $w[C]<20 \times 10^{-4}\%$	快速脱碳至超低碳范围，二次燃烧补偿过程热损失
RH-PB(OB)	1987 年，日本新日铁	同 RH，并可喷粉脱硫、磷	同 RH，主要用于超低磷、硫钢等的处理	$w[N]<40 \times 10^{-4}\%$ $w[S]<10 \times 10^{-4}\%$ $w[P]<20 \times 10^{-4}\%$	从 OB 孔喷入粉剂
RH-MFB	1992 年，日本新日铁	同 RH，既可喷粉脱硫、磷，又可加速脱碳	同 RH，还可用于超低磷、硫钢等的处理	$w[H]<1.5 \times 10^{-4}\%$ $w[N]<40 \times 10^{-4}\%$ $w[O]<30 \times 10^{-4}\%$ $w[C]<20 \times 10^{-4}\%$	喷嘴既可喷入粉剂也可吹氧
RH-PTB	1994 年，日本住友金属工业公司	同 RH，并可喷粉脱硫、磷	同 RH，主要用于超低磷、硫钢等的处理	$w[H]<1.5 \times 10^{-4}\%$ $w[N]<40 \times 10^{-4}\%$ $w[O]<30 \times 10^{-4}\%$ $w[C]<20 \times 10^{-4}\%$	从 KTB 喷枪喷入粉
RH-MESID	1994 年，比利时	同 RH，并可喷粉	同 RH，主要用于深冲钢、超纯净钢	$w[H]<1.5 \times 10^{-4}\%$ $w[N]<20 \times 10^{-4}\%$ $w[C]<150 \times 10^{-4}\%$	快速脱碳至低碳范围

4.1.3.2　RH 技术发展阶段

冶金专家通过长期的实践和研究，终于将开发初仅具备单一脱氢功能装置转变为能脱碳、脱氢、脱氧、成分调整等多功能的精炼设备，并取得了丰硕的成果。纵观 RH 技术发展，可归纳为以下几个阶段。

（1）第一阶段：1959—1975 年，此阶段可称为 RH 基础技术研究及功能开发阶段。该阶段的主要研究工作有：

1）利用同位素测定环流速度、混合状况；

2）氧行为分析；

3）处理中热损失分析；

4）环流气吹入位置研究；

5）OB 升温功能开发；

6）真空室添加熔剂脱硫功能开发。

以上研究是采用水力学模型及现场直接测定方法。通过该阶段的实践和研究达到了以下效果：

1）基本探明 RH 工作原理及反应机理；

2）推导出一些基本公式及工艺控制参数；

3）设备参数的计算推导；

4）功能扩大等。

到了 20 世纪 70 年代中期，RH 真空环流脱气法已发展成为一项较为成熟的技术，并在日本及欧美发达国家被大量采用。

（2）第二阶段：1975 年前后—1980 年前后，此阶段称为与连铸相结合并进入大规模处理阶段。该阶段的主要研究工作有：

1）1977 年，由新日铁大分厂开发了 RH 轻处理工艺；

2）1978 年，大同制铁所开发了成分微调技术，同年，新日铁名古屋制铁所开发了 RH-OB 升温技术。该阶段的主要研究工作有：

3）1979 年，神户加古川制铁所连铸大量处理；

4）1980 年，新日铁大分厂发展了 RH 全量处理工艺。

由上可见，大部分研究以现场生产为主。当时恰逢连铸的迅速发展，如何确保连铸的工艺要求（即温度、成分、时间三要素），乃是保证连铸稳定运行基本条件。实践证明，RH 法能担当起这一重要角色。

通过该阶段的发展，RH 法已从仅以处理优质特殊钢为主转向大生产常规钢处理。人们发现采用转炉→RH 法→连铸工艺路线生产扁平材，无论从质量、成本、生产率、生产管理等诸方面考虑都是一条较为理想的工艺路径。

此后 RH 法在世界各国取得了迅猛地发展，值得注意的是，不少电炉厂也大量采用 RH 精炼工艺与之相匹配。

（3）第三阶段：1980 年前后—20 世纪 80 年代末，此阶段可称为功能扩大及多功能化阶段。这一阶段的主要研究工作包括：

1）1980 年，神户加古川开发了 RH 处理中添加合成渣脱硫技术；

2）1983 年，大同制铁所 LF-RH 双重处理技术；

3）1985 年，新日铁大分厂 RH-Injection 技术（脱硫及钙处理），同年，住友金属和歌山也开发了真空槽内喷粉脱硫技术；

4）1986 年，新日铁名古屋使用 RH-OB 喷粉脱硫取得良好效果。

通过这一阶段开发实践，RH 法已发展成为具有脱氢、脱碳、脱氧、夹杂物分离、成分精度控制、铁合金节约、钢水升温（以上为第二阶段发展结果）、脱硫、夹杂物形态控制的多功能装置。

（4）第四阶段：20 世纪 80 年代末至今，该阶段可称为过程（或功能）强化阶段。

20 世纪 80 年代末及 90 年代初，随连铸技术迅速发展，连铸的拉速日益提高，与此同时，转炉随吹氧强度提高，吹炼时间也大大缩短，因此作为中间工序的 RH 法必须缩短处理周期，加快处理过程使之与前后工序相匹配。此外，社会发展（特别是高端技术行业）对钢材质量要求日益严格，包括表面质量控制及碳的控制。这意味着 RH 法要在更短的时间内达到更高的质量水平。到了 20 世纪 90 年代中期，钢铁生产已趋于供大于求状态，因而如何设法提高效率、降低成本、节约能源已成为钢铁业发展的重要课题。因此，RH 法重点进行了下列研究：

1）消除冷钢技术研究；

2）高效真空泵发展；

3）多功能顶枪技术；

4）多功能进一步发展；

5）整体真空槽技术等。

通过上述研究与发展，迄今 RH 法已成为高效、多功能的精炼装置，完全能适应现代钢铁业品种、质量、高效、低成本、低污染的发展需求。

4.2　RH 法的原理、功能及特点

现场视频-RH 精炼原理

4.2.1　基本原理

RH 精炼处理过程利用了气泡泵原理来进行钢液的循环流动。用喷吹气体所产生的气泡来提升液体的现象称为气泡泵起现象。目前，气泡泵起现象已广泛应用于化工、热能动力、冶金等领域。气泡泵也称气力提升泵。

气泡泵的原理如图 4-2 所示。设在不同高度的给水罐和蓄水罐，有连通管连接，组成了 U 形连通器。在上升管底部低于给水罐处，设有气体喷入口。当无气体喷入时，U 形连通器的两侧水面是平的，即两侧液面差 $h_r=0$。一旦喷入气体，气泡在上升管中上浮，使上升管中形成气液两相混合物。由于其密度小于液相密度，气液混合物被提升一定高度（h_r），并保持下式成立：

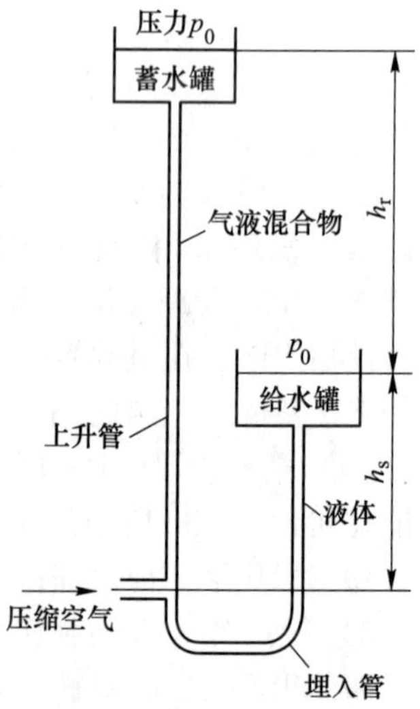

图 4-2　气泡泵原理图

$$\rho' g(h_s + h_r) = \rho g h_s \qquad (4\text{-}1)$$

式中　ρ'——气液两相混合物的密度，kg/m^3；

ρ——液相的密度，kg/m^3；

h_s——给水罐液面与气体喷入口之间的高度差，m；

g——重力加速度，$g=9.81m/s^2$。

当气体流量大于某临界流量（称为下临界流量）时，液体将从上升管顶部流

出，造成抽吸作用。上述液体被提升的现象，也可以理解成上升气泡等温膨胀所做的功，使一部分液体位能增加 Mgh_r。

目前炉外精炼中常用的钢包吹氩搅拌，实际上是变形的“气泡泵”，它在喷口上方造成了一低密度的气液混合物的提升区，它推动了钢包中钢液的循环流动。

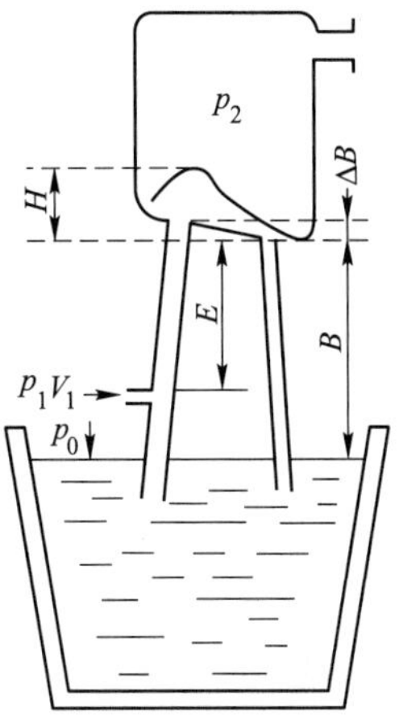

图 4-3　RH 法循环原理示意图

事实上，真空循环脱气法（RH 法）的循环过程具有类似于“气泡泵”的作用原理。RH 法循环原理如图 4-3 所示。当真空室的插入管插入钢液，启动真空泵，真空室内的压力由 p_0 降到 p_2 时，处于大气压 p_0 下的钢液将沿两支插入管上升。钢液上升的高度取决于真空室内外的压差。若以一定的压力 p_1 和流量 V_1 向一支插入管（习惯上称上升管）输入驱动气体（氩气或其他惰性气体），因为驱动气体受热膨胀，以及压力由 p_1 降到 p_2 而引起等温膨胀，即上升管内钢液与气体混合物密度降低，从而对上升管内的钢液产生向上的推力，使钢液以一定的速度向上运动并喷入真空室内。为了保持平衡，一部分钢液从下降管回到钢包中，就这样周而复始，实现钢液循环。实际上，钢液和气体混合物克服上升过程中摩擦阻力所做的功很小，气体由室温升至钢液温度所做的膨胀功也很小，均可忽略不计，因此可得：

$$MgH = p_1V_1\ln\frac{p_1}{p_2} \tag{4-2}$$

式中　M——被提升钢液的质量，当吹入气体使用体积流量时，M 则为 RH 法的循环流量；

H——钢液被提升的高度；

p_1——驱动气体的压力；

V_1——在 p_1 压力下，驱动气体的体积；

p_2——真空室内的工作压力。

若 M 规定为循环流量，Q 为 p_1 压力下吹入气体的体积流量，则式（4-2）可改写为：

$$M = \frac{p_1}{gH}Q\ln\frac{p_1}{p_2} \tag{4-3}$$

因为 $p_1=p_2+\rho gE$，式中 ρ 为钢液的密度，E 是驱动气体的进入高度，如图 4-3 所示。由于 $p_2\ll\rho gE$，由此可得：

$$M = \frac{E}{H}\rho Q\ln\frac{p_1}{p_2} \tag{4-4}$$

皮科特（Pickert）用水力学模型研究了不同 E/H 条件下，提升的水量（M）与驱动气体量（V）之间的关系，结果如图 4-4 所示。由图可见，在一定的 E/H 条件下，随吹入气量增加而增加的提升水量有一极限值。达到此极限值后，再增大吹入气量，提升水量基本维持不变。但是，如果提高 E/H 比值，相同的吹入气体量所提升的水量将随之增大。气泡泵的这种特性表明，为了用较少的吹入气体量获得足够大的提升钢水量，应该提高 E/H 比值。实际上通过降低驱动气体进气管的位置可获得此效果。

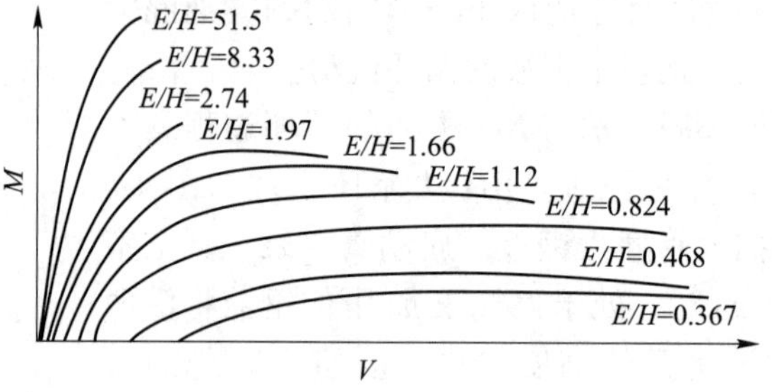

图 4-4 “气泡泵”的特征曲线

钢液在进入真空室后，钢液内的气体迅速逸出脱气，钢液则沉积在真空室底部形成一定深度 ΔB 的熔池。ΔB 的大小决定了钢液流出下降管的速度。较大的流出速度有利于钢包中钢液的混合，从而可以加速脱气过程。钢液流出速度不是很大时，流出速度与真空室底部钢液的深度的关系为：

$$u = \sqrt{2g\Delta B} \tag{4-5}$$

式中 u——钢液流出下降管时的线速度。

处理钢水时，先将两个浸渍管浸入到钢包，使钢包和真空室形成密闭系统。然后，真空排气系统启动，使真空室形成真空，钢液靠真空压差由浸渍管进入脱气室。这时，从一个浸渍管（上升管）吹入氩气（或氮气）。根据气泡泵原理，钢水被吹入真空槽内并飞溅。钢水在真空室内脱气后，因钢水自重从另一侧的浸渍管（下降管）流回到钢包内。这样，钢水不断地从钢包经过上升管进入真空室，然后又从真空室经过下降管返回到钢包内，形成连续不断地环流，直到真空室内的真空状态被破坏，回到 101. 325kPa 为止。连续不断进入真空室的钢水在真空状态下被不断地脱气处理，工作原理图如图 4-5 所示。

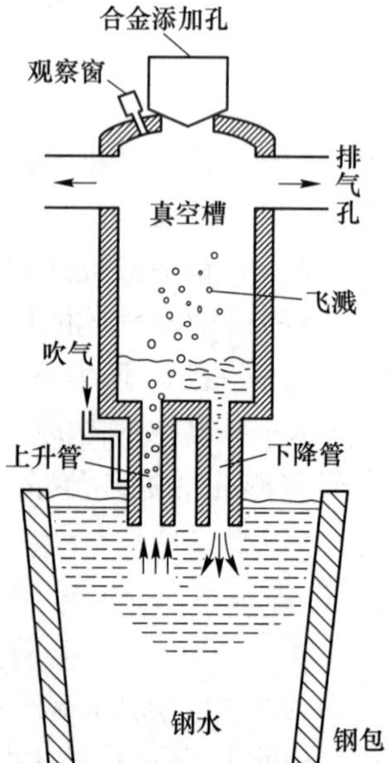

图 4-5 RH 法原理图

4.2.2 冶金目的及功能

早期的 RH 真空精炼是以脱钢水中的氢为主要目的而发展起来的，随着 RH 真空精炼的实践和 RH 真空精炼技术的发展，RH 脱气处理的主要目的发展成为综合真空脱碳、脱气、脱氧、调节钢水温度和化学成分于一体的精炼方法，它的冶金功能得到了充分的发展，扩展到了以下十余项冶金功能。

（1）脱氢：早期 RH 真空精炼以脱氢为主，开始时能使钢中的氢降低到 0. 15×

$10^{-4}\%$以下。现代 RH 精炼技术通过提高钢水的循环速度，可使钢水中的氢降至 $0.10\times10^{-4}\%$以下。

（2）脱氮：RH 真空精炼脱氮一般效果不明显，但在强脱氧、大氩气流量、确保真空度的条件下，也能使钢水中的氮降低 20%左右。

（3）脱氧：经 LF +RH 处理的钢水，钢水 T[O]≤0.001%。

（4）脱碳：在 RH 中吹氧，减压下进行脱碳操作已可使钢中的碳含量降到 0.0015%以下。

（5）脱硫：向真空室内添加脱硫剂，能使钢水的含硫量降到 0.0015%以下。如果采用 RH 内喷射法和 RH-PB 法，能保证稳定地冶炼[S]≤0.001%的钢，某些钢种甚至可以降到 0.0005%以下。

（6）成分精调：向真空室内多次加入合金，可将碳、锰、硅的成分精度控制在 ±0.015%水平。

（7）加热：采用化学热法（如铝热法）对钢水加热，能使钢水获得 4℃/min 的升温速度，可满足后续精炼的需要，满足连铸的温度需求，满足从连铸机返回钢水时的需要。

（8）添加钙：向 RH 真空室内添加钙合金，其收得率能达到 16%，钢水的[Ca]≈0.001%。

总之，通过 RH 处理的钢质量可以满足用户对钢材多样化和高质量的严格要求，RH 已从单纯的脱氢装置变成一个多功能的炉外精炼装置。

综合全部的 RH 真空精炼技术，其冶金功能如图 4-6 所示。

4.2.3 冶金特点

RH 法利用气泡将钢水不断地提升到真空室内进行脱气、脱碳等反应，然后回流到钢包中。因此，RH 处理不要求特定的钢包净空高度，反应速度也不受钢包净空高度的限制。RH 真空环流脱气法是众多炉外精炼法中应用较广泛的一种装置。与其他各种真空处理工艺相比，RH 技术的优点如下。

（1）处理速度快，处理周期短，生产效率高，适合于大批量钢水处理，与转炉相匹配生产扁平材，优点尤为突出。一般来说，在一台 RH 装置完成一次完整的处理约需 15min，即 10min 真空处理，5min 合金化及温度混均匀时间。

（2）反应效率高，精炼效果好，特别是通过近年来在工艺技术上一系列改进，能满足大部分钢种生产的质量要求，提高炼钢生产能力。钢水直接在真空室内进行反应，可生产 [H]≤$0.5\times10^{-4}\%$、[N]≤$0.25\times10^{-2}\%$、[C]≤$0.10\times10^{-2}\%$超纯净钢。提高产品质量、降低成本、保证连铸顺行、实现全连铸、优化炼钢生产工艺流程。

（3）可进行吹氧脱碳和二次燃烧进行热补偿，减少精炼过程的温降。

（4）可进行喷粉脱硫，生产[S]≤$0.5\times10^{-3}\%$的超低硫钢。

（5）适用于大批量处理，操作简单，常与转炉配套使用。此外，RH 装置与新兴的超高功率大型电弧炉相配套，形成了大批量生产特殊钢生产体系。现今最大的 RH 装置为 300t。

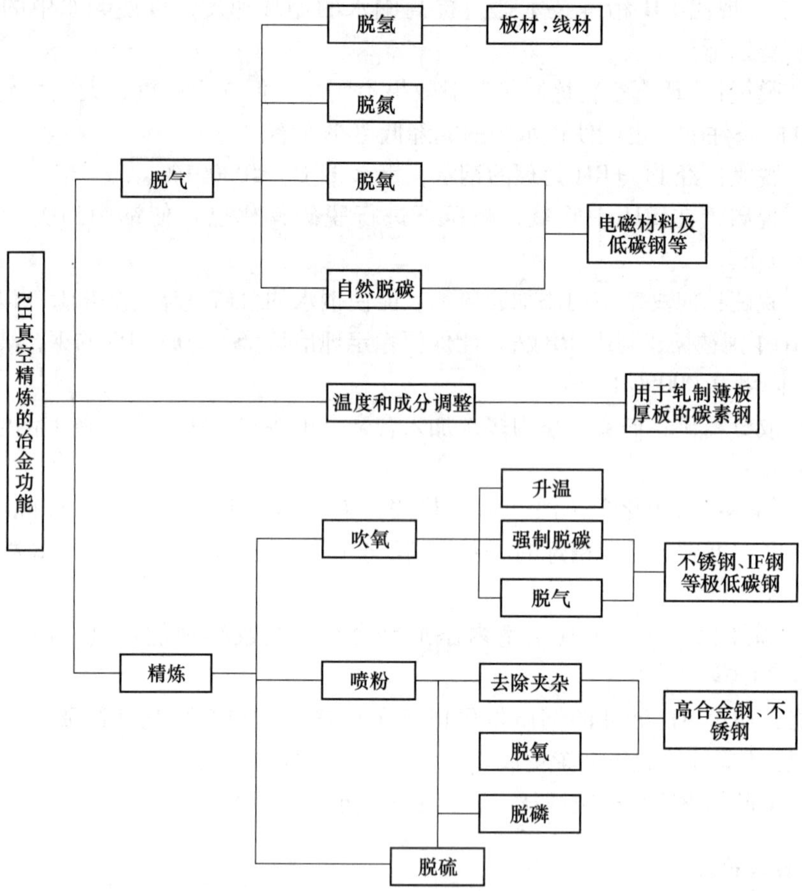

图 4-6　RH 真空精炼冶金功能图

由于 RH 处理效果好，功能多，处理速度快，处理批量大的特点，特别适于现代钢铁冶金企业的快速节奏。因此，尽管 RH 法装置的投资较大，但仍然受到广大钢铁企业的采用，仅蒂森公司注册的 RH 装置就有 100 多台。当初仅为保证少量特殊钢质量而进行的处理，如今已发展成为现代化钢铁生产工艺流程中不可缺少的重要环节。高炉→铁水炉外预处理→转炉顶底复合吹炼→RH 真空精炼（或 CAS-OB 精炼）→连铸连轧（或连铸-铸坯热送）→直接轧制，已经成为现代转炉炼钢生产的最佳工艺流程之一。

4.2.4　RH 法钢液运动特征

RH 流场的描述多由在水模型中加入示踪剂摄影的方法进行。这些实验的结果证实，RH 法的搅拌机能是十分有效的。下降管内流出的钢液流股可以穿透钢包内的钢液而到达底部，钢包内基本无死区存在。

除了用示踪剂对 RH 法的钢包内钢液流态进行研究外，许多人还力图用数值计算法，根据湍流控制方法对处理过程中钢包内钢液的速度分布进行定量描述。被应用得较广泛的是舍克里（Szekcly）等的计算结果。该方法虽然在计算过程中做了一些简化（主要是假设为二维流场），所得的计算结果与实际过程有一些差别（如环流管之间的短流等），但对于流场的定量分析以及过程中反应的预测和研究还是具有一定的意义。

近年来，随着计算技术的进步，成功地计算三维流场已经变成现实。从水模型中直接观测到的实际流场与计算结果符合甚好，下降管流股的扩张行为也与实测较一致。通过对流场的定量描述，可从理论上对 RH 精炼过程的混合特性和浓度分布进行描述。

4.3 RH 法的工艺流程与技术参数

4.3.1 工艺流程

现场视频-RH 精炼过程

现场视频-RH 精炼炉高温摄像系统

现场视频-RH 测温取样操作

RH 法处理时，真空室下降（或钢包升高），真空室的升降管插入钢水中，启动真空泵将真空室抽真空，钢水便从两根管内上升，达到一定压差高度。为使钢水循环，在抽真空的同时，在上升管下端的 1/3 处吹入氩气驱动，上升管内瞬间产生大量气泡核，气泡由于受热和外压的降低，体积成百倍地增大，钢水中的气体向气泡内扩散，膨胀的气泡带动钢水上升，呈喷泉状喷入真空室，从而加大了液-气相界面积，加速脱气过程。脱气后的钢水汇集到真空室底部，经下降管返回钢包内并搅拌钢液，未经脱气的钢水又不断地从上升管涌进真空室脱气。如此往复循环 3~4 次后达到脱气要求，处理时间约为 20min。

真空室在脱气处理之前应先预热，以防喷溅的钢水黏附在真空室内壁上。通过预热孔喷入气体或液体燃料进行预热。脱气过程中可加入合金调整成分。RH 法的处理量一般在 80t 以上。

各种形式的 RH 真空工艺方法或多或少都有一定的不同之处，各个企业之间的 RH 真空设备也有各种不同的地方。综合 RH 法的一般工艺，将 RH 真空工艺过程归结如下：

（1）出钢；

（2）开动钢包车至处理位；

（3）钢包测温取样；

（4）下降真空室（或提升钢包），插入深度为 150~200mm；

（5）起动真空泵，从上升管输入驱动气体；

（6）当真空室的压力降到 26~10kPa 后，循环加剧，钢水上升速度为 5m/s，下降速度为 1~2m/s；

（7）加入各种料剂进行成分、温度调整（循环初期每隔 10min 测温、取样一次，接近处理终点时每隔 5min 测温、取样一次，根据取样分析结果，若需补加合金料，可操作自动控制的料斗，在不破坏真空度的条件下以恒定的加料速度将合金料加入真空室内，料加完后再循环几分钟，以保证成分温度均匀）；

（8）气泡带动钢液在真空环境中循环，去除钢液中的气体及夹杂物；

（9）测温取样；

（10）破真空，提起真空室（或下降钢包）；

（11）钢包车开至喂丝/加保温剂位，喂线、加保温剂；

（12）开动钢包车至钢包接收位，吊包浇注。

4.3.2　RH 法精炼工艺技术

4.3.2.1　基本工艺参数

真空循环脱气法的主要工艺参数有处理容量、循环因数、脱气时间、循环流量、真空度和工作真空度下泵的抽气能力等。

A　处理容量

处理容量是指被处理的钢液量，也就是钢包中盛装的钢水量。

现代精炼对 RH 处理容量理论上没有上限限制，而处理容量的下限取决于处理过程的温降情况。因此，选用哪一种方法主要取决于脱气过程中温降速度。不同容量的钢液循环脱气时的温降情况如图 4-7 所示。

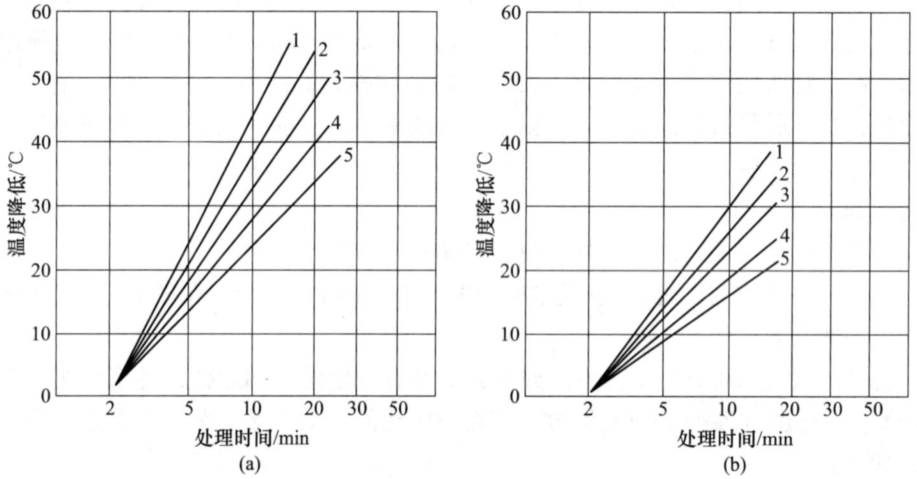

图 4-7　循环脱气过程钢液的温度损失

（a）真空室预热温度 800℃；（b）真空室预热温度 1200℃

真空室容积：1—30t；2—40t；3—80t；4—100t；5—150t

由图 4-7 可知，当钢包内的钢液质量小于 30t 时，由于处理过程中温度损失很大而达不到处理目的。为了保证一定的浇注温度，就得提高出钢温度，或者缩短脱气处理时间，这对脱气效果有不利影响。钢包一般容量不小于 30t。当钢水容量较大时，热稳定性较好，可以从容地进行处理，达到好的处理结果。目前已建成的 RH 装置最大容量可达 300t。处理不同容量的钢液时，可配制不同的上升管和下降管的截面尺寸，并按处理钢液量所要求的循环流量配置真空室容积。

B　处理时间

处理时间是指钢包在 RH 工位停留时间。

为了使钢液充分脱气，就要保证足够的脱气时间，脱气时间 t 的计算公式为：

$$t = \frac{T_C}{\bar{v}} \tag{4-6}$$

式中 t——脱气时间，min；

T_C——处理时允许的温度损失，℃；

$\bar{v}$——处理过程中平均温降速度，℃/min。

为了弥补处理过程中钢液的温度损失，处理钢的出钢温度比不处理的要高 20~30℃。处理后的钢液由于气体及夹杂物含量减少，黏度下降，因此浇注温度也可比未经处理的同钢种低 20~25℃。除了提高出钢温度和降低浇注温度所赢得必要的脱气时间外，还要尽量减少从出钢到开始脱气处理和从处理完毕到开始浇注这些过程的温度损失，这样就需要提高钢包的运输速度和钢包的烘烤温度。真空循环脱气设备的工艺布置应尽量减少钢包的吊运距离，以免延误时间。

C 循环因数

循环因数是指钢液在处理过程中循环钢液的当量次数，就是脱气过程中通过真空室的总钢液量与处理容量比。循环因数 u 的计算公式为：

$$u = \frac{wt}{V} \tag{4-7}$$

式中 t——脱气处理时间，min；

w——循环流量，t/min；

V——钢包容量，t。

钢液的脱气效果与 u 有关，u 受钢包内钢液混合状况影响。如果下降管流出速度选择得适当，使脱气后的钢液恰好流到钢包底部（脱气后的钢液比未脱气的钢液的密度大），然后沿钢包壁向上扩张而不产生涡流的话，就能达到最快的脱气效果。近来 RH 装置的下降管设计截面比上升管小，以便使钢液下降速度大一些。

生产实践中影响脱气速度的因素很多，为了保证钢液充分脱气，循环因数应选择大一些，一般采用 4~5 为宜。

D 循环流量

循环流量或称循环速率，就是单位时间（每分钟）通过真空室的钢液量，它是一个重要的工艺因素。循环流量主要取决于输入的驱动气体量和上升管截面面积。而真空度、钢液放气量，真空室内钢液高度和钢液黏度对循环流量影响较小，可忽略不计。循环流量与驱动气体量和上升管内径的关系如图 4-8 所示。当钢液本身气体含量比驱动气体多（如在处理沸腾钢或半镇静钢）时，所示的直线自然要朝着循环流量大的方向移动。

对于脱氧钢而言，循环流量 w(t/min) 与上升管内径和驱动气体量存在以下关系：

$$w = ad^{1.5}G_0^{0.35} \tag{4-8}$$

式中 a——常数，对脱氧钢而言，a=0.02（测定值）；

d——上升管内径，cm；

G_0——通入上升管内的驱动气体量，L/min。

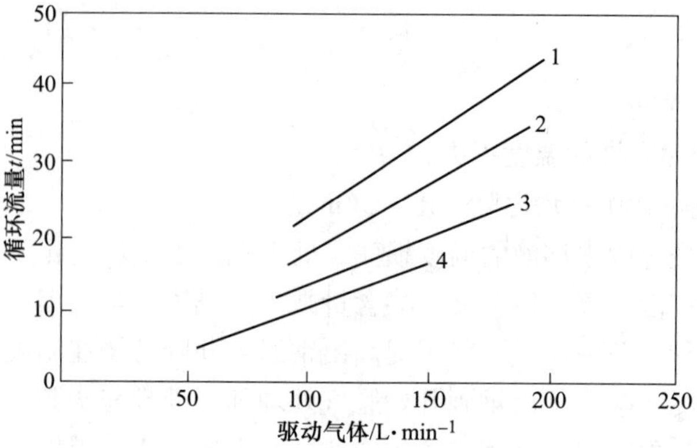

图 4-8　输入的驱动气体量与钢液循环流量的关系（操作压力 27~67Pa）

1—循环管内径 0.33m；2—循环管内径 0.27m；3—循环管内径 0.2m；4—循环管内径 0.15m

上升管内径 d 越大，RH 真空处理速度越快。某一定内径的上升管，在 RH 脱碳的某一时刻，有一最佳的供气流量；随着上升管内径的增大，最佳供气流量也增大；随着脱碳、脱气时间的增加，最佳供气流量也相应增加。

设计真空室时，循环流量 w 是根据处理容量 V、循环因数 u 和脱气时间 t 确定的，即：

$$w = \frac{uV}{t} \tag{4-9}$$

在循环因数 $u=4 \sim 5$ 时，根据处理不同容量所要求的脱气时间确定循环流量：

（1）钢包容量为 30~120t 时，循环流量取 15~25t/min；

（2）钢包容量为 120~200t 时，循环流量取 30~40t/min；

（3）钢包容量为 200~300t 时，循环流量取 40~60t/min。

E　极限真空度及真空泵抽气能力

RH 法精炼的一个主要的手段就是真空，极限真空度和抽气速度直接影响精炼的效果。极限真空度是指在 RH 处理过程中真空室内可以达到并且保持的最小压力。真空度主要靠真空泵工作来完成，所以真空泵的抽气能力就决定了能够得到的真空度。真空泵的抽气能力越大，越有利于快速降低真空室的压力，真空室压力降低速度越快，不论是脱气，还是脱碳速度都会越快。

真空泵的抽气能力大小应根据处理钢种、处理容量、处理时间、循环流量以及处理过程中的脱气规律来确定。

RH 处理过程中的气体析出速度是不同的，处理前期钢液原始气体含量较高，气体析出量也较大，处理后期的气体析出量较小。因此，就不能采用固定的抽气能力，而是要根据不同的真空度来确定。

国际发展趋势：提高真空泵的抽气能力，使 RH 达到极限真空度（66.7Pa）的抽气时间缩短到 2min。

4.3.2.2　工艺技术

RH 法真空处理以去除钢液中氢、氧（脱氧产物）为目的。在高真空度（气压

0.27kPa 以下）下的脱氢率在50%左右，最大可达70%，[H] 的去除率与 RH 处理前 [H] 含量有关，RH 处理 $[H]_{始}$ 与高炉铁水和转炉矿石使用量都有关系，要求 RH 处理 $w[H]_{始}<4\times10^{-4}\%$。

A RH 法真空脱气

a RH 法真空脱氢

RH 法真空精炼过程中，脱氢遵循 Sieverts 平方根定律为：

$$\frac{1}{2}H_2(g) = [H]$$

$$w[H] = K_H\sqrt{p_{H_2}} \tag{4-10}$$

由式(4-10) 可知，钢水中的含氢量与氢气分压的平方根成比例。在真空室内钢液被破碎成小的液滴，脱气表面积大大增大，吹入上升管内的驱动气体氩气泡和在真空状态下脱碳反应生成的 CO 气泡内的氢气分压力为零，按照 Sieverts 定律钢液中的氢向上述气泡中扩散从而使脱氢反应激烈地进行。钢液可以充分地脱气，把钢液内的氢含量降低到极低的水平。

b RH 法真空脱氮

现代工业的发展对冷轧钢板的质量要求越来越高。为了提高冷轧板的材质特性，降低连续退火成本，迫切要求最大限度地降低钢中碳、氮等杂质元素。有的钢种要求钢中氮量控制在 0.0005%范围内，这对 RH 真空精炼过程提出了艰巨的任务。

按照 Sieverts 定律可得：

$$\frac{1}{2}N_2(g) = [N]$$

$$w[N] = K_N\sqrt{P_{N_2}} \tag{4-11}$$

$$\lg K_1 = \frac{-518}{T} - 1.063 \tag{4-12}$$

在 1600℃时，钢中氮的溶解度与 p_{N_2} 的关系如图 4-9 所示。从理论上来说，RH 真空精炼过程中是具有脱氮能力的。但实际上由于 [N] 的扩散速度很慢，脱氮速

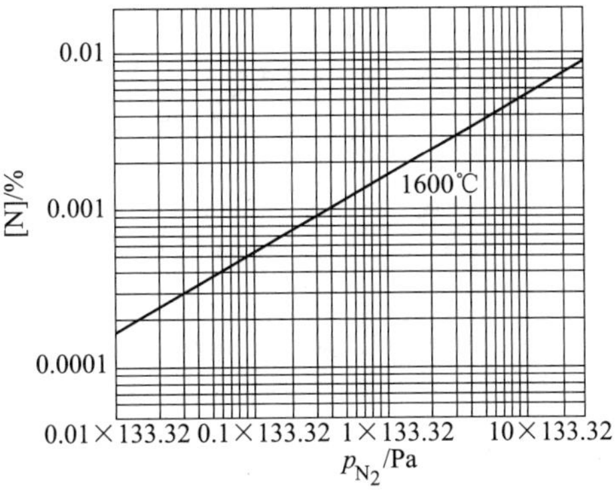

图 4-9 钢中氮的溶解度与 p_{N_2} 的关系

度也很慢，在钢中原始含氮量较低的情况下，RH 真空精炼过程中脱氮是很困难的，有时甚至由于 RH 真空室漏气或者驱动气体氩气不纯而增氮，只有在钢中原始含氮量比较高的情况下才具有一定的脱氮效率。因此，对于生产极低氮钢来说，要防止钢液在 RH 真空处理时增氮。

RH 真空精炼过程中也可以通过向钢液内增氮来生产高氮钢，其方法是在 RH 真空精炼过程中，通过添加增氮剂（如氮化硅铁），或者采用氮气作为驱动气体，提高 RH 真空精炼过程 p_{N_2} 来增加钢中含氮量。

B　RH 法真空脱碳

a　碳氧平衡原理

在 RH 真空过程中，[C]、[O] 反应生成 CO 气体，由于降低了气相中 CO 分压，[C] 和 [O] 的反应向着生成 CO 气体的方向进行，其反应式为：

$$[C] + [O] = CO(g) \tag{4-13}$$

其反应的平衡常数为：

$$K = \frac{p_{CO}}{\alpha_C \alpha_O} = \frac{p_{CO}}{f_C[C]f_O[O]}$$

当钢液中碳和氧的浓度很小时，f_C 和 f_O 可以看做 1，则：

$$K = \frac{p_{CO}}{[C][O]} \tag{4-14}$$

由式(4-14)可以看出，当降低钢液面上气相压力 p_{CO} 时，[C] 与 [O] 的积也相应减少。不同压力条件下的碳氧平衡曲线如图 4-10 所示。随着系统压力的降低，形成 CO 的反应物 [C] 和 [O] 的含量也相应减少，从而达到脱碳目的。

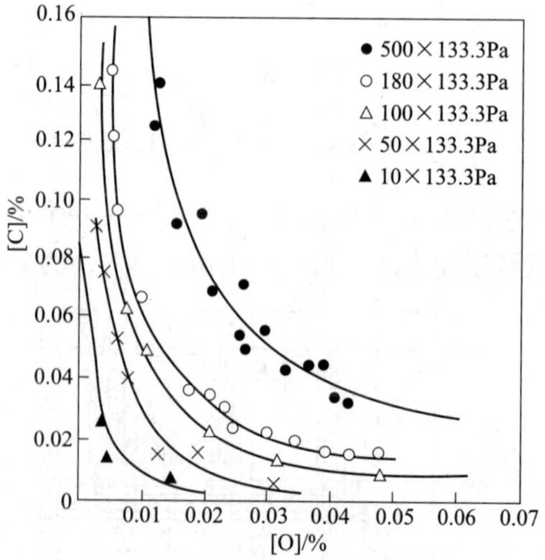

图 4-10　温度为 1600℃ 时不同分压 p_{CO} 条件下的碳氧平衡等压曲线

b　脱碳量和脱氧量的关系

通过降低系统压力促使碳氧反应来实现脱碳或脱氧的目的是一种十分有效的手段。当钢液中含氧量降低某一数值 $\Delta[O]$ 时，则含碳量也相应降低一定数值，由式(4-13)可知，它们之间存在以下关系：

$$\Delta[C]=\frac{12\Delta[O]}{16}=0.75\Delta[O] \tag{4-15}$$

根据 Vachef-Hamiltoh 关系式，钢液在真空脱碳前碳、氧含量[C]×[O]的值为 2.5×10^{-3}，则当原始含碳量为 $[C]_0$时，其原始含氧量为：

$$[O]_0=\frac{2.5\times10^{-3}}{[C]_0} \tag{4-16}$$

假定在真空脱碳后，钢液中残余含氧量较之原始含氧量可以忽略不计，则可以认为 Δ[O]与原始含氧量$[O]_0$相等，那么最大可能的脱碳量为：

$$\begin{aligned}\Delta[C]&=0.75[O]_0\\&=\frac{0.75\times2.5\times10^{-3}}{[C]_0}\\&=\frac{1.875\times10^{-3}}{[C]_0}\end{aligned} \tag{4-17}$$

由式(4-17)可知，只有当钢液原始含碳量较低时，才有希望大幅度地降低钢液中含碳量（与原始含碳量相比较）。例如，当钢中含碳量为0.2%时，在大气压条件下，钢液中含氧量仅为0.0125%，最大可能的脱碳量仅为0.0094%，相当于原始含碳量的4.09%；而当钢液中原始含碳量为0.08%时，原始含氧量为0.0312%，此时最大可能脱碳量为0.023%，相当于原始含碳量的30%；当钢液中原始含碳量为0.04%时，钢液中的氧可以脱去全部含碳量，并且有0.009%的氧过剩；随着钢液中原始含碳量的继续降低到小于0.04%时，经 RH 真空脱碳后，钢液中过剩的氧增加。但实际中并不能将钢液中的碳全部脱去，这主要是因为受脱碳速度和钢液温度等条件的制约。RH 真空脱碳时脱碳量与原始碳含量的关系如图 4-11 所示，真空脱碳量与脱氧量的关系如图 4-12 所示。

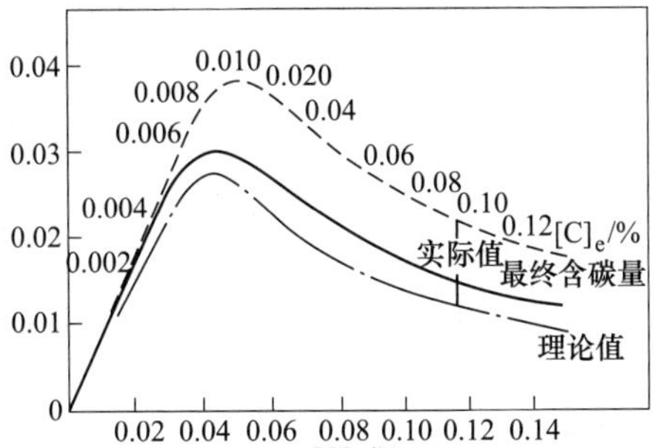

图 4-11 RH 真空脱碳时脱碳量与原始碳含量的关系

c 超低碳钢精炼

超低碳钢是指钢中［C］$<100\times10^{-4}$%的纯净钢，除常规的化学成分必须严格按标准控制外，对钢中［N］、［O］等气体夹杂也有严格要求，特别要注意后道工序的增［C］、吸［N］及二次氧化。

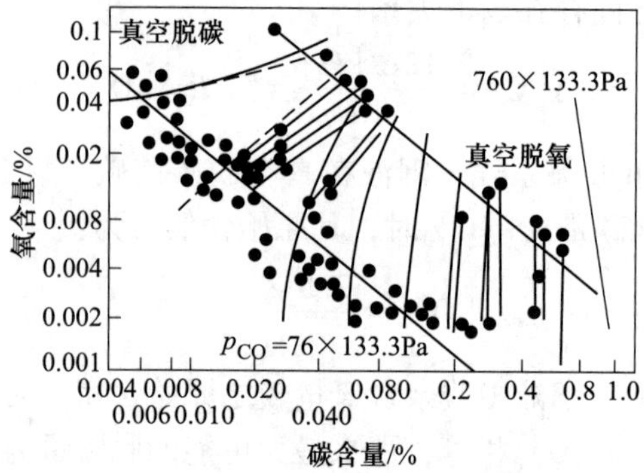

图 4-12　真空脱碳量与脱氧量的关系

C　RH 真空脱碳的数学模型

高温冶金反应过程大多都属于半黑箱，而 RH 真空精炼过程发生在密闭的真空室内，使人们对它的认识更加困难，其反应机理、反应行为、反应过程都只能通过分析、估计来判断。判断的准确与否很大程度上取决于操作者的经验，所以操作中有很大的或然率。如何使 RH 精炼过程的操作从定性的估计发展到定量的预报，这一重任只能由完善的数学模型来完成。作为二次精炼工艺，RH 需与前工序转炉、后工序连铸紧密配合。由于 RH 工艺，特别是带 KTB、MFB 等吹氧装置的 RH 工艺非常复杂，对其脱碳的过程进行建模，准确地预报钢水中的含碳量就显得更加重要。国内外很多学者对 RH 脱碳的反应位置和反应机理进行了研究并提出各种假设模型。

a　静态模型

(1) Y. Kita 等的模型。在此模型中假设 RH 处理时脱碳反应发生在 Ar 气表面、CO 气泡表面和钢液自由表面。该模型认为，CO 气体表面的脱碳量相对于其他位置是很小的，可以忽略不计，所以只考虑其他两处的脱碳。

1) Ar 气泡表面的脱碳。在这种情况下，假设所有 Ar 气泡都是球状，随着钢液循环而上浮，并且都参加脱碳反应。在这里认为氧的传质是非限制环节。

传质的速率限速方程为：

$$\frac{dn_{CO}}{dt}=\frac{k_L A W_{Fe}\{[C]-[C]_i\}}{V\cdot 100M_C}=\frac{k_L\rho A\{[C]-[C]_i\}}{100M_C} \tag{4-18}$$

式中　n_{CO}——气泡内 CO 摩尔数，mol；

k_L——钢水中碳传质系数，m/s；

A——气泡表面积，m^2；

V——钢水体积，m^3；

W_{Fe}——钢水质量，kg；

t——反应时间，s；

M_C——碳原子的摩尔质量，kg/mol；

ρ——钢水密度，kg/m^3；

$[C]$，$[C]_i$——钢水、气泡表面的碳含量（质量分数），%。

2）气泡表面化学反应速率限制方程为：

$$\frac{\mathrm{d}n_{CO}}{\mathrm{d}t}=\frac{k_c A\{[C]_i[O]_i K-p_{CO,i}\}}{RT} \tag{4-19}$$

式中 k_c——界面上化学反应速率常数，m/s；

K——界面上[C]+[O]═{CO}反应的平衡常数；

$p_{CO,i}$——气泡表面上的 CO 分压，Pa；

R——气体常数，$R=8.314\mathrm{J/(mol \cdot K)}$。

气相中的速率限制方程为：

$$\frac{\mathrm{d}n_{CO}}{\mathrm{d}t}=\frac{k_g A(p_{CO,i}-p_{CO})}{RT} \tag{4-20}$$

式中 k_g——气相内传质系数，m/s；

p_{CO}——气泡内 CO 分压，Pa。

通过气泡表面的脱碳速率可以认为是气、液相传质与表面化学反应共同限制的。由于式(4-18) 与式(4-19)、式(4-20)相等，气泡表面的碳含量的计算公式为：

$$[C]_i=\frac{[C]+\dfrac{100M_C k_c k_g p_{CO}}{\rho RTk_L(k_c+k_g)}}{1+\dfrac{100M_C k_c}{\rho RTk_L}[O]_i K\left(1-\dfrac{k_c}{k_c+k_g}\right)} \tag{4-21}$$

属混合限速过程的脱碳速率可用式(4-21)代入式(4-18)所得：

$$-\frac{\mathrm{d}[C]}{\mathrm{d}t}=\frac{-\dfrac{G_S}{0.024}[C][O]Kf}{\dfrac{W_{Fe}}{100M_C}([C][O]Kf-p)} \tag{4-22}$$

式中 G_S——氩气循环速率，L/min；

f——脱碳效率。

3）真空室内钢液自由表面的脱碳。钢水中碳传质速率的限制方程和自由表面化学反应速率限制方程如式(4-23)和式(4-24)所示。钢水中碳传质速率限制方程为：

$$-\frac{\mathrm{d}[C]}{\mathrm{d}t}=\frac{k_l\rho A_V}{W_{Fe}}\{[C]-[C]_i\} \tag{4-23}$$

式中 A_V——真空室内有效自由表面积，m^2；

$[C]$，$[C]_i$——钢液中和自由表面的碳含量,%。

表面化学反应的速率限制方程为：

$$-\frac{\mathrm{d}[C]}{\mathrm{d}t}=\frac{100M_C k_c A_V}{W_{Fe}RT}\{[C]_i[O]K-p_{CO}\} \tag{4-24}$$

式中 p_{CO}——真空室内的 CO 分压，Pa。

可以认为，脱碳速率是由液相传质和表面化学反应混合控制，式(4-23)等于式(4-24)，可求自由表面的碳含量，最终求出反应速度为：

$$-\frac{d[C]}{\{[O]_i K[C]-p_{CO}\}}=\frac{100M_C k_c k_L \rho A_V dt}{W_{Fe}\{100M_C k_c[O]_i K+k_L\rho RT\}} \tag{4-25}$$

模型计算结果如图 4-13 所示。

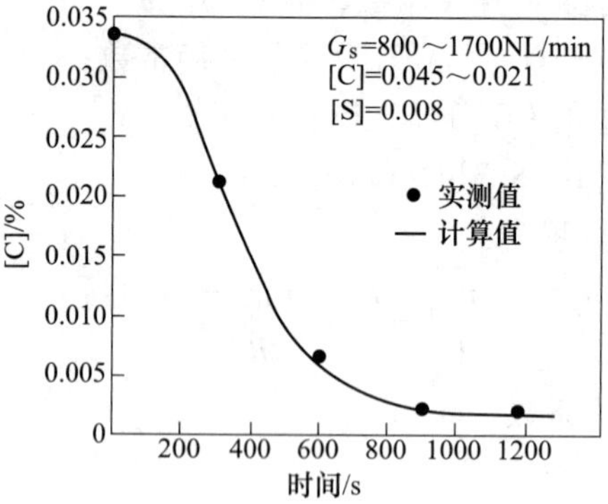

图 4-13　实测值与计算值的比较

（2）村健一郎等的模型。通过对 RH 脱碳反应各部位：真空室内钢液表面；Ar 气泡；真空室内钢液本体的脱碳速度的分析，定量估算其总脱碳量。在实际的 RH 操作条件下，钢液中［O］通常较［C］高，所以不认为钢中氧的传质为限制环节。因此，脱碳速度是由钢中碳的传质、气相界面化学反应和气相内传质等综合因素来限制。

各环节的反应式可表示如下。

1）钢液中碳的传质速率为：

$$-\frac{d[C]}{dt}=\frac{k_L\rho A}{W}\{[C]-[C]_i\} \tag{4-26}$$

$$-\frac{d[C]}{dt}=\frac{100M_C k_c A}{WRT}\{[C]_i[O]_i K-p_{CO}\} \tag{4-27}$$

2）气相内传质速率为：

$$-\frac{d[C]}{dt}=k_g\frac{100M_C}{W}\frac{A}{RT}(p_{CO,i}-p_{CO}) \tag{4-28}$$

式中　A——钢水与气相界面面积，m^2；

$[C]$——钢水中碳含量,%；

$[C]_i$——钢水一气相界面处的碳浓度,%；

k_L——钢水中碳的传质系数，m/s；

k_c——界面化学反应速度常数，m/s；

k_g——气相内物质移动系数，m/s；

K——界面反应(C+O ═CO)平衡常数；

M_C——碳原子的摩尔质量，kg/mol；

$p_{CO,i}$——钢水一气相界面 CO 分压，Pa；

R——气体常数，$R=8.314$J/(mol · K)；

T——钢水温度,℃;

W——钢水质量，kg

ρ——钢水密度，kg/m^3。

在上述三个环节中，反应部位一（真空室内钢液表面）是由式(4-26)和式(4-27)共同支配速度；反应部位二（氩气泡）的速度由式(4-26)~式(4-28)共同支配速度；而在满足式(4-29)的条件下，CO 气泡可以在部位三（真空室内钢液本体）生成，并假设按式(4-30)所示的那样，脱碳进行的情况与该位置的 CO 过饱和浓度成正比。

3）CO 分压的计算公式为：

$$p_{CO} = p_O + \rho g h + \frac{2\sigma}{r} \tag{4-29}$$

脱碳速率的计算公式为：

$$-\frac{d[C]}{dt} = \alpha([C]_i[O]_i K - p_{CO}) \tag{4-30}$$

式中 g——重力加速度，m/s^2；

h——钢水表面到气泡位置的深度，m；

p_{CO}——真空槽内气压，Pa；

r——CO 气泡直径，m。

把这些反应式和物质守恒式组合，进行数值计算，然后与实际脱碳速度相拟合，由参数拟合求出式(4-30)中的模型参数 α 值。

（3）Koji Yamaguchi 等的模型。该模型进行了一定的假设：

1）钢包和真空室中的钢水完全混合；

2）脱碳反应只在真空室中进行；

3）气液界面的碳、氧浓度和真空室中的 CO 分压保持平衡；

4）脱碳反应速率由碳、氧传质限制。

脱碳反应机理示意图如图 4-14 所示。

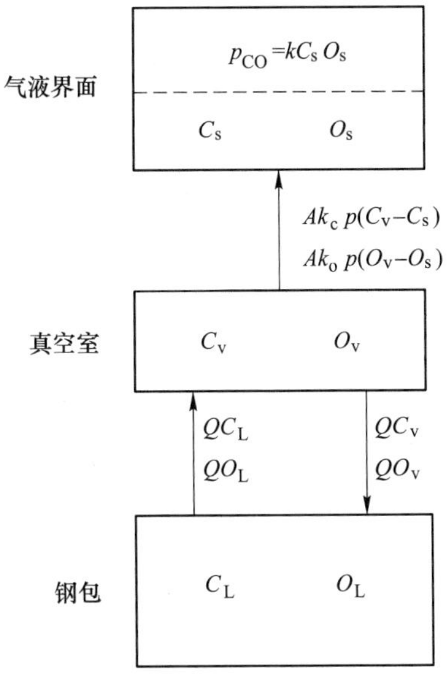

图 4-14 脱碳反应机理示意图

模型反应方程为：

$$W\frac{dC_L}{dt} = Q(C_V - C_L) \tag{4-31}$$

$$W\frac{dO_L}{dt} = Q(O_V - O_L) \tag{4-32}$$

$$w\frac{dC_V}{dt} = Q(C_L - C_V) - Ak_C(C_V - C_S) \tag{4-33}$$

$$w\frac{dO_V}{dt} = Q(O_L - O_V) - Ak_C(O_V - O_S) \tag{4-34}$$

$$\frac{Ak_{C}\rho(C_{V}-C_{S})}{M_{C}}=\frac{Ak_{O}\rho(O_{V}-O_{S})}{M_{O}} \tag{4-35}$$

$$\lg\left(\frac{10^{-8}C_{S}O_{S}}{p_{CO}^{*}}\right)=-\left(\frac{1160}{T}+2.003\right) \tag{4-36}$$

式中　W——RH 处理钢水质量，t；

w——真空室中钢水质量，t；

C_L，C_S，C_V——钢水中钢包、反应界面、真空室碳含量（质量分数），$10^{-4}\%$；

O_L，O_S，O_V——钢水中钢包、反应界面、真空室氧含量（质量分数），$10^{-4}\%$；

Q——环流量，t/min；

M_C，M_O——碳、氧原子的摩尔质量，g/mol；

p_{CO}^{*}——气相中 CO 分压与标准大气压的比；

ρ——钢水密度，t/m^3；

Ak——容积系数，代表真空室内碳或氧的传质速率，m^3/min；

A——反应的有效面积，m^2；

k_C，k_O——真空室内碳、氧的传递系数，m/min；

b　动态模型

Ming. SiangChiang 等的模型，该种模型通过对 RH 真空脱碳过程的在线监测，建立动态数学预报模型。图 4-15 表示了 RH 真空精炼过程在线监测操作系统。

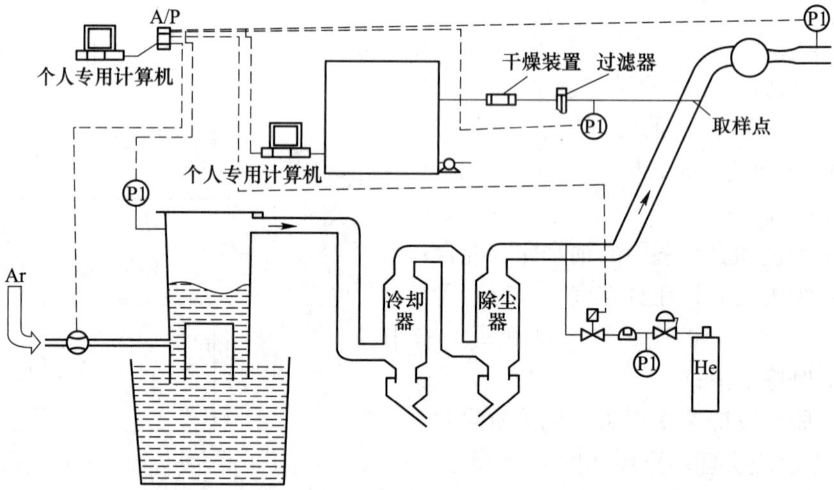

图 4-15　RH 在线终点控制系统示意图

此系统通过测量废气中的 CO、CO_2、Ar、N_2 和 O_2 的含量，根据它们之间的物质守恒原则建立一系列方程。废气中的 CO、CO_2、Ar、N_2 和 O_2 含量随着 RH 处理时间的变化而变化，因此能够详细地观测到钢液真空室脱碳的反映情况。当压力达到 200Pa 时，C-O 反应开始；当压力为 5～20Pa 时，C-O 反应速度迅速增加到最大值，其次，废气中 CO+CO_2 含量也达到最大值，当 C-O 强反应期过后，废气中 CO 和 CO_2 的含量减少，当把脱氧剂加入钢液内，过 16min 以后，废气中的 CO 和 CO_2 含量减少到零。

系统中氮气和氩气的质量平衡的计算公式为：

$$Q_{ex}(t) \cdot N_2(t) = Q_{air}(t) \times 78.1\% \tag{4-37}$$

$$Q_{ex}(t) \cdot Ar(t) = Q_{air}(t) \times 0.93\% + Q_{Ar}(t) \tag{4-38}$$

废气流量和钢液连续脱碳的计算公式为：

$$Q_{ex}(t) = \frac{Q_{Ar}(t) \cdot 78.1\%}{Ar(t) \cdot 78.1\% - N_2(t) \cdot 0.93\%} \tag{4-39}$$

$$Dec(t) = k[CO(t) + CO_2(t)]Q_{ex}(t) \cdot \mathrm{d}t \tag{4-40}$$

$$C(t) = \frac{C_i \cdot \mathrm{WSL} - Dec(t)}{\mathrm{WSL}} \tag{4-41}$$

式中 $Q_{ex}(t)$——废气流量，L/min；

$Q_{air}(t)$——漏气量，L/min；

$Q_{Ar}(t)$——提升气体氩气的流量，L/min；

$N_2(t)$——废气中氮气的含量（体积分数），%；

$Ar(t)$——废气中氩气的含量（体积分数），%；

$Dec(t)$——从废气中排出的碳的质量，kg；

$CO(t)$——废气中的 CO 含量（体积分数），%；

$CO_2(t)$——废气中的 CO_2 含量（体积分数），%；

$\mathrm{d}t$——时间间隔，min；

k——常数；

$C(t)$——钢液中的碳含量（质量分数），$10^{-4}\%$；

C_i——钢液中的初始碳含量（质量分数），$10^{-4}\%$；

WSL——钢液的质量，t。

由于使用了 RH 脱碳过程中的终点控制系统，大大地改善了达到目标含碳量的命中率。对于 IF 钢和电工钢来说，目标含碳量的命中率，已从 90.4%改善到接近 100%了。

D RH 法的合金化和成分微调

在真空脱气处理过程中进行合金元素的添加，不管用散状料还是用块状料，与转炉出钢或钢包吹氩搅拌情况下的合金添加对比有以下优点：合金基本不和渣反应，合金直接加入钢水，合金收得率高，钢水能快速均匀混合，合金成分可以控制到较窄的范围。

a 对合金的要求

（1）铁合金的种类及成分。在脱气处理中，添加的合金种类随处理钢种所要求成分的不同而不同，添加合金的目的是调整钢水中的合金成分以满足钢种的目标成分。因此，合金中尽量含有较少的杂质，比如 FeSi90 和 FeSi75，含硫量应小于 0.002%。

在现场管理上为了保证铁合金成分的稳定，上料时要加强料仓管理，保证不能混料。RH 主要铁合金的种类及成分见表 4-3。

表 4-3　RH 主要铁合金的种类及成分

元素	合金名称	主要成分	颗粒度/mm
C	增碳剂	w(C)≥97%，w(S)≤0.4%，w(灰分)<1.0%	5~15
Si	纯硅	w(Si)>99%，w(C)≤0.05%，w(P)≤0.05%，w(S)≤0.05%	10~50
Si	硅铁	w(Si)=75%~80%，w(C)<0.2%，w(P)≤0.05%	10~50
Mn	纯锰	w(Mn)≥99%，w(C)≤0.005%	10~50
Mn	低碳锰铁	w(Mn)=75%~80%，w(C)<1.0%，w(Si)<1.5%	10~50
Al	铝粒	w(Al)≥99%	5~10
Ti	钛铁	w(Ti)≥99%	10~50
Nb	铌铁	w(Nb)=60%~65%，w(Si)=2.1%	10~50
Cr	铬铁	w(Cr)=60%	10~50

（2）合金的粒度。RH 真空精炼用合金的粒度应有利于合金在钢水中迅速熔化混合。RH 真空精炼时温度比转炉出钢时低，颗粒度过大的合金难以熔化，从这个意义上讲颗粒度小的合金是有利的。但 RH 真空精炼又有其特殊性，受被抽气体的影响，颗粒小的合金在真空室内易被气流带走，甚至进入粉尘分离器中，特别是在 RH 真空精炼前期，钢水中气体发生量大，更易将小颗粒合金抽入真空管道，从而影响成分命中率，对真空管网带来损害。据日本新日铁广畑制铁所的试验证明，硅类合金应大于 3mm，因此应当防止小于 3mm 的各类合金进入料仓。一般 RH 真空精炼用合金的粒度以 3~15mm 为宜。德国蒂森恒尼西厂认为，真空精炼时加入的合金粒度应在 3~30mm，若采用旋转给料器加入，则为 3~10mm。

在处理过程中，合金加入时期不同气体的发生量也不一样，因而总有一部分加入的铁合金被真空从排气管道抽走。金属 Si 和金属 Mn 必须在 3mm 以上，具体的合金颗粒度可参见表 4-4。

表 4-4　铁合金的颗粒度及收得率

合金		金属 Si		金属 Mn
抽气量/kg · h^{-1}		100	250	100
压力/Torr		0.28	0.75	0.31
添加合金量/kg		22.9	16.7	24.8
颗粒分布	3~4mm	9.1kg（39.8%）	8.7kg（52.1%）	13.5kg（54.4%）
	≤3mm	13.8kg（60.2%）	8kg（47.9%）	11.3kg（49.6%）
底部回收结果	总计	87.4%	97.7%	91.5%
	>2mm	70.0%（97.6%）	58.1%	62.2%（90.3%）
	2~1	—	40.3%（97.5%）	35.8%（98.1%）
	1~0.6	70.0%（80.5%）	0.5%（60.6%）	0.9%（64.4%）
	0.6~0.2	6.7%（82.2%）	0.9%（86.3%）	1.0%（46.2%）
	≤0.2	—	—	—

注：1Torr=133.3Pa。

续表 4-4

合金		金属 Si		金属 Mn
排气孔及除尘管道回收	总计	12.6%	2.3%	8.5%
	>2mm	13.0% [2.4%]	21.1% [1%]	72.4% [9.7%]
	2~1	37.3% [10.0%]	44.6% [2.5%]	7.4% [1.9%]
	1~0.6	39.6% [19.5%]	27.2% [39.4%]	5.5% [35.6%]
	0.6~0.2	10.1% [17.8%]	5.9% [13.7%]	14.7% [53.8%]
	≤0.2	—	—	—

注：( ) 内表示收得率；[ ] 内表示同一颗粒度铁合金中落到槽底部和进入排气管道气体冷却器的比例。

(3) 合金的干燥。合金添加到真空槽内和转炉出钢时添加到钢包两种情况下，钢水中的氢分压是不同的，虽然在真空处理过程中添加大量的合金增氢不多，但一定要保证合金的干燥，以防止合金含有的水分对钢水氢含量的影响，含水分的合金有的可能会造成精炼终点氢偏高，甚至出格。不过，恒尼西厂认为，如果合金加入量超过3%时，就应当进行烘烤，一般纯硅也应当进行烘烤。但应当把烘烤好的合金直接加入钢包，以免烧坏皮带。其他合金都不进行烘烤，通过加料系统加入真空室中。

b 合金加入位置

合金从合金溜槽投入，合金溜槽的设计位置要高于钢水飞溅的高度，同时还要考虑投入的合金不被吸入排气管道，又能落到真空室底部的中央或偏向上升管的一侧，合金加入钢水的位置最好在上升管区域，但对于耐材管理上要求上升管和下降管是按计划进行交换的，则合金加入点应控制在槽的中心，这样一种合金添加孔及有角度的添加溜槽是较理想的。合金加入方法主要有以下两种。

(1) 上部加入法。这是一种较为常用的方式，几乎以前所有的 RH 设备都采用这种加入法。

(2) 侧面投入法。对于采用电极加热的设备，脱气室内径又小时，因为担心铁合金会碰到电极而有打断电极的危险，同时在目前开发了顶枪功能的情况下，采用从槽侧面加入。

c 合金加入速度

一定的 RH 真空精炼设备有一定的循环量。加入合金时，必须对加入速度进行控制，短时间内加得太多，会造成钢水温度的降低，致使钢水凝固，甚至破坏环流。加合金使钢水降温不能大于40℃，加入合金使钢水温度升高，不能高于50℃。控制加入速度，对于加入大量合金尤为重要，般 $FeSi_{75}$ 为循环量的4%，武钢二炼钢厂为1200kg/min，加铝、碳等不超过循环量的1.5%，其他合金不能超过循环量的2%。恒尼西厂在 RH 设备上只对钢水的成分进行调整，加入量都比较小，一般不需要对加入速度进行控制。

合金的添加速度常规是按钢水的循环速度来控制的，合金的最大添加速度取决于混合状况即取决于循环情况。另外，用手动阀加入合金时，因为添加速度变动大，所以平均添加速度不能太大。如果是旋转给料器等定量定速添加合金，则可以按理论的最大速度添加。

在合金添加时，为使钢液的循环速度达到最大，应在大吹氩流量下添加合金，但如果加入合金的速度超过了与最大循环速度相应的合金加入速度，将使真空槽内钢水与钢包上部钢水出现局部合金元素富集而造成钢包内成分的不均匀，甚至可能引起部分钢水凝固而影响浸渍管的正常环流。而且为了获得更均匀的成分并促使脱氧产物的上浮，在铁合金添加完了之后，必须进行 2~5min 的纯吹气循环使钢水混合均匀。

如果一时失误而加入了过量的铁合金，则最好将浸渍管埋得尽可能深，并适当延长混合的循环时间，尽管如此，要达到完全均匀的成分还是有困难的。

d　加入合金的时间

精炼工序的目的是对钢中成分及温度精确控制，同时保证钢中的夹杂物尽可能地少，也就是钢水的纯净度高。因此，精炼工序的合金调整主要功能是微调，合金调整的大部分应在转炉后就完成了，同时在精炼工序合金的调整应尽早进行，一方面可减少合金对钢水氢含量的影响，另一方面充分保证合金混合均匀、夹杂物上浮。

在真空处理过程中，根据所生产的钢种及处理的目标成分决定合金的加入顺序及加入量。元素的脱氧能力在钢水温度 1600℃下，各元素的脱氧能力由强到弱的顺序为 Al、Ti、B、Si、C、V、Cr、Mn，一般优先使用与氧亲和力强的铁合金。

通常情况下，RH 真空脱碳完毕或在真空条件下利用碳脱去部分氧后，或当真空度低于 6600Pa 以后，即可按钢种目标成分的要求加入适量的合金进行脱氧、合金化或成分微调。一般情况下，只要钢水开始良好循环，就可以开始加入第一批合金。但不同的合金应当在不同的时间内添加完毕：

（1）难熔化的合金应当在精炼结束前 10min 以内加完，如铬铁、钒铁、锰铁、氮化硅铁等；

（2）易氧化的合金，如铝丸、钛铁、硼铁等，应当在结束前 3min 内加完，不宜过早地加入，否则易被氧化，降低收得率及成分命中率；

（3）碳等其他合金元素应在结束前 5min 内添加完毕；

（4）对于脱碳钢来说，合金的添加时间应当在脱碳结束以后加铝脱氧并进行合金化；

（5）对于在真空条件下利用碳脱氧的钢来说，如彩色涂层板 WLC 等，则应视钢中碳含量和钢液温度高低来决定合金添加时间。

表 4-5 分不同的钢种类型对合金的加入时机进行了说明。

表 4-5　合金加入时机

钢种类型	需真空脱碳的钢种	厚板钢等，需本处理脱氢
前提	RH 处理前 $w(C)=0.02\%\sim0.05\%$，未脱氧	处理前 Al/Si 脱氧

续表 4-5

钢种类型	需真空脱碳的钢种	厚板钢等，需本处理脱氢
合金加入要点及顺序	1. 在脱碳期间加入部分锰铁； 2. 脱碳后根据测定的温度和游离氧加入脱氧合金及其他合金； 3. 对于电工钢加入硅铁	1. 当钢水循环开始后就开始添加合金； 2. 加碳； 3. 硅铁； 4. 锰铁； 5. 铝； 6. 其他合金元素

e　成分的混合

RH 真空精炼过程中，添加各类合金时，能否在钢包中混合均匀，取决于钢水循环速度和合金添加速度。根据放射性同位素（RI）的研究结果，当在真空室内添加少量合金时，只需半个循环其合金元素在钢包中混合均匀，可以认为从下降管出来的钢水在钢包中充分地混匀了。但实践证明，试验结果只适用于合金添加量相当于钢水量 0.5%的情况。过快的添加速度会导致成分分布不匀或堵塞钢水环流。当合金添加结束时，钢水循环必须延长 2min 以上的时间，以达到完全均匀化的效果。对于添加大量的增碳剂时应延长更长的时间。

f　合金加入量的计算方法

真空槽内基本上无钢包渣，同时槽内为非氧化性气氛，因此在 RH 处理过程中能得到较高且较稳定的合金收得率。但还需考虑进入钢水中的其他氧源，如部分钢包渣、钢包的耐材、槽内氧化性冷钢等对合金收得率的影响。除此之外，小颗粒合金材料在真空排气过程中容易从排气管道被抽走从而降低其收得率，因此为了防止被吸入排气管道，必须保证合金一定的颗粒度，特别是对于比重较轻的合金材料如碳和铝合金。另外，铝的加入量受钢中含氧量和加入量多少的影响而不同。当加入量较少时，应当根据钢中含氧量来决定。

合金加入量的计算公式为：

$$\text{合金加入量} = [\text{目标成分}(\%) - \text{实际分析成分}(\%)] \times \frac{\text{钢水量}}{\text{收得率}(\%) \times \text{合金品位}(\%)}$$

针对完全脱氧钢而言，表 4-6 为 RH 合金添加时合金的参考收得率，其收得率还随处理时间的长短与投入量的不同有一定的变化。

表 4-6　合金添加的参考收得率

合金名称	RH 收得率/%
HC-Fe-Mn	90
LC-Fe-Mn	95
Fe-Si	90
增碳剂	95

续表 4-6

合金名称	RH 收得率/%
B -Al	75
HC-Fe-Cr	100
LC-Fe-Cr	100
MC-Fe-Cr	100
Fe-V	100
Fe-Ti	75
Fe-B	70~80
Fe-Nb	95
Fe-Mo	100

g　合金收得率

RH 真空脱碳以后，钢中残存一部分氧，氧含量与脱碳前钢中含碳量和降碳量有关。不论钢水中原始含碳量多少，脱碳后钢中含氧量都能大幅度降低。降低的幅度与降碳量有关。由于合金并不直接与钢渣接触，合金元素的收得率要比转炉后脱氧合金化高且稳定。但 RH 真空条件下，合金收得率还与合金粒度有关，过小的合金易被吸入真空管道，影响收得率。在武钢条件下，RH 合金元素收得率见表 4-7。成分微调时，因添加量少，所以收得率低。

表 4-7　武钢 RH 真空精炼装置合金元素及沥青焦的收得率

合金种类	加入量/$kg \cdot t^{-1}$	元素收得率/%
铝丸	8.0	65~80
	4.0	50~65
	1	18~45
75% Fe-Si	40.0	92~96
	20.0	90~94
Mn-Fe	2.0	96~100
P-Fe	4.0	100
B-Pe	1	70~80
Ti-Fe	1	55~65
Cr-Fe		100
Ni		100
沥青焦	0.5	90~95

h　成分微调

现代钢材用户要求提供性能稳定的钢材，钢中各元素含量波动范围的宽窄对钢材性能的影响很大。为了稳定钢材性能，首先要控制钢中各元素的含量在较窄的范围之内波动，RH 真空精炼为成分微调提供了良好的条件。钢水经过炉后脱氧合金化和吹氩搅拌，钢水中的氧得以降低，同时钢渣的氧化性也有所降低。在真空精炼过程中，对钢中各元素可按精炼前及精炼过程中所取钢样分析结果补加合金元素，使其含量达到预定目标值。

要使钢中某元素达到预定目标值，在成分微调时必须具备以下条件：

（1）及时地采集有代表性的合格试样；

（2）迅速地将试样传递给快速分析室；

（3）有一套快速、准确地反映真实值的分析仪器；

（4）迅速、准确地向现场传递分析值；

（5）有一套能迅速、准确地称量所需添加合金的称量系统；

（6）有一套迅速、准确、均匀地把合金加入钢水中的加料系统。

实践表明，可以将碳控制在±0.005%、锰±0.02%、硅±0.05%、酸溶铝±0.002%、硫±0.003%、氮±0.0015%的范围内。

E　RH 精炼过程中温度的影响因素

RH 精炼过程中钢水温度的控制与钢包容量，真空室和钢包内衬的加热温度，钢包内渣层厚度，合金、冷却剂和脱硫剂的种类等有关。

a　钢包容量

钢包容量对钢水温度降低速度有明显影响，钢包容量越小，温度降低越快，一般符合图 4-16 的规律。70t 的钢包平均温降速度为 2～3℃/min。

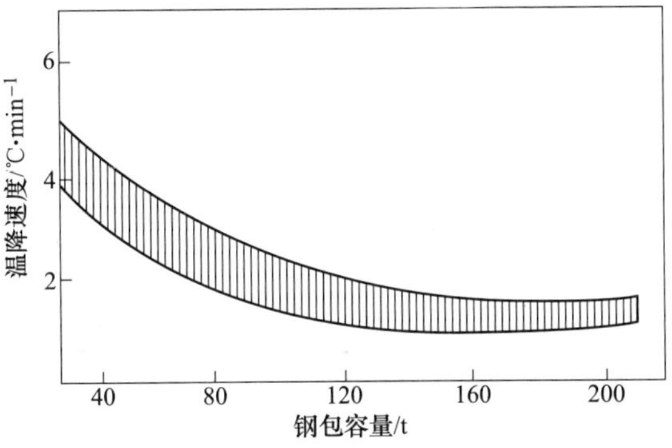

图 4-16　钢包大小和 RH 脱气处理中温降速度的关系

b　真空室和钢包内衬的加热温度

一般来说，钢包内衬加热温度的高低，在真空精炼前 5min 左右对钢水温度的降低有明显的影响。真空室内衬加热温度的高低，则在连铸的每个浇次中对第一炉钢水温度有明显的影响。随着精炼炉次的增加，各炉之间间隔时间的缩短，它们的影响变小。为此，RH 真空室内衬应加热到 1300℃ 以上，钢包内衬应加热到 800℃ 以上，或者正常周转红包。

c　钢包内渣层厚度

渣层薄，钢液散热快。出钢时采用挡渣措施，钢包内渣层厚度控制在 50～100mm，若出钢后发现渣层薄，可加覆盖剂进行保温。

d　合金种类

大多数合金添加到钢水后因其熔解会引起一定的温降。但是如果钢水有一定的游离氧，有一些合金元素（如硅）会和游离氧反应，反而引起钢水升温。表 4-8 显示了不同合金或废钢加入钢中每增加 1%钢中成分所引起的冷却效果。

表 4-8　合金加入所引起的温降

合金名称	基本成分	温降/℃(1%添加)
高碳铬铁	$w[Cr]=60\%\sim80\%$, $w[Si]=0.3\%\sim1.6\%$, $w(C)=5\%\sim9\%$	-24
硅锰	$w[Mn]=70\%$, $w[Si]=20\%$	-21
高碳锰铁	$w[Mn]=75\%\sim80\%$, $w[C]=6.5\%$	-23
低碳锰铁	$w[Mn]=81\%\sim88\%$, $w[C]=0.8\%$	-20
硅铁	$w[Si]=75\%$	+3
纯硅	$w[Si]=99\%$	+17
纯锰	$w[Mn]=99\%$, $w[C]=0.1\%$	-20
钛铁	$w[Ti]=70\%$, $w[Al]=0.5\%$, $w[H]=28\%$	-12
Mo 铁	$w[Mo]=70\%$, $w[Si]=0.5\%$, $w[Fe]=29\%$	-11
钨铁	$w[W]=80\%$, $w[C]=1\%$	-12
钒铁	$w[V]=80\%$, $w[Al]=1\%$, $w[Si]=1\%$, $w[Fe]=17\%$	-18
B 铁	$w[B]=20\%$, $w[Fe]=77\%$	-12
Nb 铁	$w[Nb]=65\%$, $w[Fe]=32\%$	-12
碳	$w[C]=100\%$	-52
铝	$w[Al]=100\%$	+2
铝铁	$w[Al]=50\%$, $w[Fe]=50\%$	-16

未脱氧钢水在脱碳后用合金进行脱氧时会引起很强的升温。相关计算得知吨钢加 0.030kg 铝可使镇静钢升温约 1℃。对于钢水中 $100\times10^{-4}\%$的游离氧，需加脱氧铝 0.112kg，计算可使钢水升温 4℃。经过实践验证，此结果比较符合实际值。

几种常用合金对钢水温度的影响见表 4-9。

表 4-9　几种常用合金对钢水温度的影响

合金种类	加入量/kg · t^{-1}	合金收得率/%	升温效果/℃
铝丸[$w(Al)=99\%$]	3.0	60.0	23.0
金属硅[$w(Si)=98\%$]	10.0	95.0	17.0
硅钢[$w(Si)=75\%$]	10.0	95.0	9.5
硅钙	2.0	95.0	-3
锰铁[$w(Mn)=80\%$]	2.0	95.0	-3

通过大量实践数据总结 RH 真空精炼过程的温度变化规律如下：

（1）RH 精炼前，钢水不进行吹氩搅拌时，精炼开始 3min 降温 20℃左右，主要是由于真空室和钢包内衬吸热及均匀钢水温度，若精炼前进行吹氩搅拌，钢水精炼开始 3min 降温约为 15℃；

（2）精炼开始后 3~10min，平均温降为 2.0℃/min；

（3）精炼开始后 11~20min，平均温降为 1.5~2.0℃/min；

（4）精炼开始后 21min 到结束，平均温降为 1.0~1.5℃/min。

一般连铸每个浇次的第一炉以及间隔 8h 以上再精炼的连铸第一浇次，其钢水温降速度均在上述平均温降的上限。

当 RH 精炼开始前，钢水温度高于规定值的上限时，则应当向钢包内加入冷连铸坯降低钢水温度。

F RH 法真空深度脱硫

在 RH 真空处理过程中，经合金溜槽向真空室加入脱硫剂可以实现深度脱硫。

a RH 真空深度脱硫的工艺参数

（1）对钢包中钢渣的要求。RH 深度脱硫时，不仅要求覆盖在包内钢液面上的炉渣厚度薄，而且还要求炉渣的碱度高和（FeO）含量小，防止降低对硫的吸收能力。如果在炉渣表面存在 FeO 含量高的渣子，则产生回硫反应为：

$$CaS + [O] \xlongequal{} CaO + [S] \tag{4-46}$$

为了防止硫返回到钢液中，必须使用高碱度的炉渣覆盖钢液。高碱度的钢渣在 RH 钢液循环接触过程中吸收和溶解 CaS 或含有硫的 xCaO · $y$$Al_2O_3$ 颗粒，同时高碱度的炉渣还直接参与脱硫反应。

因此，需要在 RH 真空深度脱硫时，转炉冶炼终点炉渣应达到以下要求：碱度为 3~4，(FeO)含量不高于 10%，并在出钢过程中采取挡渣措施，防止大量炉渣进入钢包中，保证钢包中的渣层厚度不大于 100mm。最好在出钢过程中向钢包中添加一定量的石灰以增加钢渣的脱硫能力。

（2）对脱硫剂的要求如下。

1）脱硫剂的配比。CaO-CaF_2 系脱硫剂的脱硫能力较强。各个工厂的 CaO 和 CaF_2 的配比各不相同。CaF_2 的脱硫能力很小，通常认为加入萤石的作用是降低 CaO 的熔点，增加脱硫产物的扩散速度。从图 4-17 可以看出，CaO 和 CaF_2 的配比以 80∶20 为宜，过多的 CaF_2 会加剧对耐火材料的侵蚀。

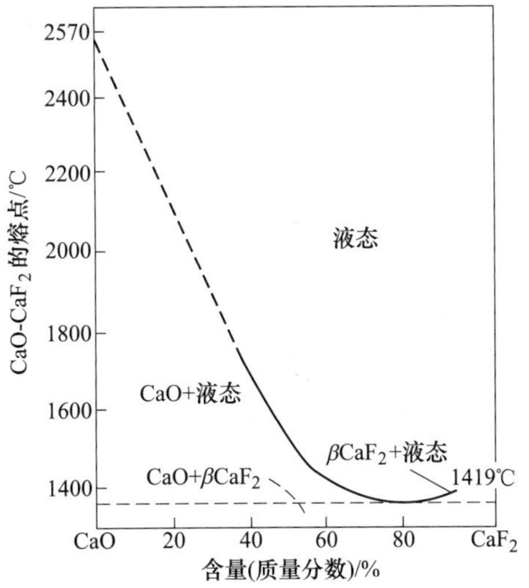

图 4-17 CaO 和 CaF_2 的相图

2）石灰的选择。为了增加脱硫反应的速度，应选择冶金性能良好的活性石灰作为脱硫剂，防止采用过烧和生烧的石灰。

3）脱硫剂的粒度。用 CaO 脱硫是一种固相反应，反应速度随 CaO 粒度的减小而增大，故应细化脱硫剂以增加脱硫反应的速度。但对于 RH 真空精炼来说，其颗粒度不可过细，以 3~5mm 为宜。因为过细的 CaO 粉末，所以在添加过程中易被真空泵吸进真空管网，降低脱硫效果，并加剧真空管网的损坏。

4）脱硫剂的防潮。CaO 系脱硫剂在贮存过程中会吸潮，与空气中的水分化合。当吸潮的脱硫剂加入钢液内时，水分就分解产生氢和氧，同时被钢液吸收。氢基本上在真空精炼过程中被去除，氧留在钢液中则增加了脱硫的困难和加大了铝的损耗。同时，CaO 吸潮后粉化，在添加过程中大部分被真空泵吸进真空管网，减少了 CaO 的有效作用，并且加快了对真空管网的磨损。因此，CaO 系脱硫剂在贮运过程中应采取较严格的防潮措施，对空气潮湿的地区来说尤其重要，并在制造脱硫剂时进行防潮处理，减缓吸潮水化的作用。

（3）深度脱硫的时机。RH 深度脱硫的时机应当是在钢液深度脱氧以后，即钢中加铝脱氧并使钢中含铝量达到一定量以后。同时，脱硫剂的加入时间还应当考虑钢种精炼任务完成与否。过早地加入脱硫剂会延长脱硫剂与真空室炉衬的接触时间，加剧炉衬的侵蚀。因此，RH 深度脱硫的时机选择在完成脱氧和合金化后 2min 进行。

（4）搅拌时间。脱硫剂经合金溜槽加入 RH 真空室内与乳化了的钢液相混合后，经下降管流到钢包中，脱硫反应就在这样的混合搅拌过程中进行，其搅拌效果强，使脱硫剂迅速散开，这就增加了脱硫剂与钢液的混合，故脱硫速度很快。根据实测，从脱硫剂添加到 RH 真空室内开始到脱硫反应达到预期目的为止共需搅拌 3~5min。这与顶喷 CaO 系复合脱硫剂的脱硫速度相同。

（5）真空室的密封。RH 真空深度脱硫在 RH 真空室内进行，避免了空气中的氧对脱硫反应的抑制和回硫。但是，由于钢液在真空室内呈乳化状态，一旦有空气进入，其危害更大。因此，应当注意真空室的密封，防止空气进入真空室内。

b　RH 真空深度脱硫的效果

RH 真空深度脱硫的实践证明，钢中含铝量足以与脱硫反应产生的氧相结合，并有一定剩余时采用 $CaO-CaF_2$ 脱硫剂进行深度脱硫可以获得超低硫钢，钢中硫含量（质量分数）可以降低到 0.001%左右，最高脱硫效率达到 80%以上。

G　RH 处理过程中炉渣成分的变化

实践表明，RH 脱气处理过程中，钢渣中 TFe、FeO、CaO 随处理过程的进行而减少，而 SiO_2、MnO、Al_2O_3 有增加的倾向。这可以认为是由于随脱气处理的继续，因钢水中的氧势的减低而出现的渣子部分还原、夹杂物上浮、钢包砖熔损等因素所造成的。

H　RH 处理钢质量

RH 真空循环脱气法适用于各类钢种，而且钢种范围很广。归纳起来，脱气处理对象钢种大致可区分为锻造用钢、高强度钢、结构钢（低合金结构钢、高合金结构钢)、轴承钢、工具钢、不锈钢、电磁钢、深冲用钢等。

关于 RH 处理钢质量的相关报告较多，一般认为 RH 除了具有脱氢效果之外，还可以使氧化物系夹杂物大幅度地减少。因此，经过 RH 处理钢材内部的完整性增加，例如有关厚钢板的探伤缺陷减少，以及钢板的分层和气泡的发生率均为减少方面都有报告。关于轴承钢有报告说不仅缺陷发生率减低，而且质量稳定、寿命显著延长。至于机械性能方面，通过脱气处理而提高性能的报告不多，但脱气处理钢品质良好，钢液经 RH 处理后可提高纯净度，使纵向和横向机械性能均匀，提高延伸率、断面收缩率和冲击韧性。对于一些要求热处理的钢种，脱气处理后一般可缩短热处理的时间。

4.4 RH 法的设备组成

4.4.1 基本机构

RH 法的基本结构如图 4-18 所示。RH 设备一般由真空室、浸渍管（上升管，下降管）、真空排气管道、合金料仓、循环流动用吹氩装置、钢包（或真空室）升降装置、真空室预热装置（可用煤气或电极预热）构成。

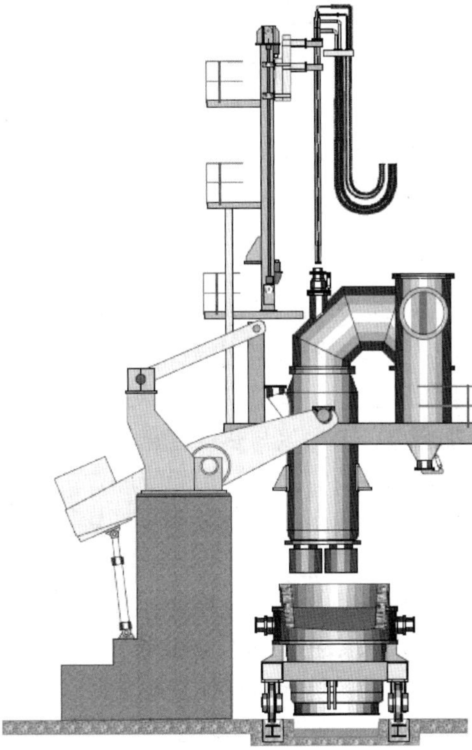

图 4-18 RH 设备构成

RH 精炼车间布置图如图 4-19 所示。

图 4-19　RH 精炼车间布置图

示意图-RH 布置图

4.4.2　具体设备

现场照片-RH 真空室 1

RH 法的设备由主体设备、水处理设备、电气设备、仪表设备等组成。而主体设备又由真空室及附属设备、气体冷却器、真空排气装置、合金称量台车及加料装置、真空室移动台车、真空室固定装置、真空室下部槽及浸渍管更换台车及专用工器具、浸渍管修补台车、加热装置（电极或煤气加热）、钢包液压升降装置、钢包台车、测温取样装置、脱气附属设备、管道设备、RH-OB 装置等构成。

现场照片-RH 真空室 2

4.4.2.1　真空室及附属设备

RH 真空室是 RH 真空精炼钢水脱气处理的熔池，冶金化学反应主要在 RH 真空室内完成，又称脱气室。真空室本体采用锅炉钢板围焊成的圆筒状结构，内砌耐火材料。设计为在真空状态下工作。真空室为分体式，顶部为合金添加孔，可以在真空状态下向真空室内加合金；上法兰与热弯管相连，连接真空泵抽气孔；真空室中部有加热孔；真空室下部与浸渍管之间采用焊接形式。

现场照片-RH 真空室 3

真空室上法兰与热弯管法兰间由 O 型圈密封，两法兰用卡钳螺栓连接。所有法兰均为水冷。

枪孔密封座采用可充气橡胶圈和耐热毡圈组合密封件。

3D 示意图 RH 真空室

真空室侧壁上焊有一段带水冷法兰的合金溜管，工作时与合金加料系统相连。合金溜槽的上部装有一气缸驱动的挡板，更换真空室时，起保护作用。真空室壁上小的孔口法兰用于插入热电偶，以便监测真空室耐材的温度。真空室下部有两根用耐火材料制成的可以插入钢液的浸渍管（也称升降管），其中一根为钢液的上升管，另一根为钢液下降管，浸渍管的上半部外侧为钢管焊接结构。上升管一般配置二层共 12 根提升气体管件及喷嘴，用于导入为钢液流动提供动力的氩气。真空处理时钢液沿上升管进入真空室，沿下降管返回钢包。真空室底部装有带浇铸耐材的防护板，用来保护室体。同时，真空室底部可通过一套管件用压缩空气进行冷却。

通过观察孔的 TV 摄像机可监视真空处理过程中真空室内的反应情况，监视屏安装在主控制室内。窥视窗用于监视真空室内钢水环流状态及合金投入状况。

冶金化学反应的表面积决定了 RH 真空精炼冶金反应（如 RH 真空脱碳反应）的反应速度。近几十年来，随着冶金工作者对 RH 真空精炼知识的加深和初炼炉的容量的不断增大，RH 真空室的直径与高度也逐步增大和增高。图 4-20 为日本广烟制铁所大容积的 RH 真空室的形状图。

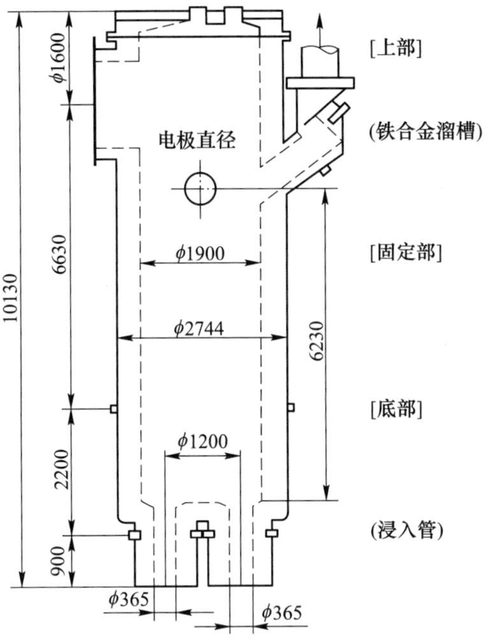

图 4-20 日本广烟制铁所大容积的 RH 真空室的形状图

武钢在不同时期建成的 RH 真空精炼设备的真空室形状变化如图 4-21 所示。宝钢 1 号 RH 真空室的形状如图 4-22 所示。

真空室有单室与双室之分。单室真空室在工位间运行，多采用旋转式或升降式；而双室真空室则常采用平行移动式。两个真空室分别固定在两个可平行移动的台车上，一个工作，另一个在待用位置上检修、预热，随时准备投入使用。

4.4.2.2 真空室移动台车和钢包运输台车

真空室移动台车和钢包运输台车是相对的一组设备，根据企业所采用的不同的真空室支撑装置，选用合理的真空室移动台车或者钢包运输台车。

真空室移送台车的用途是把真空室从处理工位移送到待机工位，或从待机工位移送到处理工位。该车不仅要承受真空室，而且热弯管也同真空室在其上一同移动能源介质的提供是通过拖链系统。台车的车体用钢材焊接而成，有支撑真空槽的托架、机器部件保护装置。车面上有工作走台、梯子、扶手等保护设施。

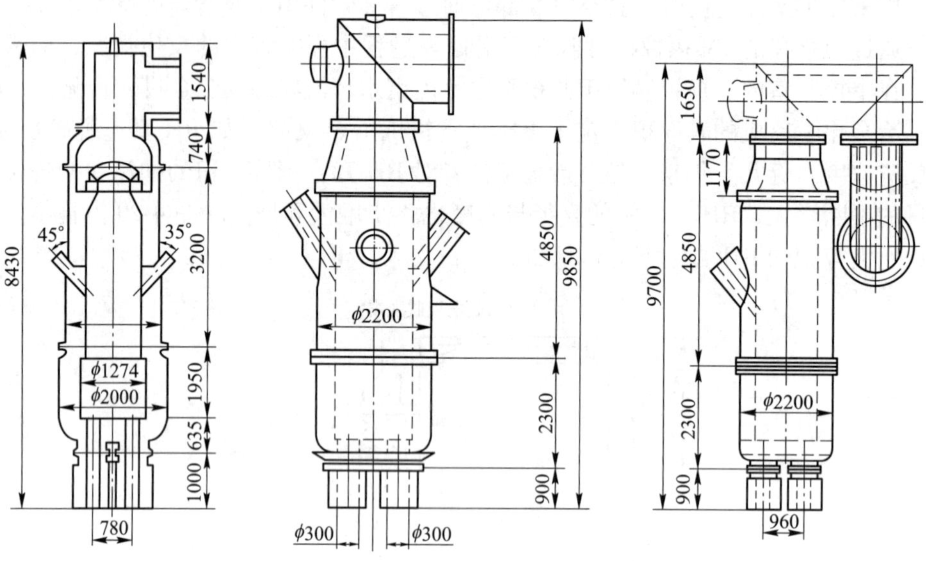

(a)　　(b)　　(c)

图 4-21　武钢 RH 真空室形状的变化

（a）1974 年建设的 1 号 RH 真空室；（b）1985 年建设的 2 号 RH 真空室；（c）1993 年改建的新 1 号 RH 真空室

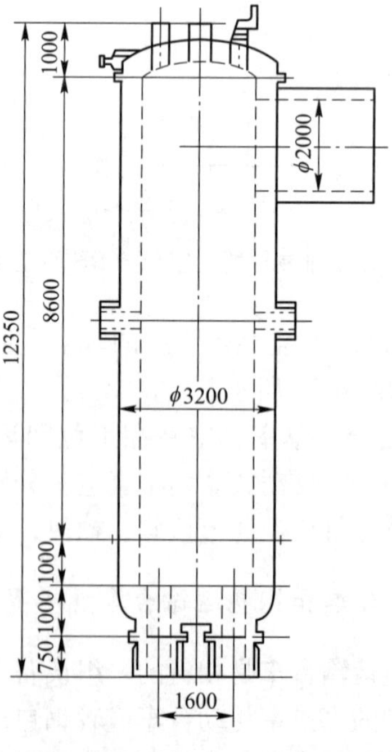

图 4-22　宝钢 300t RH 装置的真空室

真空室移送台车采用电驱动，由机旁的控制盘和主控室控制。传动装置有两种方案可供选择：台车由两台独立的驱动器组成，包括减速器和带刹车的马达。每台驱动器驱动一个车轮；台车在处理工位必须固定，以保证顶枪的顺利插入和处理时的稳定性。定位用的夹紧装置采用气动、钳式夹紧定位块的形式。

钢包运输台车的作用是将钢包从钢水接收跨（D-E）的承接位置输送到真空槽下处理工位进行真空处理，真空处理后再往喂丝，保温剂投入工位，最后输送到钢包吊位位置。钢包车需在处理跨与接受跨之间运行；处理过程还需在称量工位，接受工位和处理工位间运行。钢包车一般采用电力自驱动型机车，通过机旁操作盘和 RH 操作室中央操作盘操作，自动或手动控制运行速度并准确控制停车位置。另外，它还需要配备液压驱动装置来供钢包在精炼处理时的钢包升降动作。

4.4.2.3 真空室支撑装置与钢包液压升降装置

A 真空室支撑装置

RH 真空室的支撑形式对设备的作业率、合金添加能力、工艺设备的布置、设备占地面积等有直接影响。RH 真空室的支撑方式采用何种方式，应根据工厂的具体情况和 RH 的产品大纲来决定。

现代 RH 精炼真空室一般设两个真空室，采用水平或旋转式更换真空室，真空排气系统采用多个真空泵，以保证一般真空度在 50~100Pa，极限真空度达 50Pa 以下（如 27Pa）。RH 装置有脱气室固定式、脱气室垂直运动式或脱气室旋转升降式三种结构形式。

RH 真空室的支撑方式以真空室的运动方式来划分，分为上动式和下动式两大类型。上动式即在真空处理工位钢包不动，而真空室运动，使浸渍管插入或脱出钢液；下动式即在真空处理工位真空室不动，而钢包被顶升机构驱动，使浸渍管插入或脱出钢液。

RH 真空室的支撑方式以结构形式来划分，主要有以下三种类型（包括上动式两种和下动式一种）。

（1）真空室旋转升降式。即盛钢桶固定，真空室可上下升降和左右旋转，钢包可设置 1~2 个精炼工位（地面或地坑）。其优点是：结构紧凑，基建费用低；设备总高度低，当吊车空间受到限制时也可采用；操作起来较灵活，真空室下部及浸渍管的维修操作容易，不需要吊车和特殊修理车；由于可设有两个工位，可连续处理两钢包钢水，所需设备费用低。缺点是添加合金系统与真空室连接，真空泵系统连接的管道结构复杂，需要有防止系统漏气的措施。此外，其合金的加入量和种类也受限制。基于上述特点，此类型式也不能满足如今大处理量、多品种、高作业率的要求，目前国内无此类型设备。

（2）真空室上下升降式。即盛钢桶固定，将真空室固定在升降框架内，用钢丝绳卷扬机使升降框架在导向钢结构内上下运动，使真空室升降来进行脱气工作，真空泵管线和合金加料机构用旋转接头与真空室相连。其优点是当钢包容量较大时，用液压方式升降钢包的设备增大，所以适于采用真空室上下升降装置。该类型可适用于设置液压缸用地坑困难的钢厂采用；缺点是真空室上下升降需要大的升降设备，抽气管道与真空室的结合处较复杂。目前国内只有攀钢 130tRH 精炼采用此种类型设备。

（3）真空室固定钢包升降式（下动式）。即真空室固定，在钢包车上装有液压升降装置或其他方式使钢包升降。处理时用钢包车运输钢包到处理工位后，再用液压缸顶升盛钢桶及框架来达到插入目的。其优点是：真空室与真空泵和加料机构之间均采用固定连接，操作、维护方便；冷却水、吹氩管、加热煤气管道及线路固定，便于操作和维护；抽气系统在内的全部装置固定，易于维修、防止泄漏；在真空室四周有简单固定框架，便于清理黏钢黏渣等作业。缺点是安装占用面积大，基建费用高，真空室底部及浸渍管更换、修补操作有些不便，需单独设置专用修理平车。目前，国内宝钢、武钢、鞍钢、太钢、梅钢❶等企业均采用此种形式。

三种支撑形式各有其优缺点，采用何种支撑形式，应根据企业的具体情况来决定。从设备的维护、操作的稳定性考虑，采用真空室固定不动钢包升降形式的比较合适。

B　钢包液压升降装置

钢包升降系统用于顶升钢包台车和钢包台车上盛有钢水的钢包。当满载的钢包台车位于固定的处理位置时，通过操作液压设备，地坑内的油缸在油压的作用下，随即带动升降框架一起顶升，当与钢包承受台接触后托起钢包继续顶升，直到 RH 真空处理的浸渍管浸入钢水一定深度才停止顶升。在脱气过程中，油压装置一直维持钢包在这一位置附近。待钢水处理结束后，再次操作油压设备，降下钢包，使钢包下落到钢包台车上后油缸继续下降至停止位置。

钢包升降系统由钢包升降装置和钢包升降液压系统组成。钢包升降装置安装在 RH 真空槽下方的升降坑内，其升降框架沿导轨由钢包顶升液压缸驱动上下运动，升降框架对钢包台车和钢包进行顶升。钢包升降液压系统用于驱动和控制钢包顶升液压缸，其主要液压设备位于液压室内，液压设备与液压缸之间用管道相连。

为了在钢水真空处理期间保持钢包的位置高度不变，在液压缸的主管路上装有液压缸位置锁定用的液控单向阀。

正常工作时，钢包升降系统在控制室内的操作台上进行控制操作，为了减轻升降框架上下运动时与钢包台车和钢包之间的冲击，其升降速度能在升降过程中进行高速和低速之间的转换。在停电或其他紧急事故状态下，能用位于液压室中控制阀台上的手动阀门操作，使钢包安全下降，因此液压系统主泵管路即使失压，钢包下降也不会失控。

为了升降框架导向轮轴承的润滑，在升降框架上设置了一套手动干油集中润滑系统。

C　RH 真空室的更换形式

为了提高 RH 真空处理的作业率，需要有 2~3 个真空室交替使用，以便把使用坏的真空室更换下来维修，并及时把新的真空室换到工作位置。目前真空室更换方式可以分为双室平移式（见图 4-23）、转盘旋转式和三室平移式。其中采用双室平移式的较多，如我国宝钢和武钢三炼钢的 RH 装置均为双室平移式真空室更换形式。

❶ 上海梅山钢铁股份有限公司，以下简称梅钢。

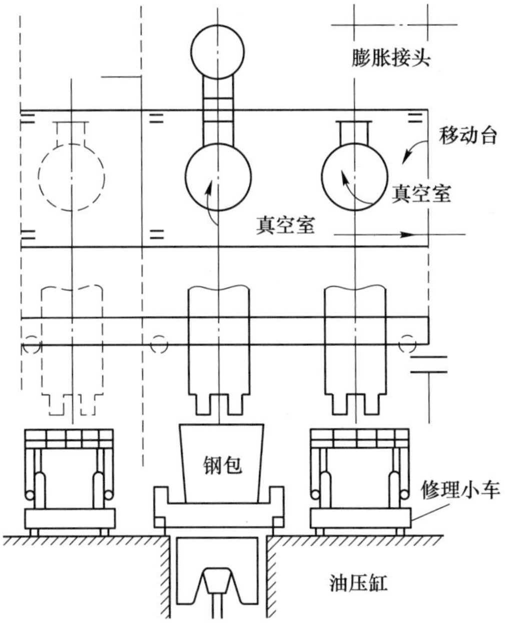

图 4-23 双真空室平移

(1) 真空室移送台车用于装载真空室，可在脱气处理工位与加热修补位置间移动。操作场所分为现场和操作室两处，采用自动和手动走行操作模式。台车上还装载着部分煤气加热设备。台车停止依靠设置在厂房平台上的行程开关。

(2) 真空室固定装置。为了防止真空处理过程中真空室的振动，在真空室两侧的厂房构架上共固定安装四只气动顶压装置。真空室停放在处理工位后，四只气缸通气后同时伸出顶住真空室托座，即可起到固定作用。真空室在移动之前必须先缩回气缸顶头。

4.4.2.4 合金称量台车及加料装置

随着 RH 真空精炼冶金功能的发展，转炉炼钢脱氧合金化和成分微调的任务转移到 RH 真空精炼炉来完成，因此要求 RH 配备一套完整的合金加料系统。RH 真空精炼过程中钢液在真空室和钢包中得到强烈搅拌，对合金加料和混匀非常有利。为了完成脱氧合金化及对某些成分进行微调，要求合金加料系统能够准确、迅速、均匀地将所需合金加入钢水中。因此，合金加料系统控制部分已发展到用计算机控制加料的配料、称量、添加的全过程，有的用计算机控制 RH 真空精炼的全过程。高位料仓合金加料系统示意图如图 4-24 所示。

合金加料系统设备用来存储、贮存、称量和输送合金材料。合金加料系统主要由高位料仓、合金切出装置、合金称量装置以及合金加料装置所组成。合金料由自卸汽车运到供料站，经料斗或斗式提升机及皮带运输机装满高位料仓。料仓分为三组，其中两组料仓下设称量斗，均装有电子秤，一个称料斗供称量少量的铁合金（微调用），另一个称量斗则供称量大量铁合金之用。废钢、铝和碳分别装入另

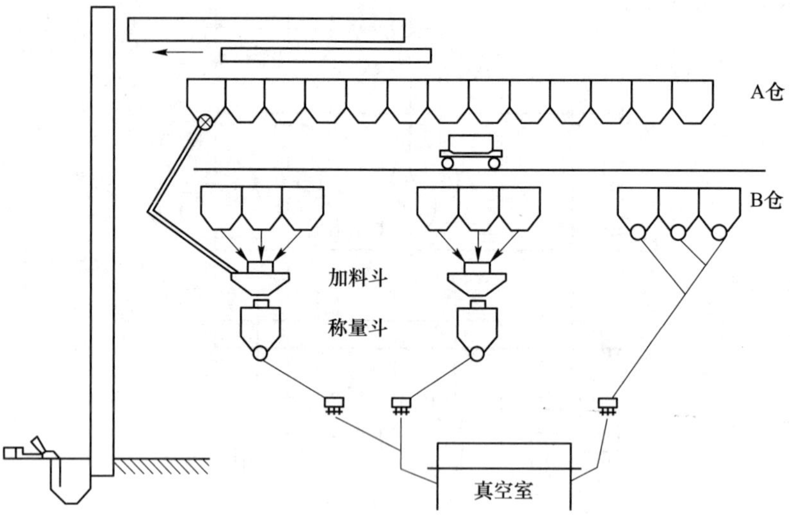

图 4-24　高位料仓合金加料系统图

一组料仓。把所称物料排到真空锁或真空料斗，再经电磁振动给料器或旋转给料器加入真空室。在真空料斗中，若因错误称量或其他原因需将物料排出时，则通过返回料溜槽导入地坪的容器内。

在铁合金料仓的下部设置有合金切出装置，在此装置上设有可以调节下料量的滑动闸板及电磁振动给料器。排放出的合金投放在称量台车上，依靠它称出规定数量的铁合金。称好的合金移送到斜皮带机上，然后利用皮带输送机投加到合金加料斗内，称量台车、斜皮带机、加料斗分为两条加料系统。无论哪台称量台车发生故障，使用另外一台也能进行合金称量。投放在合金料斗内的铁合金，利用给料仓内的电磁给料器或者旋转给料器进行排料，再通过溜槽伸缩接头、溜槽切断阀从真空室上盖投入口加入真空室内。合金加料装置具有在钢水脱气过程中能随时投加铁合金的功能。

（1）旋转给料器。旋转给料器广泛地应用于 RH 真空精炼炉，其中以碳、铝添加采用旋转给料器较多，旋转给料器的结构如图 4-25 所示。采用旋转给料器时，事先应按照合金料的密度、粒度、测量旋转给料器在一定旋转速度下，每格（或每转）加入合金料的质量。在添加合金时，根据工艺要求，计算出需要添加的合金质量，再换算成所需添加格数（转数），预先进行设定，即可自动加入。也有事先按工艺要求称量所需合金，装入可密封的料仓内，再在适当的时候，经旋转给料器全量加入钢水中。此种加料方法的优点是能定量均匀地将合金加入钢水中，对均匀成分有利。

（2）真空料斗和真空电磁振动给料器。合金添加装置安装在真空室的顶端，主要是一个真空料斗。真空料斗和真空电磁振动给料器的结构如图 4-26 所示，此种方法普遍地应用于 RH 真空精炼装置。真空料斗的作用是的把铝和碳以及合金料加入正在处理过程中的钢液中，用以调节真空处里钢液中的温度以及合金含量，加铝真空料斗支撑在荷重传感器上，以便对加入的铝量进行精确的调节，加碳真空料斗上装有旋转给料器，可以通过计量旋转给料机的转数来调节碳的加入量。脱氧合金化时，预先按工艺要求，称量需要的合金，经称量斗送入真空料斗，再将真空料斗密封好，然后抽真空，开启真空料斗的出口，将合金料卸入真空给料器上，连续均匀地将合金加入真空室中。

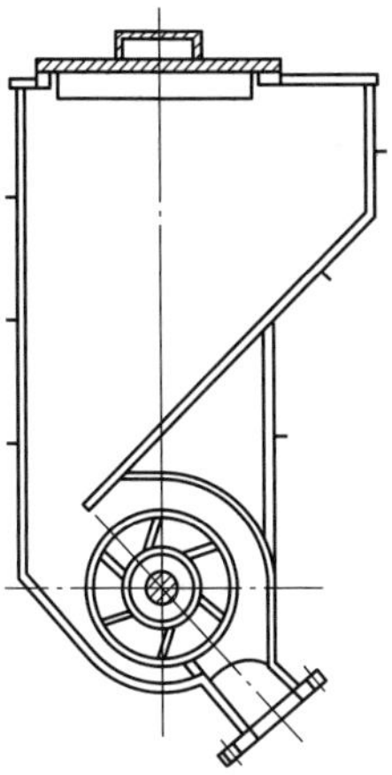

图 4-25 旋转给料器

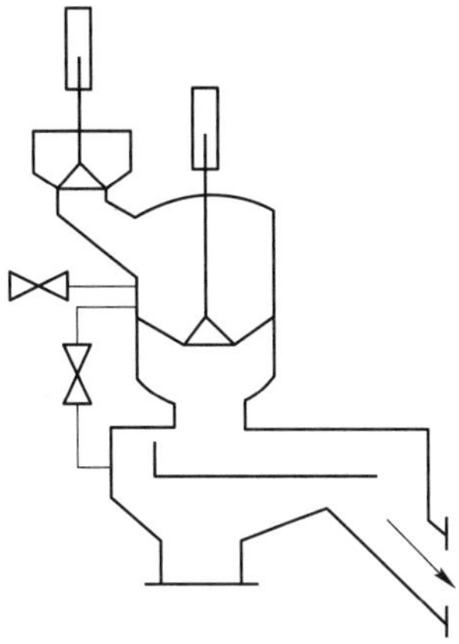

图 4-26 真空料斗及真空电磁振动给料器

当真空料斗中的料重低于一个设定的水平之后，在处理的间隔进行加料，这是一个自动的过程。直到把料加完，并且气动阀板关闭之后，才能进行下一次真空处理。

真空料斗的上部阀板是一种特殊的带有真空密封的锥形阀板，阀板的关闭是由气缸带动。

示意图-蒸气喷射泵

4.4.2.5 真空排气装置

微课-蒸气喷射泵脱气原理

真空排气装置主要有蒸气增压泵和蒸气喷射泵，并附带起动用蒸气喷射泵、冷凝器、雾滴分离器、密封水槽等设备。一般真空排气系统采用三级蒸气喷射泵抽引真空室内的气体，蒸气通过增压泵及喷射泵的喷嘴的时候，即将蒸气的压力能转变为动能，从而高速喷射的蒸气抽吸在真空室内所产生的排气，依靠冷凝器将蒸气进行凝缩，然后被下一级喷射泵再次吸入，反复多次后用雾滴分离器除去水分后排入大气。在冷凝器里使用过的冷却水汇集在密封水槽内，再用返送泵送往水处理设备。另外，混入在冷却水中的排气可从密封水槽通过排气配管排入大气中。

某厂真空排气装置工艺参数如下。

(1) 排气能力（换算为常温空气）：27kPa 时 7000kg/h；13kPa 时 3000kg/h；67Pa 时 950kg/h；20Pa 时 250kg/h。

(2) 排气时间：当真空室内耐火材料完全干燥，系统漏气量（换算为常温空气）在 15kg/h 以下时，从大气压力下降至 1Pa 的时间在 5min 内。

(3) 真空度：抽气量（换算为常温空气）为 100kg/h 的时候，可达 0.1Pa 以下。

(4) 蒸气：最小 0.7MPa 饱和蒸汽（在 B 泵 E 泵的喷嘴前）。

（5）冷却水：压力 0.2MPa 以上。

（6）温度：最高 33℃。

4.4.2.6　气体冷却器

气体冷却器由排气口伸缩接头、中间管道、气体冷却器、切断阀箱、联络管等组成。在真空室内，从钢水中除去的排气通过排气口伸缩接头、中间管道导入两台气体冷却器。排气通过气体冷却器时降低了温度，另外捕集了灰尘，接着排气经过切断阀箱、联络管被导入真空排气装置。切断阀箱是切断真空室和真空排气装置的设备。当真空室采用氮气进行复压时，关闭切断阀箱即可保护 N_2 氛围并捕集灰尘。

4.4.2.7　浸渍管修补台车

浸渍管维修台车为电动自行式移动台车，同钢包台车运行在同一轨道上，它停留在处理工位的后面。该台车上安装有用于清除浸渍管外表面浮渣和维修浸渍管的升降台，以及用于修补浸渍管内外表面的喷补机。浸渍管维修台车行走和喷补机操作由车上的控制箱操作。

在 RH 处理中，浸渍管维修台车的作用如下。

（1）修补浸渍管内外表面。通过台车上配备的喷补机，可对浸渍管内外表面进行喷补，每次喷补大约需要 10min，全部喷补过程都由计算机自动控制，并且提供多种喷补模式供选择；另外，该喷补机还备有手持喷补枪，可以有选择地修补磨损严重的地方。

（2）清除浸渍管外表面浮渣。通过台车上配备的电动缸，带动升降台上的浮渣刮板上下移动，将浸渍管外表面的浮渣清除掉。

4.4.2.8　加热装置（电极或煤气加热）

RH 真空室的热量损失的主要原因包括抽气口的辐射热损失、真空室外壳的散热损失、循环管的热损失和提升气体的热损失与冷却水的热损失等。其中，抽气口和外壳的散热损失约占其总热损失的 70%，这些热量损失直接导致真空室内温度降低。

为了减少精炼脱气过程中的钢液温降和防止喷溅钢液滴黏结在真空室内壁上，保证 RH 真空精炼的顺利进行，RH 真空室不但要对新砌筑的真空室预热干燥，并且要在处理前将真空室预热到一定的温度，而且要在精炼的间隙时间及其精炼过程中对 RH 真空室进行加热保温，使 RH 真空室内衬的温度基本保持不变，从而减少精炼过程中钢水温度的损失，并使钢水成分稳定。

目前真空室的加热方式有两种：一种是通过位于真空室中部的煤气烧嘴喷入气体或者液体燃料（煤气居多）加热方式；另一种是插入石墨电极加热方式，也可以将两者配合使用。

（1）煤气预热方式。采用气体或液体燃料通过预热孔喷入燃料燃烧的方式，这种系统一般用来烘烤真空室的内衬。采用煤气预热系统其优点是煤气烧嘴结构简单、节省电能，与电能相比，燃气是比较便宜的能源，具体结构如图 4-27 所示。因此，这种预热方式比较经济。但是，处理过程中及间隙时间（短时）不能加热，因而真空室的温度不稳定；加热过程中真空室处在氧化气氛，会氧化残钢，形成流渣，侵蚀耐火材料，并影响钢水成分的控制及钢水的质量；煤气加热预热温度较低，只能保持在 800℃左右，真空室温度低，易形成结瘤。

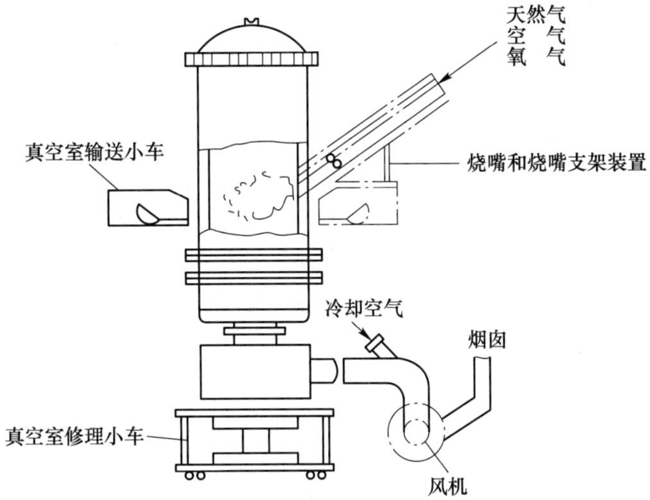

图 4-27　RH 真空室煤气烧嘴加热方式

（2）石墨电极加热系统。德国迈索公司所承建的大部分 RH 和 RH-OB 装置，都采用石墨电极加热系统加热真空室。一般是采用直流电，也可采用交流电，最大电流为 22kA，电压为 25～100V，加热装置的功率为 1～2MW 就完全可以满足 RH 真空精炼的要求。当需要对真空室加热时，将石墨电极通过加热孔插入真空室内进行加热，如图 4-28 所示。输入真空室的功率与石墨电极的物理状态有关，如石墨电极的直径、长度和电流密度。石墨电极加热在处理过程中及间隙时间均可以加热，加热温度高且稳定，加热过程中真空室处于中性气氛，但缺点是费用较高以及电极掉入真空室带来的增碳问题。

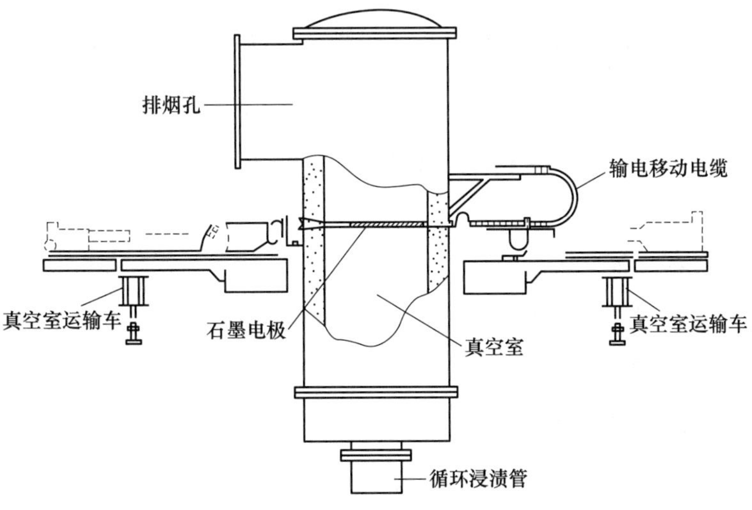

图 4-28　RH 真空室石墨电极加热方式

因此，目前广泛采用煤气预热和电极加热保温的方式，其优点如下：

（1）处理过程中及间隙时间可以加热保温；

（2）加热温度高而且稳定；

（3）真空室在加热过程中为中性气氛；

（4）可以减少过程温降，提高耐火材料使用寿命，从而提高 RH 设备的作业率。

生产实践证明，为了防止在真空室内形成结瘤，真空室内衬的温度应保持在1400℃以上。否则在内壁上易形成结瘤使真空精炼不能顺利进行。真空室内出现结瘤时，真空度产生波动，增加合金的消耗量，并影响钢水的成分和温度的控制。

为此，必须采用适当的加热措施来补偿这种热损失：为了减少抽气口的辐射热损失，以及防止真空室移动时真空室内热气向外扩散，设置排气口切断阀；为了加强切断阀的隔热作用，挡板上有复合隔热耐火材料，使热损失降低在允许的限度之内；为了减小真空室外壳的散热损失，就必须设法降低外壳的表面温度，选用隔热性能较好的耐火材料做隔热层，或是适当增加内衬厚度。不管采取什么样的措施，真空室的热损失是不可避免的，为此就必须采用适当的加热措施来补偿这种热损失。

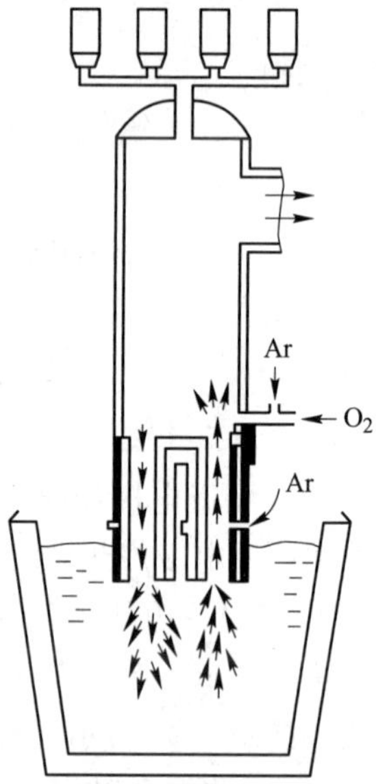

图 4-29　RH-OB 装置

4.4.2.9　RH-OB 装置

RH-OB 法中的氧枪多使用双层不锈钢套管结构，内管通氧气，其外管通氩气或氮气起冷却作用。

若在真空室安装吹氧装置称为 RH-OB 法（见图 4-29），该法通过向真空室内吹氧进行脱碳，可以冶炼超低碳不锈钢。

另外，RH 系统设备还包括真空室下部槽修补台车及专用工器具、测温取样装置、管道设备、脱气附属设备等设备。

4.5　RH 法处理方法与生产效果

4.5.1　处理方法

经过几十年的发展，RH 法精炼工艺越来越趋于成熟，基本上形成了轻处理、脱碳处理、本处理等三大处理模式。

4.5.1.1　轻处理模式

1977 年，日本新日本钢铁公司大分厂研究出了一种新的 RH 处理工艺，称为 RH 轻处理工艺。RH 轻处理工艺就是利用 RH 的搅拌和脱碳功能，在低真空条件下，对未脱氧钢水进行短时间处理，利用碳氧反应降低钢水中的游离氧浓度可以节省脱氧所需的合金铝，脱氧完全镇静后易于精确地调整和命中钢水的成分，碳脱氧提高了钢水的纯净度，同时将钢水温度、成分调整到适于连续铸钢的工艺要求。

在 RH 真空状况下，采用轻处理模式的工艺流程。钢水在转炉钢包中不进行完全脱氧，在 RH 工序对钢水进行真空处理，钢水在约 100mbar（1mbar=100Pa）的真空压力下，碳氧发生反应立即产生 CO 气体，CO 气体通过槽体和排气管道被抽走。通过抽真空降低了碳氧反应的平衡，钢水中的游离氧因和钢水中的碳反应得以减少，然后再加少量的脱氧剂就能生产出类似于沸腾钢的钢（即准沸腾钢）。这种钢不用硅脱氧，准沸腾钢的典型化学成分见表 4-10。这样脱氧所需的合金铝可以减少并保持在较低的水平。通过此未脱氧钢的轻处理方式，比完全脱氧轻处理方式约可节约吨钢 1kg 的合金铝，同时铝加入量的减少导致脱氧所产生的夹杂物也相应减少，有利于钢水的纯净。在真空槽内进行脱氧反应还可以防止增氮。

表 4-10 准沸腾钢化学成分

化学元素	C	Si	Mn	P	S	Al	N
成分（质量分数）/%	0.04	0.01	0.25	0.015	0.014	0.006	0.0022

RH 轻处理工艺的优点如下。

（1）可以降低脱氧剂的消耗量。采用 RH 轻处理法，转炉出钢时钢水的碳含量较高，自由氧含量比较低，这种自由氧在 RH 轻处理中还要进一步降低，因此所需的脱氧剂就很少。同时，在进行 RH 轻处理时，真空室的脱碳反应可以降低钢水中碳的含量，因此可以提高氧气转炉的终点碳，从而提高了钢水的余锰量，锰铁的消耗量也降低了。

（2）可以缩短真空处理的时间，提高 RH 真空精炼设备能力和降低生产成本。采用轻处理法时，其精炼时间可以缩短一半，从而大大地降低了精炼费用，提高了 RH 精炼工艺的灵活性。

（3）提高终点碳含量，渣中总铁含量也相应地降低了，从而不但可以降低炉渣对转炉内衬的侵蚀，提高转炉内衬的使用寿命，而且可以提高钢水的收得率。

目前，这种轻处理法已被成功地用在对未脱氧钢或半脱氧钢进行脱碳、调整成分和温度，处理时间为 12min 左右，真空室内的压力为 1.3~40kPa。

4.5.1.2 脱碳处理模式

脱碳处理模式（中间处理模式）与轻处理基本差不多，只是真空度要比轻处理模式高，其要求钢水碳成分（质量分数）一般在 0.01%~0.03%，要求转炉过来的钢水必须是带氧钢（目的是脱碳）。对象钢种为对 H 不敏感，但使用条件较为严格；不含 Cr、Ni 的耐候钢、低等级管线钢；强度级别不太高的管线钢等。代表钢种如 DI 材（易拉罐）、X65、SM490、低碳钢、超低碳钢及 IF 钢等。

脱碳处理模式的特点为：

（1）冶炼成品碳含量（质量分数）不大于 0.01%的超低碳钢钢种；

（2）为保证脱碳所需要的氧，在 RH 处理前钢中必须含有一定量的氧，转炉出钢时仅加入少量合金；

（3）为防止钢水飞溅，在开始处理时应逐渐降低真空度，在脱碳、真空度到达一定范围时可进行吹氧脱碳；

（4）在脱碳到达目标值以下后必须采用 Al、Si 进行终脱氧；

（5）终脱氧后才能进行合金化操作，合金化后应在高真空度下处理一定时间；

（6）碳、氧的反应是一个弱放热反应，在脱碳过程中均有一定数量热量放出。

4.5.1.3　本处理模式

本处理是指在高真空下（气压小于 2.7mbar），以去除钢水中的氢、氧（脱氧生成物）为目的的真空脱气处理方式。

本处理模式钢水按通常处理在转炉进行完全脱氧，在出钢过程中可以添加部分合金，RH 开真空泵处理开始后真空度快速下降，高真空在约 3～5min 达到，同时调整环流气流量增加反应界面面积以提高脱氢能力。

合金添加要尽量在处理前期进行，特别是含氢的碳粉，因此在达到高真空后即进行快速合金添加。通过约 18min 的高真空处理，钢水中的氢含量基本可降低到 $0.2\times10^{-3}\%$以下，再进行几分钟的真空处理进一步促使温度和成分均匀及非金属夹杂物上浮。

不同的处理方法对应不同的 RH 处理功能，可以达到不同的冶金效果。RH 本处理主要功能为：脱氢、成分温度调整及促使夹杂物上浮；RH 轻处理除了成分温度调整及促使夹杂物上浮功能外，可以通过先行脱碳的方式降低钢中的［O］，节约合金提高钢水的纯净度；顶枪吹氧功能主要是强制脱碳冶炼超低碳钢、吹氧化学升温及喷粉脱硫；对成分［Ca］有要求的钢种，RH 通过喂 CaSi 丝对钢水进行改变夹杂形态的处理。各种模式具体功能见表 4-11。

表 4-11　真空精炼模式具体功能

模式	真空度模式	主要功能	适用钢种
轻处理（LT）	采用较低真空度处理	进行脱氧，去除非金属夹杂物，调整和均匀钢水成分、温度	冷轧深冲板、热轧气瓶钢、低合金汽车板钢、镀锡钢、双相钢、16Mn 钢等
脱碳处理（DC）	真空度由低到高，最终达到最高真空度	进行深脱碳，减少非金属夹杂物、合金化，调整和均匀钢水成分、温度	低碳钢、超低碳钢及 IF 钢等
本处理（DH）	采用高真空度处理	进行脱气和除去钢中的夹杂物，调整和均匀钢水成分、温度	耐蚀钢、焊管钢、钻油平台钢等

当 RH 设备完好时，在能力范围内，尽量按规定的出钢炉次进行 RH 处理。根据 RH 处理的必要性（钢种技术条件要求）将 RH 的适应钢种主要分为表 4-12 所列几类。

表 4-12　RH 适应钢种

项目	定　义	钢　种
RH 指定钢种	制造工艺上必须经过 RH 处理的钢种	本处理型、吹氧脱碳型低［H］钢、无缝钢、IF 钢等
RH 准指定钢种	RH 处理后对成本质量有利的钢种，也可根据情况可以不经过 RH 处理	轻处理型镇静钢、低碳深冲含易氧化元素及成分狭窄的钢种，如 LC-Al-K 钢、硬线 Al-Si-K 钢
RH 回避钢种	不能进行 RH 处理的钢种	压盖钢、外沸内镇钢

4.5.2　冶金效果

RH 法优越的脱气、脱氧、脱碳和合金化条件，使得 RH 真空精炼能取得较好的冶金效果。

（1）脱氢。效果明显，由于从上升管吹入驱动气体，在上升管内生成大量气泡核，进入真空室的钢液又被喷射成极细小的液滴，大大增加了钢液脱气的表面积，有利于脱气的进行。通常 RH 法的脱氢率 η_H 可达 50%～80%。脱氧钢 η_H 约 65%，未脱氧钢 η_H 约 70%，处理 20min 后，钢水中的氢含量可降至 $2\times10^{-4}\%$以下。统计操作记录后发现，最终氢含量近似地与处理时间成直线关系。由此推论，如果延长时间提高钢水的循环速度可降至 $1\times10^{-4}\%$以下。

（2）脱氧。循环处理时，碳有一定的脱氧作用，特别是当原始氧含量较高，如处理未脱氧的钢，这种作用就更明显。实测发现，处理过程中的脱碳量和溶解氧的降低量之比约为 3∶4，这表明钢中溶解氧的脱除，主要是依靠真空下碳的脱氧作用。

用 RH 处理未脱氧的超低碳钢，氧含量可由（200～500）$\times10^{-4}\%$降到（80～300）$\times10^{-4}\%$。处理含碳镇静钢，氧含量可由（60～250）$\times10^{-4}\%$降到（20～60）$\times10^{-4}\%$。RH 真空精炼后（有渣精炼）T[O] 含量可不高于 0.002%，如和 LF 法配合，钢水 T[O] 可降到 0.001%以下。

（3）去氮。与其他各种真空脱气法一样，RH 真空精炼时脱氮比较困难，脱氮率比较低。当原始含氮量较低时（如 $w[N]<50\times10^{-4}\%$），处理前后氮含量几乎没有变化。当氮含量大于 $100\times10^{-4}\%$时，脱氮率一般只有 10%～20%。但在强脱氧，大氩气流量，确保真空度条件下，也能使钢水的含氮量降低 20%左右。

（4）脱碳。RH 真空脱碳，能使钢中的含碳量降到 0.0015%以下，满足超低碳钢的要求。

（5）脱硫。向真空室内添加脱硫剂，能使钢水的含硫量降到 0.0012%～0.0015%，如采用 RH 内喷射法和 RH-PB 法能保证稳定地冶炼 $w[S]\leqslant0.001\%$的钢，某些钢种可以降到 0.0005%以下。

（6）添加钙。向 RH 真空室内添加钙合金，其收得率能达到 16%，钢水中的［Ca］可达到 0.001%左右。

（7）成分控制。为改善碳、锰、硅对低合金钢淬火均匀性的影响，向 RH 真空室内多次加入合金，可将碳、锰、硅的成分精度控制在±0.15%的水平。对低碳钢中的碳含量也可通过 RH 的电子计算机综合控制使 $w[C] \leqslant 0.003\%$。

在弱脱氧钢中，RH 进行成分微调，可使钢中铝含量（质量分数）控制在 0.00015%水平。

对于含氮在 0.007%左右的中碳镇静钢，可通过把驱动气体换成 N_2 的方式，能使［N］的精度控制在±0.0005%范围内。

（8）升温。在 RH 真空吹氧时，由于铝的氧化放热，能使钢水获得 4℃/min 的升温效果。

（9）脱气钢的质量。真空循环脱气法处理钢种的适用范围很广，包括锻造用钢、高强钢、各种碳素和合金结构钢、轴承钢、低氮钢、工具钢、重轨钢、硅钢、不锈钢、准沸腾钢、电工钢、深冲钢等。钢液经处理后可提高纯净度，使纵向和横向机械性能均匀，提高延伸率、断面收缩率和冲击韧性。对于一些要求热处理的钢种，脱气处理后一般可缩短热处理时间。另外，同一设备能处理不同容量的钢液，也可以在电弧炉或感应炉内进行。

（10）经济效果。为全面评价 RH 法的经济效果，必须对处理的附加费用，以及因处理的收益作综合比较才能得知。实践证明，真空脱气不会增加每吨钢的生产成本，对于一些钢种却会明显地降低成本。

在我国，根据武钢二炼钢厂的实际经验，RH 脱氢效果达 60%以上，一般成品氢含量不高于 0.0002%；氮含量可以达到 0.004%，脱氮率为 0~25%；成品钢中氧含量不高于 0.006%；经 RH 自然脱碳可以将钢中碳含量降到 0.0020%以下，最低含碳量可以达到 0.0009%；温度可以满足连铸工艺要求，控制在±5℃的范围内，并做到温度均匀；成分控制范围可以做到 $w[C] = \pm 0.005\%$，$w[Al] = \pm 0.005\%$，钢中含硫量不高于 0.003%，脱硫率达 80%，钢中夹杂物可以降到 0.56mg/kg 以下。

尤其在技术发达的日本，RH 真空精炼技术在发展过程中，形成了自己独特的特点。表 4-13 是 RH 真空精炼技术达到的冶金功能的现状。

表 4-13　日本 RH 功能现状

元素（降低不纯元素）	达到水平	应用的厂家	技术措施
[H]	RH 内 $w[H] \leqslant 1.0\times10^{-4}\%$	川崎 水岛	增加环流速度，缩短处理时间
	RH 内 $w[H] \leqslant 1.5\times10^{-4}\%$	新日铁 名古屋	大口径浸入喷嘴，增大环流氩量
[C]	RH 内 $w[C] \leqslant 15\times10^{-4}\%$	日本钢管 福山	增大环流氩量，前期降低真空度
	RH 内 $w[C] \leqslant 15\times10^{-4}\%$	新日铁	椭圆形烧嘴 RH 来提高真空度，增大环流速度
T[O]	结晶器内 $w(T[O]) \leqslant 20\times10^{-4}\%$	新日铁 名古屋	RH 单独处理 Al-Si 镇静钢，添加 $CaO\text{-}CaF_2$ 渣剂
	成品材 $w(T[O]) \leqslant 10\times10^{-4}\%$	大同 知多	LF-RH，$CaO\text{-}CaF_2$ 强还原性渣，选择材料
[S]	RH 内 $w[S] \leqslant 5.0\times10^{-4}\%$	新日铁 大分	RH 喷射，$CaO\text{-}CaF_2$ 渣剂
	RH 内 $w[S] \leqslant 10\times10^{-4}\%$	新日铁 名古屋	RH-PB，$CaO\text{-}CaF_2$ 渣剂
[N]	脱氮率 20%~40%	日本钢管 福山	增大环流氩量，确保真空，强脱氧

续表 4-13

元素	达到水平	应用的厂家	技术措施
添加 [Ca]	结晶器内 w[Ca] = $10\times10^{-4}\%\sim20\times10^{-4}\%$ 收得率 16%	神户 加古川	RH 槽内添加 Ca 合金，低真空环流
成分控制			
w[C]/%	0.003±0.01	新日铁 大分	RH 综合控制系统(RH-TOP)
		新日铁室兰	二次投入合金，自动取样分析
w[Mn]/%	±0.015	新日铁室兰	二次投入合金，自动取样分析
w[Si]/%	±0.015	新日铁室兰	二次投入合金，自动取样分析
w[Al]/%	4.4×10^{-3}	新日铁 大分	铝镇静钢，RH 轻处理
	1.5×10^{-3}	日本钢管京滨	弱脱氧钢，以测定游离氧调整 Al
w[N]/$\times10^{-6}$	±15	住友金属 鹿岛	w[N] = $70\times10^{-4}\%$ 中碳铝镇钢，以 N_2 代 Ar 作环流气体
升温/℃ · min^{-1}	4	新日铁 名古屋	RH-OB、Al 放热

新日铁技术中心提供的 2000 年钢中碳、磷、硫、氮、氢、氧等元素含量极限值可以达到：$w[C]=(4\pm0.2)\times10^{-4}\%$；$w[P]=(3\pm0.2)\times10^{-4}\%$；$w[S]=(1\pm0.2)\times10^{-4}\%$；$w[N]=(6\pm0.1)\times10^{-4}\%$；$w[H]=(16.1\pm0.9)\times10^{-4}\%$；$w[O]=(2\pm0.1)\times10^{-4}\%$。其中，$\Sigma=(16.1\pm0.9)\times10^{-4}\%$。

经过 RH 真空精炼后钢的纯净度提高，使纵向和横向机械性能均匀，延伸率提高，断面收缩率和冲击韧性提高。

4.6 RH 法的具体操作过程

4.6.1 RH 脱碳操作

4.6.1.1 转炉

真空脱碳前期钢包条件控制，对脱碳时间控制有重要的影响。理想的钢包成分控制应为：$w[C]=0.03\%\sim0.04\%$；$w[O]=0.055\%\sim0.065\%$。

出钢过程中，须实施挡渣操作，严格控制渣层厚度，并可加入适量廉价的高碳锰铁。此外，按所冶炼的产品质量要求需对钢包渣进行改质处理，控制渣中的氧化铁含量。

钢包离开前，取样测温。

4.6.1.2 RH 处理前准备工作

(1) 钢包到达 RH 处理工位后，先测温定氧，并测定渣层厚度，与此同时，排气系统开始预抽真空至 100mbar(1mbar = 100Pa) 左右。

（2）按测温定氧结果，确定其后脱碳遵循途径。理想的条件是一途径，采用自然脱碳途径。如若原始碳过高（大于 $400\times10^{-4}\%$），原始氧过低，在此情况须首先吹氧（或提供其他氧源）进行强制脱碳，当氧达到某一最佳值后即停止吹氧，继续进行自然脱碳。

所谓的最佳值是指，脱碳终止后，钢中的碳达到规定的目标值，而［O］在 $(200\sim300)\times10^{-4}\%$。

（3）钢包开始顶升，或真空室下降，此时环流气由 N_2 转换为 Ar 气并流量增大。

4.6.1.3 RH 处理

当浸渍管浸入钢水至规定深度后，即停止钢包上升（或真空室下降）并打开真空主阀，在有预抽真空条件下，真空室与排气系统间迅速均压，从而缩短抽真空时间使之快速达到目标真空度。

经过约不到 2min，钢液进入真空室底部，并开始环流，此刻随真空室压力降低脱碳开始。

为避免起始状态由于过度激烈脱碳反应引起真空室内冷钢黏结，对初期真空度变化须严加控制，不宜降至过快。为此近期新建的 RH 排气系统，常带有动态真空度控制装置，其原理是将末级冷凝器排出的废气再反馈至前级增压泵中，并可根据反馈气体量大小，定出几种真空泵开启模式。

另一方面，为加快脱碳反应，又希望能在较短的时间内达到预定真空度，综合上述两个方面，通常达到预定真空时间，控制在 7～8min。

在初始碳较高需要吹氧时，通常在真空度达到 100mbar（1mbar = 100Pa）下进行，若吹氧开始过晚，则脱碳时间将延长，成品碳含量将提高。

若需要添加锰，应采用廉价的高锰铁（含氮较低）并尽早加入。总的脱碳过程可通过排出的废气中的一氧化碳浓度来控制，例如，某厂经验表明，当废气中一氧化碳降至 20%以下时，钢中碳含量已接近 $50\times10^{-4}\%$（各厂数据不一）。

在经过了将近 18min 左右的真空脱碳反应，预期的超低碳目标值即可达到，此时即可进行取样、测温、定氧，当碳达到目标值，脱碳即可结束，进入脱氧及合金化操作。脱碳结束时最佳氧控制应为 $(250\sim350)\times10^{-4}\%$。

需要注意的是，用铝进行脱氧，是一个强烈的放热反应，按理论计算 0.037kgAl/(t 钢 · ℃)，而此热量导致的温度升高，在前期确定出钢温度时需充分考虑。

4.6.1.4 RH 处理完毕

铝的添加意味着脱碳反应终止。其后经合金化及规定的处理时间后，处理全部结束。处理结束后，钢包上方加入无碳保温材料送浇注跨。关于超低碳钢取样及分析均有特殊要求，不同的取样及分析方法常导致成品碳很大偏差，其差值可达 $15\times10^{-4}\%$。目前，常用无碳的有陶瓷涂泥的取样器，分析用 LECO 的红外分析仪。

4.6.2　RH 脱氮操作

4.6.2.1　RH 脱氮效率

由于前述脱氢与脱氮在热力学及动力学条件上的差异，RH 脱氮效率远低于脱氢效率。原始氮含量低时，RH 处理过程氮含量基本没有变化，氮含量高时，脱氮效率约为 10%~30%，总的脱氮效率在 0~30%波动。

当原始含氮量低于 $25\times10^{-4}\%$时，若 RH 设备操作不当，甚至会引起增氮现象。

RH 脱氮的真空度控制与脱氢相同，应小于 2mbar(1mbar=100Pa)，采用本处理模式。

4.6.2.2　影响最终氮含量因素

（1）原始氮含量控制。由于真空脱氮的效果较差，目前低氮钢生产（如 IF 钢）主要靠控制前工序转炉出钢氮含量，在 RH 处理中保持少量脱氮或避免增氮。

（2）RH 处理时间。随处理时间延长，脱氮效率提高，但改善效果并不显著。

（3）钢中硫氧控制尤其是硫的控制，对脱氮效果有明显的影响。

（4）保持真空室的密封，防止漏气。

（5）增大环流气流量及循环速度等措施。

4.6.3　RH 脱氢操作

RH 脱氢操作如下：

（1）转炉钢包成分应控制在规格中下限（易氧化元素，如 Ti 等除外）；

（2）挡渣出钢，钢包渣厚度要严加控制，必要时需渣处理，控制钢渣成分；

（3）出钢温度须满足处理温降要求；

（4）RH 脱氢通常采用本处理模式（所谓本处理即处理过程中全泵投入）；

（5）成分及温度调整，在前期真空度达到 100mbar(1mbar=100Pa) 左右进行；

（6）真空度达到预定目标值后，应迅速加大环流气流量；

（7）在预定的目标真空度下，一般保持 16~21min，即可将钢液中［H］降至 $2.0\times10^{-4}\%$以下。

目前生产中常用的定氢方法有真空吸管法、探头定氢法和铜模取样。前二者其最终分析氢要低于后者，差值约为 $(0.3\sim0.5)\times10^{-4}\%$。

4.7　RH 法的发展方向

4.7.1　应用情况

RH 真空精炼法以其优异的冶金性能得到了冶金工作者的认同，全世界许多企业都采用了 RH 真空精炼法，而且得到了良好的效果。

日本的山阳钢厂将 LF 与 RH 配合生产轴承钢形成 EF-LF-RH-CC 轴承钢生产线，钢中总氧量达到 $5.8\times10^{-4}\%$。LF-RH 法首先利用 LF 炉将钢水升温，利用 LF 搅拌和白渣精炼功能进行还原精炼，使钢水脱硫和预脱氧，然后将钢水送入 RH 中进行脱氢和二次脱氧。经过这样处理可大大地提高钢水的清洁度，同时钢水的温度达到连铸需要的温度。

新日铁名古屋厂采用 RH-PB 法处理钢水取得了如下结果：

(1) 在熔剂最佳喷吹条件下，脱硫率达 70%～80%，在钢水初始 $w[S]=20\times10^{-4}\%\sim30\times10^{-4}\%$的情况下，喷吹粉剂 4kg/t 时，终点 $w[S]$为 $5\times10^{-4}\%$；

(2) 在钢水初始 $w[P]=150\times10^{-4}\%\sim300\times10^{-4}\%$的情况下，经 RH-PB 处理后，$w[P]\leqslant20\times10^{-4}\%$；

(3) 可以稳定的生产 $w[H]\leqslant1.5\times10^{-4}\%$、$w[S]\leqslant10\times10^{-4}\%$、$w[N]\leqslant40\times10^{-4}\%$的钢，处理时间约为 20min。

我国宝钢于 1985 年 11 月投产的 RH 装置即采用了 RH-OB 技术，可处理 40 多个钢种。按照新日铁和曼内斯曼企业标准检验，钢种合格率为 99.3%，钢管钢等钢种的夹杂物明显减少。宝钢的 RH-OB 设备能去除氢 64%、氧 49%、氮 16%，高的可达 23%，使氢含量小于 $1.5\times10^{-4}\%$，氧含量和氮含量都小于 $40\times10^{-4}\%$。此外，去除钢中夹杂物的能力也提高。RH-OB 处理钢水的能力为年处理量 252 万吨。

武钢二炼钢于 1997 年 10 月建成投产 RH-KTB、WPB 多功能真空精炼设备，它除具有常规的 RH 脱气、去除夹杂、均匀和调整钢液成分外，还有加速脱碳反应、热补偿、吹氧加铝升温和喷粉脱硫等功能。该设置有以下优点：提高脱碳速度，缩短真空脱碳时间约 3min；提高 RH 处理前钢中碳含量达 0.02%以上；减缓温降速率，对钢水的热补偿达到 15℃以上，可相应降低转炉出钢温度；RH-KTB 铝热法每吨钢添加 1kg 铝吹氧以后钢水温度上升 30℃，升温速度达 3℃/min；RH-WPB 法采用 $CaO\text{-}CaF_2$ 系列粉剂脱硫，对无取向硅钢进行脱硫，可使钢中硫降到 0.0001%以下，脱硫率最高可达 70%以上。

武钢 RH-KTB、WPB 的综合冶金效果：可稳定生产 $w[S]\leqslant0.002\%$、$w[N]\leqslant0.003\%$、$w[H]\leqslant0.00015\%$、$w[C]\leqslant0.003\%$的超低碳、超低硫的优质钢，精炼终点命中率大于 95%以上，达到国际一流水平。

4.7.2　技术进展

近年来，关于 RH 的文献是比较多的，但有两篇文章影响比较大。其一是发表在《铁ζ钢》1987 年第 16 期的关于日本 RH 精炼法进展；另一篇是发表在《Stau. Eisen》(1987 年) Nr. 19 的关于 RH 30 年。在这两篇文章中分别介绍了日本和德国两个国家 RH 的发展情况。日本对 RH 进行了深入的技术开发，使 RH 的功能不断扩大，终于发展成为今天这样具有多种精炼功能的设备。

1964 年，富士钢公司对 RH 的环流速度进行了测定，发现当钢水以 19.5t/min 的环流速度进行循环脱气时，至少每 5min 通过一次真空室。1968 年，川崎钢公司对 RH 的脱氧机理进行了分析，实验证明增大吹氩流量和升降管直径可以显著提高 RH 的处理效果，该厂将其 RH 的升降管直径扩大一倍，将两支升降管改为三支，使 RH 的氩气流量和环流速度提高，改善了脱碳和脱气效果。同时，日本各厂使用 RH 进行了冶炼超低碳硅钢和冶炼不锈钢的试验，通过向 RH 真空室吹氧，可用转炉和 RH 配合大批量生产不锈钢。1972 年，该工艺研究成功。

德国的蒂森公司不采用 RH 吹氧的方法进行精炼，而是首先在鱼雷罐车或者铁水包中进行脱硫处理使钢水中的硫含量降低至一定程度，然后将这些低硅、低锰、含磷 0. 100%的铁水在顶底复吹转炉（TBM）中进行吹炼，将碳含量降至 0. 02%左右。终渣 w(TFe) = 16%。通过控制炉渣碱度可以将磷含量控制在 0. 005%以下。如此控制，可以保证钢水有足够的氧位。可以通过钢水的溶解氧位，在进行 RH 处理时将钢水的碳含量控制在 0. 003%以下而不需要向 RH 吹氧。

蒂森公司的贝克尔威尔特厂是一个转炉厂，1987 年投产了一台 250t 的 RH 设备。该设置需要满足以下要求：与转炉和板坯连铸机 30min 的生产节奏配合；实现多炉连浇；进行 RH 精炼时能够加入 1t 合金，满足微合金化的要求；将钢中的氢含量控制在 0. 00015%以下，碳控制在 0. 003%以下，氮控制在 0. 004%以下。生产实践证明，RH 可以满足这些要求。

随着连铸的发展，很多钢种都用连铸法生产。但由于连铸生产的钢坯凝固速度快，不利于夹杂物上浮，所以对钢水的清洁度有更高的要求，致使 RH 发展受到重视。

新日铁大分厂开发了 RH 冶炼准沸腾钢工艺，表面质量很好的软质薄板都是由沸腾钢制造的。由连铸生产沸腾钢遇到的问题是这些沸腾钢种在凝固时放出 CO 气体，所以不能用连铸法生产沸腾钢。如果用铝或硅脱氧钢代替沸腾钢，在冷轧的回火色和镀锌层的致密性方面都会出现质量问题。大分厂通过 RH 轻处理来降低钢水中的溶解氧含量，然后在真空下向钢水加铝（不加硅），稳定铝的收得率，使钢中的铝含量控制在 0. 005%～0. 012%。这种钢称为准沸腾钢，至此形成了转炉-RH-连铸的准沸腾钢生产体系。准沸腾钢的化学成分见表 4-14。

表 4-14　RH 精炼的连铸准沸腾钢化学成分

厂名	钢种	冶炼方法	化学成分（质量分数）/%							备注
			C	Si	Mn	P	S	Al	N	
新日铁	准沸腾钢	RH	0. 04	0. 01	0. 25	0. 015	0. 014	0. 006	0. 0022	保证化学成分
日本钢管京滨厂	低铝低氮钢（LANS）	RH	0. 01～0. 05	<0. 05	0. 10～0. 25	<0. 025	<0. 025	0. 010～0. 030Al$_s$	<0. 0025	
新日铁	弱脱氧钢	钢包喷吹（炉渣改质）	0. 03～0. 05	>0. 03	0. 29～0. 25	<0. 025	<0. 022	0. 002～0. 007Al$_s$	<0. 0025	先 RH 处理后钢包喷吹
中山公司船町厂	软质线材	RH	<0. 02	0. 04	0. 25	<0. 025	<0. 005			[N] 含量不详
神户制钢加古川厂	准沸腾钢	钢包吹氩控制 [O]	0. 04～0. 18	>0. 03	0. 15～0. 65	<0. 020	<0. 020	<0. 010		[N] 含量不详

续表 4-14

厂名	钢种	冶炼方法	化学成分（质量分数）/%							备注
			C	Si	Mn	P	S	Al	N	
大同公司大阪厂	低碳软质线材	RH	<0.01		0.22～0.25					其余含量不详
日本钢管京滨厂	低铝低氮（LANS-BW）	RH						0.002～0.009Als	<0.0025	其余含量不详

日本钢管京滨厂于 1980 年 11 月用 RH 精炼适于连铸的低硅低氮不锈钢，其成分与表 4-14 基本相同。首先，RH 处理过程中不会产生钢水吸氮，再者钢水中的氧可以控制钢水中的铝含量。这样生产的连铸坯，无论作为冷轧板、热轧板，还是制成镀锌板，其质量都是很好的。用 RH 法生产适合连铸的软质低碳线材也是 RH 技术开发的重要成果。

自 1980 年以来，RH 技术开发集中在以下三方面：

（1）充分利用 RH 法的功能；

（2）将 RH 法与其他精炼方法配合使用；

（3）RH 的多功能化。

RH 自身没有加热功能，不能进行脱硫，不能对夹杂物进行形态控制。因此，RH 必须与其他精炼方法相配合方能进行更有效的精炼。日本的山阳钢厂将 LF 与 RH 配合生产轴承钢，形成 EF→LF→RH→CC 轴承钢生产线，轴承钢中的总氧量达到 $5.8\times10^{-4}\%$的水平。LF-RH 复合精炼过程是首先利用 LF 将钢水升温，利用 LF 的搅拌和白渣精炼功能进行还原精炼，使钢水脱硫和预脱氧。然后将钢水送入 RH 中进行脱氢和二次脱氧。经过这样的处理不仅大大提高了钢水的清洁度，而且将钢水的温度调整到连铸需要的温度，为多流连铸和多炉连浇提供了保证。日本大量生产特殊钢的生产线上，EF→LF→RH→CC 法占有主要地位。

也有部分转炉炼钢厂使用 NK-AP 与 RH 配合精炼工艺，既能保证连铸对钢水成分和温度的要求，也能达到生产清洁钢的目的。

上述两种工艺属于复合处理工艺，优点是精炼质量好，功能灵活。但是其缺点也较明显：这样的复合工艺冶炼时间长，热损失大；设备成本高；现场物流复杂，给现场管理带来了一定的麻烦。这就导致了 RH 多功能精炼技术开发。RH 原有的功能是脱氢、脱氮、脱氧、脱硫、去除夹杂物、成分窄范围控制、铝热法升温，需要补充的精炼功能是脱硫和硫化物形态控制。

为了脱硫和进行夹杂物的形态控制，神户加古川厂向 RH 真空室内加合成渣，成功地冶炼了 $w[S]<0.0012\%$的超低硫钢。在真空室内加钙，钙的收得率 16%，使钢中钙控制在 0.001%～0.002%的水平。新日铁名古厂和大分厂采用 RH-PB 和 RH-Injection 法，喷吹 $CaO-CaF_2$，将钢水中的硫控制在 0.0005%～0.001%，且可以使夹杂物球状化。通过 RH 多功能化的开发，克服了 RH 不能脱硫和夹杂物控制的弱点，使 RH 的精炼功能大大增强。

与日本的发展不同，德国蒂森公司为了进行深脱硫，一般在 RH 处理前要进行

TN 法（钢包喷粉）处理。喷粉处理后再进行 RH 处理，对钢水进行脱气。蒂森公司用这样的工艺可以生产厚板、型钢、钢轨、锻件坯、线材、棒材、微合金化的特殊深冲钢（IF 钢或无间隙原子钢）、耐酸腐蚀钢等。

蒂森公司的哈庭恩转炉炼钢厂，年产量为 100 万吨。生产的品种主要是厚板和锻造钢。经过 RH 处理的比例已达 80%，TN 处理的比例已达 64%。通过这样的处理，使分析命中率大大提高。

随着真空处理工艺的发展，通过将钢中氢含量降低到产生白点以下，从而省去了高成本的热处理工艺，使钢的加工成本大为降低。

到目前为止，RH 精炼技术已经由原来的单一的脱气净化转变为包含真空脱碳、吹氧脱碳、喷粉脱硫、温度补偿、均匀温度和成分等的多功能炉外精炼技术。而且随着技术的进步和精炼功能的扩展，在相当大的程度上 RH 真空精炼工艺已成为低碳钢和超低碳钢生产工艺路线必不可少的一部分。目前在现代化的炼钢工艺中，多功能的 RH 真空精炼技术已经成为一种不可缺少的炉外精炼手段，它的应用为炼钢厂实现优质、低耗、多品种、高效益奠定了可靠的基础。

4.7.3 发展趋势及新技术

虽然对 RH 法的研究已经取得了长足的进步，但是广大冶金工作者们仍然在继续研究，使 RH 法的精炼效率进一步提高。

RH 的精炼效率及冶金效果决定于以下基本工艺条件：极限真空度与抽气速率；钢水的循环流量；表观反应速度常数；顶吹供氧强度和枪位控制。因此，国际上对 RH 精炼技术的研究也是围绕着这几方面进行的。

（1）提高真空泵的抽气能力，使 RH 达到极限真空度（66.7Pa）的抽气时间缩短到 2min；进一步提高钢水的循环流量 Q，大量的实验证明，提高钢水循环速度的措施主要是扩大浸渍管的内径、增加驱动气体流量和改进驱动气体供给方式。扩大 RH 浸渍管直径，提高氩气的供气强度以及提高真空室真空度，均有利于提高 RH 的循环流量；进一步提高 RH 的容积反应速度常数，可以提高 RH 的反应速度；向 RH 真空室内吹入纯氧可以提高 RH 在高碳低氧区的脱碳速度，因而有利于提高 RH 的初始含碳量。

（2）在增大钢水循环流量的措施中，如果单纯增大氩气流量会使浸渍管内钢水线速度上升，容易造成真空室内喷溅黏钢。解决方法就是扩大浸渍管内径。通过采用向钢水中添加放射性元素进行测量的方法对循环速度进行了实测，后来又用在蒂森公司和新日本钢铁公司的 RH 装置上所获得的结果对它进行了补充和完善，找出了浸渍管直径为 260mm、270mm、300mm 和 345mm 时所测得的循环速度与输送气体流量的关系。日本川崎钢铁公司研究结果表明，循环速度与浸渍管的直径的关系如图 4-30 所示。当他们将浸渍管的直径加大到 550mm 时，钢水的循环速度提高到了 120t/min。最近，随着脱气设备的大型化，浸渍管内径达 750mm，循环流量达到 130t/min 以上。

扩大浸渍管的直径受到真空室直径的限制，圆形浸渍管直径的扩大是有一定限度的，为此，日本新日本钢铁公司广畑厂将浸渍管由圆形改为椭圆形。实践证明，

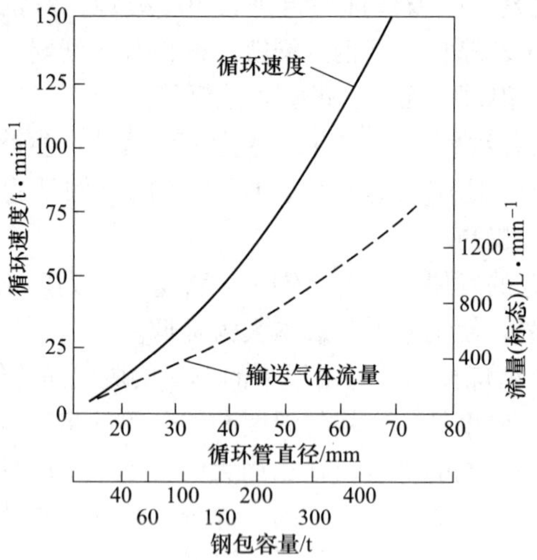

图 4-30　循环速度与浸渍管直径的关系

采用椭圆形下真空室可以使浸渍管内径增大，对脱碳速率的增加很有帮助。在真空室的直径相同的情况下，采用椭圆形浸渍管后，循环管的面积扩大了 87%左右，即由原来的 707cm^2 扩大到 1320cm^2，钢水的循环速率由 34t/min 提高到了 79t/min。在强制脱碳过程中，目前常见方法是向真空室吹氧。另外一种使钢液增氧的方法就是向钢水中加铁氧化物，氧化物在钢水中熔解，使钢水中的氧含量增加。采用吹氧方法还是加铁氧化物方法取决于钢水的温度。

（3）向 RH 内吹入纯氧，可以提高 RH 在高碳低氧区内的脱碳速度，有利于提高 RH 的初始含碳量。

（4）提高脱硫粉剂中 CaF_2 的配比至 40%，增加脱硫粉剂用量，有利于提高 RH 脱硫的效率，适宜冶炼 $w[S] \leqslant 0.001\%$的超低硫钢。

（5）RH 真空精炼过程数学模拟的发展。在数学模拟研究方法被引入冶金过程的研究以前，冶金工艺和实际过程的研究主要依靠实验室研究和现场观测，在很大程度上要依靠长期积累的经验。这些方法至今仍具有重要的实用意义。但随着冶金工艺技术和相关科技的发展，随着激烈市场竞争对工艺优化的要求，传统的研究方法已不能适应新形势发展的需要。20 世纪 60 年代以来，现代冶金学的重要研究领域已经由原来的热力学、动力学研究逐步转向反应工程学和过程模拟。而全面细致的过程研究，仅仅依靠实验的方法很难得到精确的数据和理想的结果。随着计算机的发展和数值计算技术的不断成熟，利用计算机对实际过程进行数值模拟——“数值实验”的计算流体力学方法迅速发展起来。这种研究方法可以对全过程直接模拟，并能得到装置内各种变量的连续分布信息。可以广泛地设定条件对任何情况进行模拟，例如对危险的、超越正常条件的、待开发的过程进行模拟。数值模拟可以把握设备内过程机理，对现有过程进行诊断、优化装置设计以及改善操作。特别是该方法成本低、速度快、灵活、直观并易于理解，这些都是物理实验所不能实现的。利用计算机和相关的服务性软件，依靠数值模拟已经成为今后冶金过程研究的重要手段之一。RH 脱气装置的操作是在高温低压下进行的，现场中的一些数据很难测量，而用水模型来完全模拟实际情况还有一些问题，而利用计算机数值模拟并结合水模型试验可以更好地模拟 RH 内部钢液流动情况，为以后脱碳、脱气过程的研究打下良好的基础。

在 RH 真空精炼过程中，钢液脱碳速率的快慢直接影响单位时间内真空精炼效率和精炼的终点成分。前人对 RH 钢液脱碳过程进行了大量的研究工作，得到了影响脱碳的一些因素和提高脱碳速率的一些措施，为 RH 真空精炼的发展做出了贡献。但是对 RH 处理过程中钢液动态脱碳过程的模拟研究还没有很好地进行，大部分工作是从脱碳反应动力学入手研究静态模型。RH 精炼过程尤其是脱碳过程中的反应机理是很重要的。在冶炼超低碳钢时，为了达到工业处理的最佳条件需要对脱碳机理的知识有很好的了解。

RH 动态脱碳（脱气）模型的建立是根据 RH 精炼过程的特点提出的基于脱碳机理的脱碳模型，最终能全面地描述真空反应器内脱碳全过程。

目前，常见的反应机理有两种。一种将反应机理确定为：

（1）上升管中氩气泡表面；

（2）真空室钢液的自由表面（包括飞溅的钢液）；

（3）真空室钢液内部脱碳反应形成的 CO 气泡表面。

另外一种将超低碳钢真空脱碳动力学中将脱碳机理定为：

（1）钢液内部自发上浮的 CO 气泡；

（2）通过向钢液中吹入气体的强制脱碳；

（3）真空室中由于气泡破裂导致的飞溅液滴脱碳。

冶金工作者们较多研究了 RH 精炼过程中的脱气（脱氢、脱氮）、脱碳和脱氧及脱硫反应机理，提出了脱气反应数学模型，但未能与 RH 装置系统下部钢包内流场结合起来，而钢包内流场是影响 RH 精炼工艺效果的主要因素。建立多相流数学模型研究 RH 上部的多相化学反应和湍流流动从而综合的上下部数学模型将对 RH 整个系统进行精密描述，对进一步探索和研究 RH 工艺提供有力的保证。

随着计算机和自动控制水平的提高，RH 处理设备的控制系统正在稳步发展。今后将在提高钢质量、缩短精炼时间和降低生产费用及减少熟练技术操作人员的方面而努力。对于新上的和已有的 RH 精炼设备的计算机控制，结合实际生产情况，开发出既有理论基础又结合生产实际的过程控制数学模型，同时可采用人工智能及动态实时控制技术，提高计算机自动控制精度。

4.7.4 RH 新技术

近几年，又出现了不少的新技术，解决了在 RH 真空精炼过程中的一系列问题。

（1）防止 RH 脱气设备结渣。结渣主要在吹氧脱碳期间形成，需要定期烧渣来清理结渣。而泰戈（Techno Metal）公司把最初由 ATZ-EVUS 公司开发的卵石加热装置经过进一步改进，用在 RH 真空脱气设备上，如图 4-31 所示。原理是在反应炉的脱碳反应期间，用 CO 燃烧生成 CO_2 发出的热量来阻止结渣的形成，并以与反应气体逸出的相反方向喷入热空气来实现这一目的。

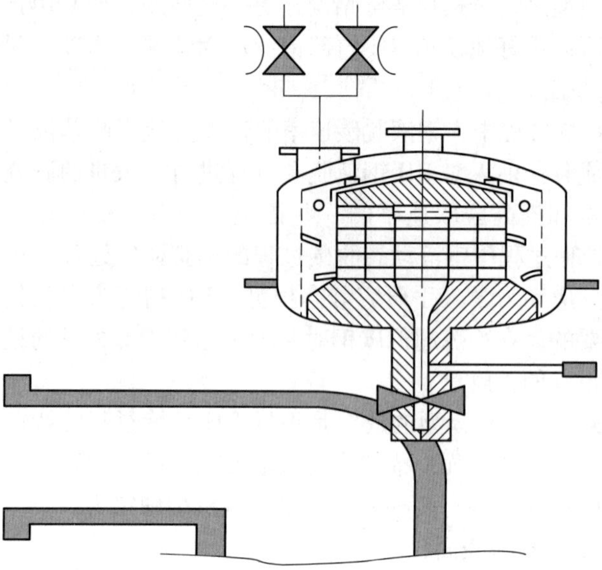

图 4-31　RH 设备防止结渣的卵石加热装置

（2）水冷 RH 装置。最近，泰戈（Techno Metal）开发了一种 RH 装置，仅底部为耐材内衬。该装置是从清除结渣、使耐材消耗降至最少及减少总操作费用等方面来考虑的；也能减少一些环境问题，在很大程度上是以福斯（Fuchs）公司的电弧炉车间的水冷废钢预热竖炉所获得的经验为基础设计的。

（3）吹氧、喷粉和用煤气加热的可更换的联合喷枪。主要特征是该喷枪的定型设计，能使操作者仅“插入”特定操作方式所需的那部分喷枪。这种喷枪使用灵活方便，可节省能源和维修费用，喷枪寿命也可延长。

题库

5 不锈钢冶炼

5.1 不 锈 钢

5.1.1 不锈钢的概念

通俗地说，不锈钢就是不容易生锈的钢。当不锈钢管表面出现褐色锈斑（点）的时候，人们大感惊奇，认为“不锈钢是不生锈的，生锈就不是不锈钢了，可能是钢质出现了问题”。其实，这是对不锈钢缺乏了解的一种片面的错误看法，不锈钢在一定的条件下也会生锈的。

不锈钢具有抵抗大气氧化的能力（即不锈性），同时也具有在含酸、碱、盐的介质中耐腐蚀的能力（即耐蚀性）。但其抗腐蚀能力的大小是随其钢质本身化学组成、相互状态、使用条件及环境介质类型而改变的。如 0Cr19Ni9 钢管，在干燥清洁的大气中，有绝对优良的抗锈蚀能力，但将它移到海滨地区，在含有大量盐分的海雾中，很快就会生锈了；而 0Cr17Ni12Mo2 钢管则表现良好。因此，不是任何一种不锈钢，在任何环境下都能耐腐蚀，不生锈的。

实际上，一部分不锈钢既有不锈性，又有耐蚀性。不锈钢的不锈性和耐蚀性是由于其表面上富铬氧化膜（钝化膜）的形成，这种不锈性和耐蚀性是相对的。试验表明，钢在大气、水等弱介质中和硝酸等氧化性介质中，其耐蚀性随钢中铬含量的增加而提高，当铬含量达到一定标准时，钢的耐蚀性发生突变，即从易生锈到不易生锈，从不耐蚀到耐腐蚀。

不锈钢材具有优异的耐蚀性、成型性、相容性以及在很宽温度范围内的强韧性等一系列特点，在重工业、轻工业、生活用品行业以及建筑装饰等行业中取得广泛的应用。

不锈钢是靠其表面形成的一层极薄而坚固细密的稳定的富铬氧化膜（钝化膜），防止氧原子的继续渗入、继续氧化，而获得抗锈蚀的能力。一旦有某种原因，这种薄膜遭到了不断地破坏，空气或液体中氧原子就会不断渗入或金属中铁原子不断地析离出来，形成疏松的氧化铁，金属表面也就受到不断地锈蚀。这种表面膜受到破坏的形式很多，日常生活中多见的有如下几种：

（1）不锈钢表面存积着含有其他金属元素的粉尘或异类金属颗粒的附着物，在潮湿的空气中，附着物与不锈钢间的冷凝水，将二者连成一个微电池，引发了电化学反应，保护膜受到破坏，称之为电化学腐蚀；

（2）不锈钢表面黏附有机物汁液（如瓜菜、面汤、痰等），在有水和氧情况下，构成有机酸，有机酸长时间对金属表面腐蚀而破坏富铬氧化膜；

（3）不锈钢表面黏附含有酸、碱、盐类物质（如装修墙壁的碱水、石灰水喷溅），引起局部腐蚀；

（4）在有污染的空气中（如含有大量硫化物、二氧化碳、氧化氮的大气），遇冷凝水，形成硫酸、碳酸、硝酸液点，引起化学腐蚀。

以上情况均可造成不锈钢表面钝化膜的破坏而引发锈蚀。因此，为确保金属表面永久光亮，不被锈蚀，建议要求：

（1）必须经常对不锈钢装饰的表面进行清洁擦洗，去除附着物，消除引发锈蚀的外界因素；

（2）海滨地区要使用 0Cr17Ni12Mo2 材质不锈钢（0Cr17Ni12Mo2 钢能抵抗海水腐蚀）；

（3）市场上有些不锈钢管化学成分不能符合相应国家标准，达不到 0Cr19Ni9 材质要求。因此也会引起生锈，这就需要用户认真选择有信誉厂家的产品。

5.1.2　不锈钢的种类

不锈钢的分类方法很多，可以按用途、化学成分、耐蚀类型、金相组织及功能特点等来分类。

（1）以用途分类。按用途分则有耐硝酸不锈钢、耐硫酸不锈钢、耐海水不锈钢等。

（2）以化学成分分类。按主要化学成分分类，基本上可分为铬不锈钢和铬镍不锈钢两大系统。

（3）以耐蚀类型分类。按耐蚀类型分可分为耐点蚀不锈钢、耐应力腐蚀不锈钢、耐晶间腐蚀不锈钢等。

（4）以金相组织的分类。按金相组织分可以分成奥氏体不锈钢、铁素体不锈钢、马氏体不锈钢、双相不锈钢、沉淀硬化不锈钢等几类。

表 5-1 归纳了铁素体不锈钢、马氏体不锈钢、奥氏体不锈钢的特点。但需要说明的是，马氏体不锈钢并不是都不可焊接，只是受某些条件的限制，如焊前应预热焊后应作高温回火等，而使焊接工艺比较复杂。实际生产中，一些马氏体不锈钢如 1Cr13、2Cr13 以及 2Cr13 与 45 钢焊接还是比较多的。

表 5-1　不锈钢的分类、主要成分及性能比较

分类	大概成分（质量分数）/%			淬火性	耐蚀性	加工性	可焊接性	磁性
	C	Cr	Ni					
铁素体系	<0.35	16~27	—	无	佳	尚佳	尚可	有
马氏体系	<1.20	11~15	—	自硬性	可	可	不可	有
奥氏体系	<0.25	>16	>7	无	优	优	优	无

以上分类仅是按钢的基体组织分的，由于钢中稳定奥氏体及形成铁素体的元素的作用不能互相平衡，以及由于大量的铬使平衡图 S 点左移，工业中应用的不锈钢的组织除了上述三种基本类型以外，还有马氏体-铁素体、奥氏体-铁素体、奥氏体-马氏体等过渡型的复相不锈钢，以及具有马氏体-碳化物组织的不锈钢。

各类不锈钢的一般特点分别如下。

1）铁素体钢。含铬（质量分数）大于14%的低碳铬不锈钢，含铬（质量分数）大于27%的任何含碳量的铬不锈钢，以及在上述成分基础上再添加有钼、钛、铌、硅、铝、钨、钒等元素的不锈钢，化学成分中形成铁素体的元素占绝对优势，基体组织为铁素体。这类钢在淬火（固溶）状态下的组织为铁素体，退火及时效状态的组织中则可见到少量碳化物及金属间化合物。

属于这一类的有Cr17、Cr17Mo2Ti、Cr25、Cr25Mo3Ti、Cr28等。铁素体不锈钢因为含铬量高，耐腐蚀性能与抗氧化性能均比较好，但机械性能与工艺性能较差，多用于受力不大的耐酸结构及做抗氧化钢使用。这类钢具导热系数大，膨胀系数小、抗氧化性好、抗应力腐蚀优良等特点，多用于制造耐大气、水蒸气、水及氧化性酸腐蚀的零部件。这类钢存在塑性差、焊后塑性和耐蚀性明显降低等缺点，因而限制了它的应用。

2）铁素体-马氏体钢。这类钢在高温时为$\gamma+\delta$两相状态，快冷时发生γ-M转变，铁素体仍被保留，常温组织为马氏体和铁素体，由于成分及加热温度的不同，组织中的铁素体量可在百分之几至几+的范围内变化。0Cr13钢、1Cr13钢、铬偏上限而碳偏下限的2Cr13钢、Cr17Ni2钢，以及在1Cr13钢基础上发展起来的许多改型12%铬热强钢（这类钢也称为耐热不锈钢）中的许多钢号，如Cr11MoV、Cr12WMoV、Cr12W4MoV、18Cr12WMoVNb等均属于这一类。

铁素体-马氏体钢可以部分地接受淬火强化，故可获得较高的机械性能，但它们的机械性能与工艺性能在很大程度上受组织中铁素体的含量及分布形态的影响。这类钢按成分中的含铬量分属12%～14%与15%～18%两个系列。前者具有抵抗大气及弱腐蚀性介质的能力，并且具有良好的减震性及较小的线膨胀系数；后者的耐腐蚀性能与相同含铬量的铁素体耐酸钢相当，但在一定程度上也保留着高铬铁素体钢的某些缺点。

3）马氏体钢。这类钢在正常淬火温度下处在γ相区，但它们的γ相仅在高温时稳定，M点一般在300℃左右，故冷却时转变为马氏体。

这类钢包括2Cr13、2Cr13Ni2、3Cr13以及部分改型12%铬热强钢，如13Cr14NiWVB、Cr11Ni2MoWVB钢等。马氏体不锈钢的机械性能、耐腐蚀性能、工艺性能与物理性能，均和含铬12%～14%的铁素体-马氏体不锈钢相近。由于组织中没有游离的铁素体，机械性能比上述钢要高，但热处理时的过热敏感性较低。通过热处理可以调整其力学性能的不锈钢，通俗地说，是一类可硬化的不锈钢。淬火后硬度较高，不同回火温度具有不同强韧性组合，主要用于蒸汽轮机叶片、餐具、外科手术器械。

4）马氏体-碳化物钢。Fe-C合金的共析点的含碳为0.83%，在不锈钢中由于铬使S点左移，含12%铬和大于0.4%碳的钢，以及含18%铬和大于0.3%碳的钢均属于过共析钢。这类钢在正常淬火温度加热，次生碳化物不能完全溶于奥氏体，因此淬火后的组织为马氏体和碳化物组成。

属于这一类的不锈钢牌号不多，都是一些含碳比较高的不锈钢，如4Cr13、9Cr18、9Cr18MoV、9Cr17MoVCo钢等，含碳量偏上限的3Crl3钢在较低的温度下淬火，也可能出现这样的组织。由于含碳量高，上述 9Cr18 等钢号中虽含有较多的铬，但其耐腐蚀性能仅与含 12%~14%铬的不锈钢相当。这类钢的主要用途是要求高硬及耐磨的零件，如切削工具、轴承、弹簧及医疗器械等。

5）奥氏体钢。这类钢含有较多扩大 γ 区和稳定奥氏体的元素，在高温时为均为 γ 相，冷却时由于 M_s 点在室温以下，所以在常温下具有奥氏体组织。18-8Mo、18-12Mo、25-20Mo、20-25Mo 等铬镍不锈钢，以锰代替部分镍并加氮的低镍不锈钢如 Cr18Mn10Ni5，Cr13Ni4Mn9，Cr17Ni4Mn9N，Cr14Ni3Mn14Ti 钢等均属于这一类。

奥氏体不锈钢具有无磁性，而且具有高韧性和塑性，但强度较低，不可能通过相变使之强化，仅能通过冷加工进行强化。奥氏体不锈钢具有上面已述的许多优点，虽然机械性能也比较低，与铁素体不锈钢一样不能热处理强化，但可以通过冷加工变形的方法，利用加工硬化作用提高它们的强度。这类钢的缺点是对晶间腐蚀及应力腐蚀比较敏感，需通过适当地合金添加剂及工艺措施消除。

6）奥氏体-铁素体钢。这类钢因扩大 γ 区和稳定奥氏体元素的作用程度，不足以使钢在常温或很高的温度下具有纯奥氏体组织，因此为奥氏体-铁素体复相状态，其铁素体量也因成分及加热温度不同而可在较大的范围内变化。

属于这一类的不锈钢很多，如低碳的 18-8 铬镍钢，加钛、铌、钼的 18-8 铬镍钢，特别是在铸钢的组织中均可见到铁素体，此外含铬大于 14%~15%而碳低于 0.2%的铬锰不锈钢（如 Cr17Mn11），以及目前研究的和已获得应用的大多数铬锰氮不锈钢等。与纯奥氏体不锈钢比较，这类钢的优点很多，如屈服强度较高，抗晶间腐蚀的能力较强，应力腐蚀的敏感性低，焊接时产生热裂纹的倾向小，铸造流动性好等；缺点是压力加工性能较差，点腐蚀倾向较大，易产生 c 相脆性，在强磁场作用下表现出弱磁性等。所有这些优点和缺点均来源于组织中的铁素体。

该类钢兼有奥氏体和铁素体不锈钢的特点，与铁素体相比，塑性、韧性更高，无室温脆性，耐晶间腐蚀性能和焊接性能均显著提高，同时还保持有铁素体不锈钢的 475℃脆性以及导热系数高，具有超塑性等特点。与奥氏体不锈钢相比，强度高且耐晶间腐蚀和耐氯化物应力腐蚀有明显提高。双相不锈钢具有优良的耐孔蚀性能，也是一种节镍不锈钢。

7）奥氏体-马氏体钢。这类钢的 M_s 点低于室温，固溶处理以后为奥氏体组织，易于成型和焊接，通常可用两种工艺方法使之发生马氏体转变。一是固溶处理以后经 700~800℃加热，奥氏体因析出碳化铬而转变为介稳定状态，M_s 点升高至室温以上，冷却时转变为马氏体；二是固溶处理以后直接冷却至 M_s 与 M_f 点之间，使奥氏体转变为马氏体。后一方法可获得较高的耐腐蚀性能，但固溶处理以后至深冷的间隔时间不宜过久，否则会因奥氏体的强化稳定作用而使深冷的强化效应降低。经上述处理以后，钢再经 400~500℃时效，使析出金属间化合物进一步强化。这类钢的典型钢号有 17Cr-7Ni-Al、15Cr-9Ni-Al，17Cr-5Ni-Mo、15Cr-8Ni-Mo-Al 等。这类钢也称为奥氏体-马氏体时效不锈钢，因为实际上这些钢的组织中除奥氏体和马氏体以外，还存在不同数量的铁素体，故也称为半奥氏体沉淀硬化不锈钢。

这类钢是 20 世纪 50 年代后期发展和应用的新型不锈钢，它们总的特点是强度高（可达 100~150MPa）及热强性好，但由于含铬量较低并在热处理时有碳化铬析出，耐腐蚀性能比标准的奥氏体不锈钢要低一些。也可以说，这类钢的高强度是在牺牲一部分耐腐蚀性能与其他性能（如非磁性）的情况下获得的，目前这类钢主要用于航空工业及火箭导弹生产方面，一般机械制造中应用尚不普遍，并且在分类上也有把它们纳为超高强度钢的一个系列。

（5）以功能特点分类。按功能特点分类又可分为无磁不锈钢、易切削不锈钢、低温不锈钢、高强度不锈钢等。另外，根据不锈钢的表面状况以及缺陷还可以进行分类。

（6）不锈钢的表面类别。现在不锈钢的发展，已使不锈钢的耐蚀性、外观、加工性、强度等特性远远超过其他材料，而且不锈钢的许多表面处理法，可以取得丰富多彩的颜色及形状，这为不锈钢的发展做出很大的贡献。表 5-2 列出了不同表面质量的不锈钢在制造过程中的表面处理法、机械研磨表面处理法以及用途。

表 5-2 不锈钢制造过程中的表面处理法以及机械研磨表面处理法

表面	特征	制造法概要	用途
No. 1	银白色，无光泽	热轧到规定厚度，再经退火和除鳞的一种粗糙、无光表面	不需要有表面光泽的用途
No. 2D	银白色	冷轧后进行热处理和酸洗，有时在毛面辊进行最终的一道轻轧的一种无光表面加工	用于对表面要求不严的用途，一般用材，深冲用材
No. 2B	光泽强于 No. 2D	No. 2D 处理后，经过抛光辊进行最终一道轻度冷轧，以取得适当光泽。这是最常用的表面加工，该加工也可作为抛光的第一步。	一般用材
BA	光亮如镜	无标准，但通常是光亮退火的表面加工，表面反射性很高。	建筑材料，厨房用具
No. 3	粗研磨	将 No. 2D 和 No. 2B 材，用 100~200 号（单位）的砥粒研磨带，进行研磨	建筑材料，厨房用具
No. 4	中间研磨	将 No. 2D 和 No. 2B 材，用 150~180 号砥粒研磨带进行研磨而获得的抛光表面，这是通用的，有镜面反射的带有可见“晶粒”的光亮表面	同上
No. 240	细研磨	将 No. 2D 和 No. 2B 材，用 240 号砥粒研磨带进行研削	厨房用具
No. 320	极细研磨	将 No. 2D 和 No. 2B 材，用 320 号砥粒研磨带进行研削	同上
No. 400	光泽接近于 BA	将 No. 2B 材，用 400 号抛光轮进行研削	一般用材，建筑用材，厨房用具
HL	发纹研磨	适当粒子大小的研磨材料进行发纹研削（150~240 号）其砥粒很多	楼房，建筑用材
No. 7	接近于镜面研磨	用 600 号回转抛光轮进行研磨	美术用，装饰用
No. 8	镜面研磨	镜子用抛光轮进行研磨	反光镜，装饰用

（7）不锈钢的缺陷类别见表 5-3。

表 5-3　不锈钢缺陷类别

分类	个数	典型缺陷	共同缺陷
原料缺陷	28	金属球痕，大理石纹，纵向发裂	划伤，异物压入，污染，折痕，卷取不良
冷轧缺陷	30	辊印，辊表面粗糙，辊振动痕，鱼尾纹，微细皱纹，浪型缺陷，垫纸压入	
退火酸洗	32	过酸洗，退火酸洗，欠酸洗，欠退火，点蚀，锈，刷辊痕，橡胶残留，白斑，酸洗液残留，炉内停止	
精整缺陷	30	脱脂不良，研磨不匀，条纹，毛边	

5.1.3　不锈钢的钢号

不锈钢的钢号表示方法因不同的国家和地区采取不同的表示方式。中国大陆与中国台湾，以及其他国家的不锈钢钢号近似对照见表 5-4。

表 5-4　各地区不锈钢钢号近似对照

No.		中国①	中国台湾	日本	韩国	印度	美国		加拿大	墨西哥	澳大利亚
		GB 标准	CNS 标准	JIS 标准	KS 标准	IS 标准	ASTM 标准	UNS 标准	CSA 标准	DGN 标准	AS 标准
奥氏体不锈钢	1	1Cr17Mn6Ni5N	201	SUS201	STS201	10Cr17Mn6-Ni4N20	201	S20100	201	—	201-2
	2	1Cr18Mn8Ni5N	202	SUS202	STS202		202	S20200	202	—	-
	3	1Cr17Ni7	301	SUS301	STS301	10Cr17Ni7	301	S30100	301	—	301
	4	1Cr18Ni9	302	SUS302	STS302	—	302	S30200	302	302	302
	5	Y1Cr18Ni9	303	SUS303	STS303	—	303	S30300	303	303	303
	6	Y1Cr18Ni9Se	303Se	SUS303Se	STS303Se	—	303Se	S30323	303Se	303Se	—
	7	0Cr19Ni9（0Cr18Ni9）	304	SUS304	STS304	07Cr18Ni9	304 304H	S30400	304	304	304
	8	00Cr19Ni10（00Cr18Ni10）	304L	SUS304L	STS304L	02Cr18Ni11	304L	S30403	304L	—	304L
	9	0Cr19Ni19N	304N1	SUS304N1	STS304N1	—	304N	S30451	—	—	-
	10	0Cr19Ni10NbN	304N2	SUS304N2	STS304N2	—	XM21	S30452	—	—	—
	11	00Cr18Ni10N	304LN	SUS304LN	STS304LN	—	304LN	S30453	—	—	—
	12	1Cr18Ni12（1Cr18Ni12Ti）	305	SUS305	STS305	—	305	S30500	305	305	—
	13	0Cr23Ni13	309S	SUS309S	STS309S	—	309S	S30908	309S	309S	—
	14	0Cr25Ni20（1Cr25Ni20Si2）	310S	SUS310S	STS310S	—	310S	S31008	310S	310S	310S

续表 5-4

No.		中国[①]	中国台湾	日本	韩国	印度	美国		加拿大	墨西哥	澳大利亚
		GB 标准	CNS 标准	JIS 标准	KS 标准	IS 标准	ASTM 标准	UNS 标准	CSA 标准	DGN 标准	AS 标准
奥氏体不锈钢	15	0Cr17Ni12Mo2	316	SUS316	STS316	04Cr17Ni-12Mo2	316	S31600	316	316	316
	16	0Cr18Ni12Mo2Ti			—	04Cr17Ni12-MoTi20	316Ti	S31635	—	—	316Ti
	17	00Cr17Ni14Mo2	316L	STS316L	STS316L	02Cr17-Ni12Mo2	316l	S31603	316L	—	316L
	18	00Cr17Ni-12Mo2N	316N	SUS316N	STS316N	—	316N	S31651	—	—	—
	19	00Cr17Ni-13Mo2N	316LN	SUS316LN	STS316LN	—	316LN	S31653	—	—	—
	20	0Cr18Ni12-Mo2Cu2	316JI	SUSJ1	STS316J1	—	—	—	—	—	—
	21	00Cr18Ni14-Mo2Cu2	316JIL	SUS316-J1L	STS316-J1L	—	—	—	—	—	—
	22	0Cr19Ni13Mo3	317	SUS317	STS317	—	317	S31700	317	317	317
	23	1Cr18Ni12Mo3Ti		—	—	—	—	—	—	—	—
	24	0Cr18Ni12Mo3Ti		—	—	—	—	—	—	—	—
	25	00Cr19Ni13Mo3（00Cr17Ni-14Mo3）	317L	SUS317L	STS317L	—	317L	S31703	317L	—	—
	26	0Cr18Ni16Mo5	317L	SUS317J1	STS317J1	—	—	—	—	—	—
	27	1Cr18Ni9Ti	321	SUS321	STS321	—	321	S32100	321	321	321
	28	0Cr18Ni11Ti（0Cr18Ni9Ti）	321	SUS321	STS321	04Cr18Ni-10Ti20	321	S32100	321	321	321
	29	0Cr18Ni11Nb	347	SUS347	STS347	04Cr18Ni-10Nb40	347	S34700	347	—	—
	30	0Cr18Ni9Cu3	XM7	SUSXM7	STSXM7	—	XM7	—	—	—	—
	31	0Cr18Ni13Si4	XM1511	SUSXM-15J1	STSXM-15J1	—	XM15	S38100	—	—	—
奥氏体-铁素体型不锈钢	32	0Cr26Ni5Mo2	329JI	SUS329J1	STS329J1	—	329	S32900	—	—	—
	33	1Cr18Ni11Si4AlTi		—	—	—	—	—	—	—	—
	34	00Cr18Ni15-Mo3Si2		—	—	—	—	—	—	—	—

续表 5-4

No.		中国①	中国台湾	日本	韩国	印度	美国		加拿大	墨西哥	澳大利亚
		GB 标准	CNS 标准	JIS 标准	KS 标准	IS 标准	ASTM 标准	UNS 标准	CSA 标准	DGN 标准	AS 标准
铁素体型不锈钢	35	0Cr13Al	405	SUS405	STS405	04Cr13	405	S40500	405	405	405
	36	00Cr12	410L	SUS410L	STS410L	—	—	—	—	—	—
	37	1Cr17	430	SUS430	STS430	05Cr17	430	S43000	430	430	430
	38	Ycr17	430F	SUS430F	STS430F	—	430F	S43020	430F	430F	—
	39	1Cr17Mo	434	SUS434	STS434	—	434	S43400	434	—	—
	40	00Cr30Mo2	447JI	SUS447J1	STS447J1	—	—	—	—	—	—
	41	00Cr27Mo	XM27	USUSXM27	STSXM27	—	XM27	S44625	—	—	
马氏体型不锈钢	42	1Cr12405	403	SUS403	STS430	—	403	S40300	403	403	—
	43	0Cr13410	405	SUS405	SST405	04Cr13	405	S40500	405	405	405
	44	1Cr13	410	SUS410	STS410	12Cr13	410	S41000	410	410	410
	45	1Cr13416Mo	410JI	SUS410J1	STS410J1	—	—	—	—	—	—
	46	Y1Cr13420	416	SUS416	STS416	—	416	S41600	416	416	416
	47	2Cr13	420J1	SUS420J1	STS420J1	20Cr13	420	S42000	420	420	420-
	48	3Cr13	420J2	SUS420J2	STS420J2	30Cr13	—	—	—	—	—
	49	4Cr13		—	—	40Cr13	—	—	—	—	—
	50	Y3Cr13	420F	SUS420F	STS420F	—	420F	S42000	—	—	—
	51	1Cr17Ni2	431	SUS431	STS431	15Cr16Ni2	431	S43100	431	431	431
	52	7Cr17	440A	SUS440A	STS440A	—	440A	S44002	440A	440A	—
	53	8Cr17	440B	SUS440B	STS440B	—	440B	S44003	440B	440B	—
	54	11Cr17（9Cr18）	440C	SUS440C	STS440C	10S\Cr18-Mo50	440C	S44004	440C	440C	440C
	55	Y11Cr17	440F	SUS440F	STS440F	—	440F	S44020	—	—	—

①指中国大陆。

5.1.4　不锈钢的特性

5.1.4.1　一般特性

不锈钢的一般特性包括：

（1）表面美观以及使用可能性多样化；
（2）耐腐蚀性能好，比普通钢长久耐用；
（3）强度高，因而薄板使用的可能性大；
（4）耐高温氧化及强度高，因此能够抗火灾；
（5）常温加工，即容易塑性加工；

（6）不必表面处理，维护简单；

（7）清洁，光洁度高；

（8）焊接性能好。

表 5-5 列举了几种常见不锈钢的一般特性。

表 5-5 不锈钢特性

代表钢种	0Cr19Ni9	1Cr17	1Cr13
热处理	固融化热处理	退火	退火后急冷
硬度性	加工硬化性	微量硬化性	小量硬化性
主要用途	建筑物内外装饰，厨房用具，化学刻度，航空机器	建筑材料，汽车零件，加用电器，厨房器具，饭盒等	钎、刀机器零部件，医院用具，手术用具
耐腐蚀性	高	高	中
强度	高	中	高
加工性	高	中	高
磁性	非磁	上磁性	上磁性
焊接性	高	中	低

5.1.4.2 品质要求特性微细项目

（1）材质，主要包括 DDQ 材和一般材。

DDQ（Deep Drawing Quality）材指用于深拉（冲）用途的材料。这种材料的主要特点是延伸率较高（≥53%），硬度较低（≤170MPa），内部晶粒等级为 7.0~8.0，深冲性能极佳。目前许多生产保温瓶、锅类的企业，其产品的加工比（BLANKING SIZE/制品直径）一般都比较高。当然加工比超过 2.0 的产品一般都需经过几道次的拉伸才能完成。如果原料延伸方面达不到要求的话，在加工深拉制品时产品极易产生裂纹、拉穿的现象，影响成品合格率，加大了厂家的成本。

一般材主要用于除了 DDQ 用途外的材料，这种材料的特点是延伸率相对较低（≥45%），而硬度相对较高（≤180MPa），内部晶粒度等级为 8.0~9.0。与 DDQ 用材比较，它的深冲性能相对稍差，它主要用于不需伸拉就能得到的制品，像一类餐具的勺、匙、叉、电器用具、钢管用途等。但它与 DDQ 材相比有一个优点，就是 BQ（Burnishing Quality，抛光性能）性相对较好，这主要是由于它的硬度稍高的缘故。

（2）表面品质。不锈钢薄板是一种价格非常高的材料，客户对它的表面质量要求也非常高。但不锈薄板在生产过程中不可避免会出现各种缺陷，如划伤、麻点、折痕、污染等，从而其表面质量，像划伤、折痕等这些缺陷不管是高级材还是低级都不允许出现，而麻点这种缺陷在勺、匙、叉等制作时也是决不允许的，因为抛光时很难抛掉它。因此，需要根据表面各种缺陷出现的程度和频率，来确定其表质量等级，从而来确定产品等级。

（3）厚度公差。一般来说不锈钢制品的不同，其要求原料厚度公差也各不相同，像二类餐具和保温杯等，厚度公差一般要求较高，为-3%~5%，而一类餐具厚度公差一般要求-5%，钢管类要求-8%，宾馆用冷柜用材厚度公差要求为-8%，经销商对厚度公差的要求一般为-4%~6%。同时，产品内外销的不同也会导致客户对原料厚度公差要求的不同，一般出口产品客户的厚度公差要求较高，而内销企业对厚度公差要求相对较低（大多出于成本方面考虑），部分客户甚至要求-15%。

（4）焊接性。产品用途的不同对焊接性能的要求也是各不相同。一类餐具对焊接性能一般不做要求，甚至包括部分锅类企业。但是绝大多数产品都需要原料焊接性能好，像二类餐具、保温杯、钢管、热水器、饮水机等。

（5）耐腐蚀性。绝大多数不锈钢制品要求耐腐蚀性能好，像一、二类餐具、厨具、热水器、饮水机等，有些国外商人对产品还做耐腐蚀性能试验：用 NaCl 水溶液加温到沸腾，一段时间后倒掉溶液，洗净烘干，称重量损失，来确定受腐蚀程度。

注意：产品抛光时，因砂布或砂纸中含有 Fe 的成分，会导致测试时表面出现锈斑。

（6）抛光性能。目前不锈钢制品在生产时一般都经过抛光这一工序，只有少数制品如热水器、饮水机内胆等不需要抛光。因此这就要求原料的抛光性能很好。影响抛光性能的因素主要有以下几点。

1）原料表面缺陷，如划伤、麻点、过酸洗等。

2）原料材质问题。硬度太低，抛光时就不易抛亮（BQ 性不好），而且硬度太低，在深拉伸时表面易出现橘皮现象，从而影响 BQ 性。硬度高的 BQ 性相对就好。

3）经过深拉伸的制品，变形量极大的区域表面也会出小的黑点和沟条变形（Ridging），从而影响 BQ 性。

表 5-6 列举了不锈钢产品的特性要求，表 5-7 列举了典型不锈钢的特性和用途。

表 5-6 不锈钢特性要求

用途	对象产品	加工工艺	要求品质特性						
			表面质量	BQ 性	材质	形状	厚度公差	焊接性	耐腐蚀性
浅加工类	刀、叉等	落料→横延→切头→成型→抛光→清洗→包装	要求高不得有麻点等缺陷	好	一般材	一般	-5%	不要求	好
深加工类	二类餐具、保温杯等	落料→涂油→成型→（有时几次）切边→卷边→清洗→复底→抛光→焊手柄→包装	要求高不得有划伤折痕等缺陷	好	DDQ	要求高	-3%~-5%	好	好
PIPE	装饰管等	窄带→挤成压成型→对焊→打磨焊缝→切管→磨口→抛光→包装	要求高不得有折痕等缺陷	一般	一般材	好	-8%	好	一般
厨具	冷柜等的外壁	落料→折边→电焊→打磨	要求高不得有折痕等缺陷	一般	一般材	一般	-8%	好	一般
容器	热水器饮水机内胆	窄带→卷筒→焊接→切管→焊底→打磨焊缝→包装	一般	一般	一般材	一般	-10%	好	一般

注：各产品由于用途的不同，其加工工艺和原料的品质要求也不同。

表 5-7 不锈钢特性和用途

钢号		特 性	用 途
奥氏体钢	30117Cr-7Ni-低碳	与 304 钢相比，Cr、Ni 含量少，冷加工时抗拉强度和硬度增高，无磁性，但冷加工后有磁性	列车、航空器、传送带、车辆、螺栓、螺母、弹簧、筛网
	301L 17Cr-7Ni-0.1N-低碳	1. 在 301 钢基础上，降低 C 含量，改善焊口的抗晶界腐蚀性； 2. 通过添加 N 元素来弥补含 C 量降低引起的强度不足，保证钢的强度	铁道车辆构架及外部装饰材料
	304 18Cr-8Ni	1. 作为一种用途广泛的钢，具有良好的耐蚀性、耐热性，低温强度和机械特性； 2. 冲压、弯曲等热加工性好，无热处理硬化现象（无磁性，使用温度 - 196 ~ 800℃）	家庭用品（1、2 类餐具、橱柜、室内管线、热水器、锅炉、浴缸），汽车配件（风挡雨刷、消声器、模制品），医疗器具，建材，化学，食品工业，农业，船舶部件
	304L 18Cr-8Ni-低碳	1. 作为低 C 的 304 钢，在一般状态下，其耐蚀性与 304 钢相似，但在焊接后或者消除应力后，其抗晶界腐蚀能力优秀； 2. 在未进行热处理的情况下，亦能保持良好的耐蚀性，使用温度-196~800℃	应用于抗晶界腐蚀性要求高的化学、煤炭、石油产业的野外露天机器，建材耐热零件及热处理有困难的零件
	304Cu 13Cr-7.7Ni-2Cu	1. 因添加 Cu 其成型性，特别是拔丝性和抗时效裂纹性好，故可进行复杂形状的产品成型； 2. 其耐腐蚀性与 304 相同	保温瓶、厨房洗涤槽、锅、壶、保温饭盒、门把手、纺织加工机器
	304N1 18Cr-8Ni-N	在 304 钢的基础上，减少了 S、Mn 含量，添加 N 元素，防止塑性降低，提高强度，减少钢材厚度	构件、路灯、贮水罐、水管
	304N2 18Cr-8Ni-N	与 304 相比，添加了 N、Nb，为结构件用的高强度钢	构件、路灯、贮水罐
	316 18Cr-12Ni-2.5Mo	1. 因添加 Mo，故其耐蚀性、耐大气腐蚀性和高温强度特别好，可在苛刻的条件下使用； 2. 加工硬化性优（无磁性）	海水里用设备、化学、染料、造纸、草酸、肥料等生产设备；照相、食品工业、沿海地区设施、绳索、CD 杆、螺栓、螺母
	316L 18Cr-12Ni-2.5Mo 低碳	作为 316 钢种的低 C 系列，除与 316 钢有相同的特性外，其抗晶界腐蚀性优	316 钢的用途中，对抗晶界腐蚀性有特别要求的产品
	321 18Cr-9Ni-Ti	1. 在 304 钢中添加 Ti 元素来防止晶界腐蚀； 2. 适合于在 430℃-900℃温度下使用	航空器、排气管、锅炉汽包

续表 5-7

钢号		特　性	用　途
铁素体钢	409L11. 3Cr-0. 17Ti-低 C、N	因添加了 Ti 元素，故其高温耐蚀性及高温强度较好	汽车排气管、热交换机、集装箱等在焊接后不热处理的产品
	410L 13Cr-低 C	在 410 钢的基础上，降低了含 C 量，其加工性，抗焊接变形，耐高温氧化性优秀	机械构造用件，发动机排气管，锅炉燃烧室，燃烧器
	430 16Cr	作为铁素体钢的代表钢种，热膨胀率低，成形性及耐氧化性优	耐热器具、燃烧器、家电产品、2 类餐具、厨房洗涤槽、外部装饰材料、螺栓、螺母、CD 杆、筛网
	430J1L 18-Cr0. 5Cu-Nb-低 C. N	1. 在 430 钢中，添加了 Cu、Nb 等元素； 2. 其耐蚀性、成型性、焊接性及耐高温氧化性良好	建筑外部装饰材料，汽车零件，冷热水供给设备
	436L 18Cr-1Mo-Ti、Nb、Zr 低 C、N	耐热性、耐磨蚀性良好，因含有 Nb、Zr 元素，故其加工性，焊接性优秀	洗衣机、汽车排气管、电子产品、三层底的锅
马氏体钢	410 13Cr-低碳	1. 作为马氏体钢的代表钢，虽然强度高，但不适合于苛酷的腐蚀环境下使用； 2. 其加工性好，依热处理面硬化（有磁性）	刀刃、机械零件、石油精炼装置、螺栓、螺母、泵杆、1 类餐具（刀叉）
	420J1 13Cr-0. 2C	淬火后硬度高，耐蚀性好（有磁性）	餐具（刀）、涡轮机叶片
	420J2 13Cr-0. 3C	淬火后，比 420J1 钢硬度升高（有磁性）	刀刃、管嘴、阀门、板尺、餐具（剪刀、刀）

5. 1. 4. 3　各种元素的作用

目前已知的化学元素有 100 多种，在工业中常用的钢铁材料中可以遇到的化学元素约二十多种。对于人们在与腐蚀现象作长期斗争的实践而形成的不锈钢这一特殊钢系列来说，最常用的元素有十几种，除了组成钢的基本元素铁以外，对不锈钢的性能与组织影响最大的元素是碳、铬、镍、锰、硅、钼、钛、铌、氮、铜、钴等。这些元素中除碳、硅、氮以外，都是化学元素周期表中位于过渡族的元素。

实际上，工业上应用的不锈钢都是同时存在几种以至十几种元素的。当几种元素共存于不锈钢这一个统一体中时，它们的影响要比单独存在时复杂得多。因为在这种情况下不仅要考虑各元素自身的作用，而且要注意它们互相之间的影响，因此不锈钢的组织决定于各种元素影响的总和。

各种元素对不锈钢的性能和组织的影响和作用如下。

A　铬在不锈钢中的决定作用

决定不锈钢性属的元素只有一种，这就是铬，每种不锈钢都含有一定数量的铬。迄今为止，还没有不含铬的不锈钢。铬之所以成为决定不锈钢性能的主要元素，其根本的原因是向钢中添加铬作为合金元素以后，促使其内部的矛盾运动向有利于抵抗腐蚀破坏的方面发展。这种变化可以从以下方面得到说明：

（1）铬使铁基固溶体的电极电位提高；

（2）铬吸收铁的电子使铁钝化。

钝化是由于阳极反应被阻止而引起金属与合金耐腐蚀性能被提高的现象。图 5-1 为钢中铬含量对腐蚀速率的影响。构成金属与合金钝化的理论很多，主要有薄膜论、吸附论及电子排列论。

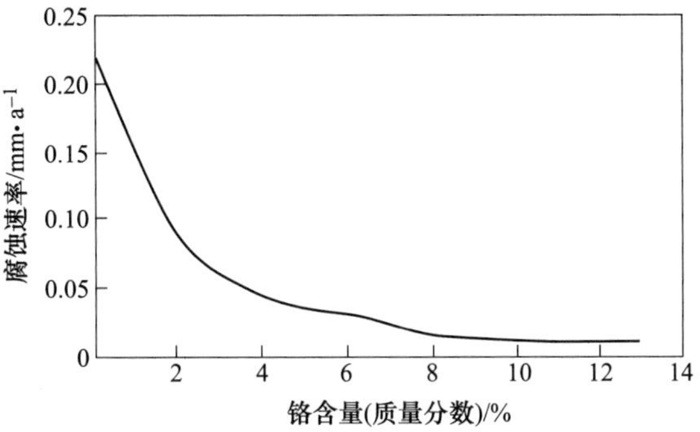

图 5-1　钢中铬含量对腐蚀速率的影响

B　碳在不锈钢中的两重性

碳是工业用钢的主要元素之一，钢的性能与组织在很大程度上取决于碳在钢中的含量及其分布的形式，在不锈钢中碳的影响尤为显著。碳在不锈钢中对组织的影响主要表现在两方面：一方面碳是稳定奥氏体的元素，并且作用的程度很大（约为镍的 30 倍）；另一方面由于碳和铬的亲和力很大，与铬形成一系列复杂的碳化物而降低了铬的耐腐蚀性能。因此，从强度与耐腐蚀性能两方面来看，碳在不锈钢中的作用是互相矛盾的。

认识了这一影响的规律，就可以从不同的使用要求出发，选择不同含碳量的不锈钢。例如工业中应用最广泛的、也是最起码的不锈钢 0Cr13～4Cr13，这五个钢号的标准含铬量规定为 12%～14%，就是把碳要与铬形成碳化铬的因素考虑进去以后才决定的，目的即在于使碳与铬结合成碳化铬以后，固溶体中的含铬量不致低于 11.7%这一最低限度的含铬量。就这五个钢号来说，由于含碳量不同，强度与耐腐蚀性能也是有区别的，0Cr13～2Cr13 钢的耐腐蚀性较好但强度低于 3Cr13 和 4Cr13 钢，多用于制造结构零件，后两个钢号由于含碳较高而可获得高的强度多用于制造弹簧、刀具等要求高强度及耐磨的零件。又比如为了克服 18-8 铬镍不锈钢的晶间腐蚀，可以将钢的含碳量降至 0.03%以下，或者加入比铬和碳亲和力更大的元素（钛或铌），使之不形成碳化铬，再比如当高硬度与耐磨性成为主要要求时，可以在增加钢的含碳量的同时适当地提高含铬量，做到既满足硬度与耐磨性的要求，又兼顾一定的耐腐蚀功能，工业上用作轴承、量具与刃具有不锈钢 9Cr18 和 9Cr17MoVCo 钢，含碳量虽高达 0.85%～0.95%，由于它们的含铬量也相应地提高了，所以仍保证了耐腐蚀的要求。

总的来讲，目前工业中获得应用的不锈钢的含碳量都是比较低的，大多数不锈钢的含碳量（质量分数）为0.1%～0.4%，耐酸钢则以含碳在0.1%～0.2%居多。含碳量大于0.4%的不锈钢仅占钢号总数的一小部分，这是因为在大多数使用条件下，不锈钢总是以耐腐蚀为主要目的。此外，较低的含碳量也是出于某些工艺上的要求，如易于焊接及冷变形等。

C　镍在不锈钢中的作用是在与铬配合后才发挥出来的

镍是优良的耐腐蚀材料，也是合金钢的重要合金化元素。镍在钢中是形成奥氏体的元素，但低碳镍钢要获得纯奥氏体组织，含镍量（质量分数）要达到24%；而只有含镍27%时才使钢在某些介质中的耐腐蚀性能显著改变，所以镍不能单独构成不锈钢。但是镍与铬同时存在于不锈钢中时，含镍的不锈钢却具有许多可贵的性能。

基于上面的情况可知，镍作为合金元素在不锈钢中的作用，在于它使高铬钢的组织发生变化，从而使不锈钢的耐腐蚀性能及工艺性能获得某些改善。

D　锰和氮可以代替铬镍不锈钢中镍

铬镍奥氏体钢的优点虽然很多，但近几十年来由于镍基耐热合金与含镍20%以下的热强钢的大量发展与应用，以及化学工业日益发展对不锈钢的需要量越来越大，而镍的矿藏量较少且又集中分布在少数地区，所以在世界范围内出现了镍在供和需方面的矛盾。因此，在不锈钢与许多其他合金领域（如大型铸锻件用钢、工具钢、热强钢等）中，特别是镍资源比较缺乏的国家，广泛地开展了节镍和以其他元素代镍的科学研究与生产实践，在这方面研究和应用比较多的是以锰和氮来代替不锈钢与耐热钢中的镍。

锰对于奥氏体的作用与镍相似。但说得确切一些，锰的作用不在于形成奥氏体，而是在于它降低钢的临界淬火速度，在冷却时增加奥氏体的稳定性，抑制奥氏体的分解，使高温下形成的奥氏体得以保持到常温。在提高钢的耐腐蚀性能方面，锰的作用不大，如钢中的含锰量（质量分数）从0%到10.4%变化，也不使钢在空气与酸中的耐腐蚀性能发生明显的改变。这是因为锰对提高铁基固溶体的电极电位的作用不大，形成的氧化膜的防护作用也很低，所以工业上虽有以锰合金化的奥氏体钢（如40Mn18Cr4，50Mn18Cr4WN、ZGMn13钢等），但它们不能作为不锈钢使用。锰在钢中稳定奥氏体的作用约为镍的1/2。氮在钢中的作用也是稳定奥氏体，并且作用的程度比镍还要大。例如，欲使含铬18%的钢在常温下获得奥氏体组织，以锰和氮代镍的低镍不锈钢与无镍的铬锰氮不锈钢，目前已在工业中获得应用，有的已成功地代替了经典的18-8铬镍不锈钢。

E　不锈钢中加钛或铌是为了防止晶间腐蚀

不锈钢加热到450～800℃时，常常由于在晶界析出铬的碳化物而使晶界附近的含铬量下降形成贫铬区，导致晶界附近的电极电位下降，从而引起电化学腐蚀。这种腐蚀称为晶间腐蚀，常见的如在焊缝附近的热影响区内发生的晶间腐蚀。而钛和铌是强碳化物形成元素，它与碳的亲和力比铬大得多，钢中加入钛或铌，就能使钢中的碳首先与钛或铌形成碳化物，而不与铬形成碳化物，从而保证晶界附近不致因贫铬而产生晶间腐蚀。因此，钛和铌常用来固定钢中的碳，提高不锈钢抗晶间腐蚀的能力，并改善钢的焊接性能。钛或铌的加入量要根据含碳量而定，一般钛的加入量为含碳量的 5 倍，铌为碳的 8 倍。

F 钼和铜可以提高某些不锈钢的耐腐蚀性能

钼和铜能提高不锈钢对硫酸、醋酸等腐蚀介质的耐蚀能力，钼还能显著提高对含氯离子的介质（如盐酸）以及有机酸的耐蚀能力。但含钼的不锈钢不宜在硝酸中应用，含钼的不锈钢在沸腾的 65%硝酸中的腐蚀速度比不含钼的不锈钢增加一倍；钼对钢获得单一奥氏体组织有不利影响，因此在含钼钢中，为了使钢在热处理后具有单一的奥氏体组织，镍、锰等元素的含量要相应地提高。

铜能显著提高钢的冷成型性，对铁素体不锈钢将降低耐应力腐蚀性能，对铬镍不锈钢则会降低耐点腐蚀和耐应力腐蚀性能。

G 其他元素对不锈钢的性能和组织的影响

除以上九种元素对不锈钢性能与组织影响较大的元素以外，不锈钢中还含有一些其他的元素。有的是与一般钢一样为常存杂质元素，如硅、硫、磷等；也有的是为了某些特定的目的而加入的，如钴、硼、硒、稀土元素等。从不锈钢的耐腐蚀性能这一主要性质来说，这些元素相对于已讨论的九种元素，都是非主要方面的，虽然如此，但也不能完全忽略，因为它们对不锈钢的性能与组织同样也发生影响。

硅是形成铁素体的元素，在一般不锈钢中为常存杂质元素。

钴作为合金元素在钢中应用不多，这是因为钴的价格高及其在其他方面（如高速钢、硬质合金、钴基耐热合金、磁钢或硬磁合金等）有着更重要的用途。在一般不锈钢中加钴作合金元素的也不多，常用不锈钢如 9Cr17MoVCo 钢 [$w(\mathrm{Co})=1.2\%\sim1.8\%$] 加钴，目的并不在于提高耐腐蚀性能而在于提高硬度，因为这种不锈钢的主要用途是制造切片机械刃具、剪刀及手术刀片等。

硼高铬铁素体不锈钢 Cr17Mo2Ti 钢中加 0.005%的硼，可使在沸腾的 65%醋酸中的耐腐蚀性能提高。加微量的硼[$w(\mathrm{B})=0.0006\%\sim0.0007\%$]可使奥氏体不锈钢的热态塑性改善。少量的硼由于形成低熔点共晶体，使奥氏体钢焊接时产生热裂纹的倾向增大，但含有较多的硼[$w(\mathrm{B})=0.5\%\sim0.6\%$]时，反而可防止热裂纹的产生。因为当含有 0.5%~0.6%的硼时，形成奥氏体-硼化物两相组织，使焊缝的熔点降低。熔池的凝固温度低于半溶化区时，母材在冷却时产生的张应力，由处于液态—固态的焊缝金属承受，此时是不致引起裂缝的，即使在近缝区形成了裂纹，也可以为处于液态-固态的熔池金属所填充。含硼的铬镍奥氏体不锈钢在原子能工业中有着特殊的用途。

磷在一般不锈钢中都是杂质元素，但其在奥氏体不锈钢中的危害性不像在一般钢中那样显著，故含量可允许高一些，如有的资料提出可达 0.06%，以利于冶炼控制。个别的含锰的奥氏体钢的含磷量可达 0.06%（如 2Cr13NiMn9 钢）以至 0.08%（如 Cr14Mn14Ni 钢）。利用磷对钢的强化作用，也有加磷作为时效硬化不锈钢的合金元素，如 PH17-10P 钢[$w(\mathrm{P})=0.25\%$]和 PH-HNM 钢[$w(\mathrm{P})=0.30\%$]等。

硫和硒在一般不锈钢中也是常有杂质元素。但向不锈钢中加0.2%~0.4%的硫，可提高不锈钢的切削性能，硒也具有同样的作用。硫和硒提高不锈钢的切削性能，是因为它们降低不锈钢的韧性，例如一般18-8铬镍不锈钢的冲击值可达$30kg/cm^2$。含0.31%硫的18-8钢[$w(C)=0.084\%$，$w(Cr)=18.15\%$，$w(Ni)=9.25\%$]的冲击值为$1.8kg/cm^2$。含0.22%硒的18-8钢[$w(C)=0.094\%$，$w(Cr)=18.4\%$，$w(Ni)=9\%$]的冲击值为$3.24kg/cm^2$。硫与硒均降低不锈钢的耐腐蚀性能，所以实际应用它们作为不锈钢的合金化元素的很少。

稀土元素应用于不锈钢，目前主要在于改善工艺性能方面。如向Cr17Ti钢和Cr17Mo2Ti钢中加少量的稀土元素，可以消除钢锭中因氢气引起的气泡和减少钢坯中的裂纹。奥氏体和奥氏体-铁素体不锈钢中加0.02%~0.5%的稀土元素（铈镧合金），可显著改善锻造性能。曾有一种含19.5%铬、23%镍以及钼铜锰的奥氏体钢，由于热加工工艺性能在过去只能生产铸件，加稀土元素后则可轧制成各种型材。

合金元素对不锈钢的作用见表5-8。

表5-8　合金元素对不锈钢的作用

添加目的	Cr	Ni	Mn	N	Ti	Nb	Si	Mo	Cu	C	S	Se	Al
形成铁素体	中	—	—	—	强	中	中	中	—	—	—	—	强
形成奥氏体	—	中	弱	强	—	—	—	—	弱	强	—	—	—
形成碳化物	中	—	弱	—	强	强	—	弱	—	—	—	—	—
改善抗氧化性酸	强	—	—	—	—	—	中	—	—	—	—	—	—
改善抗还原性酸	—	强	—	—	—	—	中	强	强	—	—	—	—
防止晶间腐蚀	—	—	—	—	强	强	中	弱	—	—	—	—	—
防止点蚀	—	—	—	—	—	—	中	强	—	—	—	—	—
改善抗应力腐蚀	—	强	—	—	—	—	—	—	—	—	—	—	—
改善抗氧化性	强	中	—	—	中	—	强	—	—	—	—	—	强
改善高温抗蠕变性	—	中	弱	中	中	强	—	中	—	中	—	—	—
改善时效硬化性	—	—	—	—	中	强	中	—	中	—	—	—	中
细化晶粒	—	—	—	弱	强	中	—	—	—	—	—	—	—
改善机械加工性	—	—	—	—	—	—	—	—	—	—	强	强	—

5.2　不锈钢的生产过程

5.2.1　不锈钢的生产过程

不锈钢的生产过程是指从原料开始一直到不锈钢成品为止的整个生产过程，具体包括电弧炉炼钢（转炉炼钢）、精炼炉、连铸、加热炉、粗轧机、中精轧机、退火酸洗、表面研磨、带钢准备机组、二十辊轧机、退火酸洗、平整机组、表面研磨机组、纵剪机组、横剪机组等工序。

5.2.2　不锈钢生产设备简介

不锈钢生产过程相对来说比较复杂，技术要求比较严格，因此对设备的要求也就比较苛刻。表 5-9 列举了不锈钢生产的主要工艺和设备。

表 5-9 不锈钢工艺

工程名	主 要 特 点
电弧炉（EAF）	主原料的合金铁（铬铁、镍铁）中加入一般钢进行适当混合后，在电炉里靠电弧产生的热进行熔炼
精炼炉（AOD 或 VOD）	在电炉里熔炼的不锈钢水里混入精炼剂除氧，吹进惰性气体氩气，降低碳及硫的含量，同时调节化学成分
连铸	在精炼炉里精炼的不锈钢水，生产铸锭块的工程，直接制造扁坯的设备
加热炉	把扁坯（毛坯）加热到热轧温度的设备
粗轧机	加热炉加热过的毛坯（扁坯）经过一次热轧生产型板的设备
精轧机	经过一次热轧过的不锈钢型板，再次进行轧制，形成热轧卷及控制量终厚度的设备
退火酸洗	通过退火，消除因热轧而产生的热轧应力及恢复正常金属组织，以酸洗掉热轧时产生的杂物，并制成最终热轧卷的地方
表面研磨	热轧时，制品表面发生的不同缺陷，特别是热轧连续退火以及酸洗时引起的腐蚀坑等。通过研磨的方法来调整表面平整度的设备
带钢准备机组（CBL）	本机组专为提高产品成材率而焊接引带设计，本机组另一功能为原材料表面质量检查
二十辊轧机	像不锈钢一样需要高强度、高精度制品的专门为冷轧而设计的轧机，该轧机目前为世界上最为先进的二十辊轧机。该机组配备全过程的自动厚度控制系统 AGC，系统控制精度为 0.025mm，系统除压下装置和系统程序外，还有一台工业用 IBM32 位奔腾计算机作为中心控制单元，2 台测厚仪分别位于带钢两侧，测厚系统与 AGC 系统，SPC 系统流程周期计算相连接 带钢断面测量：这个功能允许操作者在整个带钢宽度上移动测厚仪，并且在 AGC 的显示屏上得到带钢的断面图，并可打印出来，这样操作者可以精确地设定参数和控制板型。测厚仪的 C 形架及液压缸可以保证移动测厚仪。测厚仪的选择受轧机方向开关的限制，如果操作者想看入口带钢断面，他可以改变方向开关并按移动键，测厚仪就每隔 12.7mm 测量一个点，然后测厚仪回到中间，带钢的断面就显示在屏幕上。该机组还配备了先进的乳化液过滤系统，从而可以保证生产出的带钢表面美观光洁
退火酸洗（APL）	在冷轧中产生的不锈钢内部组织，通过热处理恢复常态，同时在热处理过程中产生了高温氧化物，为了保持不锈钢的固有表面而再次进行酸洗去掉高温氧化物的工程（工序）。本机组为美国 FATA 公司设备，机组全长为 299.89m，设有无明火预热段、预热段、加热段和均热段共四段退火炉，设有中性盐硫酸钠电解酸洗段，硝酸、氢氟酸的混合酸洗段，从而可以最终保证带钢表面的光洁度
平整机组（SPM）	在冷轧后经热处理的制品以极少的压下量来轧制的工序，其目的是得到制品的机械性能的改善提高和核正，以及为了得到金属光泽的设备
表面研磨机组（CPL）	根据用户要求表面状态进行研磨的最终表面研磨的加工工程，ZPSS 公司生产 No. 2D、No. 2B、No. 3、No. 4、HL 等表面的产品
纵剪机组（STL）	在前工程中加工完了的制品，按照用户的要求所定的长度、宽度剪段的工程。本工程可剪切规格为宽度 45~1000mm
横剪机组（SCL）	在前工程中加工完了的制品，按照用户的要求所定的长度、宽度剪段的工程。本工程可剪段规格为长度 1000~4000mm 的钢板、可分割质量不等的小钢卷

5.3　AOD 法冶炼不锈钢

高铬低碳不锈钢的冶炼方法已由过去单一的电弧炉返回吹氧法冶炼，发展到电炉（或转炉）与炉外精炼相结合的方式。各国根据本国的具体情况及对产品的要求，发展了多种形式的炉外精炼设备。其中以氩氧精炼法（AOD 法）和真空吹氧脱碳法（VOD 法）最为普遍。

5.3.1　理论支持

高铬低碳钢液的脱碳保铬是不锈钢精炼的中心课题。对于高铬钢水，脱碳反应机理目前尚无一致的看法，有几种模型。但归纳起来为两种模型：

（1）吹入的氧直接与碳反应进行脱碳；

（2）吹入的氧与金属作用生成氧化物 M_xO_y，溶解于钢水中再与碳反应进行脱碳。

而现在则偏向于第二种脱碳机理。

5.3.1.1　高铬钢液脱碳的热力学

高铬低碳钢液的脱碳保铬热力学的研究就集中在高温下钢液中的碳和铬竞争氧化这个问题上。其目的是使碳得到选择性氧化，而把铬的氧化减到最低限度。

对于铬不锈钢（$w[Cr]>9\%$）的精炼过程而言，铬氧化的平衡产物应是 Cr_3O_4（或 Cr_2O_3）。钢液中同时存在［C］、［Cr］时的氧化反应式为：

$$[C]+[O] = \{CO\}$$

$$3[Cr]+4[O] = (Cr_3O_4) \tag{5-1}$$

为分析熔池中碳、铬的选择性氧化，可以将碳和铬的氧化反应式合并为：

$$4[C]+(Cr_3O_4) = 3[Cr]+4\{CO\} \tag{5-2}$$

$$\Delta_r G_m^{\ominus} = 934706 - 617.22T \quad (J/mol) \tag{5-3}$$

反应的平衡常数 $K^{\ominus}$ 为：

$$K^{\ominus} = \frac{a_{Cr}^3 p_{CO}^4}{a_C^4 a_{Cr_3O_4}}$$

由于（Cr_3O_4）在渣中接近于饱和，所以可取 $a_{Cr_3O_4}=1$，得：

$$a_C = p_{CO}\sqrt[4]{\frac{a_{Cr}^3}{K^{\ominus}}} \tag{5-4}$$

由(5-4)式可以看出脱碳保铬的途径有以下两种。

（1）提高温度。因为平衡常数 K 是温度的函数，$K=f(t)$，提高熔池温度使 K 值增大即可使平衡的碳含量降低。这就是返回吹氧法冶炼不锈钢的理论依据。但是提高温度将受到炉衬材料耐火度的限制，并且要使 Cr 不氧化，脱碳有一定的限度。如 1700℃下，Cr 不氧化，碳只能脱到 0.3%，2000℃下才能脱到 0.03%，与铬平衡的碳越低，需要的温度越高。但是，在炉内过高的温度也是不允许的，耐火材料难以承受。因此，采用电炉工艺冶炼超低碳不锈钢是十分困难的，而且精炼期要加入大量的微碳铬铁或金属铬，生产成本高。

（2）降低 p_{CO}。在一定铬含量下降低 p_{CO}，即可使平衡的碳含量降低。由图 5-2(b)可见，当［Cr］=18%，在 1650℃，p_{CO}=0.1atm(1atm=1.01×10^5Pa)时，平衡的碳含量为 0.03%。与 p_{CO} = 1atm（1atm = 1.01 × 10^5Pa），与 1700℃［见图 5-2(a)］相比，［C］降低了 10 倍。显然降低 p_{CO} 所达到的脱碳保铬效果要比提高温度要好，这是不锈钢炉外精炼的理论依据。

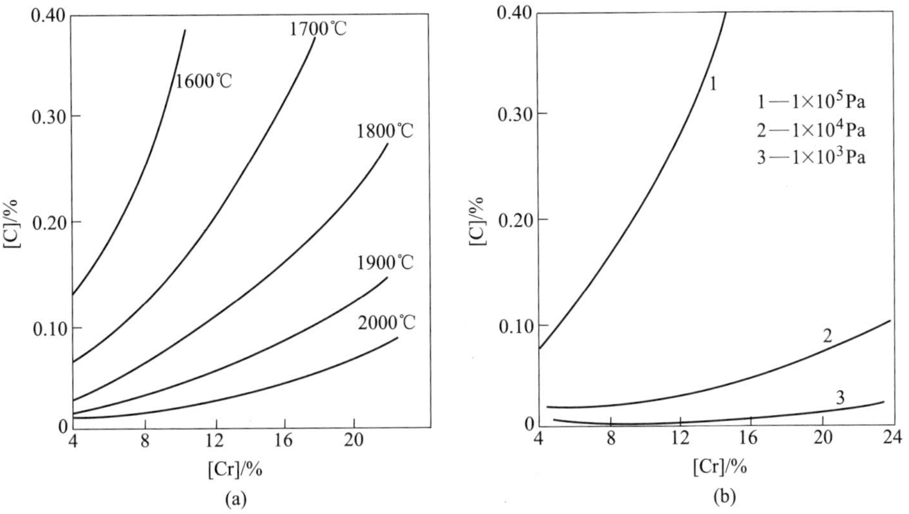

图 5-2　各种温度、压力下的［C］-［Cr］平衡图

（a）p_{CO}=1.01×10^5Pa；（b）温度为 1650℃

降低 p_{CO} 的方法有：

1）真空法：即降低系统总压力，使 p_{CO} 大大降低进行脱碳保铬，真空吹氧脱碳法（VOD 法）；

2）稀释法：吹入氩气、氮气或水蒸气等稀释气体来降低 p_{CO} 进行脱碳保铬，从而实现在假真空下精炼不锈钢，这种方法有 AOD 法，CLU 法等；

3）两者组合法：将真空法与稀释法综合使用达到更好的效果，如 AOD-VCR，VODC 法等。

5.3.1.2　高铬钢液脱碳的动力学

在一定温度下对高铬钢液脱碳时，p_{CO} 越低，钢中［C］应当越低；但在实际条件下，p_{CO} 低于一定值后，钢中含碳量不再随 p_{CO} 降低而降低。如真空度达到 10^{-1}～10^{-2}atm（1atm = 1.01 × 10^5Pa）能使反应到达平衡，再降低 p_{CO} 到 10^{-3}～10^{-4}atm（1atm=1.01×10^5Pa），脱碳反应不怎么进行，其原因与 CO 气泡的生成有关。

高铬钢液脱碳时，CO 气泡的生成部位有熔池内部，熔池表面和悬空液滴三个部位。

（1）熔池内部。在熔池内部进行脱碳时，为了产生 CO 气泡需要克服的外界压力为：

$$p_{CO} > p_{外} = p_{气} + p_{钢} + p_{渣} + \frac{2\sigma}{r} \tag{5-5}$$

气相压力 $p_{气}$ 可以通过抽真空降低，而 $p_{钢}$ 和 $p_{渣}$ 取决于钢液的深度和渣层的厚度。表面张力所产生的压力 $\frac{2\sigma}{r}$ 与表面张力和气泡半径有关，$p_{外}$ 无论怎样都不会小于 $\frac{2\sigma}{r}$。这就是限制熔池内部真空脱碳的主要环节，而使真空作用不能完全发挥出来，采用吹氩搅拌才可以改善这种情况，氩气泡给 CO 提供了小真空室，氩气泡内的 p_{CO} 为 0，氩气搅拌又促使 CO 气泡的上浮。

（2）熔池表面。在熔池表面脱碳时情况与熔池内部就不一样了，此时不仅无钢渣静压力，而且气泡核半径趋于无穷大，故 $\frac{2\sigma}{r}$ 趋于 0，因而：$p_{CO} > p_{外} = p_{气}$。

这时脱碳反应决定于气相压力 $p_{气}$，脱碳反应易于达到平衡状态，真空作用可以充分地发挥出来。真空度越高，钢中含碳量越低。

（3）悬空液滴。当钢液在真空下脱碳时，因脱碳沸腾，钢液飞溅，使钢液滴处于悬空状态，此时液滴表面进行的脱碳反应与熔池表面接近，真空作用可以充分发挥。在液滴内部由于温度降低，碳和氧的溶解度降低产生碳氧反应生成 CO 气泡，需要克服的压力：$p_{CO} > p_{外} = p_{气} + \frac{2\sigma}{r}$。

液滴内部产生的 CO 气泡使钢液滴膨胀，而气相压力和表面张力的作用使钢液滴收缩。当 p_{CO} 超过液滴外壁强度后，钢液滴就会发生爆炸，形成更多更小的钢液滴，这返回来又促进脱碳反应的快速进行。

在实际生产条件下，熔池内部，表面，和悬空液滴三部位的脱碳都是存在的，真空处理后的最终含碳量决定于三部位所脱碳的比例关系。熔池内部脱碳的比例越小，表面和悬空液滴所脱碳的比例越大，钢液最终含碳量越低。因此要创造条件尽可能增大表面和悬空脱碳的比例，缩小内部脱碳的比例，使钢中［C］降到尽可能低的水平。

综上分析，真空脱碳时，为了得到尽可能低的含碳量，应当采取以下的措施：

（1）尽可能增大钢水与气相的接触面积；

（2）尽可能使钢水处于细小的液滴状态；

（3）使钢水处于无渣或少渣的状态；

（4）尽可能提高真空处理设备和真空度；

（5）在耐火材料允许的情况下适当提高钢液的温度；

（6）对钢液温度应当做适当的控制。

5.3.1.3　富铬渣的还原

不锈钢液的吹氧脱碳保铬是一个相对的概念，炉外精炼应用真空和稀释法对高铬钢液中的碳进行选择性氧化。所谓选择性氧化，绝不意味着吹入钢液中的氧仅仅与碳相作用，而铬不氧化；确切地说是氧化程度的选择，即指碳能优先地较大程度地氧化，而铬的氧化程度较小。不锈钢的特征是高铬低碳。碳的氧化多属于间接氧化，即吹入的氧首先氧化钢液内的铬，生成 Cr_2O_3 或 Cr_3O_4。然后碳再被 Cr_2O_3 或 Cr_3O_4 氧化，使铬还原，因而脱碳保铬也可以看成是一个动态平衡过程。因此在不锈钢吹氧脱碳结束时，钢液中的铬或多或少地要氧化一部分进入渣中。为了提高 Cr 的回收率，除在吹氧精炼时力求减少铬的氧化外，还要在脱碳任务完成后争取多还原一些已被氧化进入炉渣中的铬。

VOD 和 AOD 法等精炼不锈钢，吹氧脱碳精炼后的富铬渣含 Cr_3O_4 达 10%~25%。

富铬渣的还原多采用硅铁[w(Si)= 25%]作为还原剂，其还原反应为：

$$(Cr_3O_4) + 2[Si] \xlongequal{} 2(SiO_2) + 3[Cr] \tag{5-6}$$

反应的平衡常数为：

$$K_{Si} = \frac{a^2_{(SiO_2)} a^3_{[Cr]}}{a_{Cr_3O_4} a^2_{[Si]}}$$

因 Cr_3O_4 趋于饱和（固体），所以 $a_{Cr_3O_4} = 1$。

平衡常数可变为：

$$K_{Si} = \frac{a^2_{(SiO_2)} a^3_{[Cr]}}{a^2_{[Si]}} \quad （碱性渣\ a_{SiO_2} < 1） \tag{5-7}$$

有时也使用 Si-Cr 合金作还原剂，其中 Si 作为还原剂，铬作为补加合金。

影响富铬渣还原的因素包括：

（1）炉渣碱度 R。增大碱度，a_{SiO_2}降低，则 $a_{Cr_3O_4}$降低。

（2）钢液中的［Si］含量。当钢液中的［Si］含量增加，$a_{Cr_3O_4}$降低。

（3）温度的影响。K_{Si}是温度的函数，温度升高，Si 还原 Cr_3O_4 能力增加。

5.3.1.4 脱碳速度

A 高碳区[w(C)>0.05%~0.08%]

在一定温度下，脱碳速度与氧含量有关。脱碳速度随温度的升高而增大，随供氧量的加大而加速。为此应采取如下措施：

（1）增大供氧强度；

（2）提高钢水温度；

（3）提高真空度；

（4）改变氧枪高度、改进氧枪结构和改进吹氧方式等以便增大氧气与钢水接触的面积。

B 低碳区[w(C)<0.05%~0.08%]

在一定温度下，脱碳速度随氧含量的降低而减小。碳在钢液内的扩散是脱碳反应的限制性环节。

脱碳速度的计算公式为：

$$\frac{d[C]}{dt} = -\frac{F}{V}\frac{D}{\delta}\{[C]_t - [C]^*\} \tag{5-8}$$

积分后，得：

$$\ln \frac{[C]_t - [C]^*}{[C]_0 - [C]^*} = -\frac{F}{V}\frac{D}{\delta}t \tag{5-9}$$

式中　F——反应界面积，cm^2；

V——钢水体积，cm^3；

D——碳在钢液中的扩散系数，cm^2/s；

δ——钢液侧的边界层厚度，cm；

$[C]_t$——t 时间的碳含量，%；

$[C]_0$——钢液中初始碳含量，%；

$[C]^*$——碳的平衡含量，%；

t——时间，s；

$\frac{D}{\delta}$——传质系数，温度改变时 D 和 δ 都变化。

传质系数与温度的关系为：

$$\lg \frac{D}{\delta} = -\frac{6650}{RT} - 0.062 \tag{5-10}$$

为了加速低碳区的脱碳速度，应采用以下措施：

（1）加强对钢水的搅拌；

（2）提高钢水的温度；

（3）提高真空度。

高碳区与低碳区的界限称为临界含碳量。临界含碳量随钢水含铬量、钢水温度和真空度的变化而改变。当钢水温度升高，Cr 含量降低和真空度增高时，临界含碳量降低，反之增高。

微课-AOD 精炼工艺流程及设备概况

5.3.2　AOD 法的产生及发展概况

AOD 是 Argon-Oxygen Decarburizing（氩氧脱碳法）的缩写。氩氧脱碳精炼法是把电炉粗炼好的钢水倒入一个炉型类似于侧吹转炉的 AOD 炉，用一定比例的氧和氩的混合气体从炉下部侧壁吹入向熔池内，在 O_2-Ar 气泡表面进行脱碳反应。由于氩对所生成的 CO 稀释作用降低了气泡内的 CO 分压，因此促进了脱碳，防止了铬的氧化。AOD 法吹入不同比例的氧氩混合气体可使 p_{CO} 不断降低，从而实现了在常压下进行下精炼不锈钢。

AOD 法是美国联合碳化物公司于 1968 年试验成功的一种生产不锈钢的炉外精炼方法。该公司是一个生产大量铬铁的公司，一名叫克里夫斯基（Krivsky）的人在该公司从事研究工作时于 1954 年提出了用混合气体降低 p_{CO} 来脱碳的设想，其研究成果分别于 1956 年和 1960 年获得了专利。他认为一般的吹氧脱碳其可能的升温范围受到各种限制，而其他的高效率脱碳手段是真空熔炼（当时还无真空下吹氧脱碳），但其成本又非常高，因此他提出了一种比较简单而又经济的生产低碳铬钢的方法，即依靠氩、氧混合气体来降低 p_{CO} 的脱碳方法。但是当时他的这个观点并未被一些知名的不锈钢生产厂所接受，只有一个很小的乔斯林（Joslyn）钢厂对此感兴趣。1967 年在实验工厂完成预备性试验，1968 年 4 月建成了第一座 17t AOD 炉开始工业性生产，得到了良好的效果。

AOD 法主要具有以下特点：

（1）采用廉价高碳铬铁大幅度降低原料成本；

（2）采用二步法炼钢，缩短了冶炼时间，提高了生产率；

（3）采用 AOD 法冶炼的不锈钢，质量稳定；

（4）AOD 炉设备简单，基建投资小；

（5）AOD 法操作简单，可靠，并可稳定地实现过程自动控制。

AOD 法的理论依据是采用稀释气体的方法降低 p_{CO}。利用氩气稀释炉内的 CO 气体来降低 p_{CO}，从而可以在较低的温度下不使铬氧化而将碳脱到很低的水平。

AOD 法与另一种不锈钢的冶炼方法（VOD 法）几乎同时出现，1972 年以前这两种方法发展速度相当，1973 年以后 AOD 发展迅速，无论装备数量和产量都大大超过了 VOD 炉。究其原因是：AOD 无论在原料选择，生产成本和生产率方面都比 VOD 优越，且能快速处理高碳钢水，铬的收得率高，吹炼过程比较容易实现计算机自动控制。AOD 法虽然具有很多优点，但是 AOD 法冶炼$[C]+[N]\leqslant 0.025\%$的超纯铁素体不锈钢是极为困难的。另外，在炉衬寿命方面达到高的水平，也需要在耐火材料、冶炼工艺和管理等方面进行精细的工作。

AOD 法冶炼不锈钢有多方面显著优点，因此得到世界各国的重视。1969 年以后，AOD 炉很快遍及世界各地；1972 年以后，AOD 炉迅速发展。1983 年，工业发达国家不锈钢总产 655 万吨，其中 AOD 法的产量比为 71.8%，VOD 法为 19.2%；到 1991 年，不锈钢产量 1054 万吨，AOD 法的产量比为 75.6%，VOD 法为 17.2%。目前，电弧炉+AOD 法的产量比为 61%，电弧炉+顶底复吹转炉+AOD 法的产量比为 23%。AOD 法分布的国家比较广泛，其中美国和日本使用的最多。像欧洲、美国、日本等主要的不锈钢生产国家，生产着世界不锈钢总产量的 93%，在这些国家 AOD 生产不锈钢的比例为：美国 95%，芬兰 100%，英国 88%，意大利 95%，德国 75%，日本 65%，AOD 炉最小的为 4t，多数为 50~100t；最大的是在美国的 Armco 公司为 175t，日本最大的为 75t，英国最大的为 135t。

现场照片-AOD 设备

3D 示意图-AOD 设备

我国从 1973 年开始进行 AOD 炉吹炼不锈钢试验，在太钢三炼钢建成一座 18t 的 AOD 炉，国内 AOD 炉不下 20 余座。进入 21 世纪以来，我国更是有多家企业有投资建设 AOD 炉的意向并付诸实施。

5.3.3　AOD 炉的设备

AOD 炉的设备主要由炉体、倾动机构、氩氧枪、测温装置、气体混合调节装置、除尘设备和加料设备等组成。

3D 动画-AOD 精炼炉炉体结构

5.3.3.1　AOD 炉体结构及主要参数

AOD 炉的外形与转炉相似（见图 5-3），炉体结构由熔池、炉身和炉帽三部分组成。炉体尺寸是按照熔池深度：熔池直径：炉身高度=1：2：3 设计的。但是其熔池深度有增加的趋势。Armeo 公司 35tAOD 炉的熔池深度：熔池直径=1：1.6，日本川崎厂发现其50t AOD在碳0.45%时的脱碳速度比15t炉大，研究结果认为这是由于熔池加深和风枪增多的结果。为了促进脱碳，熔池深度在1m以上是必要的。熔池侧墙与炉体中心线成20°的倾斜角度，使其吹入的气体离开炉壁上升，减少气体对氩氧枪上部区域炉衬的侵蚀。吹炼过程中的喷溅较小，所以炉容比较氧气顶吹转炉小些。如18t AOD炉的炉容比为0.6m^3/t。炉帽的形状，早期为偏口，现在普遍采用对称型正口炉帽。

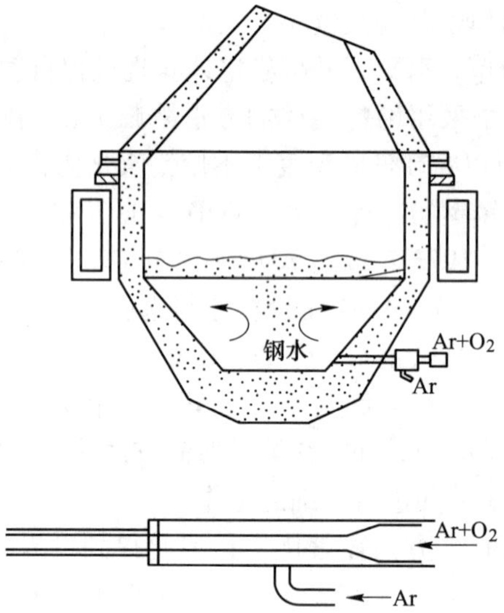

图5-3　AOD法示意图

$Ar\text{-}O_2$炉的炉衬内层用镁砖或镁铬砖砌成，厚度为300~400mm，炉帽部位用耐火混凝土浇灌成。外层为保温层，一般用115mm厚的耐火黏土砖砌筑，国外也有镁质白云石砖的。因为AOD炉炉衬寿命不是很高，为了连续生产，一般采用活炉座，三个炉体更换使用，一座生产，另一座干燥和预热，第三座拆除和砌筑。更换炉体时先将炉体与托圈松开，用吊车将炉体吊出托圈送至更换炉衬的场地上，然后将预热中的新炉体吊入托圈进行安装，随即把砌筑好的炉体送至干燥和预热的地方。换炉时间为45min~1h。

5.3.3.2　托圈及倾动机构

托圈及倾动机构与转炉基本相同，炉体安装在可倾动的托圈内，托圈的水平面应高于炉体内的钢水液面。这样，当炉体倾动装置出故障时仍可自转返回直立位置，以免发生事故。托圈上的两个耳轴由两个安装在支架上的轴承支撑着，驱动侧的轴承为固定式，另一侧的轴承则可随着托圈的膨胀和收缩而滑动。AOD炉的倾动装置包括电机、减速机和联轴器。大型炉子一般使用两台专用电机倾动，50t炉可用两台30HP(22.4kW)交流电机驱动，Armco公司35t炉用两台19HP(14.2kW)直流电机驱动。

当炉子前倾时，风枪离开钢液面而处于上方，可以进行取样、扒渣、出钢、测温等操作。当炉子垂直时，风枪埋入钢液，吹入气体进行脱碳和精炼操作。

5.3.3.3 氩氧枪

氩-氧枪安装在靠近炉底的侧壁上。它由风口砖和风枪组成，风口砖采用优质镁铬砖。砖内埋风枪，其结构为双层套管式，内管常为铜质材料，外管常为不锈钢材料。内管分阶段吹入不同比例的氧-氩（氮）混合气体进行脱碳，从外层环缝缝隙间吹入氩气或碳氢化合物为冷却气体。在出钢和装料的空隙时间改吹压缩空气或氮气。$Ar-O_2$ 枪一般为可拆换式自耗型的，与耐火砖消耗一致。$Ar-O_2$ 枪的直径有三种："A 型"的为 9.5mm，"B 型"的为 11.1mm，"C 型"的 12.7mm。$Ar-O_2$ 枪的数量和配置视炉子容量大小而定，一般 20t 以下的炉子采用两个风枪，风枪的水平夹角为 90°或 60°；35~60t 的炉子设四支风枪，水平夹角在 108°~120°的弧度内设置，90~175t 炉子设五支风枪，五支风枪的每支间隔为 27°~30° 。1983 年以后，日本星崎厂等几个钢厂为了降低风枪上部和耳轴侧耐火砖的熔损，减慢风枪上部钢水的流速，并确保该侧炉底角部钢液仍有流动，采取了将 30°夹角的三支风枪中的中间一支向上平移到一个合理的高度，变成双层风枪。结果在没有影响脱碳速度和脱硫率的情况下，明显地提高了炉衬寿命，从 280h 延长到 370h。

5.3.3.4 气体调节控制系统

AOD 炉配有气源调节控制系统，通过流量计，调节阀等系统控制氩气、氮气和氧气的流量并使之得到混合，使 AOD 炉获得所希望的流量和氩氧混合比例。

氩、氧、氮等气体经预先混合并通过导管送入风枪。每种气体的单位流量靠安装在主管路上的流量计来测量。测量时有两种测量仪表，即转子流量计和孔板流量计。由于转子流量计在操作上有较多优点，测量能力较强，不需特殊的进口管，故一般考虑优先采用。操作时，用手动的计量阀来调节每一种气体，分别计算每种气体的消耗量。此外还设置有保证安全和保护套管的连锁装置和节省氩气的切换装置。防止炉子倾动时钢水进入风枪口和保护套管，当炉子向下倾动时，在风枪口露出钢水面之前，立即有控制地减少 $Ar-O_2$ 气体流量，在出渣、出钢等操作时在吹炼空隙自动切换成压缩空气或氮气，而当炉子倾回到吹炼位置时又使气体流量回升到操作流量，从而节省氩气并避免倾动时钢渣喷溅或溢出。另外，据文献报道，最近 AOD 炉的气路控制系统使用了数字电子系统的微处理装置。系统利用涡旋流量仪来测量流量，这样能精确测量气体的流量比率，使调节比达到 1∶10 以上。此外，这种新的系统应用了压力和温度补偿，而且有电子数据记录的功能。

3D 动画-AOD 精炼炉加料系统

5.3.3.5 AOD 炉的除尘和加料系统

AOD 炉上部的除尘罩都是旋转式的。欧洲、美国等采用的吸尘罩与炉口的缝隙很小，以减少气体吸收量。这样，其布袋式除尘器和送风机可小型化，比较经济。但是，因为吸入的气体温度要比大量地吸收罩外空气而使气体冷却的方式要高，所以其除尘器及主要的通风道、燃烧塔等部件要用水冷却。在铁合金投料和吸尘罩并设的条件下，添加料的滑动装置要贯通在吸尘罩内。在吸尘罩附近，一般为了把 CO 完全燃烧而设置了燃烧塔和冷却塔。

AOD 炉的铁合金、石灰和冷却材料等的添加料系统和转炉上使用的相同，主要有加料器、称量料斗、向炉上运送设备和炉上料斗。

现场视频-AOD 炉进铁水

5.3.4　AOD 法的生产工艺及技术参数

5.3.4.1　电炉-AOD 炉的基本工艺

AOD 法一般采用电弧炉（或其他炉）与 AOD 炉双联工艺。电炉炉料以不锈废钢、碳素废钢、车屑废钢和高碳铬铁合金为主。炉料成分除了碳、硅、硫外，应接近钢种成分。配碳量一般为 1.5%～2.0%，也可以更高些。硅含量应小于 0.3%～0.5%，以利于提高炉衬寿命。电炉配硫量在 AOD 单渣法操作的条件下，以 AOD 炉脱硫率达到 90%上考虑。先将原料在电弧炉内熔化，电炉钢水还原和成分调整后，钢水温度达到 1550℃左右出钢。此时电弧炉就可以进行下一炉的熔化操作。对电炉炉渣的处理，有少数钢厂是随钢水倒入钢包，转移到 AOD 炉进行冶炼，以提高铬的回收率（可达到 99.5%），并减少电炉冶炼时间。但是这种方法需要 AOD 炉增加还原时间和排除炉渣，因此将增加冶炼时间 7～10min。电炉钢水用钢包兑入 AOD 炉进行脱碳精炼。

根据钢水中 C、Si、Mn 等元素的含量及钢水量，计算氧化这些元素所需的氧量和各阶段吹氧时间，根据不同阶段钢水中的 C、Cr 含量和温度，用不同比例的氩氧混合气体吹入 AOD 炉内进行脱碳精炼，一般吹入氧、氩混合气体的比例分 3～4 个阶段进行混合和吹炼。随着［C］降低不断改变氧氩比。

吹炼初期为了迅速升温，增加脱碳速度，采用较高的氧、氩混合比例。

第一阶段：按 $x(O_2):x(Ar)=3:1$ 的比例供气，将碳脱至 0.25%左右，此时钢水温度大约为 1680℃。

第二阶段：按 $x(O_2):x(Ar)=2:1$ 或 $1:1$ 的比例供气，将碳脱至 0.1%左右，此时温度约为 1740℃。

第三阶段：按 $x(O_2):x(Ar)=1:2$ 或 $1:3$ 的比例供气，将碳脱至不大于 0.03%到所需要的限度。

最后用纯氩吹炼几分钟，使溶解在钢水中的氧继续脱碳，同时还可以减少还原 Cr 的 Fe-Si 的用量。每个阶段都应测温、取样、分析。

吹氧完毕时，约 2%的铬氧化进入炉渣中，$[O]=140\times10^{-4}\%$，因此到达终点后要加入 Si-Ca、Fe-Si、Al 粉、CaO、CaF_2 等还原剂，在吹纯氩搅拌状态下进行脱氧还原。脱碳终了以后如果不是冶炼含钛不锈钢和不需要专门进行脱硫操作，作为单渣法冶炼，一般不扒渣直接进入还原期。单渣法在还原以前由于脱碳终点温度在 1710～1750℃。为了控制出钢温度并有利于炉衬寿命，在脱碳后期需添加清洁的本钢种废钢冷却钢水。随后加入 Fe-Si、Si-Cr、Al 等还原剂和石灰造渣材料，纯吹氩 3～5min，调整成分。当脱氧良好、成分和温度合适即可出钢浇注。整个精炼时间约 90min。一般的电弧炉-AOD 炉基本冶炼工艺如图 5-4 所示。

气体消耗视原料成分情况及终点碳含量水平而不同。一般氩气消耗为 12～23Nm³/t，氧气消耗为 15～25Nm³/t。Fe-Si 用量为 8～20kg/t，石灰 40～80kg/t，冷却料为钢水量的 3%～10%。

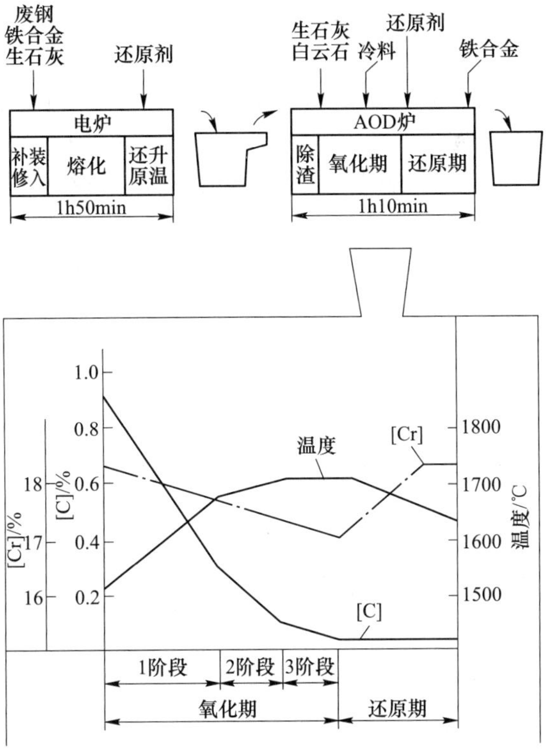

图 5-4 电弧炉-AOD 炉法的操作曲线（SUS304）

5.3.4.2 顶底复吹 AOD 法的基本工艺

早期 AOD 法在脱碳期的单位供氧量与脱碳量之比的氧效率 CRE 只有 70%左右，大约有 30%的氧被铬等金属的氧化所消耗。为了提高脱碳初期的升温速度和钢水温度以及提高 CRE，AOD 法的一项十分重要的技术进展就是移植了顶吹氧的转炉经验。由日本星崎厂 1978 年在 20t AOD 炉开发了顶底复吹吹炼法。目前约 40%以上的 AOD 设备都有了顶吹氧系统。其特征是在[C]≥0.5%的脱碳一期底部风枪送一定比例的氧、氩混合气体，从顶部氧枪吹入一定速度的氧气，进行软吹或硬吹，使熔池生成的 CO 经二次燃烧，约 75%～90%释放的热量被传输到熔池，使钢水的升温速度由通常的 12.7℃提高到 19℃，因此脱碳速度从 0.055%/min 提高到 0.087%/min。大同制钢在 20t AOD 炉的复吹结果证明，当顶吹氧量不大于 0.6m^3/min（标态）时，随送氧速度的增大，其脱碳速度和升温速度急剧上升，但是当超过 0.6m^3/min（标态）以后，两者都趋于一个定值。该厂试验的顶吹氧比为 0.2 倍以上。

另外，该厂在 70t AOD 炉中采取顶吹氧、底吹氩、氧工艺与单独底吹工艺进行了对比。试验证明顶吹氧的工艺下，无论是底吹氩还是氩氧混合气，由于 CO 燃烧的作用都使原 AOD 法的冶炼条件得到了强化。底吹氩、氧工艺的脱碳速率和升温速度都明显高于单独底吹氩的工艺。

不锈钢的脱碳反应一般在[C]≥0.5%时是由氧的供给速率决定的，在[C]≤0.30%时是由[C]的移动速率决定的。在高碳区，不锈钢的脱碳反应是由搅拌力所决定的钢液循环量、钢液温度、送氧速度和顶吹氧比等综合作用的结果。对于复吹的气体送给速度与单位脱碳量和铬的氧化量的关系，在顶吹氧速度一定的条件下，随着底吹氩流量的增大，单位脱碳量上升，铬的氧化量下降。另外，如果在单独顶吹氧的条件下，随着顶吹氧速度的增大，脱碳效率没有明显提高，而且铬的氧化量增大。在实验室的试验结果和工业炉的结果表明，顶吹氧比在 0.5 倍是适宜的。AOD 炉顶吹氧采取“硬吹”工艺，因为有$(Cr_2O_3)+3C = 2Cr+3CO$的反应，所以进一步提高了脱碳速度，缩短冶炼时间。其脱碳效率可达到 0.8%~0.9%/min。

AOD 炉顶底复吹系统，25%的氧是由水冷超音速的 LD 型氧枪吹入。大约 50%的是不水冷的音速或亚音速自耗垂直氧枪吹入。其余的 AOD 则用埋置在锥形耐火材料中的管子（以音速流动）或者以音速或亚音速操作的短程垂直氧枪吹入。此外，有些工厂利用顶端为 90°弯头的水平水冷氧枪。亚音速 LD 型枪使用“硬吹”操作，基本上所有顶吹的氧都与熔池反应。这种“硬吹”操作也能与顶吹混合气体结合起来操作，可进一步减少操作时间。同时，在冶炼后期和搅拌阶段利用顶吹氩气，可防止空气中氮的渗入，或提高超低碳不锈钢的脱硫效率。

AOD 炉采用复吹工艺的效果，硅的消耗可节约 2~3kg/t。冶炼时间可缩短 5~10min。同时还可以降低电炉的出钢温度，增加 AOD 炉冷料的使用量。

5.3.4.3　AOD 炉的吹炼参数

AOD 炉的吹炼强度对脱碳速度、脱硫率及炉衬寿命有直接的影响。20 世纪 70 年代初期设计的 AOD 炉的供气速度较低，一般在 0.5~0.9$Nm^3/(t \cdot min)$。日本新日铁 1973 年投产的 60t 炉其最大的供气强度为 1.0$Nm^3/(t \cdot min)$，是当时世界上的最高水平，美国的 Armco 公司的 175t 炉为 0.87$Nm^3/(t \cdot min)$。到 1976 年，日本住友金属和歌山厂投产的 90t 炉，其最大供气强度达到了 1.8$Nm^3/(t \cdot min)$，每炉的冶炼时间为 95min，炉衬寿命达到 184 炉，为当时的最高纪录。风枪的操作压力视各厂的情况而不同。Joslyn 厂 17t 炉为 0.86MPa，Alegheny Ludlum 厂 27t 炉为 1.1~1.24MPa。目前最高的操作压力为 1.24~1.38MPa。

5.3.4.4　AOD 冶炼工艺对炉衬寿命的影响

由于 AOD 法的精炼温度高、酸性炉渣作用期长和高速气体、炉渣、钢液的涡流冲刷作用剧烈，对耐火材料损坏非常严重。因此，AOD 炉的炉衬寿命比较低。

20 世纪 70 年代的一般炉衬寿命仅为 50 次左右。美国曾经试用过渗碳和不渗碳的高纯镁砖、直接结合镁铬砖及合成镁铬砖。1977 年以后，又引进高密度低气孔率（12%）的直接结合镁铬砖和直接结合白云石砖。结果表明，合成砖、低气孔和再结合砖、直接结合白云石砖的效果较好。渣线区和侧墙采用直接结合镁铬砖和直接结合白云石砖混合砌筑，取得了平均炉龄 45~50 次，最高多于 60 次的较高水平。

20 世纪 80 年代一般达到 300 次以下。90 年代新日铁光制钢工厂 60t AOD 炉创造了 504 次的最高纪录。AOD 炉耐火材料占整个操作费用的 14%（甚至到 30%），所以世界各国都在提高炉衬寿命方面进行了大量的研究。实际结果表明，耐火材料和冶炼工艺对炉衬寿命的影响是同等重要的。特别是要取得高的炉衬寿命，冶炼工艺的改进是决定性的。目前，耐火砖的消耗一般为 7.9kg/t，最好的已达到 2kg/t。

我国 AOD 炉数量少，炉容也不大，炉衬使用镁白云石砖，寿命 30~50 次，难以与国外情况相比较。风口及其上方薄弱部位用耐火材料也是尚待解决的问题。

AOD 精炼炉使用条件苛刻，炉衬蚀损严重，多使用碱性材料。美国使用镁铬砖，西欧多用白云石砖，日本使用镁白云石砖和镁铬砖，主要成分和使用寿命见表 5-10。

表 5-10　一些国家 AOD 炉用耐火材料情况

砖种	$w(MgO)/\%$	$w(Cr_2O_3)/\%$	$w(Fe_2O_3)/\%$	$w(CaO)/\%$	寿命/次
镁铬砖	60~66	12~18	7~18	—	>100
镁白云石砖	70~73	—	—	25~26	>150
焦油白云石砖	38~43	—	—	55~59	>80

为了提高炉衬寿命，采取两个对应的措施。第一个措施是针对风口区和渣线区熔损速度较快的区域加大炉衬的厚度。这一措施目前有两种形式：一种是风口区衬砖加厚的渐缩式，另一种是在风口区衬砖加厚成非对称式的圆锥形。这一措施已得到广泛采用，对提高炉衬整体寿命发挥着重要作用。第二个措施是针对风口区炉衬熔损速度最快的情况采用最好的耐火材料，这一区域的耐火砖普遍采用的是直接结合和再结合的镁铬砖。改进的主要内容是提高 Cr_2O_3 含量，从 24.9%提高到 35.6%，并使熔剂含量由 7.1%降到 5.2%。改进后的结果，整体炉衬寿命从 150 炉提高到了 200 炉以上。目前常见的 AOD 炉用耐火材料结构图如图 5-5 所示。

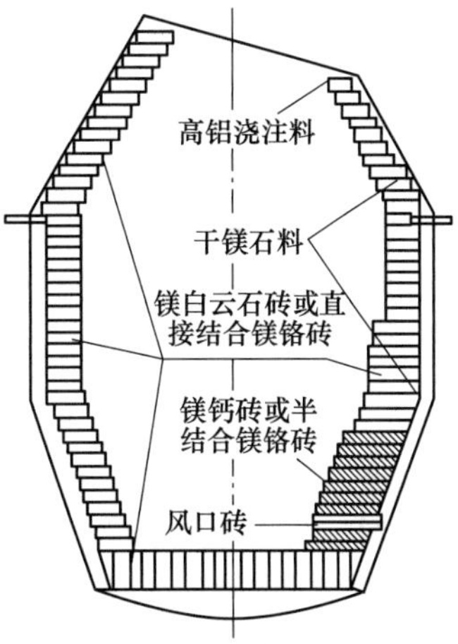

图 5-5　AOD 炉用耐火材料结构图

AOD 炉的炉衬寿命是由设备参数和冶炼工艺诸多因素所决定的。冶炼工艺同样对炉衬寿命有重要影响，而且其影响因素也是多方面的。在这些因素中哪个因素如果得到稳定控制，对于炉衬寿命的效果都是可见的。近些年新日铁光制钢厂进一步改进了工艺，使炉衬寿命从 395 次提高到 504 次。第一项措施是减少钢包的散热以降低 AOD 炉出钢温度。为了减少钢包的散热，过去已采取的措施是钢包加盖和强化钢包的烘烤。当时的钢包钢水温度为 1620℃。新的改进是钢包的内衬材料改为压力成形的陶瓷纤维［特性是弯曲强度为 0.029N/m^3、抗压强度为 0.069N/m^3、导热性（800℃）0.128W/(m·K) 组成；$w(SiO_2)=66\%$、$w(Al_2O_3)=32\%$］，结果使钢包钢水温度降低 10℃。第二项措施是降低电炉粗钢水中的硅含量，从 0.4%降到 0.3%。过去为了还原渣中的 Cr_2O_3 添加的硅铁往往是过量的添加，致使钢中的硅含量偏高，且不稳定。为了更精确地添加 Fe-Si，自制了一个对炉渣用磁力测定 Cr_2O_3

含量的简易装置，调整 Fe-Si 加入量。第三项措施是防止脱碳期的炉渣碱度降低的措施。过去在氧化期中后期添加 CaO、MgO 控制炉渣碱度，改进后 CaO、MgO 的添加时期为中前期，结果脱碳期炉渣碱度波动范围减小了 0.5。由于脱碳期炉渣碱度最低值提高了 0.5，对炉衬寿命的提高发挥了重要作用。

另外，影响 AOD 炉炉衬寿命的其他冶炼工艺因素还有：

（1）降低脱碳期钢水温度，特别是在 1700℃以上，每升高 50℃，耐火材料消耗增大 1~2 倍，为此应采取合理的脱碳工艺，对于单渣法冶炼应在脱碳期添加清洁的原钢种冷却料，6kg/t 的添加量约可降温 10℃，最高添加量为出钢量的 20%；

（2）缩短冶炼时间；

（3）采用喷补 76%MgO 的喷补料。

5.3.5　AOD 法的特点

5.3.5.1　AOD 法的优缺点

AOD 法有如下优点。

（1）由于电炉粗钢水配碳量可以在 2%以上，可大量使用廉价的高碳铬铁及碳素废钢来配料，使原料中含铬量达到成品规格要求，从而省去了采用返回吹氧时补加微碳铬铁或金属铬，降低了原料成本。例如，美国一家公司采用 AOD 法后微碳铬铁消耗从 42.75kg/t 降到 2.625kg/t。铬的总回收率可达 98%以上，比电弧炉返回吹氧法提高 10%以上，可用氮气合金化，所以生产成本低。AOD 法在原料及成本方面的优越性是其迅速发展的原因。

（2）采用电炉和 AOD 炉双联生产不锈钢时，电炉进行熔化和升温，约 2.5~3.0h，AOD 精炼 90min 左右。两座电炉配一座 AOD 炉，产量比电炉单炼提高 40%~50%。

（3）AOD 设备简单，投资省。因为是在大气压下吹入气体进行精炼，所以设备投资比 VOD 法少 2 倍以上。

（4）过程控制比较简单，工艺容易掌握，VOD 要通过气相分析来判断终点，还要在真空下加脱氧剂，而 AOD 在大气压下稀释脱碳，可以造渣、测温、取样，相比之下方便得多。与返回吹氧法相比，AOD 法更易于炼超低碳不锈钢。

（5）钢的质量高，由于从炉下部吹入气体并可吹纯氩气，所以与电炉相比，氢、氧含量可分别降低 25%~65%和 25%~30%，由于氩气的强搅拌作用，硫含量很低，可生产[S]≤0.001%超低硫不锈钢。

尽管 AOD 具有上述优点，仍存在一些缺点。

（1）由于氩气消耗量大，因而操作费用高，氩气费用占 AOD 法生产不锈钢成本的 20%以上，AOD 炼普通不锈钢耗氩量为 11~12m^3/t，炼超低 C 不锈钢时为 18~23m^3/t。大气中含氩不足 1%，而 Ar 是制 O_2 的副产品，不能生产大量的 Ar，并且随着炼钢和连铸技术的发展，用氩的地方越来越多，如转炉复吹、钢包吹氩、等离子加热等。所以 AOD 的发展受氩的限制。

（2）炉龄还比较低，耐火材料消耗高，致使成本高。

AOD 可以使用廉价的高碳铬铁原料，因而成本降低。Cr 的收得率高（η_{Cr} = 98%~99%）。钢的收得率可达 95%。电炉只是熔化炉，使其生产率提高，电耗降低，操作条件改善，使炉体寿命提高。AOD 炉投资省，这些经济效果足以抵消氩气费用和 AOD 炉耐火材料的费用。

5.3.5.2 AOD 法的精练效果

（1）脱硫：AOD 炉对脱硫十分有效。由于加入石灰、硅铁可造高碱度炉渣，又有强烈的氩气搅拌，因此可以深度脱硫。其脱硫能力超过电炉白渣法冶炼，[S] 可降至 0.005%，这是电炉难以达到的。有人认为 AOD 炉最低 [S] 可低于 0.001%，总之，AOD 有极强的脱硫能力。

（2）脱氢：AOD 法虽然没有真空脱气过程，但是吹入氩气搅拌，也有明显的脱氢效果，$[H]\approx(1\sim4)\times10^{-4}\%$，比电炉钢低 25%~65%。

（3）脱氮：比电炉钢低 30%~60%。

（4）脱氧：由于 AOD 炉氩气的激烈搅拌，可使钢中的氧化物分离上浮，[O] 比电炉钢低 10%~30%。基本上比电炉-DH 真空处理还低 $10\times10^{-4}\%$左右。

（5）去夹杂物：由于钢中氧化物夹杂易于分离上浮，纯净度提高，不仅夹杂物含量少，而且几乎不存在大颗粒夹杂。夹杂物主要由硅酸盐组成，其颗粒细小，分布均匀。

5.3.6 AOD 操作技能及注意事项

5.3.6.1 知识点

氩氧混合脱碳用于精炼低碳不锈钢。不锈钢脱碳的总反应为：

$$\frac{1}{4}(Cr_3O_4) + [C] = \frac{3}{4}[Cr] + \{CO\} \tag{5-11}$$

式(5-11)的平衡常数为：

$$K = \frac{(a_{Cr})^{\frac{3}{4}} p_{CO}}{(a_{Cr_3O_4})^{\frac{1}{4}} a_C} \tag{5-12}$$

式中，a 和 p 分别代表活度和分压。

在一定温度下，钢水中存在与碳平衡的铬。碳的降低会造成铬的烧损，为冶炼低碳不锈钢，在常压下冶炼难以实现脱碳保铬。从式(5-12)可以看出，通过降低 CO 分压，钢水中存在与碳相平衡的铬会增加。氩氧混合精炼就是通过向钢水中喷吹氩氧混合气体（或用氮气代替氩气）降低 CO 分压，使在不太高的温度下能实现迅速脱碳的同时，铬基本不氧化或很少氧化。

5.3.6.2 技能实施与操作步骤

（1）兑钢水至氩氧炉（AOD）。

（2）倾侧炉体，拉渣部分，取样测温，温度不够可加 Al。

（3）摇炉至开吹位置，开吹Ⅰ期主管 $x(O_2):x(Ar)$［或 $x(O_2):x(N_2)=3:1$］，根据原始［C］、温度确定脱碳速度、时间、吹氧量。

（4）当［C］=0.2%~0.25%时，吹炼停止，测温取样分析。

（5）进入吹炼Ⅱ期，主管 $x(O_2):x(Ar)$［或 $x(O_2):x(N_2)=1:1\sim1.5$］，重新确定脱碳速度、时间、吹氧量。

（6）当［C］≤0.05%时吹炼停止，测温取样分析。

（7）进入吹炼Ⅲ期，主管 $x(O_2):x(Ar)=1:3$，根据C-O反应效率控制终点［C］。

（8）倾侧炉体取样测温。

（9）当满足终点要求时，加入Fe-Si预还原并吹氩，精炼时间不小于4min。

（10）当［S］达不到工艺要求时进行扒渣添加石灰，并用Fe-Si、Al粉还原，再次摇炉至开吹位置吹氩搅拌。

（11）按分析结果精调成分。

（12）终脱氧。

（13）出钢。

（14）出钢过程按工艺要求配加必要的合金或脱氧剂。

5.3.6.3　注意事项

（1）兑钢水前检查AOD设备是否正常，气体压力是否符合要求。

（2）氩气与氧气压力流量控制阀门不要混淆。

（3）倾侧炉体时，炉口正对面不要站人。

5.3.7　AOD精炼控制及检测的进步

随着科技技术的进步，AOD精炼技术也在不断地向着更先进更精确的方向发展。

（1）AOD的控制技术已由手动控制、气动控制、PLC控制，发展到第四代智能控制（即动态控制），可以在0.25s内对输入熔池中的氧及其反应后碳及温度的变化进行控制、调整，要求CRE达到80%以上，终点碳及温度的控制精度达到100%。

（2）AOD通过风眼进行连续测温已用于生产，彻底改变了点测及炉墙埋入式非接触式测温的缺点，风眼处红外线连续测温为智能炼钢提供可靠的温度参数。

（3）冷却气压力的控制：每个风枪的冷却气压力都单独进行测量及控制，随时与主供气路压力进行比较。通过压力变化 Δp 的大小确定风口是否堵塞，还是即将漏钢，操作人可通过计算机的提示进行处理。

（4）炉衬厚度的激光测量技术：采用激光测量技术后可向操作工人提供残砖厚度，侵蚀速度，被侵蚀厚度，同时可提供被侵蚀后熔池的容积变化、深度变化，从而对钢水量、炉龄、吹炼方式提供操作指令。

对炉衬侵蚀情况全部测量约需25~30min，若对重点部位测量如耳轴、渣线、风眼区，可在出钢后的间隙进行，然后进行喷补，并对修补结果进行检测。

我国太钢AOD炉应用的新工艺、新技术包括：

(1) 采用吹氩喂 Ti 线工艺；
(2) AOD 进行顶侧吹及炉型改进；
(3) 计算机控制炼钢；
(4) 铁水直接兑入 AOD 进行炼钢；
(5) AOD 除尘灰的利用；
(6) 含氮、含锰不锈钢新产品的开发。

5.4 VOD 法冶炼不锈钢

微课-VOD 精炼工艺流程及设备概况

5.4.1 VOD 的产生

VOD 法是 Vacuum Oxygen Decarburization（真空吹氧脱碳）的缩写。这是由德国威登特殊钢厂（Edd-stahl-werk witten）和标准梅索公司（Standard Messo）于 1967 年共同研制成功的，故有时又称为 Witten 法。这是为了冶炼不锈钢所研制的一种炉外精炼方法，由于在真空条件下很容易将钢液中的碳和氮去除到很低的水平，该精炼方法主要用于超纯、超低碳不锈钢和合金的二次精炼。其方法特点是向处在真空室内的不锈钢水进行顶吹氧和底吹氩气搅拌精炼，达到脱碳保铬的目的。

20 世纪 60 年代以前，不锈钢主要由电弧炉采用返回吹氧法生产，依据高温下 C 优先于 Cr 氧化的原理，采用高温吹氧（±1800℃），实现脱 C 保 Cr 目的。但是高温将导致炉衬寿命降低，成本高，并且在大气压下吹氧精炼，即使温度很高，[C] 也在 0.1%左右，铬也有相当多的氧化。η_{Cr}最高 90%，如果降低 p_{CO}，可以起到与提高温度相同的效果。温度一定时，对于一定成分的钢液来说 [Cr] 为常数，钢中含 C 含量只与 p_{CO}有关，降低 p_{CO}就可以达到降低含碳量的目的。

早在 1939 年，瓦克尔（Wacker）就提出专利，认为在大气压下吹氧，能把 [C] 降到 1.5%，而铬没有严重氧化损失，再继续吹氧脱碳，Cr 会大量氧化，因而不经济；如[C]<0.45%时在减压下吹氧，则能将 C 脱到 0.06%而 Cr 基本不氧化；当时受真空技术和透气砖的限制，直到 VOD 问世前未能实现。

20 世纪中期，大功率蒸汽喷射泵的研制成功为真空下吹氧脱碳的实现创造了条件。依据冶炼过程中降低 p_{CO}使碳在较低的温度优先于铬氧化的理论。1967 年，德国威登（Witten）特殊钢厂制造出世界上第一台容量为 50t 的 VOD 炉；1976 年，日本川崎公司在 VOD 钢包底部安装两个透气塞，增大吹氩搅拌强度（称为 SS-VOD），专门用于生产超纯铁素体不锈钢（[C] = 0.0003% ~ 0.0010%，[N] = 0.0010% ~ 0.0040%）；美国人芬克尔公司开发了 KVOD/VAD 双联精炼炉。VOD 炉容量最大的 150t，建于日本新日铁八幡制铁厂，最小容量为 5t。

在 VOD 法投入工业生产的同时，瑞典的 ASEA-SKF 法也研制成功了，受 VOD 法的启发，他们又在 ASEA-SKF 炉上加吹氧枪，其冶金过程与 VOD 法是完全相同。

VOD 法随初炼炉的不同而有各种名称，当与电炉配合时，称为 ELO-VAC 法；与转炉配合时则称为 LD-VAC 法。

近年来，不锈钢的主要生产炉型已扩展为顶底复吹转炉、AOD 和 VOD。VOD

法的生产工艺路线也由电炉（或转炉）-VOD 演变为电炉-顶底复吹转炉-VOD，与顶底复吹转炉-AOD 相比，VOD 设备复杂，冶炼费用高，脱碳速度慢，初炼炉需要进行粗脱碳，生产效率低。优点是在真空条件下冶炼，钢的纯净度高，碳、氮含量低，一般 $w(C+N)<0.02\%$，而 AOD 法则在 0.03%以上，因此 VOD 法更适宜生产 C、N、O 含量极低的超纯不锈钢和合金。

5.4.2　VOD 法设备及其特点

VOD 法的主要设备由钢包、真空罐、抽真空系统、吹氧系统、吹氩系统、自动加料系统、测温取样装置和过程检测仪表等部分组成，如图 5-6 所示。

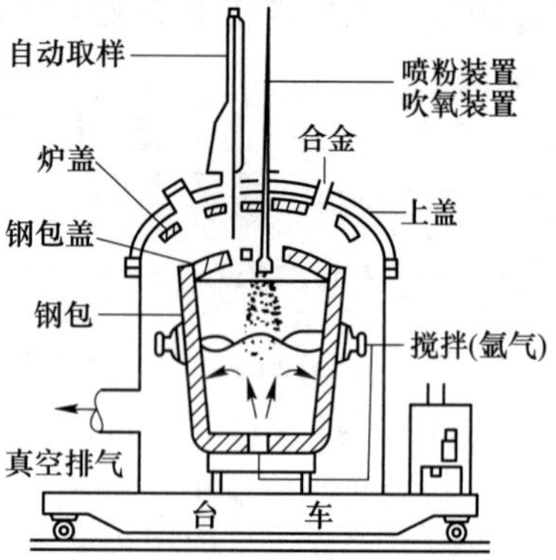

图 5-6　VOD 法示意图

5.4.2.1　钢包

VOD 法钢包承担着真空吹氧、脱碳精炼和浇注等功能。VOD 法钢包和其他炉外精炼方法相比，所用钢包具有如下特点：工作温度高，约为 1700℃；精炼过程钢液搅动激烈，包衬砖受化学侵蚀和机械冲刷严重，因此尽管使用高温烧成的耐火材料，其寿命一般也只有 10~30 次。为了适应高温长时间真空的需要，包衬采用高级耐火材料：水口用铬镁质材料，渣线用铬质或高铝砖砌筑，包底设有吹氩用的透气砖，采用滑动水口浇注。为防止吹氧脱碳过程中钢液产生喷溅从包沿溢出，VOD 钢包的高度与直径比要大一些，钢液面以上自由空间较大，为 900~1200mm。VOD 钢包由熔池、渣线、自由空间三部分组成。渣线部位寿命最低，一般一个熔池可用两个渣线。

通常 VOD 在钢水包包底中心或半径 1/3~1/2 处安装吹氩透气砖。为保证良好的透气性，透气塞由上下两块透气砖组成。透气砖一般采用刚玉质或镁质耐火材料烧制而成，透气方式有弥散式、狭缝式、管式三种，通常采用弥散式，透气能力约为 500L/min（标态）。透气砖寿命为 5~10 次。

为减少喷溅和热量损失，VOD 钢包上扣有钢包盖。该盖可以悬挂在真空罐盖内，也可以不挂，炼钢时用吊车吊扣在钢包上。包盖圈坐在钢包沿上不通水冷却，包盖圈由 15mm 厚钢板焊成，圈内拱形砌筑高铝砖。

5.4.2.2　真空罐

真空罐是盛放钢包，获得真空条件的熔炼室，它由罐体、罐盖、水冷密封法兰和罐盖开启机构组成。罐盖上有测温、取样、加合金料和吹氧的设备，为了防止喷溅，在钢包和真空盖之间设中间保护盖，盖上砌有耐火砖。真空罐罐体可以坐在地下井坑内，罐盖做升降旋转运动；罐体也可以坐在台车上做往复运动，罐盖定位做升降运动。真空罐内设有钢包支架，钢包支架起支撑钢包和钢包入罐时导向、定位作用。钢包下方放置防漏盘，用于一旦包底漏钢水起盛接作用，有效容积应能盛下熔炼钢水量。

真空罐盖内为防止喷溅造成氧枪通道阻塞和顶部捣固料损坏，围绕氧枪挂一个直径 3000mm 左右的水冷挡渣盘，通过调整冷却水流量控制吹氧期出水温度在 60℃左右，使挡渣盘表面只凝结薄薄的钢渣，并自动脱落。不同容量 VOD 的真空罐结构参数见表 5-11。

表 5-11 不同容量 VOD 的真空罐结构参数

容量 /t	真空罐直径/mm	有效容/m^3	罐体质量/t
5~10	2500	12	10
10~20	3000	20	12
20~30	3500	33	15
30~40	4000	45	18
40~60	4500	65	22
60~80	5000	100	27
80~120	5500	120	33
120~160	6000	160	40
160~250	6500	200	50
250~450	7000	250	60

5.4.2.3 真空系统

真空系统由蒸汽喷射泵、冷凝器、抽气管路、真空阀门、动力蒸汽、冷却水系统、检测仪表等部分组成。用于 VOD 的真空泵有水环泵+蒸汽喷射泵组或多级蒸汽喷射泵组两种。水环泵和蒸汽喷射泵的前级泵（6~4 级）为预抽真空泵，抽粗真空。蒸汽喷射泵的后级泵（3~1 级）为增压泵，抽高真空，极限真空度不大于 20Pa。VOD 法真空泵的特点是排气能力大，因为吹氧脱碳产生大量 CO 气体需排出。例如 50t 的设备，在 400Pa 时其排气能力为 480kg/h，真空泵的极限真空度为 20Pa。30~60t VOD 的 6 级蒸汽喷射泵基本工艺参数见表 5-12 和表 5-13。

表 5-12 30~60t VOD 6 级蒸汽喷射泵基本工艺参数 Ⅰ

泵级	压力分配/Pa	蒸汽用量 /$kg \cdot h^{-1}$		冷却水用量 /$m^3 \cdot h^{-1}$	
		VOD 程序	VD 程序	VOD 程序	VD 程序
E_6	33330.5	1175	1175	70	70
E_{6A}		1175		70	
E_5	9332.54	1400	1400	75	75
E_{5A}		1400		75	
E_4	2666.44	1250	1250	85	85
E_{4A}		1250		90	
E_6	199.983	2850	2850	185	185
E_6	93.3254		1510		
E_6	19.9983		420		
合计		10500	8650	650	580

表 5-13　30~60t VOD6 级蒸汽喷射泵基本工艺参数 Ⅱ

项目	工艺参数	指标
蒸汽	工作压力/MPa	1.6
	过热温度/℃	210
	最大用气量/$t \cdot h^{-1}$	10.5
冷却水	工作压力/MPa	0.2
	进水温度/℃	≤32
	最大用水量/$m^3 \cdot h^{-1}$	650
真空度/Pa	工作真空度	<100
	极限真空度	20
抽气能力/$kg \cdot h^{-1}$	133.322Pa 时	340
	5332.88 Pa 时	1800
	1600 Pa 时	1800

真空泵抽气能力的计算公式为：

$$G = D_0^2 \times \frac{\pi}{4} \times 233.8829 \times 3600 \quad (kg/h) \tag{5-13}$$

式中　D_0——喷嘴直径，m。

5.4.2.4　吹氧系统

吹氧系统由高压氧气管路、减压阀、电动阀门及开口大小指示盘、金属流量计及流量显示记录仪表、氧枪及氧枪链条升降装置、氧枪冷却水和枪位标尺等组成。氧枪采用与转炉氧枪类似的水冷拉瓦尔型氧枪和消耗型氧枪两种。消耗型氧枪为外包耐火泥的吹氧管，吹氧时枪口距液面 250~500mm，下降速度为 20~30mm/min。消耗氧枪吹氧喷溅严重，吹氧时间受限制。水冷拉瓦尔型氧枪下部外套耐火砖，枪头结构尺寸如图 5-7 所示。氧枪升降由马达链条传动，如 30t VOD 水冷拉瓦尔型氧

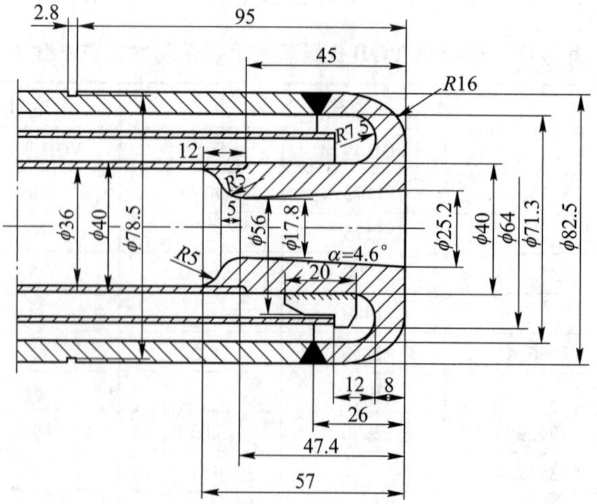

图 5-7　30t VOD 水冷拉瓦尔氧枪喷头结构尺寸图

枪最大行程为3m，升降速度为3.4m/min；氧气工作压力为0.1MPa，最大流量为$25m^3/min$；冷却水流量为$16m^3/h$，压力为0.8MPa；吹氧时枪位1000~1200mm。开吹时碳高取上限，碳低和吹氧后期取下限。

5.4.2.5 吹氩系统

VOD法氩气用量少，一般用瓶氩，经汇流排3~5瓶一组减压至1MPa送到炉前，工作压力为0.3MPa，氩气纯度为99.99%。钢包入罐首先用1MPa的压力吹开透气塞，然后改用工作压力经流量计调整流量。

5.4.2.6 加料系统

VOD设备配置有自动加料系统，它由料仓、称量料斗、皮带运输机、回转溜管、上下料钟和PLC-780计算机等部件组成。

5.4.2.7 冶炼过程控制仪表

VOD精炼过程，尤其是吹氧期操作，完全靠各种计量检测仪表的显示做指导，吹氧终点靠对各项仪表数值的综合分析确定，因此，用于冶炼过程计量仪表必须准确可靠。这类仪表如下。

（1）氧气金属浮子流量计，显示氧气流量和累计流量。冶炼碳大于0.03%的钢种时，通过耗氧量计算确定吹氧终点。德国乌纳厂和威登（Witten）厂的计算公式分别为：

$$t = \frac{\{[C] + \frac{1}{2}[Si]\}G}{\eta_{O_2}Q_{O_2}} \tag{5-14}$$

$$t = \frac{[C]G}{\eta_{O_2}Q_{O_2}} \tag{5-15}$$

式中 t——吹氧时间，min；

G——钢水量，kg；

η_{O_2}——氧利用率，乌纳厂取45%~50%，威登厂取65%；

Q_{O_2}——吹氧量，L。

北京重型机器厂SKF采用消耗氧枪插入钢水内吹氧，耗氧量计算公式为：

$$Q = G\{9.3[C] + 8.5([Si] - 0.05) + 2.89\Delta[Cr] + 2.1([Mn] - 0.1) + 0.4\} \tag{5-16}$$

采用耗氧量确定吹氧终点冶炼非超低碳钢，可以缩短吹氧时间，减少铬氧化从而减少还原剂加入量。

（2）废气温度记录仪。由安装在VOD真空罐抽气管路入口处的热电偶测量，显示吹炼过程反应放出气体的温度变化。发生喷溅或漏包事故时，温度会突然升高很多。

（3）真空计和真空记录仪。测量点在主真空管路上，显示并记录冶炼过程真空罐内气体压力变化。碳氧反应开始压力升高，反应结束压力降低。

（4）微氧分析仪。气体取自真空系统排气管道处，以空气为参比电极与被抽气体构成氧浓差电池产生电动势，通过记录氧浓差电动势的起落，显示碳氧反应的开始和结束。它是指导 VOD 操作的主要依据。

（5）CO/CO_2 气体分析仪、质谱仪等。用于分析排出气体中的 CO、CO_2 含量，算出氧化去除的碳量确定吹氧终点。

5.4.3 VOD 法的基本功能

VOD 具有吹氧脱碳、升温、氩气搅拌、真空脱气、造渣合金化等冶金功能，适用于不锈钢、工业纯铁、精密合金、高温合金和合金结构钢的冶炼，尤其是超低碳不锈钢和合金的冶炼。

5.4.3.1 吹氧脱碳保铬

真空吹氧脱碳过程可分为以下两个阶段。

（1）高碳区[$w(C)>0.05\%\sim0.08\%$]。该阶段脱碳速度与钢中含碳量无关，由供氧量大小决定。脱碳速度随温度升高、吹氧量增大、真空度提高、吹氧枪位降低而增加，因此，在温度和压力一定时，可以通过增大供氧量、降低枪位，提高脱碳速度。但过快的脱碳速度容易导致喷溅和溢钢事故，所以 VOD 在高碳区脱碳速度一般控制在 0.02%~0.03%/min。

（2）低碳区[$w(C)<0.05\%\sim0.08\%$]。该阶段脱碳速度随钢中含碳量减少而降低。在低碳区，碳在钢液内的扩散是脱碳反应的限制环节。通过增大吹氩量、提高钢水温度、提高真空度等措施可以降低吹氧终点含碳量，如图 5-8 所示。

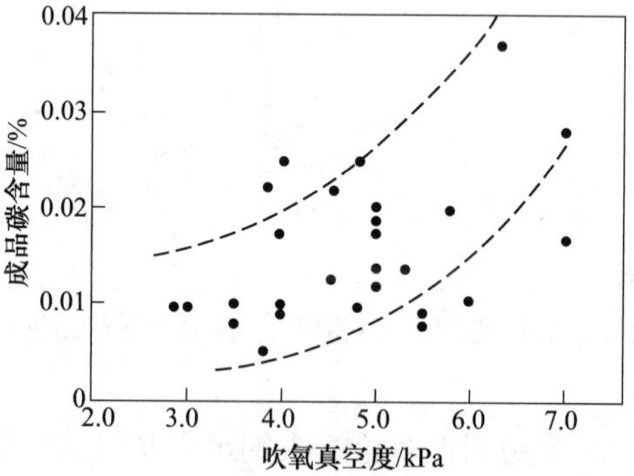

图 5-8 平均吹氧真空度与成品碳含量的关系

VOD 法吹炼不锈钢时铬的收得率一般为 98.5%~99.5%。提高开吹钢水温度和吹氧真空度，减少过吹，增大氩气搅拌强度，加入足够脱氧剂，保证还原反应时间不少于 10min，造碱性还原渣可以提高铬的回收率。

5.4.3.2 吹氧升温

VOD 法主要靠合金元素的氧化放热提高钢水温度，主要放热元素有碳、硅、锰、铬、铁、铝等。吹氧温升与元素氧化速度、开吹温度、供氧强度、吹氧期真空度、氧枪高度、钢水包与罐体温度高低有关，VOD精炼过程吹氧平均温升2.36℃/min，停氧后平均温降1.30℃/min。

在大生产过程中温度控制可能有两种情况出现：

（1）停氧后钢水温度低，这时可以采用过吹或二次吹氧的办法使钢水升温，一般过吹温升为5~6℃/min。需要注意的是，应根据过吹量增加脱氧剂用量。

（2）吹后温度过高，此时可以加入本钢种返回坯或材降温，以缩短还原精炼时间。

添加钢水量1%不同材料的冷却效果见表5-14。

表5-14 添加钢水量1%不同材料的冷却效果

冷　料	冷却效果/℃
不锈返回钢	20
碳素返回钢	20
Ni	18
FeMo（70%）	18
CaO	17
Al	+3
FeMn（高碳）	12
FeMn（低碳）	18.5
FeCr（高碳）	15.5
FeCr（低碳）	20
FeSi 75%	+5
FeTi 37.5%	16.5

5.4.3.3 脱气

VOD法因为吹氧脱碳产生钢液沸腾，加上吹氩搅拌，为去除钢中气体创造了良好的动力学条件。提高VOD脱气效果的措施有：降低初炼钢液的氢、氮含量，提高冶炼过程的真空度，增加有效脱碳速度，增大氩气流量，使用干燥的原材料，尤其石灰应防止吸收水分，减少设备泄漏和浇铸超低氮钢种时采取保护措施防止吸氮。

5.4.3.4 造渣、脱氧、脱硫、去夹杂

VOD法利用吹氧产生的高温熔化渣料，形成碱度1.5~2.5流动性良好的炉渣，添加硅铁、铝、硅钙等颗粒脱氧剂，还原氧化铬同时对钢液进行脱氧、脱硫。VOD法脱硫率为0%~82%，平均为40.3%。不锈钢成品硫含量最低达到0.001%。

VOD法生产高纯净度不锈钢的技术措施如下。

（1）精料。初炼炉提供温度1580~1610℃，$w(C)=0.30\%\sim0.50\%$，$w(Si)\leqslant0.15\%$，$w(S)\leqslant0.15\%$的钢液，VOD还原期不大量补加合金料。

（2）提高冶炼过程真空度。

（3）准确控制吹氧终点，杜绝过吹。

（4）进行真空碳脱氧操作，在温度允许情况下延长真空碳脱氧时间。

（5）当吹后温度过高时，加冷却剂降温，使还原期不长于25min。

（6）除净初炼渣，合理使用脱氧剂种类和用量，保证高碱度白渣精炼。

5.4.3.5　合金化

通过初炼炉出钢过程钢水激烈混冲，VOD 钢包内取样化学分析能准确反映合金元素含量，VOD 精炼过程中不用再取样就可以一次性调加合金料，使成品化学成分达到控制目标值。各种合金料通过自动加料系统，在真空条件下直接加入钢水包内，合金料加入时间、方法和收得率见表 5-15。

表 5-15　合金料加入时间、方法和收得率

合金料	调整元素	加入时间	加入方法	收得率 /%	钢种举例
高碳铬铁	C	脱氧后 5~10min	真空自动加料	97	1Cr18Ni9Ti
	Cr	分析结果报回后	真空自动加料	98~99	1Cr18Ni9Ti
高碳锰铁中碳锰铁金属锰	C	脱氧后 5~10min	真空自动加料	97	1Cr18Ni9Ti
	Mn	脱氧后 3~5min	真空自动加料	85~95	1Cr18Ni9Ti
镍板	Ni	停氧后大气下	手工加料	100	1Cr18Ni9Ti
铜板	Cu	停氧后大气下	手工加料	100	17-4PH
钼铁	Mo	停氧后	自动或手工加料	100	00Cr13Ni6MoN
钒铁	V	解除真空前 5min	真空自动加料	90~100	A286Ti
铌铁	Nb	解除真空前 5min	真空自动加料	85~100	00Cr13Ni6MoN
钛铁	Ti	解除真空前 5min	真空自动加料	55	1Cr18Ni9Ti
		出罐扒部分渣	手工加料	85	1Cr18Ni9Ti
硅铁	Si	脱氧剂	真空自动加料	80~90	1Cr18Ni9Ti
		出罐前	手工加料	95~98	00Cr14Ni14Si4
铝	Al	脱氧剂	真空自动加料	约 13	GH132
		解除真空前 3 min	真空自动加料	100	GH132
硼铁	B	出罐前	钢包插入	75~100	17-4PH
氧化铬（锰）	N	解除真空前	自动加料	约 100	
电极粒	C	脱氧后 5~10min	真空自动加料	95	1Cr18Ni9Ti

5.4.4　VOD 真空吹氧脱碳

真空吹氧脱碳工艺是冶炼不锈钢的一种精炼炉形式，称为 VOD 法。VOD 工作原理是向处在真空脱气罐内钢包中的不锈钢液，进行顶吹氧和底吹氩，实现“降碳保铬”冶炼低碳或超低碳类不锈钢。

在热力学条件下，含铬钢液要使脱碳反应顺利进行（钢液中铬不被氧化）可提高熔池温度或降低脱碳产物 CO 气体分压实现。真空脱碳原理就是真空处理降低 CO 气体分压实现脱碳。

VOD 炉吹炼低碳或超低碳类不锈钢，终点碳的正确控制是关键，可通过氧浓差电池的电势变化来确定供氧量。图 5-9 为吹炼不锈钢过程中的典型氧浓差电势变化曲线。

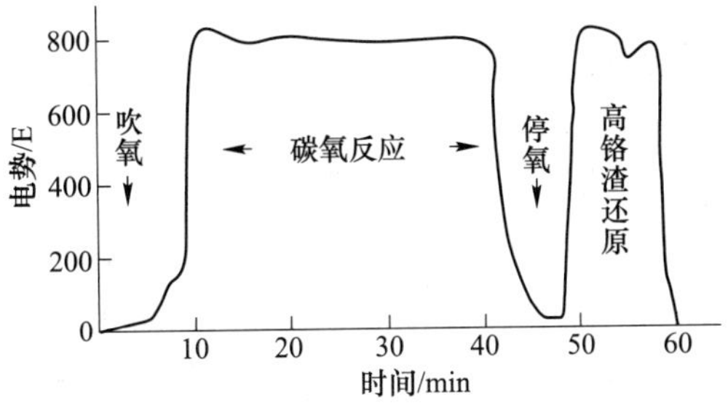

图 5-9　不锈钢吹炼过程中氧浓差电势变化曲线

VOD 冶炼低碳或超低碳类不锈钢炉气温度的变化也是反映钢液碳氧反应的过程，炉气温度随着 CO 的形成和不断发热而上升，当反应趋于平缓时 CO 生成量明显减少，炉气的 CO 同炉气中过剩的氧反应生成 CO_2，使炉气温度继续上升，随着碳氧反应基本结束，熔气中 CO 的浓度进一步降低，炉气温度开始下降，炉气温度的下降表明已接近吹炼终点。炉气温度在真空吹氧脱碳过程中的随时间变化规律如图 5-10 所示。

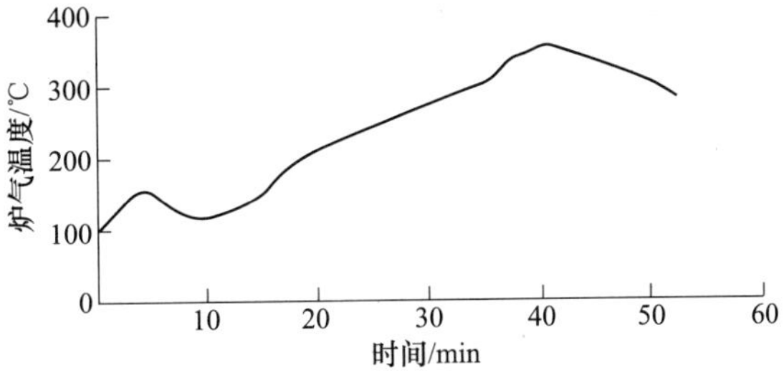

图 5-10　VOD 炉气温度随时间变化规律

VOD 真空吹氧脱碳技能实施与操作步骤为：

（1）精炼钢包对接电炉初钢液；

（2）取样分析 C、Mn、P、S、Si、Cr、Ni 等元素；

（3）拉渣使钢包中仅存少量炉渣；

（4）钢包进 VOD 真空罐就位；

（5）接通氩气，调节吹氩搅拌强度至可见钢水翻滚；

（6）测温，并进行必要的成分调整；

（7）盖上 VOD 罐盖；

（8）启动喷射泵，当真空度达到 26.6kPa 左右沸腾平静后开始供氧；

（9）供氧时真空度保持在 13.3~26.6kPa；

（10）提高真空度，随［C］降低逐步提高真空度到 3.99~5.32kPa；

（11）当氧浓差电势从峰值下跌，废气温度下降停止供氧；

（12）提高真空度到 66.7Pa，保持 5~10min；

（13）加入降温材料、脱氧剂、铁合金、石灰等渣料；

（14）破坏真空，渣料加毕 10min 后解除真空；

（15）开罐；

（16）停止吹氩钢包吊运。

注意事项：

（1）氧枪必须完好，无漏水，各检测系统完好；

（2）钢包进入真空罐前，钢包中只能存有少量的炉渣；

（3）氧压控制、抽气控制和氩气搅拌必须恰当，防止剧烈沸腾；

（4）脱碳终点温度较高应有降温措施，如加冷却料、合金等；

（5）吹氧结束渣面富铬渣必须充分还原，确保成分稳定。

5.4.5　VOD 法精炼工艺

因各厂初炼炉条件、VOD 的设备能力与生产条件、原材料状况等诸多因素不同，操作工艺参数也不可能相同。

5.4.5.1　电弧炉→VOD 冶炼不锈钢工艺

A　配料

炉料组成：炉料由本钢种或类似本钢种的返回钢、碳素铬铁、氧化镍、氧化钼、高硅返回钢、硅铁和低磷返回钢等组成。配料成分如表 5-16 所示。

表 5-16　EF→VOD 冶炼不锈钢配料成分

钢种	C	Si	Cr	Ni	Mo	Cu	P(不小于)	S(不小于)
C≥0.01	1.5~2.0	0.8~1.5	110		95		上限-0.5	上限
C<0.16	0.6~1.6	0.8~1.5	107	96	96	96	上限-0.5	上限
C≥0.16	0.6~1.6	0.8~1.5	100	95	96	96	上限-0.5	上限

B　电炉操作工艺

首先在电炉内熔化钢铁料并吹氧降碳，使［C］降到 0.4%~0.5%；除硅以外，其他成分都调整到限定值，因为硅氧化能放出大量热，而且有利于保 Cr，配料时配硅到 1%。钢液升温到 1600~1650℃ 时出钢。出钢温度一般铬镍不锈钢不低于 1630℃，超低碳氮不锈钢不低于 1650℃。钢渣混冲出钢，出钢后彻底扒净初炼渣，并取化学分析样两个。

C　VOD 操作工艺

钢包接通氩气放入真空罐，吹氩、调整流量到 30~30L/min（标态），测温 1570~1610℃，测自由空间不小于 800mm，然后扣 VOD 包盖、真空罐盖。这时边吹氩搅拌边抽空气，将罐内压力降低。溶解于钢液内的 C、O 开始反应，产生激烈的沸腾。当罐内压力（真空度）将到 6700Pa（50mmHg）左右时，开始吹氧精炼。在这个过程中保持适当的供氧速度、氧枪高度、氩气搅拌强度、真空度等是十分重要的。由于真空，在几乎 Cr 不氧化的条件下进行脱碳。当入罐碳大于 0.60%甚至到

1.00%以上时，为避免发生喷溅，应延长预吹氧时间，晚开 5 级、4 级泵，低真空度小吹氧量将碳去到 0.50%后再进入主吹。随着［C］下降，真空度逐渐上升，吹炼末期可达 1000Pa（7mmHg）左右。尽管没有加热装置，但是由于氧化反应放热，使钢水温度略有升高。吹炼进程由真空度和废气成分的连续分析来控制终点。吹氧完毕后，仍继续进行氩气搅拌，进行残余的碳脱氧，还要加脱氧剂脱氧，经调整成分和温度后，把钢包吊出去进行浇注。停氧条件即吹氧终点判断，应以氧浓差电势或气体分析仪为主，结合真空度，废气温度变化、累计耗氧量进行综合判断。决定停止吹氧的条件是：

（1）氧浓差电势下降为零；

（2）真空度、废气温度开始下降或有下降趋势；

（3）累计耗氧量与计算耗氧量相当（$\pm 20\mathrm{m}^3$）。

耗氧量计算系数见表 5-17。

表 5-17　水冷氧枪吹氧耗氧量（标态）计算

开吹碳、硅含量之和/%	耗氧量/$\mathrm{m}^3 \cdot \mathrm{t}^{-1}$			
	$w(\mathrm{C})<0.1\%$	$w(\mathrm{C})<0.06\%$	$w(\mathrm{C})<0.03\%$	$w(\mathrm{C})<0.01\%$
0.4	7.6	8.0	8.4	9.2
0.5	8.4	8.8	9.2	10.0
0.6	9.2	9.6	10.0	10.8
0.7	10.0	10.4	10.8	11.6
0.8	10.8	11.2	11.6	12.4
0.9	11.6	12.0	12.4	13.2
1.0	12.4	12.8	13.2	14.0

注：表中 $w(\mathrm{C})$ 表示成品碳含量。

（4）钢液温度满足后期还原和加合金料降温需要。冶炼碳大于 0.03%的不锈钢、合金结构钢，碳高时吹氧去碳，可以采用耗氧量计算决定吹氧终点，即当累计耗氧量达到计算耗氧量时停氧。这样可以缩短吹氧时间，减少合金元素氧化。冶炼 $w(\mathrm{C})>0.03\%$ 一般技术条件不锈钢时，不用进行真空碳脱氧操作，停氧后直接进行测温加渣料、合金料、脱氧剂及后续操作，用高碳料或增碳剂调碳到成品规格。冶炼 $w(\mathrm{C})\leqslant 0.03\%$ 和质量有特殊要求的不锈钢时，需要进行真空碳脱氧操作。在［C］比规格稍高时结束吹氧精炼，过剩的 C 在真空下与钢液内的氧继续反应脱氧和去除夹杂物。在真空下继续吹氩搅拌还可以促使夹杂物上浮排除。即停氧后立即打开高真空喷嘴，抽真空到极限真空度，同时增大氩气流量（标态）到 2～3L/(min · t)，此时氧浓差电势再次升起，称为二次峰，时间大约 5～15min，二次峰再次下降到零，真空碳脱氧结束。

真空下或解除真空后，测温加渣料、合金料、脱氧剂。

抽真空 3～5min 渣料熔化，加入脱氧剂和合金料。含钛钢解除真空前 3～5min，温度在 1630～1610℃时加入钛铁，终脱氧铝解除真空前 3min 加入。最后，解除真空，测温，停氩气，出罐浇铸。VOD 还原操作工艺参数见表 5-18。

表 5-18　VOD 还原操作工艺参数

技术条件		真空度/Pa	保持时间/min	氩流量（标态）/L · min^{-1}		终脱氧铝用量/kg · t^{-1}
				加料	精炼	
抚钢	一般	≤300	≥10	60	40~50	
	特殊	≤100	≥15	60	40~50	1
上海钢研究所		≤133	15~20	30	20	

如果温度高，可通过吹氩降温，温度过高，可抽真空降温，此时含钛钢需补加钛铁 2~4kg/t。不同钢种的出罐温度见表 5-19。

表 5-19　不同钢种的出罐温度

钢种	1Cr18Ni9Ti	0Cr19Ni9	1Cr13	00Cr14Ni14Si4	00Cr18Ni12Mo2Cu2
温度/℃	1560~1580	1555~1575	1580~1600	1550~1570	1560~1580

5.4.5.2　电弧炉-VOD 冶炼纯铁及精密合金工艺

工业纯铁及镍（钴）精密合金的 VOD 冶炼工艺与不锈钢基本相同，只是因为没有铬参与氧化反应，在相同的吹氧条件下，脱碳速度快，更容易发生喷溅和溢钢；氧化反应放热少，容易出现吹后温度低。因此，冶炼工艺参数应做适当调整。

A　配料

为满足产品高纯度、低硫磷的要求，选用低硫磷碳素返回钢、生铁或废电极，精密合金则加配电解镍、氧化镍和镍钴返回料等。配料成分见表 5-20。

表 5-20　纯铁及精密合金配料成分

品种	含量（质量分数）/%				
	C	Si	S	P	Ni，Co
工业纯铁	0.2~0.3	≤0.40	≤0.030	≤0.020	
精密合金	0.3~0.4	≤0.40			规格中限

B　电弧炉操作工艺

装料顺序为：垫炉底白灰 20kg/t，炼工业纯铁装铁矿石 10kg/t，废电极，炼精密合金装氧化镍或电解镍，最后装入返回钢。

给电，炉底形成熔池后吹氧助熔，自动流渣。熔化末期补加白灰 10~15kg/t，增加炉渣碱度早期去磷。若冶炼 $w(P) \leqslant 0.005\%$ 的工业纯铁，换渣去磷使 $w(P) \leqslant 0.001\%$，温度不低于 1600℃。

除净氧化渣，加白灰、萤石。炼工业纯铁加 AD 粉（一种炼钢促进剂，主要包括 Al、Al_2O_3、MgO、SiO_2 等）还原，出钢。炼精密合金加硅铁粉加碳粉还原，调整成分后出钢。

C　VOD 操作工艺

钢包彻底除渣，入罐、吹氩、测温、取样、测自由空间不小于 1300mm。入罐钢水化学成分及温度规定见表 5-21。

表 5-21　入罐钢水化学成分及温度规定

品种	含量（质量分数）/%					温度/℃
	C	Si	S	P	Ni，Co	
工业纯铁	0.20~0.30	≤0.25	≤0.002	≤0.003	—	≥1620
精密合金	0.30~0.40	≤0.30	≤0.010	≤0.015	规格中限	≥1580

纯铁及精密合金 VOD 吹氧制度见表 5-22。

表 5-22　纯铁及精密合金 VOD 吹氧制度

钢水量/t	阶段	真空度		枪位/mm	氧流量/$m^3 \cdot min^{-1}$	氩流量（标态）/$L \cdot min^{-1}$
		开泵/级数	真空度/kPa			
30	预吹	6~5	10~9	1300	7	15~20
	主吹	5~4	8~2	1300	9	20~30

停氧条件为：氧浓差电势下降到零。停氧后开（6~1 级）泵抽至极限真空度，增大氩气流量（标态）至 50~60L/min，无氧浓差电势二次峰出现，保持 3~5min。

真空或大气下测温、加渣料，白灰 15~20kg/t，萤石 3~5kg/t，调整化学成分，脱氧剂铝 2kg/t，（硅钙 1kg/t），抽真空保持不小于 10min。

出钢温度为：工业纯铁 1600~1620℃，精密合金 1540~1560℃。

5.4.5.3　转炉→VOD 冶炼不锈钢工艺

以转炉为初炼炉给 VOD 提供粗炼钢水是不锈钢生产的又一途径。转炉，特别是顶底复吹转炉，去碳速度快，可以换渣脱硫，因此可以提供温度高、含碳量低的初炼钢液，从而减轻 VOD 去碳负担，缩短精炼时间，实现以最低的成本生产不锈钢。

巴西 Timotco 的 Acesita 钢厂用 75t MRP-L 转炉为 72t VOD 提供钢水，生产 AISI304 钢，VOD 吹炼参数见表 5-23 和表 5-24。

表 5-23　VOD 冶炼过程化学成分及温度变化

阶段	含量（质量分数）/%					*T*/℃
	C	Si	Cr	Ni	Mn	
转炉出钢	0.37	0.09	18.04	8.47	1.23	1632
VOD 入罐	0.41	0.03	18.66	8.39	1.40	1595
吹氧结束	0.021	0.01	18.24	8.45	1.16	1639
VOD 出罐	0.037	0.26	18.66	8.21	1.30	1610

表 5-24　VOD 冶炼过程材料消耗

氧气/$m^3 \cdot t^{-1}$	氩气（标态）/$L \cdot t^{-1}$	75%硅铁/$kg \cdot t^{-1}$	白灰/$kg \cdot t^{-1}$	萤石/$kg \cdot t^{-1}$	铬收得率/%
6.6	0.44	6	9.7	1.9	99.1

5.4.5.4　精炼效果

经 VOD 处理后，钢水中的［C］可降低到 0.03%以下，最低可降到 0.005%，［O］降到（40~80）$\times10^{-4}$%，成品材中［O］大约为（30~50）$\times10^{-4}$%，［H］可降到 2×10^{-4}%以下，［N］可降到 300×10^{-4}%以下，可生产超低 C、N 不锈钢。与电弧炉法相比，成品钢中的 Sn、Pb 等微量有害元素的含量大大减少，从而使钢的耐腐蚀性、加工性都有相当程度的提高。由于发挥了真空脱氧作用，减少了脱氧的用 Al 量，因而可获得抛光性能特别良好的不锈钢。

5.4.6　VOD 用耐火材料

在日本，目前主要采用镁铬质和镁白云石质砖。渣线区原使用普通直接结合镁铬砖，现已被高温或超高温烧成直接结合镁铬砖、半再结合镁砖和镁白云石砖所取代，尤其是镁白云石砖更是目前应用最广、寿命最高的砖。非渣线区一般使用普通直接结合镁铬砖或质量稍差的镁白云石砖，有些也采用铝砖。大连钢厂 VOD 炉渣线区使用全合成镁铬砖，熔池区使用预反应镁铬砖，寿命由原来的 2~5 次提高到 20 次以上。国产镁碳砖，在 VOD（或 VD）炉渣线区使用，寿命最高可达 20 次以上。日本 VOD 炉寿命最高达 44 次，英国为 40 次。

近期，日本对传统镁铬砖进行性能改善，在雇模石中加入 ZrO_2 和 Cr_2O_3 并采用高纯铬矿，使渣线部位炉衬寿命得到提高。

VOD 精炼钢包所用耐火材料主要是烧成镁铬砖（日本）和白云石砖（西欧），性能见表 5-25。

表 5-25　VOD 炉用耐火材料的性能

砖　种	含量（质量分数）/%						显气孔率/%	体积密度/g·cm^{-3}	耐压强度/MPa	高温抗折强度/MPa
	SiO_2	Al_2O_3	ZrO_2	Fe_2O_3	MgO	Cr_2O_3				
烧成镁铬砖	1.0	6.5		4.0	76	11	14	3.1	80	>3.5
锆英石铝铬砖	23	14	52	1.5		2	17	3.5	100	
合成镁白云石砖	0.7	0.2		0.6	78.5	CaO 19.7	11.2	3.07	95	4.5
天然镁白云石砖	0.5	0.3		0.7	53.2	CaO 43.8	10.7	3.05	89	9.8

VOD 炉外精炼在操作过程中，炉渣碱度一般为 0.3~1.5，渣中 SiO_2 含量为 20%~30%，或者更高。尽管 SiO_2 含量高达 30%，系统出现液相的温度仍然高于精炼温度，镁铬砖尤其是 Cr_2O_3 含量较高的砖，抗酸性渣蚀性是相当好的。镁铬质砖的主要结合相镁铬尖晶石主要以方镁石晶内尖晶石的形式出现，镁铬尖晶石大大提高了方镁石的抗酸性渣蚀的能力，改善了镁铬质砖的整体抗酸性渣蚀性。

直接结合优质镁铬砖具有很高的耐火度，一般都在 1900℃以上，这种高耐火性能也是作为炉外精炼操作温度高的条件下使用的一个重要依据。

此外，镁铬砖还具有较好的抗热震性，但也存在着高温真空下的不稳定性。

5.4.7 VOD 法的发展

（1）LD-VAC 法。电弧炉作为熔化设备效率是很高的，特别是采用超高功率变压器供电后，炉料熔化时间可缩短到 1h 左右，但是吹氧氧化及还原的效率却远不如氧气转炉及真空处理。为了使各种生产环节均达到高效率化，日新制铁厂采用 4 台 40t 电弧炉专门进行熔化，熔化后的含碳 2.5%~3.5%的高 Cr 铁水直接兑入顶吹转炉中。以高供氧强度快速脱碳到［C］为 0.3%~0.5%，此时铬氧化不多，然后再在 VOD 装置中进一步脱碳到规格范围，并还原渣中的铬。这种工艺流程为 LD-VAC 法。

（2）MVOD 法。该法是在 VAD 设备基础上增设水冷氧枪，从而在真空下吹氧脱碳。因为真空脱碳是放热反应，所以省去了 VAD 法的真空电弧加热装置，其操作过程与 VOD 法相同。所以称为 MVOD 法。

（3）RH-OB 法。这是把 LD 转炉精炼与 RH 真空室的真空脱氧组合在一起的一种方法，1969 年由新日铁创造。该法的特点是在转炉里进行脱 P 和脱 C 之后，出渣出钢，再把钢水兑入转炉加高碳铬铁后进行铬铁的熔化与脱氧吹炼，待铬铁熔化后出钢到钢包。将钢包移到 RH 真空室下方进行循环脱气。同时从设置在 RH 真空室侧壁部的吹氧管向钢液表面吹氧，控制［Cr］氧化的同时，使［C］脱到很低范围。

5.4.8 AOD 与 VOD 的比较

AOD 和 VOD 两种方法都是当前精炼低碳钢种的主要方法。在初期，这两种方法的发展是相差不多的。但是 20 世纪 70 年代中期以来，AOD 炉的发展速度就远远超出了 VOD 炉。设置 AOD 炉的年平均速度是 7.5 台，而 VOD 只有 2.5 台。更多钢厂选择 AOD 法的原因，有人归纳为："AOD 法虽失去了真空所赋予的化学自由，却得到了真空所没有的操作自由。"具体来说，它能被直接观察，可以取样，好造渣，原材料适应性强，能接受 AOD 法倾向于不用的高碳钢液，在要求低含硫量时也可以达到，而且其远景是更容易实现计算机的动态控制。这两种方法的比较见表 5-26。

表 5-26 AOD 与 VOD 的比较

项目		AOD 法	比较	VOD 法
操作条件	入炉钢液	[C]=0.5%~2.0%；[Si]=0.03%~0.5%；[Cr]规格中上限；[S]<0.15%	>	[C]=0.3%~0.5%；[Si]=0.3%；[Cr]规格中上限；[S]<0.06%
	成分控制 温度控制	大气中操作，取样调整方便用改变氧氩比和冷却剂控制	>	真空下操作，只能间接控制调温，不方便
质量	脱氧	$4.0\times10^{-3}\%\sim8.0\times10^{-3}\%$	=	$4.0\times10^{-3}\%\sim8.0\times10^{-3}\%$
	脱硫	脱硫率大于 80%~90%	<	脱硫率不及 AOD 法
	脱氢	$w[H]<4.0\times10^{-4}\%$	<	$w[H]<2.0\times10^{-4}\%$
	脱氮	$w[N]<0.02\%$	<	$w[N]<5.0\times10^{-3}\%\sim8.0\times10^{-3}\%$
	脱碳	脱碳量大，脱碳速率高	>	脱碳量一般不超过 0.5%

续表 5-26

项目		AOD 法	比较	VOD 法
成本	原材料	可用高碳铬铁部分铬矿等，费用低	>	返回钢和碳素铬铁
	操作费	Ar 和 Si-Fe 用量大	<	用量少
	铬总回收率	96%~98%	=	96%~98%
	设备费	低	>	高
其他	冶炼周期	80~120min	<	60~9min
	提高电炉生产率	50%~100%	>	30%~50%
	适用性		<	较 AOD 法强
	对环境影响	要设除尘系统	>	不要设除尘系统

注：“ > ”代表高于或优于；“ < ”代表低于或差于。

AOD 法虽有许多优点，但是也存在一些不足，比如：炉龄低；吹炼过程中铬的氧化也较多，必须在最后阶段用大约 10kg/t 硅铁来还原渣中的铬；由于加入硅铁和石灰，会使［H］回升；在炼超低碳和氮的钢种方面也赶不上 VOD 法，据介绍 VOD 法可生产([C]+[N])<200×10^{-4}%的超纯铁素体不锈钢；在吹炼过程中炉子的颤动，以及炼成后还要经过出钢等。所有这一切都影响到 AOD 法的效果，也是 AOD 法改进和提高的方向。

题库

参 考 文 献

[1] 张鉴. 炉外精炼的理论与实践 [M]. 北京：冶金工业出版社，1993.

[2] 徐曾啓. 炉外精炼 [M]. 北京：冶金工业出版社，1994.

[3] 尾冈博幸. 炉外精炼——向多品种、高质量钢大生产的挑战 [M]. 北京：冶金工业出版社，2002.

[4] 冯聚合，艾立群，刘建华. 铁水预处理与钢水炉外精炼 [M]. 北京：冶金工业出版社，2006.

[5] 赵沛. 炉外精炼及铁水预处理实用技术手册 [M]. 北京：冶金工业出版社，2004.

[6] 黄希祜. 钢铁冶金原理 [M]. 3 版. 北京：冶金工业出版社，2002.

[7] 高泽平，贺道中. 炉外精炼 [M]. 北京：冶金工业出版社，2005.

[8] 周兰花，夏玉红. 炉外精炼 500 问 [M]. 北京：化学工业出版社，2010.

[9] 李晶. LF 精练技术 [M]. 北京：冶金工业出版社，2009.

[10] 俞海明. 电炉钢水的炉外精炼技术 [M]. 北京：冶金工业出版社，2010.

[11] 刘玠. 连铸及炉外精炼自动化技术 [M]. 北京：冶金工业出版社，2006.

[12] 高泽平. 炉外精炼教程 [M]. 北京：冶金工业出版社，2011.

[13] 陆世英. 不锈钢 [M]. 北京：原子能出版社，1995.

[14] 知水，王平，侯树庭. 特殊钢炉外精炼 [M]. 北京：原子能出版社，1996.

[15] 乐可襄，董元，王世俊，等. 熔渣泡沫化与熔渣性质的关系 [J]. 炼钢，1999 (3).

[16] 牛四通，成国光. 精炼渣系的发泡性能 [J]. 北京科技大学学报，1997 (19).

[17] 张东力，王晓鸣，匡世波，等. LF 埋弧精炼渣发泡剂实验研究 [J]. 炼钢，2004 (20).

冶金工业出版社部分图书推荐

书　名	作　者	定价(元)
冶金专业英语（第3版）	侯向东	49.00
电弧炉炼钢生产（第2版）	董中奇　王　杨　张保玉	49.00
转炉炼钢操作与控制（第2版）	李　荣　史学红	58.00
金属塑性变形技术应用	孙　颖　张慧云　郑留伟　赵晓青	49.00
自动检测和过程控制（第5版）	刘玉长　黄学章　宋彦坡	59.00
新编金工实习（数字资源版）	韦健毫	36.00
化学分析技术（第2版）	乔仙蓉	46.00
冶金工程专业英语	孙立根	36.00
连铸设计原理	孙立根	39.00
金属塑性成形理论（第2版）	徐　春　阳　辉　张　弛	49.00
金属压力加工原理（第2版）	魏立群	48.00
现代冶金工艺学——有色金属冶金卷	王兆文　谢　锋	68.00
有色金属冶金实验	王　伟　谢　锋	28.00
轧钢生产典型案例——热轧与冷轧带钢生产	杨卫东	39.00
Introduction of Metallurgy 冶金概论	宫　娜	59.00
The Technology of Secondary Refining 炉外精炼技术	张志超	56.00
Steelmaking Technology 炼钢生产技术	李秀娟	49.00
Continuous Casting Technology 连铸生产技术	于万松	58.00
CNC Machining Technology 数控加工技术	王晓霞	59.00
烧结生产与操作	刘燕霞　冯二莲	48.00
钢铁厂实用安全技术	吕国成　包丽明	43.00
炉外精炼技术（第2版）	张士宪　赵晓萍　关　昕	56.00
湿法冶金设备	黄　卉　张凤霞	31.00
炼钢设备维护（第2版）	时彦林	39.00
炼钢生产技术	韩立浩　黄伟青　李跃华	42.00
轧钢加热技术	戚翠芬　张树海　张志旺	48.00
金属矿地下开采（第3版）	陈国山　刘洪学	59.00
矿山地质技术（第2版）	刘洪学　陈国山	59.00
智能生产线技术及应用	尹凌鹏　刘俊杰　李雨健	49.00
机械制图	孙如军　李　泽　孙　莉　张维友	49.00
SolidWorks 实用教程 30 例	陈智琴	29.00
机械工程安装与管理——BIM 技术应用	邓祥伟　张德操	39.00
化工设计课程设计	郭文瑶　朱　晟	39.00
化工原理实验	辛志玲　朱　晟　张　萍	33.00
能源化工专业生产实习教程	张　萍　辛志玲　朱　晟	46.00
物理性污染控制实验	张　庆	29.00
现代企业管理（第3版）	李　鹰　李宗妮	49.00